Musikalische Skalen bei Naturwissenschaftlern der frühen Neuzeit

Walter Bühler

Musikalische Skalen bei Naturwissenschaftlern der frühen Neuzeit

Eine elementarmathematische Analyse

Bibliografische Information der Deutschen Nationalbibliothek
Die Deutsche Nationalbibliothek verzeichnet diese Publikation
in der Deutschen Nationalbibliografie; detaillierte bibliografische
Daten sind im Internet über http://dnb.d-nb.de abrufbar.

Umschlagabbildung:
Scheiben von Theophil Staden aus Harsdörffers
Philosophischen und Mathematischen Erquickstunden
Dritter Theil, Nürnberg 1653;
Abdruck mit freundlicher Genehmigung des Museums
Spandovia Sacra in Berlin-Spandau.

ISBN 978-3-631-64430-0 (Print)
E-ISBN 978-3-653-03056-3 (E-Book)
DOI 10.3726/978-3-653-03056-3

© Peter Lang GmbH
Internationaler Verlag der Wissenschaften
Frankfurt am Main 2013
Alle Rechte vorbehalten.
PL Academic Research ist ein Imprint der Peter Lang GmbH.

Peter Lang – Frankfurt am Main · Bern · Bruxelles · New York ·
Oxford · Warszawa · Wien

www.peterlang.de

Inhalt

Einleitung

Sed utinam tam bene alibi, quam in Musica,
Empiria ad Rationem reducari posset.

G. W. *Leibniz,* LBr 390, Bl. 90r.

Musikalische Elementarlehre und elementare Mathematik besitzen in Europa
eine lange gemeinsame Geschichte. Ein wichtiger Teil der Theorie der musikalischen Skalen und Intervalle wird seit der Antike mit geometrischen und rechne-
rischen Begriffen und Verfahren formuliert. Weil die Musiktheorie heute zu den
Kultur- oder Geisteswissenschaften gerechnet wird, mathematische Modellbildung jedoch in der Regel in einem naturwissenschaftlichen oder technischen
Kontext stattfindet, entfaltet das Thema Mathematik und Musik auch heute noch
eine besondere Faszination.

Der Hauptteil dieses Buches widmet sich der Frage, in welcher Weise und in
welchem Umfang sich Newton, Leibniz, Henfling und Euler mit musikalischen
Problemen beschäftigt haben. Der Leser wird damit zu einem historischen Ausflug in die Wissenschaftsgeschichte der frühen Neuzeit eingeladen, in der die
moderne, an der Mathematik orientierte Physik entsteht und als dritter Partner
das althergebrachte Zusammenspiel von Musiktheorie und Mathematik ergänzt.

Hinsichtlich der Geschichte der Musiktheorie beruht die Darstellung in weiten Teilen auf der Lektüre der gleichnamigen Bände, die im Auftrag des Staatli-
chen Instituts für Musikforschung in Berlin herausgegeben worden sind. Dabei
verdanke ich besonders viele Anregungen den Aufsätzen von Frieder Zaminer[1]
und von Mark Lindley[2]. Ein Blick in die Register dieser Bände macht deutlich,
dass die vorliegende Arbeit keinesfalls den Anspruch erheben kann, alle Quellen
zu berücksichtigen, die zum Thema gehören. Eine subjektive Auswahl ist unvermeidlich. Da durch die modernen Reproduktionsmöglichkeiten und durch die
Digitalisierung der unmittelbare Zugang zu den Quellen erheblich erleichtert
worden ist, habe ich mich zu dem Wagnis entschlossen, die originalen Quellen
mit meinen eigenen Interpretationen in den Vordergrund zu stellen, obwohl ich
gerade bei bisher unveröffentlichten Quellen nur vorläufige Transkriptionen und
Übersetzungen bieten kann, die einer kritischen Nachprüfung bedürfen und deshalb einen umfangreichen Fußnotenapparat notwendig machen.

---

1   Zaminer 2006.
2   Lindley 1987.

Wer sich für die Frage interessiert, welche Positionen Mathematiker zu musiktheoretischen Fragen einnehmen, muss nach meiner Überzeugung auch zur Kenntnis nehmen, wie sie mit Skalen und Intervalle mathematisch umgehen. Die im Untertitel genannte elementarmathematische Ausrichtung stellt daher das zweite Wagnis dar, welches in dieser historischen Darstellung eingegangen wird. Rechenwege und mathematische Gedankengänge werden nicht vermieden, sondern bei Bedarf so in den Text integriert, wie es in den historischen Quellen zu diesem Thema auch der Fall ist. In Darstellungen unserer Zeit werden dagegen derartige Details eher in Fußnoten und Anmerkungen abgedrängt, weil sie einerseits als selbstverständlich oder sogar als trivial, andererseits aber auch als spröde, schwierig oder unanschaulich gelten. Wer sie dennoch stärker in den Vordergrund zu stellen wagt, geht heute hinsichtlich der Lesbarkeit ein beträchtliches Risiko ein. Außerdem werden dem Leser über die Fehler hinaus, die bei allen modernen Druckerzeugnissen unvermeidbar sind, auch noch die Rechenfehler zugemutet, die durch die zusätzliche Detailfreudigkeit bedingt sind.

Um der Lesbarkeit entgegen zu kommen, stelle ich die mathematischen Aspekte nicht in historischer Gestalt, sondern in moderner Form dar, wobei ich mich zugleich auf das Niveau der heutigen gymnasialen Schulmathematik beschränke. Zahlreiche Abbildungen, die in ihrer großen Mehrzahl neu erstellt worden sind, sollen die Gedankengänge durchsichtiger machen. In diesem Buch mit seinem mathematischen Schwerpunkt wird außerdem auf die genuin physikalischen Arbeiten von Newton, Leibniz und Euler zu akustischen Detailfragen bewusst nicht eingegangen. Ihr Beitrag zur Geschichte der modernen Akustik muss eigenständigen Untersuchungen überlassen bleiben. Ich beschränke mich hier auf die Darstellung der Koinzidenztheorie, soweit sie zum Verständnis historischer und musiktheoretischer Positionen notwendig ist.

Für manche Naturwissenschaftler und Mathematiker wird die Theorie der musikalischen Intervalle und Skalen eher fremd sein. Daher unternehme ich im ersten Abschnitt dieses Buches als drittes Wagnis den Versuch, auf der Basis gewisser historischer Sachverhalte und der elementaren Musiktheorie für die Darstellung der sehr unterschiedlichen mathematischen Modelle, die in diesem Buche eine Rolle spielen werden, einen gemeinsamen Hintergrund zu skizzieren. Auswahl, Umfang und Formulierung dieser vorbereitenden Betrachtungen sind wiederum nur subjektiv begründbar. Ich orientiere mich dabei an der Idee der von Leibniz entdeckten harmonischen Gleichungen, obwohl ihre Entdeckungsgeschichte erst in Abschnitt IV.5 thematisiert und in Abschnitt V formal abgeschlossen wird. Aus diesem Grunde bewegt sich die Argumentation überwiegend im aristoxenischen Treppenmodell und weniger im pythagoreischen Saitenlängenmodell, und die Verwendung von Begriffen wie Natürlichkeit und Reinheit in der Musik wird eher kritisch betrachtet. Abschnitt I kann für sich genommen als eine kurze, historisch orientierte Darstellung der musikalischen Elementarlehre mit spezieller Akzentsetzung gelesen werden, wobei das kleine Begriffsregister am Ende des Buches bei der Orientierung helfen soll. Die Hauptakteure Newton, Leibniz, Henfling und Euler sind allesamt Teilnehmer einer regen wissenschaftlichen und kulturellen Diskussion. Um das Besondere ihrer jeweiligen Theorie im Kontrast zu wichtigen zeitgenössischen Diskussionspartnern deutlicher hervortreten zu lassen, habe ich mich entschlossen, in Abschnitt II vorab die individuellen Positionen von Kepler, Mersenne, Descartes, Wallis, Huygens und Sauveur zu skizzieren. Dadurch wird auch die allgemeine Formulierung des Buchtitels besser gerechtfertigt.

Es gibt keine eigenständige Publikation Newtons zu Fragen der Musik. Nur in den optischen Werken sind einige wenige Hinweise auf dieses Thema zu finden. Seine Notizbücher, die heute in der Universitätsbibliothek von Cambridge aufbewahrt werden und seit 2012 auf der Website der Bibliothek als Faksimile einzusehen sind, enthalten jedoch Ausführungen zu musikalischen Intervallen und Skalen, die bisher nur in allgemeiner konzipierten Arbeiten von Penelope Gouk[3], Benjamin Wardhaugh[4] und Mark Lindley[5] angesprochen worden sind.

Von Leibniz existiert ebenfalls keine geschlossene Abhandlung zur Musiktheorie. Es gibt aber viele verstreute Äußerungen zu diesem Thema, darunter auch solche, die noch nicht transkribiert und publiziert worden sind. Die darin gefundenen musiktheoretischen Ideen habe ich 2011 bereits auf dem IX. Internationalen Leibniz-Kongress vorgetragen und in einem zweiteiligen Aufsatz in den Studia Leibnitiana[6] dargestellt, auf den hier vielfach zurückgegriffen wird. Der fragmentarische Charakter der Überlieferung und die Eigenart seiner Theorie machen es sinnvoll, auf einige Aspekte seiner Philosophie einzugehen, wobei auf das Buch von Ulrich Leisinger[7] zurückgegriffen werden kann. Die Leibniz-Bibliothek in Hannover hat dankenswerterweise die Genehmigung für die Wiedergabe der aus den Handschriften stammenden Abbildungen erteilt. Der Abdruck der Abbildung 71 ist vom Museum Spandovia Sacra in Berlin-Spandau genehmigt worden.

Weil sich Leibniz mit der 1710 veröffentlichten Arbeit Conrad Henflings ausführlich beschäftigt, und weil darin einige ungewöhnliche inhaltliche Ansätze zu finden sind, die meiner Meinung nach eine gründlichere Darstellung ver-

3   Gouk 1982 sowie Gouk 1999.
4   Wardhaugh 2008.
5   Lindley 1987, S. 201-211.
6   Bühler,Walter, *Musikalische Skalen und Intervalle bei Leibniz unter Einbeziehung bisher nicht veröffentlichter Texte, Teil I*, in: *Studia Leibnitiana*: Band XLII, Heft 2 (2010), S. 129 -161, *Teil II*: im Druck.
7   Leisinger 1994.

4

dienen, wird diesem wenig bekannten Autor ein eigenes Kapitel gewidmet. Das schwierige Werk Henflings ist seit 2011 auf der Web-Site der Berlin-Brandenburgischen Akademie zu finden[8]. Es ist am Ende des 20. Jahrhunderts von Patrice Bailhache[9] diskutiert worden, nachdem Rudolf Haase 1982 den Briefwechsel Henflings mit Leibniz veröffentlicht hat[10].

Der Ausflug in das Zeitalter der frühen Aufklärung findet mit Leonhard Euler seinen Abschluss. Da die wesentlichen Arbeiten Eulers in gedruckter Form erschienen sind, werden sie schon zu ihrer Entstehungszeit öffentlich diskutiert. Hermann Richard Busch hat 1970 eine umfangreiche Untersuchung[11] vorgelegt, welche sich nicht nur auf die Lehre von den Intervallen und Skalen beschränkt. Dennoch erscheint auch Eulers relativ bekannte Theorie in einem anderen Licht, wenn man sie aus der in diesem Buche gewählten Perspektive betrachtet.

Der Epilog geht schließlich noch einmal allgemein auf das Verhältnis der Musiktheorie zur Mathematik ein, wobei die kritische Sicht der Musiktheorie auf die Mathematik im Mittelpunkt steht, wie sie in den Werken von Johann Mattheson aus dem 18. Jahrhundert enthalten ist.

Im weiten Grenzgebiet von Mathematik, Physik, Philosophie und Musiktheorie zeigen die Wissenschaftler der frühen Neuzeit insgesamt eine erstaunliche Kreativität und Originalität. Ihre Fragestellungen sind auch heute noch durchaus aktuell, wenn man sie in ihren Details und in ihrer Komplexität ernst nimmt und sich nicht mit oberflächlichen Antworten zufrieden gibt. Mir bleibt nur zu wünschen übrig, dass das Buch in diesem Sinne die Neugier und das Interesse des Lesers wecken kann.

---

8   Henfling 1710.
9   Bailhache 1992.
10   Haase 1982.
11   Busch 1970.

I. Musikalische Skalen aus mathematischer Sicht

1. Diatonische Struktur

a) Intervalle und Skalen in der Antike

Der Raum der musikalischen Intervalle wird in der europäischen Tradition von den Konsonanzen aus erschlossen. Eine Konsonanz unterscheidet sich von einer Dissonanz nicht nur durch die Angenehmheit ihres Klanges. Sie kann auch von musikalisch Gebildeten innerhalb eines relativ kleinen Toleranzbereiches eindeutig erkannt und reproduziert werden. In diesem Sinne besitzt ein konsonantes Intervall – im Kreise musikalisch gebildeter Personen – eine identifizierbare Größe und ermöglicht so grundsätzlich einen quantitativen Zugang zu den Intervallen. Gut identifizierbare Konsonanzen können als Stimmintervalle ein Gerüst für die Größenbestimmung aller Intervalle bilden.

Schon in der Antike gelten die Intervalle Oktave (*Diapasôn*), Quinte (*Diapénte*) und Quarte (*Diatessáron*) als Stimmkonsonanzen. Während heute auch die Terzen als konsonant betrachtet werden, wird in der Antike die Quarte als die kleinste Konsonanz angesehen. Der quantitative Zusammenhang zwischen den drei antiken Grundkonsonanzen wird durch die Skizze in Abbildung 1 veranschaulicht. Das dissonante Intervall *T*, das damals als *Tónos* [*lat. tonus*] und heute als Ganzton bezeichnet wird, ist die Differenz zwischen Quinte und Quarte. Es gilt Oktave = Quinte + Quarte, Quinte = Quarte + Ganzton und Quarte < Quinte < Oktave. Man kann die fundamentale Folge Oktave–Quinte–Quarte–Ganzton daher als eine Kettendifferenz betrachten. Derartige Kettendifferenzen erweisen sich als interessante Strukturierungsmöglichkeiten für die Intervallbildung in der Musiktheorie.

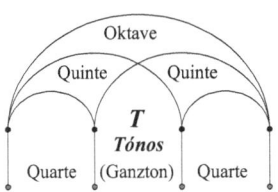

Abbildung 1

6

Obwohl der Ganzton T ein dissonantes Intervall darstellt, wird er schon in der Antike als Einheit für die Angabe musikalischer Intervallgrößen und als primäres Schrittintervall für die Skalenbildung verwendet. Er kann nämlich als Differenz der Konsonanzen Quinte und Quarte ebenfalls schnell eingestimmt werden. Durch einfache Stimmexperimente wird schon damals festgestellt, dass eine Quarte größer als zwei und kleiner als drei Ganztöne sein muss.

Damals wie heute wird das Problem der Skalenbildung meist auf die Gliederung einer Oktave reduziert, deren Struktur sich wiederholen kann. Jede Quarte (jedes Tetrachord) wird durch zwei innere Stufen in drei Intervalle geteilt, die als bewegliche Stufen gelten. Daher wird eine Oktave insgesamt durch sechs Zwischenstufen in sieben Teilintervalle zerlegt, wobei in der Antike die beiden Quarten durch ihre beweglichen Stufen gleich strukturiert sein müssen. Man spricht daher von heptatonischen Oktavskalen, die nach ihrer Quarten- oder Tetrachordgliederung unterschieden werden können.

Anders als heute kennt man in der Antike viele unterschiedliche Möglichkeiten für die Einteilung der Quarte durch die beiden als beweglich angesehenen Stufen. Sie können über das größte Teilintervall grob nach drei Tongeschlechtern klassifiziert werden (Abbildung 2). Von diesen hat das diatonische Geschlecht die weitere historische Entwicklung in Europa geprägt. Hierbei werden in jede Quarte zwei *Tónoi* oder Ganztöne T eingestimmt. Dadurch entsteht ein Doppelganzton oder Dítonos, der heute als große Terz bezeichnet wird. Weil die Größe der Quarte zwischen zwei und drei Ganztönen liegt, ist das dritte Intervall s deutlich kleiner als die beiden Ganztöne und wird daher als Restintervall (*apotomè* / *leîmma*) oder meist einfach als Halbton (*hemitónion; lat. semitonium*) bezeichnet. Wegen der Ungenauigkeit beim Stimmen muss man damit rechnen, dass die beiden Ganztöne in der Quarte sich ein wenig untereinander und vom Ganzton zwischen Quinte und Quarte unterscheiden.

Antike Tongeschlechter

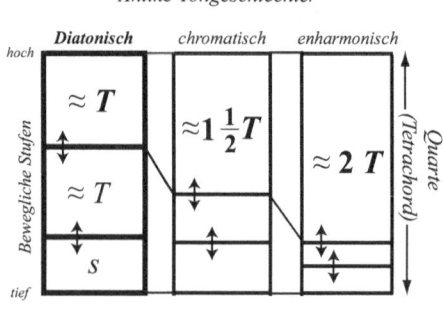

Abbildung 2

Intervalle werden in der Regel von den Konsonanzen aus mittels Differenzenbildung definiert, sie können aber auch mittels Zusammenfassung (*sýnthesis*) oder Summenbildung durch die Schrittintervalle *T* und *s* angegeben werden. Das Denken in solchen Schritten entspricht der Bewegung auf den Stufen einer Treppe oder einer Leiter, so dass man vom Treppenmodell sprechen kann, wenn man auf dieser Basis eine mathematische Behandlung musikalischer Skalen beginnt. Die konsonanzbasierte analytische oder differenzierende Betrachtungsweise wird so bereits in der Antike durch eine synthetische oder integrierende Betrachtungsweise ergänzt. Eine diatonisch gegliederte Oktave besteht demnach aus fünf ungefähr gleichgroßen Ganztönen *T* und zwei Halbtönen *s*, welche jedoch nicht notwendigerweise die numerisch exakte Hälfte von T darstellen müssen.

Aristoxenos von Tarent, ein Nachfolger des Aristoteles, formuliert im vierten vorchristlichen Jahrhundert als erster eine Theorie[12] der Intervalle und Skalen mit wissenschaftlichem Anspruch, die sich am musikalischen Geschehen orientiert. *„Wir ... wollen versuchen, alle Prinzipien zu erfassen, welche sich den in der Musik Erfahrenen zeigen, und aus diesen abzuleiten, was sich daraus ergibt."*[13] Er fixiert für die Skalenbildung im diatonischen Geschlecht, die nicht auf die Oktave beschränkt sein muss, zusätzlich drei weitere Regeln:

(1)   Es darf *„das Halbtonintervall nicht zu beiden Seiten eines Ganztons auftreten."*[14], d.h. eine Folge *sTs* kann nicht vorkommen.

(2)   Man darf *„drei Ganztonintervalle nacheinander setzen, mehr aber nicht"*[15], d.h. eine Folge *TTTT* ist nicht zugelassen.

(3)   Es *„können niemals zwei Halbtonintervalle aufeinander folgen"*[16], d.h. die Folge *ss* darf nicht auftreten.

In einer diatonischen Skala können daher nur die Intervall-Gruppen *sTTs* und *sTTTs* auftreten. Sieben aufeinander folgende Intervalle aus der Folge $...Ts\underbrace{TT}_{2}s\underbrace{TT}_{2}s\underbrace{TT}_{2}sT...$ ergeben jedoch keine Oktave mit fünf Ganztönen *T* und zwei Halbtönen *s*, und die Siebener-Gruppe $\underbrace{TTT}_{3}s\underbrace{TTT}_{3}$ aus der Folge $...Ts\underbrace{TTT}_{3}s\underbrace{TTT}_{3}s\underbrace{TTT}_{3}s\underbrace{TTT}_{3}sT...$ bildet ebenfalls keine Oktave.

---

12   Aristoxenos S. 5 (1, 11 Meibom): „Τῆς περὶ μέλους ἐπιστήμης ...".

13   Aristoxenos S. 42 (32, 31 Meibom): „Ἡμεῖς δ᾽ ἀρχάς τε πειρώμεθα λαβεῖν φαινομένας ἀπάσας τοῖς ἐμπείροις μουσικῆς καὶ τὰ ἐκ τούτων συμβαίνοντα ἀποδεικνύναι."

14   Aristoxenos S. 83 (66,19 Meibom): „Ἐν διατόνῳ δὲ τόνου ἐφ᾽ ἑκάτερα ἡμιτόνιον οὐ μελῳδεῖται."

15   Aristoxenos S. 81 (65,2 Meibom): „... τρία τονιαῖα ἑξῆς τεθήσεται, πλείω δ᾽ οὔ."

16   Aristoxenos S. 81 (65,9 Meibom): „... δύο ἡμιτονιαῖα ἑξῆς οὐ τεθήσεται."

Die Intervall-Gruppen sTT und $sTTT$ müssen sich daher in einer diatonischen Skala regelmäßig abwechseln, und jede reale diatonische Skala muss schließlich nach Aristoxenos einen endlichen zusammenhängenden Abschnitt aus der diatonischen Sequenz...$Ts\underset{2}{\underline{TT}}s\underset{3}{\underline{TTT}}s\underset{2}{\underline{TT}}s\underset{3}{\underline{TTT}}sT$... bilden, bei der man aus sieben aufeinanderfolgenden Intervallen immer eine Oktave erhält. Es gibt folglich sieben verschiedene Oktavgliederungen oder *Oktavgattungen*, die sich durch die Position der Halbtonschritte unterscheiden lassen.

An dieser diatonischen Grundstruktur hat sich bis heute nichts geändert, auch wenn seit der Renaissance leichte Modifikationen mit unterschiedlich großen Ganztönen in der Musiktheorie thematisiert werden. Wenn in einer diatonischen Struktur die Ganztöne tatsächlich als gleich groß angesehen werden, bezeichnen wir sie als regulär, während wir Falle von zwei unterschiedlich großen Ganztonschritten von einer bireguläuren diatonischen Struktur sprechen.

b) Aristoxenisches Treppenmodell und gleichmäßiges Zwölfersystem

Die Wissenschaft von der Musik kann sich nach Aristoxenos nicht – wie die Mathematik selbst – allein auf logische Reflexion (*diánoia*) stützen. Vielmehr muss in der Musik die Wahrnehmung (*aísthesis*) für die wissenschaftliche Theoriebildung gleichberechtigt herangezogen werden. „*Für den Musiker hat die Genauigkeit der sinnlichen Wahrnehmung nahezu die Bedeutung eines Grundprinzips, da unmöglich jemand mit schlechten Wahrnehmungen gut über die Dinge reden kann, deren Eigenschaften er gar nicht wahrnimmt.*"[17]

Er beruft sich auf die Erfahrung, dass bei jeder akustischen Kommunikation – sowohl beim Singen wie beim Sprechen – eine Bewegung der menschlichen Stimme hinsichtlich Höhe und Tiefe wahrgenommen wird. Die musikalische Bewegung der Stimme erscheint in der menschlichen Vorstellung als (vertikale) räumliche Bewegung[18]. Man kann daher sagen, dass die akustische Wahrnehmung in unserer Vorstellung einen Eindruck oder ein Bild eines musikalischen Intervalls erzeugt, welches dem Bild einer räumlichen Strecke entspricht.

Lange bevor die Mathematik als Wissenschaft überhaupt in Erscheinung tritt, praktiziert der Mensch beim Umgang mit Strecken und ihren Längen elementare rechnerische und geometrische Verfahren, insbesondere zur Messung

---

17   Aristoxenos S. 42-43 (33, 21 Meibom): „τῷ δὲ μουσικῷ σχεδόν ἐστιν ἀρχῆς ἔχουσα τάξιν ἡ τῆς αἰσθήσεως ἀκρίβεια, οὐ γὰρ ἐνδέχεται φαύλως αἰσθανόμενον εὖ λέγειν περὶ τούτων ὧν μηδένα τρόπον αἰσθάνεται."

18   Aristoxenos S. 7 (3, 5 Meibom): „ ... τήν τῆς φωνῆς κίνησιν ... κατὰ τόπον."

und Berechnung von Abständen. Solche protogeometrischen Verfahren und Begriffe, die auf der intuitiven Orientierung im Raume beruhen, werden nach Aristoxenos spontan auf musikalische Intervalle und Skalen übertragen. Das zeigt sich exemplarisch in den Begriffen *intervallum* und *scala* selbst. Das griechische Wort *diástema*, welches zur Bezeichnung eines musikalischen Intervalls verwendet wird, bezeichnet auch den Abstand von zwei Punkten oder die Länge einer Strecke im Raum. Wie geometrische Streckenlängen bilden auch musikalische Intervallgrößen ein Kontinuum, und gleichgroße Strecken entsprechen gleichgroßen Intervallen.

Wie schon die gewöhnliche Längenmessung kann auch die quantitative Erfassung eines musikalischen Intervalls durch Zahlen nicht mit völliger Genauigkeit erfolgen. Da seine Größe letztlich nur durch das musikalisch geschulte Gehör verifiziert werden kann, besitzen alle Zahlenangaben in der Musik eine prinzipielle Unschärfe, die vom musikalischen Ausbildungserfolg und anderen subjektiven Faktoren abhängt und nicht ignoriert werden darf.

Aus heutiger Sicht kann man hierin eine Anwendung von mathematischen Verfahren erkennen, auch wenn diese von so elementarer geometrischer Natur sind, dass sie von vielen Menschen gar nicht als mathematische Überlegungen empfunden werden. Die Herleitung der Sequenz *...TsTTsTTTsTTs...* im vorigen Abschnitt ist ein Beispiel dafür. Wir sprechen vom Treppenmodell und vom Intervallkalkül, um diese spezielle mathematische Modellbildung innerhalb der Musik, die sich durch ihre große Einfachheit auszeichnet, von anderen quantitativen Modellbildungen in der Musik sprachlich zu unterscheiden.

Mit einem sorgfältig ausgeklügelten Stimmexperiment, das eine reguläre Struktur voraussetzt, bestätigt Aristoxenos die Beziehung Quarte = 2½ *T* oder *s* = ½ *T*. Wie in Abbildung 2 zu sehen ist, ergeben sich diese Zusammenhänge auch schon intuitiv durch den Begriff des Halbtons. Für Aristoxenos ist jedenfalls die Größe aller Basiskonsonanzen ein ganzzahliges Vielfaches des exakten gleichmäßigen Halbtons. Nach Abbildung 1 folgt aus der Gleichung Quarte = 2½ *T* = 5*s* die Aussage Quinte = 3½ *T* = 7*s*. Daher muss auch gelten Oktave = 6 *T* = 12*s*. Diese quantitativen Angaben für die Basiskonsonanzen stimmen mit den modernen Ergebnissen im gleichmäßigen Zwölfersystem überein, in welchem die Oktave in zwölf gleichgroße Halbtonschritte geteilt wird.

Das moderne Zwölfersystem, bei dem nicht nur die Größe einer Konsonanz, sondern die Größe eines jeden Intervalls als Vielfache des gleichmäßigen Halbtons *s* angegeben werden kann, erscheint bei Aristoxenos als der Sonderfall *diátonon sýntonon* im diatonischen Geschlecht. In diesem regulären Spezialfall sind die beweglichen Stufen in einer Quarte so fixiert, dass die beiden Ganztonschritte in Abbildung 2 exakt gemäß *T* = 2*s* übereinstimmen. Da Aristoxenos aber die Vielfalt der Skalen seiner Zeit beschreiben will, betrachtet er daneben

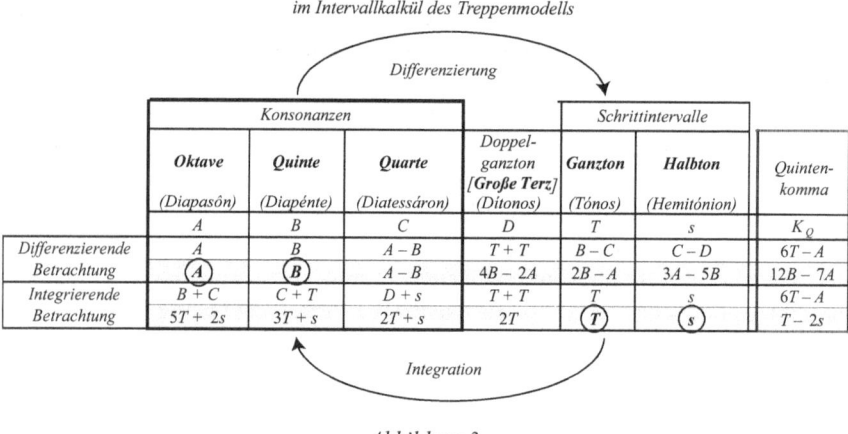

mehrere andere Spielarten des diatonischen Geschlechts, die keine Regularität aufweisen. Bei der Untersuchung aller Tongeschlechter gibt es schließlich für ihn auch Intervalle, die deutlich kleiner sind als der gleichmäßige Halbton. Diese werden von ihm ebenfalls als Bruchteile des Ganztons angegeben.

c) Die reguläre diatonische Struktur

Die differenzierende oder analytische Betrachtungsweise der diatonischen Struktur, welche von den großen Stimmkonsonanzen zu den kleinen Schrittintervallen der diatonischen Sequenz führt, ist musikalisch wohl begründet. Indem man umgekehrt bei den Schrittintervallen T und s beginnt und aus ihnen die größeren Intervalle zusammensetzt, kann man die diatonische Struktur jedoch auch in der integrierenden oder synthetischen Betrachtungsweise studieren.

Betrachtungsmöglichkeiten der regulären diatonischen Struktur
im Intervallkalkül des Treppenmodells

Differenzierung

	Konsonanzen				Schrittintervalle		
	Oktave	*Quinte*	*Quarte*	*Doppel-ganzton [Große Terz]*	*Ganzton*	*Halbton*	*Quinten-komma*
	(Diapasón)	*(Diapénte)*	*(Diatessáron)*	*(Ditonos)*	*(Tónos)*	*(Hemitónion)*	
	A	B	C	D	T	s	K_Q
Differenzierende Betrachtung	A	B	$A-B$	$T+T$	$B-C$	$C-D$	$6T-A$
	(A)	(B)	$A-B$	$4B-2A$	$2B-A$	$3A-5B$	$12B-7A$
Integrierende Betrachtung	$B+C$	$C+T$	$D+s$	$T+T$	T	s	$6T-A$
	$5T+2s$	$3T+s$	$2T+s$	$2T$	(T)	(s)	$T-2s$

Integration

Abbildung 3

Aus heutiger Sicht sind in einer regulären diatonischen Struktur beide Betrachtungsweisen äquivalent, weil die beiden zugehörigen linearen Gleichungssysteme äquivalent sind:

$$\begin{bmatrix} A = 5T + 2s \\ B = 3T + s \end{bmatrix} \Leftrightarrow \begin{bmatrix} T = 2B - A \\ s = 3A - 5B \end{bmatrix}.$$

Setzt man $s = 1$ und $T = 2$, so gewinnt man aus Abbildung 3 die Angaben für das gleichmäßige Zwölfersystem, welches sechs gleichgroße Ganztöne bzw. zwölf gleichgroße Halbtöne in der Oktave besitzt. Andere reguläre Systeme sind daran erkennbar, dass die Differenz von sechs Ganztönen und der Oktave von Null verschieden ist. Diese Differenz wird in der Antike als Komma bezeichnet. Wir sprechen vom Quintenkomma, um es sprachlich von anderen Kommata unterscheiden zu können, die in der Geschichte ebenfalls wichtig werden. Das Quintenkomma wird in der Geschichte zum ersten Mal im pythagoreischen System thematisiert und darin durch eine konkrete Zahl angegeben, die heute als pythagoreisches oder ditonisches Komma bezeichnet wird (vgl. Abbildung 4).

d) Saitenlängenmodell und Proportionenkalkül

Seit dem sechsten vorchristlichen Jahrhundert entsteht in Griechenland die Mathematik. Damals wird im Kreise der Pythagoreer entdeckt, dass es inkommensurable geometrische Strecken gibt. Die neue Wissenschaft Mathematik entfaltet sich zu einem bedeutenden Teil in der geometrischen Algebra, in der strengen Behandlung von irrationalen Größen in geometrischer Gestalt. Der Zahlbegriff selbst bleibt jedoch auf natürliche Zahlen und auf Brüche beschränkt.

Aristoxenos polemisiert in seiner Schrift gegen ein neues mathematisches Modell für musikalische Intervalle, das im Umfeld der Pythagoreer entstanden ist. Diese Theorie beruht auf der Beobachtung, dass ein musikalisches Intervall auch durch Verkürzung einer Saite hörbar gemacht werden kann. Dazu wird ein Monochord verwendet, ein Instrument, welches die durch Längenmessung kontrollierte Verkürzung einer Saite erlaubt. Jedes musikalische Intervall kann auf dem Monochord hörbar und zugleich sichtbar gemacht werden, und jede Intervallgröße lässt sich durch die Angabe des Saitenlängenverhältnisses erfassen, nämlich durch zwei Zahlen, die aus zwei Längenmessungen hervorgehen.

Weil es wie auf jeder geraden Linie auch auf einem Monochord inkommensurable Strecken gibt, sind aus heutiger Sicht in diesem Saitenlängenmodell nur dann wirklich alle musikalischen Intervalle durch Zahlen bestimmbar, wenn auch irrationale Längenmaßzahlen in Proportionen oder Progressionen zugelassen werden. Die Menge aller wirklichen Saitenlängenverhältnisse bildet ebenso wie die Menge aller Saitenlängen selbst ein Kontinuum.

Die pythagoreische Theorie der musikalischen Intervalle wechselt mit ihrem Proportionenkalkül jedoch nicht nur vom Treppenmodell ins Saitenlängenmodell. Sie akzeptiert von Anfang an für die Musiktheorie nur solche Saitenlängenverhältnisse, die als Zahlenproportionen von natürlichen Zahlen und Bruchzahlen angegeben werden können, wobei jede mit Brüchen geschriebene Zahlenproportion in eine äquivalente ganzzahlige Proportion umgewandelt werden kann. Sie verlagert damit letztlich den mathematischen Bezugspunkt weg von der Geometrie hin zur Arithmetik. Für die mathematische Beschreibung musika-

12

lischer Intervalle dürfen außerdem nur bestimmte ganzzahlige Proportionen verwendet werden. Daher kann im ganzzahligen Saitenlängenmodell prinzipiell nur eine begrenzte Auswahl aus der vollen Menge der musikalisch möglichen Intervallgrößen erfasst werden. Es gibt viele wichtige musikalische Skalen, die in der pythagoreischen Theorie nicht darstellbar sind. Das gilt nicht nur für das gleichmäßige Zwölfersystem.

Die pythagoreische Theorie kann dennoch für die europäische Musiktheorie eine große Bedeutung gewinnen, weil damals wie heute im Rahmen der menschlichen Hörgenauigkeit und Hörgewohnheit das Verhältnis (2:1) eine Oktave, (3:2) eine Quinte und (4:3) eine Quarte zu Gehör bringt.

Das der musikalischen Addition von Intervallen entsprechende Rechenverfahren für ganzzahlige Proportionen wird deutlich, wenn man die Proportionen als Brüche schreibt. Wenn man hilfsweise für die Addition das Zeichen $\circ$ einführt, dann muss ja wegen Oktave = Quinte + Quarte gelten $\frac{3}{2} \circ \frac{4}{3} = \frac{2}{1}$. Offenbar kann $\circ$ nicht durch unser Additionszeichen $+$ ersetzt werden. Das Multiplikationszeichen $\cdot$ führt dagegen zu einer wahren Aussage. Musikalische Intervalle, die durch Proportionen angegeben sind, werden im Proportionenkalkül schon seit der Antike addiert, indem die zugeordneten Verhältniszahlen multipliziert werden. Sie werden subtrahiert, indem die Verhältniszahlen dividiert werden.

Bei genuin musikalischen Fragen, die sich nicht auf die rechnerische Analyse von Intervallen und Skalen beziehen, verlassen auch pythagoreische Theoretiker das Saitenlängenmodell und übernehmen die am Treppenmodell orientierten Sprachgewohnheiten der Praktiker. Auch ein Pythagoreer spricht daher von der Addition und Subtraktion musikalischer Intervalle, wenn er im Saitenlängenmodell ganzzahlige Verhältnisse multipliziert und dividiert. Der additive Sprachgebrauch der Musik strahlt sogar auf das Rechnen mit Proportionen insgesamt zurück: Fast alle Theoretiker sprechen auch bei Proportionen von einer Addition, wenn sie die zugehörigen Zahlenverhältnisse multiplizieren.

Konsonanzen				Schrittintervalle		
Oktave	*Quinte*	*Quarte*	*Doppelganzton* (*Große Terz*)	*Ganzton*	*Halbton*	*Pythag.* (*ditonisches*)
(*Diapasón*)	(*Diapénte*)	(*Diatessáron*)	(*Dítonos*)	(*Tónos*)	(*Leímma*)	*Komma*
A	*B*	*C*	*D*	*T*	*s*	$K_Q = K_P$
A	*B*	*A – B*	*4B – 2A*	*2B – A*	*3A – 5B*	*12B – 7A*
5T + 2s	*3T + s*	*2T + s*	*2T*	*T*	*s*	*T – 2s*
$\frac{1}{2}$	$\frac{2}{3}$	$\frac{3}{4}$	$\frac{64}{81}$	$\frac{8}{9}$	$\frac{243}{256}$	$\frac{524288}{531441}$

(Leftmost label for bottom rows: *Pythagoreisches System*)

Abbildung 4

Wenn man diesen Übergang von der Addition zur Multiplikation konsequent durchführt, kann man mit Hilfe der diatonischen Struktur von Abbildung 3 die Grundgrößen des pythagoreischen Systems ohne Schwierigkeiten auch im Saitenlängenmodell berechnen (Abbildung 4). Das Quintenkomma ist von Null verschieden, wobei der hier auftretende Zahlenwert, das pythagoreische oder ditonische Komma K_P, bereits in der Antike als konkrete Proportion angegeben wird. Der diatonische Halbton s wird als *Leímma* oder Limma bezeichnet und die Differenz $s' = T\text{–}s$, die durch (2187:2048) bestimmt ist, als *Apotome*. Wegen $\frac{256}{243} = 1 + \frac{13}{243} = 1 + \frac{1}{18+\frac{9}{13}} \approx 1 + \frac{1}{19}$ und $\frac{2187}{2048} = 1 + \frac{139}{2048} = 1 + \frac{1}{14+\frac{102}{139}} \approx 1 + \frac{1}{15}$ ist die

Apotome s' größer als die exakte Hälfte des pythagoreischen Ganztons T, und diese ist wegen $s < \frac{1}{2}T < s'$ wiederum größer als das Limma s. Ein pythagoreischer Ganzton T ist größer als ein Ganzton des gleichmäßigen Zwölfersystems, und seine exakte Hälfte ist größer als ein gleichmäßiger Halbton.

Die Basiskonsonanzen des pythagoreischen Systems mit den Proportionen (3:2) und (4:3) werden als reine Quinte und reine Quarte bezeichnet. Sie lassen sich zusammen mit der Oktavproportion (2:1) im Saitenlängenmodell mit den ersten vier natürlichen Zahlen beschreiben. Ihre Proportionen werden so in der figurierten Darstellung ∴ der Zahl 10 = 1 + 2 + 3 + 4 sichtbar, die als *Tetráktys* (Vierzahl) bezeichnet wird. Sie besitzt in der pythagoreischen Lehre über die Musik hinaus als kosmisch–universelles Strukturprinzip eine zentrale Bedeutung. Mit der Berufung auf die Tetraktys erhält die pythagoreische Musiktheorie eine über- oder außermusikalische Legitimation, aus der musikalische Gesetzmäßigkeiten abgeleitet werden. Diese Reduktion auf außermusikalische Prinzipien ist neben der Verwendung des Saitenlängenmodells der zweite Schwerpunkt der aristoxenischen Kritik an Pythagoras.

Die Bindung an die Tetraktys führt dazu, dass in der pythagoreischen Theorie nur solche Intervalle in der Musik denkbar sind, deren Proportionen aus den reinen Tetraktys-Proportionen abgeleitet werden können. Daher können bei pythagoreischen Proportionen nur natürliche Zahlen mit den Primfaktoren 1, 2 und 3 auftreten; 3 ist der maximale Primfaktor. Das pythagoreische Intervallsystem umfasst daher nur $\mathbb{N}\{3\}$-Proportionen, eine echte Teilmenge der ganzzahligen Proportionen, deren Glieder in gekürzter Darstellung nur die maximalen Primfaktoren 1, 2 oder 3 besitzen. Das Intervall, welches durch die $\mathbb{N}\{5\}$-Proportion (5:4) definiert ist und seit der Renaissance als reine Großterz bezeichnet wird, ist deshalb in der altpythagoreischen Theorie nicht enthalten (vgl. I.3).

Bereits die Pythagoreer erkennen, dass man die Tetraktys-Intervalle gemäß Abbildung 5 auf dem Monochord über die $\mathbb{N}\{3\}$-Progression (12:9:8:6) realisieren kann. Für beide Quarten sind in der Tat die Saitenlängenverhältnisse gleich: $\frac{9}{12} = \frac{6}{8} = \frac{3}{4}$. Aber dennoch ist es ein großer Vorzug von Abbildung 1 gegenüber Abbildung 5, dass alle Quarten entsprechend der Grundidee des Treppenmodells als Strecken gleicher Länge sichtbar werden. Auf dem Monochord werden dagegen gleiche musikalische Intervalle als unterschiedlich lange Strecken sichtbar, weil die Saitenlängenverhältnisse übereinstimmen müssen.

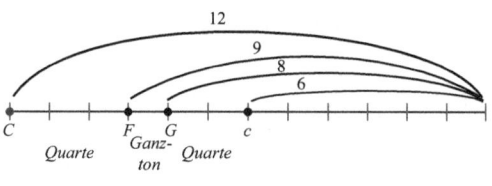

Abbildung 5

Man findet nur wenige gute Zeichnungen von Monochordteilungen für das pythagoreische und später für das natürliche System, weil solche Teilungen durch endliche Zahlenfolgen oder Progressionen wesentlich präziser dargestellt werden können. Am Beispiel der zur $\mathbb{N}\{3\}$-Progression $\alpha = (12{:}9{:}8{:}6)$ gehörenden Monochordteilung in Abbildung 5 kann man die traditionelle Schreibweise solcher Progressionen oder Mehrfachproportionen nachvollziehen, bei der mit aufsteigender Tonhöhe die Zahlen kleiner werden. Die größte Zahl wird wie bei einer Proportion als Gesamtlänge (tiefster Ton) interpretiert, und die anderen Zahlen stellen die klingenden Saitenlängen für die höheren Tonstufen dar.

e) Aristoxenische und pythagoreische Theorie

Wie das Werk des Aristoxenos zeigt, hat die pythagoreische Form der mathematischen Intervallbeschreibung im Saitenlängenmodell mit Hilfe von $\mathbb{N}\{3\}$-Proportionen in der Antike keine allgemeine Gültigkeit erlangt. Vielmehr stammt sie aus dem Umkreis pythagoreischer, platonischer und neuplatonischer Philosophie, in welcher die Tetraktys als Schlüssel zum Verständnis der gesamten Natur und des Kosmos betrachtet wird. Diese philosophischen Strömungen sind durch ein auffallendes Misstrauen gegen die sinnliche Wahrnehmung und gegen die Erfahrung geprägt, weil diese keine wahre Erkenntnis liefern können.

Die pythagoreische Polemik gegen Aristoxenos konzentriert sich deshalb auf die zentrale Rolle, welche er bei der Theoriebildung der innermusikalischen Erfahrung und damit der sinnlichen Wahrnehmung einräumt. Pythagoreische Musiktheorie will nach dem Muster einer mathematischen Disziplin ausschließlich den *lógos* oder die *ratio* zur theoretischen Konstruktion des Systems aus der Tetraktys heranziehen. Schon in der *sectio canonis*, der ersten pythagoreischen Schrift, die zusammenhängend erhalten ist und Euklid zugeschrieben wird, inszeniert sie sich als mathematische Teildisziplin, und zwar als Teilgebiet der Arithmetik. Das hat zur Folge, dass musiktheoretische Aussagen aus dem Kreis der Pythagoreer in der gleichen Sprache und mit dem gleichen Wahrheitsanspruch formuliert werden wie mathematische Sätze.

Der neuplatonische Ptolemaios-Kommentator Porphyrios stellt eine Ausnahme dar, wenn er im dritten nachchristlichen Jahrhundert auf die Tatsache verweist, dass die Aristoxener nicht weniger als die Pythagoreer auf Zahlen beruhende Beweise verwenden[19]. In der pythagoreischen Polemik wird sonst die aristoxenische Theorie durchgehend als unwissenschaftlich und unmathematisch disqualifiziert, weil sie mathematisch gesicherten Erkenntnissen widersprechen würde. Das wird an der berühmten pythagoreischen Behauptung deutlich, dass ein musikalischer Ganzton nicht in zwei gleiche Halbtöne geteilt werden könne. Der zugehörige Beweis demonstriert nur die Richtigkeit der arithmetischen Aussage, dass die $\mathbb{N}\{3\}$-Proportion (9:8) nicht in zwei gleiche $\mathbb{N}\{3\}$-Proportionen zerlegt werden kann. Die Unteilbarkeit des musikalischen Ganztons kann nur dann als „bewiesen" gelten, wenn man zwischen ganzzahligen Proportionen und musikalischen Intervallen keinen Unterschied mehr machen will und sich gedanklich der Beschränkung auf das pythagoreische System unterwirft.

Die Erfahrungsfeindlichkeit und die außermusikalische Legitimation durch das kosmische Prinzip der Tetraktys bedeuten auch, dass die Proportionen am Monochord aus pythagoreischer Sicht nur hörbar demonstriert, aber nicht hergeleitet werden dürfen. Daher handelt es sich um ein Missverständnis, wenn die pythagoreischen Operationen am Monochord als Experimente in modernem Sinne interpretiert werden. Denn auch bei diesem Gerät, welches als Kanon bezeichnet wird, darf ein wahrer Pythagoreer die Sinneswahrnehmung nicht als Richter akzeptieren.

Das Selbstverständnis als mathematische Wissenschaft impliziert schließlich auch, dass es im schroffen Gegensatz zu der von Aristoxenos gelehrten Vielfalt in der Theorie nur eine einzige richtige diatonische Skala geben kann, nämlich die nach Abbildung 4 gebildete Skala. Sie bleibt für 2000 Jahre praktisch unverändert bestehen. Sie passt jedoch ebenfalls zur allgemeinen diatonischen Sequenz ...*TsTTsTTTsTTs*..., weil die Bildungsgesetze von Abbildung 3 ja auch bei ihrer Konstruktion verwendet werden.

---

19   I. Düring [Hrsg.], Porphyrius Kommentar zur Harmonielehre des Ptolemaios, Göteborg 1932, S. 4, Z. 3: „οὐχ ἧττων γὰρ τῶν Πυθαγορείων καὶ οἱ Ἀριστοξένειοι ταῖς διὰ τῶν ἀριθμῶν χρῶνται ἀποδείξεσιν."

16

2. Pythagoreisches System und Liniensystem

a) Das Liniensystem

Der Neuplatonismus wird im Gegensatz zu anderen antiken Traditionen relativ bruchlos in die frühe christliche Theologie Westeuropas übernommen. Die Anbindung an die Theologie über die Vorstellung einer von Gott geschaffenen Weltordnung verschafft der pythagoreischen Theorie eine historisch einmalige Monopolstellung, und zwar in der Gestalt, wie sie von Boethius kodifiziert worden ist, innerhalb des Quadriviums als Anwendungswissenschaft der Arithmetik. Diese Einordnung betont ihren diskreten Charakter. Das Gebiet der kontinuierlichen Größen wird von der Astronomie vertreten, welche deshalb im Quadrivium der Geometrie zugeordnet ist.

Auch pythagoreische Theoretiker wechseln häufig ins Treppenmodell, wenn sie sich mit genuin musikalischen Fragen beschäftigen. Daher bleibt trotz der pythagoreischen Polemik das aristoxenische Treppenmodell zu jeder Zeit im Hintergrund präsent. Das zeigt sich im hohen Mittelalter in der Einführung des Liniensystems durch Guido von Arezzo. Der erstaunliche Erfolg dieser auf die musikalische Praxis und Didaktik ausgerichtet Notationsform beruht im Kern darauf, dass musikalische Intervalle durch vertikale Positionsunterschiede sichtbar gemacht werden, wobei im Grundsatz gleichgroße Abstände gleichgroßen Intervallen entsprechen. Das erkennt man an den damals neu gebildeten Intervallbezeichnungen, welche allmählich die antiken Bezeichnungen ablösen und bis heute unverändert benutzt werden. Durch einfaches Abzählen der Linien und Zwischenräume können Intervalle im Liniensystem primär durch einfache Ordinalzahlen benannt werden, und zwar auf dem Kontinent überwiegend mit lateinischen, in England dagegen mit englischen Ordinalzahlen. Von der ersten Position, welche den Grundton enthält, definiert zum Beispiel jeweils die *vierte* Position (*quarta* bzw. *fourth*) das musikalische Intervall der Quarte, unabhängig davon, in welchem Bereich der Skala man sich befindet (Abbildung 6). Man vergleiche damit die unterschiedlich langen Strecken für die Quarten *C–F* und *G–c* in Abbildung 5.

Abbildung 6

Um die unterschiedlichen Positionen auf und zwischen den Linien andeuten zu können und um gleichzeitig die Oktavgliederung der Skala auf einfache Weise bewusst zu machen, werden die sieben diatonischen Stufen in jeder Oktave mit den Buchstaben A, ..., G benannt. Unterschiedliche Oktaven werden durch unterschiedliche Schreibweisen der Buchstaben kenntlich gemacht. Einen Abschnitt der Skala, der eine vollständige Oktave umfasst, bezeichnen wir als Basisoktave. Alle Stufen der Gesamtskala entstehen dann durch Oktavierung aus den Stufen der Basisoktave, daher wird die Basisoktave in der Regel in den unteren Bereich der Skala gelegt. Die Schlüsselsymbole für die Grundstufen C, F und G legen den Zusammenhang zwischen Positionsbuchstabe und Position in den Linien fest (vgl. Abbildung 31).

Die Notation im Liniensystem setzt sich schnell durch. Seit dieser Zeit spielt das Saitenlängenmodell mit seinem Proportionenkalkül selbst bei überzeugten Anhängern des pythagoreischen Systems nur noch dann eine Rolle, wenn die musikalische Skalenbildung als solche theoretisch und rechnerisch diskutiert wird, oder wenn in der *musica mundana* und in der *musica humana* harmonische Spekulationen angestellt werden. Bei konkreten Fragen der *musica instrumentalis*, die sich nicht auf die rechnerische Analyse von Intervallen und Skalen beziehen, begeben sich auch pythagoreische Theoretiker mit der Verwendung des Liniensystems argumentativ sehr schnell in das Treppenmodell.

Das Liniensystem suggeriert allerdings sieben gleichgroße Tonschritte in einer Oktave, obwohl innerhalb einer diatonischen Struktur pro Oktave zwei Halbtöne s und fünf Ganztöne T auftreten müssen. Bei Sekunden, Terzen, Sexten und Septimen muss daher in Wirklichkeit zwischen einer großen und einer kleinen Teilklasse unterschieden werden, wenn man ihre Zusammensetzung aus Halb- und Ganztönen beachtet (Abbildung 7). Kleine oder verminderte Quinten und große oder übermäßige Quarten bilden wegen $2s \approx T$ eine gemeinsame Klasse, die man heute nach der übermäßigen Quarte TTT als Tritonus bezeichnet. Deshalb können die Begriffe Quinte und Quarte weiterhin ohne Zusatz verwendet werden. Die Nummer der Klasse entspricht der Anzahl der Halbtöne.

Reguläre diatonische Intervallklassen													
Prime	Sekunde		Terz		Quarte	übermäßig	vermindert	Quinte	Sexte		Septime		Oktave
	klein	groß	klein	groß		Tritonus			klein	groß	klein	groß	
	(Halbton)	(Ganzton)											
I	II–	II+	III–	III+	IV	IV+	V–	V	VI–	VI+	VII–	VII+	VIII
int. 0	s	T	$T+s$	$2T$	$2T+s$	$3T$	$2T+2s$	$3T+s$	$3T+2s$	$4T+s$	$4T+2s$	$5T+s$	$5T+2s$
diff. 0	$3A{-}5B$	$2B{-}A$	$2A{-}3B$	$4B{-}2A$	$A{-}B$	$6B{-}3A$	$4A{-}6B$	B	$3A{-}4B$	$3B{-}A$	$2A{-}2B$	$5B{-}2A$	A
Nr. 0	1	2	3	4	5	6		7	8	9	10	11	12

Abbildung 7

18

Man kann leicht verifizieren, dass die antike reguläre diatonische Struktur in Abbildung 3, welche sich noch nicht auf das Liniensystem bezieht, dennoch zu den neuen diatonischen Intervallklassen in Abbildung 7 passt, die erst im Liniensystem verständlich werden. Mit der Entwicklung von Tasteninstrumenten gewinnen zwölfstufige Skalen an Bedeutung, die aus jeder diatonischen Intervallklasse genau ein Intervall enthalten. Die weißen Haupttasten der Normaltastatur werden dabei mit den gleichen Buchstaben bezeichnet wie die zugehörigen diatonischen Stufen im Liniensystem. Eine zwölfstufige Skala, die für jede diatonische Intervallklasse genau eine Stufe enthält, wird daher auch als Stimmung bezeichnet, weil die Stufen den Tasten der Normaltastatur zugeordnet werden können (vgl. I.5 und Abbildung 21).

b) Solmisation und die Lage der Halbtonschritte

Weder das Liniensystem in seiner ursprünglichen Gestalt noch die Buchstabennotation machen die Stellen kenntlich, an denen Halbtöne liegen. Für den Anfänger, der das Singen erst lernen soll, führt Guido deshalb zusätzlich die Solmisation ein, die bis ins 18. Jahrhundert als Ergänzung der Buchstabenbezeichnung verwendet wird. Sie beruht auf der mnemotechnischen Einübung einer Teilskala aus fünf Intervallen, bei der in der Mitte zwischen vier Ganztonschritten ein Halbtonschritt liegt. Jeder Anfänger muss diese Skala, welche eine große Sexte oder – in antikisierender Ausdrucksweise – ein Hexachord durchschreitet, zu Beginn auswendig singen können. Guido bezeichnet die Hexachord-Stufen mit den sechs Silben *ut*, *re*, *mi*, *fa*, *sol* und *la*, sodass der Halbtonschritt in der Mitte durch die Silbenfolge *mi-fa* erfasst wird (Abbildung 8).

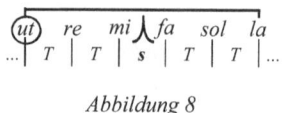

Abbildung 8

Dieses Hexachord kann nun auf verschiedenen Schlüsselstufen aufgebaut werden. Ausgangspunkt ist das *Hexachordum naturale*, das auf dem Schlüssel *ut* = C aufgebaut wird und den Halbton zwischen E und F fixiert. In einer Oktave bleibt die Struktur der kleine Terz zwischen A und C zu klären. Man muss zum natürlichen mindestens ein weiteres Hexachord hinzufügen, um alle Stufen zu erfassen. Mit dem *Hexachordum durum*, welches auf dem Schlüssel *ut* = G aufgebaut ist, wird die kleine Terz zwischen A und C so aufgeteilt, dass der Halbtonschritt unmittelbar vor der Stufe C liegt. Das *Hexachordum molle* mit dem

Schlüssel *ut* = *F* verlegt dagegen den Halbton hinter *A*, so dass vor *C* ein Ganztonschritt liegt (Abbildung 9).

So entstehen zwei gegeneinander verschobene diatonische Sequenzen, die an der Schreibweise der Stufe *B* zwischen *A* und *C* unterschieden werden können. Zum *Hexachordum molle* gehört das weiche *B*, welches in der abgerundeten Gestalt ♭ geschrieben wird, zum *Hexachordum durum* das harte *B*, welches zuerst in der Form ♮ und schließlich im deutschen Sprachraum als *H* geschrieben wird.

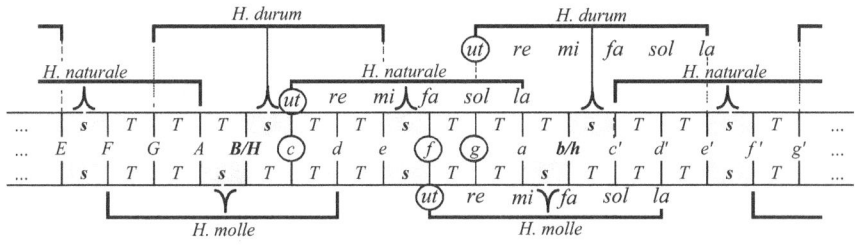

Abbildung 9

Seit Guido von Arezzo findet man zahlreiche Darstellungen wie in Abbildung 9, allerdings fast immer in vertikaler Anordnung nach dem Liniensystem wie in Abbildung 10. Alle Hexachorde erscheinen in diesen Skizzen als gleichlange Strecken: die Verschiebung der Hexachorde ist nur im Treppenmodell verständlich

Natürlich gibt es in der musikalischen Wirklichkeit nur eine endlich begrenzte Skala, welche im Mittelalter zehn Linien mit zwanzig Positionen umfasst (*scala decemlinealis*). Die vollständigen Stufenbezeichnungen setzen sich aus dem Tonbuchstaben und den Silben der beteiligten Hexachorde zusammen; so spricht man von *a la mi re* statt dem einfachen *a* (Abbildung 10). Dieses komplizierte Benennungssystem hat sich bis in die Zeiten Newtons gehalten.

Die Varianten der Stufe *b* werden als *b mi* und *b fa* unterschiedlich benannt. Aus didaktischen Gründen werden die vollständigen Stufenbezeichnungen von Guido in Spiralform auf einer Handfläche angeordnet. Sie können beim Singen mit der anderen Hand jederzeit angezeigt werden. Man spricht deshalb auch von der Hand (*manus guidonis*), wenn man die traditionelle Solmisation meint.

Die Methode der Hexachord-Solmisation wird bis zur Renaissance offenbar mit Erfolg verwendet. Aber in der Barockmusik können mit der vermehrten Verwendung der Vorzeichen Ganz- und Halbtonschritte überall im Liniensystem auftauchen, und das gedankliche Verschieben von Hexachorden zur Lokalisierung eines Halbtons wird damit zu einer schwierigen Aktion. Im Laufe des 17.

Jahrhunderts wird die Solmisation deshalb hinsichtlich ihrer pädagogischen Brauchbarkeit zunehmend kritischer gesehen und verliert schließlich in der Mitte des 18. Jahrhunderts ihre zentrale Bedeutung.

Solmisation und Liniensystem in der scala decemlinealis

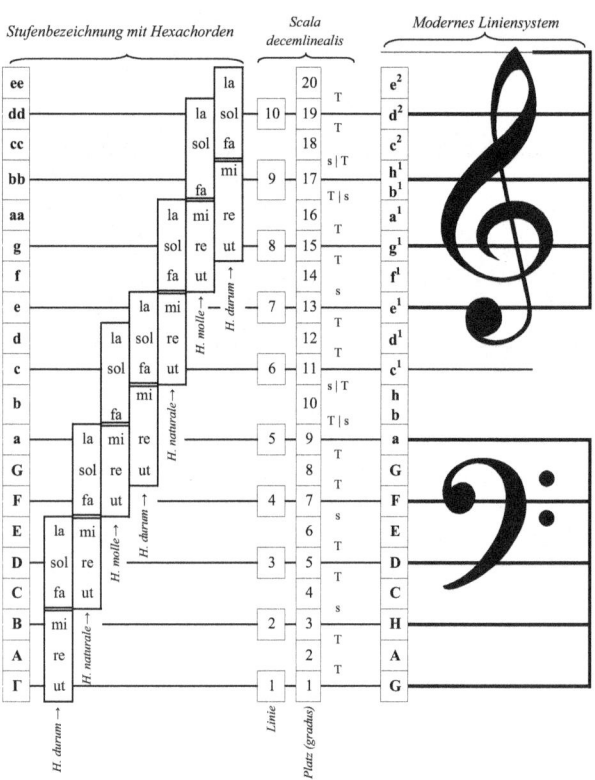

Abbildung 10

Am Beginn des 17. Jahrhunderts werden vielfältige Versuche unternommen, innerhalb der Solmisation die diatonische Struktur nicht mehr über das Hexachord, sondern über die Gliederung der ganzen Oktave zu beschreiben. Leibniz wendet bereits 1666 kombinatorisches Rechnen auch auf die Solmisationssilben an[20]. Er erwähnt dabei, dass Erycius Puteanus zu Beginn des 17. Jahrhunderts vorgeschlagen hat, durch die Einführung einer weiteren Silbe *Bi* für

---

20   Leibniz: *Dissertatio de Arte Combinatoria* 1666; A VI, 1, S. 218, Punkt 4.

den Tonbuchstaben *B* die Zahl der Tonsilben an die Zahl der Tonbuchstaben anzupassen und auf die Hexachordlehre zu verzichten[21]. Puteanus stellt die sieben neuen Silben für die Solmisation der ganzen Oktave kindgerecht im Treppenmodell als sieben Speichen eines Rades dar (Abbildung 11), wobei er *A* statt *T* und *B* statt *s* verwendet. Wenn die Speichen hervorragen, sieht man beim Abrollen im Sand die diatonischen Sequenz ...$\underbrace{TTT}_{3}\,s\,\underbrace{TT}_{2}\,s\,\underbrace{TTT}_{3}\,s\,\underbrace{TT}_{2}\,s$..., die daher auch in dem Kreisdiagramm der Abbildung 11 gut zu identifizieren ist.

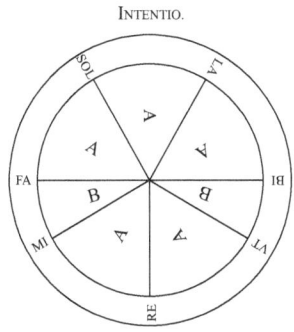

INTENTIO.

REMISSIO.
Spatium A Tonum: B Hemitonium significat.

Abbildung 11

Einflussreiche kontinentale Theoretiker wie Calvisius und Lippius empfehlen für diese neue Art der Oktavsolmisation völlig neue Silben wie etwa *Bo ce di ga lo ma ni*. Dies hat zu der Bezeichnung Bocedisation für diese neue siebenoder achtsilbige hexachordfreie Art der Solmisation geführt.

In England gewinnt dagegen eine viersilbige Oktavsolmisation viele Anhänger[22], darunter auch John Wallis und Isaac Newton (vgl. II.4 und III.2.a). Christopher Simpson schreibt 1667, dass von den sechs alten Solmisationssilben nur vier notwendig sind[23]: „*Die anderen beiden, Ut und Re sind überflüssig, und*

---

21   Puteanus 1602. In LBr 390 Bl. 88v wird Puteanus mit seinem Aufsatz ebenfalls erwähnt. Das Diagramm in Abbildung 11 befindet sich in der *Musathena* (Puteanus 1602) auf S. 76 und gehört zu dem im Titel genannten Dialog *Iter Nonianum*, in welchem Puteanus eine pädagogische Kurzfassung seiner neuen Solmisationslehre vorstellt.

22   Zur besonderen Solmisation in England siehe Barnett 2002, S. 435-441.

23   Simpson 1667a, S. 5: „The other two, Ut and Re, are superfluous, and therefore laid aside by most Modern Teachers."

werden daher von den meisten modernen Lehrern weggelassen." Die Oktave wird in sieben Schritten durch die Folge *fa sol la mi fa sol la* erfasst, wobei unter *fa* immer ein Halbtonschritt liegt (vgl. Abbildung 41). Für die verschiedenen Tonarten muss je nach Schlüssel und Schlüsselvorzeichen nur die Zuordnung von *mi* angegeben werden[24].

Der Nutzen der Oktavsolmisation oder der Bocedisation hat sich unabhängig von ihrer Ausgestaltung jedoch langfristig nicht als besonders groß erwiesen, denn sie bewirkt letztlich die Parallelisierung der Tonbuchstaben mit den Tonsilben. Das hat bereits Kepler erkannt[25]. Deswegen fällt diese unnötige Doppelung ebenso wie die veraltete Hexachord-Solmisation in der Musiktheorie schließlich weg. Im deutschsprachigen Mitteleuropa und in England benutzt man heute Tonbuchstaben, in den anderen Ländern meist die Solmisationssilben. Newton und Leibniz setzen sich jedoch noch intensiv mit beiden Benennungsverfahren auseinander.

c) Quinterzeugung pythagoreischer Skalen

Pythagoreische Skalen werden seit der Antike als Mehrfachproportionen oder Progressionen von ganzen Zahlen aus $\mathbb{N}\{3\}$ dargestellt. Da der pythagoreische Ganzton als Differenz von Quinte und Quarte und das Limma als Differenz von Quarte und Doppelganzton definiert ist, kann letztlich jede Stufe innerhalb der Oktavproportion (2:1) durch eine Folge von Quint- und Quartschritten sowie durch Oktavreduktionen gefunden werden.

Michael Stifel hat in seiner *arithmetica integra*[26] von 1544 einen Algorithmus angegeben, wie man mit einer solchen Folge von Progressionen die Oktave

---

24 Simpson 1667a, S. 6: „A rule for placing of Mi". Ohne Vorzeichen: *mi*→ *H*, ein ♭: *mi* →*E*, zwei ♭: *mi* →*A* usw.

25 Kepler 1619, Lib. III, Cap. X, S. 57. „Itaque videat Belga ille, qui pro sex septem fecit, Bo, ce, di, ga, lo, ma, ni, quod ex hoc augmene lucrum habeat; Nam si censuit, voces usurpandas aequali numero cum chordis unius octavae, ... quid quaeso desiderat in literis a. b. c. d. e. f. g. jam dudum in hunc usum receptis?"
„Daher mag jener Belgier –der anstelle von sechs die sieben Silben *Bo, ce, di, ga, lo, ma, ni* gemacht hat – sehen, welchen Vorteil er aus dieser Vermehrung gewonnen hat. Denn wenn er geglaubt hat, man müsse Silben in gleicher Anzahl mit den Stufen in der Oktave annehmen ..., was will er dann, frage ich, mit den *Buchstaben a. b. c. d. e. f. g*, die schon seit langem für diesen Zweck verwendet worden sind?" (vgl. Caspar 1939, S. 143-144).

26 Stifel 1544, Lib. I, Cap. IX, S. 70r – 75r. Eberhard Knobloch und Otto Schönberger haben eine Übersetzung angefertigt (Michael Stifel, *Vollständiger Lehrgang der Arithmetik*, Würzburg 2007, S. 119-127). Stifels Algorithmus wird hundert Jahre spä-

in beliebig viele pythagoreische Stufen einteilen kann. Stifel orientiert sich an den arithmetischen Arbeiten von Jordanus Nemorarius aus dem 13. und von Jakob Faber (Iacobus Faber Stapulensis) aus dem 15. Jahrhundert. Ausgehend von (2:1) nimmt man in jeder neuen Progression genau ein neues Element hinzu. Man muss dazu in der gegebenen Progression eine Ausgangsstufe und eine Fortschreitungsart auswählen. Dann müssen alle Glieder der gegebenen Progression mit dem entsprechenden Gesamtfaktor multipliziert werden. Die Multiplikation der ausgewählten Stufe mit dem Einzelfaktor liefert schließlich die Zahl für die neue Stufe, die in die anderen Zahlen eingeordnet werden muss.

Abbildung 12 zeigt zusammenfassend die Konstruktion der zwölfstufigen Skala Stifels für die *musica ficta*, wobei Stifels Regeln für die vier Fortschreitungsarten unten erläutert werden. Weil man mit (2:1) beginnt, können mit diesen Regeln nur $\mathbb{N}\{3\}$-Progressionen entstehen. Die jeweilige Ausgangsstufe ist eingerahmt und durch Pfeile mit der neuen Stufe verbunden.

Stifel hat nach Abbildung 12 nur die Stufen der *musica vera* mit Notenbuchstaben benannt, wobei er die beiden Varianten *B fa* und ♮ *mi* für die Stufe *B* in die diatonische Skala einbezieht, deren Progression links daneben zu finden ist. Lässt man Stifels Stufe *B fa* weg, so erhält man diejenige pythagoreische diatonische Skala, die schon in der antiken *sectio canonis* Euklids zu finden ist. Für die Beschreibung ist es bequem, außerhalb dieses Bereiches Vorzeichen wie heute üblich zu verwenden (vorletzte Spalte von Abbildung 12).

Stifel konstruiert demnach in diesem Prozess die Quartenkette *G–C–F–B*, die Quintenkette *G–D–A–E–H* und die Quartenkette *B–E♭ –A♭ –D♭ –G♭* und erhält insgesamt die Quintenkette[27] *G♭–D♭–A♭–E♭–B–F–C–G–D–A–E–H*. In seinem Buch geht er sogar noch weiter und berechnet für die Stufen *G♭*, *D♭*, *A♭*, *E♭* und *B* eine Alternative, die wir heute mit dem Vorzeichen ♯ schreiben. Die Quintenkette *G♭–D♭–A♭–E♭–B–F–C–G–D–A–E–H–F♯–C♯–G♯–D♯–A♯* zerlegt schließlich die Oktave gemäß einer Progression (84.934.656: … :42.467.328) aus 18 verschiedenen achtstelligen Zahlen in 17 Intervalle[28].

---

ter von Athanasius Kircher einem großen Publikum praktisch unverändert erneut vorgelegt (Kircher 1650, Tom. I, Lib. III, Cap. VIII-IX) . Auch alle übrigen Teile der stifelschen Musiklehre sind in Kirchers umfangreichem Werk zu finden und bilden darin einen merkwürdigen isolierten Block altertümlicher pythagoreischer Theorie, der nicht als solcher kenntlich gemacht wird.

27   Stifel 1544, S. 73a.
28   Stifel 1544, S. 75b.

Quint- und Quartkonstruktion der pythagoreischen Skala nach Michael Stifel

	▽	△	▽	▼	▼	▲	▼ ‖	△		▽	△	△		
	·2	·4	·2	·3	·3	·3	·3	·4		·2	·4	·4	← *Gesamtfaktoren* ¢	
G	1	2	8	16	48	144	432	1.296	G	5.184	10.368	41.472	165.888	G	1.200,0
													177.147	G♭	1.086,3
			9	18	54	162	486	1.458	F	5.832	11.664	46.656	186.624	F	996,1
					512		1.536	E	6.144	12.288	49.152	196.608	E	905,9	
							6.561	13.122	52.488	209.952	E♭	792,2			
				64	192	576	1.728	D	6.912	13.824	55.296	221.184	D	702,0	
							59.049	236.196	D♭	588,3					
		3	12	24	72	216	648	1.944	C	7.776	15.552	62.208	248.832	C	498,0
							2.048	♮ mi	8.192	16.384	65.536	262.144	H	407,8	
				27	81	243	729	2.187	B fa	8.748	17.496	69.984	279.936	B	294,1
					256	768	2.304	A	9.216	18.432	73.728	294.912	A	203,9	
							19.683	78.732	314.928	A♭	90,2				
Γ	2	4	16	32	96	288	864	2.592	Γ	10.368	20.736	82.944	331.776	G	0,0
	·3	·3	·3	·4	·4	·2	·4	·3		·3	·3	·3	← *Einzelfaktoren*		

"musica vera"

"musica ficta"

			Gesamt- faktor	Einzel- faktor
Quartfort- schreitung	Ohne Oktavred.	△	4	3
	Mit Oktavred.	▽	2	3
Quintfort- schreitung	Mit Oktavred.	▲	3	2
	Ohne Oktavred.	▼	3	4

Abbildung 12

Insgesamt kann man feststellen, dass sich auf diese Weise jede pythagorei-sche Stufe innerhalb einer Oktave in die Quintenkette einordnen lässt, die aus-gehend vom Grundton (bei Stifel G) von der reinen Quinte erzeugt wird und prinzipiell nach beiden Seiten unbegrenzt ist. Weil sie durch eine $\mathbb{N}\{3\}$-Proportion angegeben werden muss, lässt sich ihre Verhältniszahl in der Oktave $(2{:}1)$ in der Gestalt $v(x) = 2^m \cdot 3^x$ schreiben, wobei $1 \leq v(x) \leq 2$ gelten muss. $v(x)$ hängt nur von dem ganzzahligen Exponenten x ab, den wir als pythagorei-schen Index bezeichnen. Die Grundstufe wird mit dem Index $x = 0$ oder durch $v(0) = 1$ erfasst, die reine Quinte durch $v(1) = 2^{-1} \cdot 3^1 = \frac{3}{2}$ oder durch die Proportion $(3{:}2)$, der pythagoreische Ganzton durch $v(2) = 2^{-3} \cdot 3^2 = \frac{9}{8}$, die reine Quarte durch $v(-1) = 2^2 \cdot 3^{-1} = \frac{4}{3}$.

Im Treppenmodell lässt sich daher heute jede pythagoreische Stufe in der Gestalt $P(x)$ angeben, die formal gemäß $P(x) = \lambda(v(x))$ definiert werden kann. Dabei soll λ den musikalischen Logarithmus bezeichnen, der in I.4 näher erläutert wird. Der Übergang von $P(x)$ zu $P(x+1)$ erfolgt durch die oktavre-duzierte Addition der pythagoreischen Quinte $P(1) = \lambda(\frac{3}{2})$. Die Schreibweise $P(x)$ einer pythagoreischen Stufe in der Basisoktave zeigt über den Index die Position in der nach beiden Seiten unbegrenzten Quintenkette, wobei der Index 0 den Grundton – heute meist C – kenntlich macht. Diese Quintfortschreitung nach dem pythagoreischen Index regelt heute auch die allgemeine Notation mit beliebig vielen Vorzeichen im Liniensystem nach Abbildung 13.

Pythagoreischer Index ⟶   *(Index = 0 für Stufe C)*

| -20 | -19 | -18 | -17 | -16 | -15 | -14 | -13 | -12 | -11 | -10 | -9 | -8 | -7 | -6 | -5 | -4 | -3 | -2 | -1 | 0 | 1 | 2 | 3 | 4 | 5 | 6 | 7 | 8 | 9 | 10 | 11 | 12 | 13 | 14 | 15 | 16 | 17 | 18 |

| $\flat\flat\flat$ | | $\flat\flat$ | | $\flat$ | | *Keine Vorzeichen* | | $\sharp$ | | $\sharp\sharp$ | |

| G | D | A | E | H | F | C | G | D | A | E | H | F | C | G | D | A | E | H | F | C | G | D | A | E | H | F | C | G | D | A | E | H | F | C | G | D | A | E |

7   7   7   (B)   7   7   7

Notation im Liniensystem ⟶

Abbildung 13

Auf diese Weise kann jedem Notensymbol mit den traditionellen Vorzei-chen ein eindeutig bestimmtes pythagoreisches Intervall zugeordnet werden, wenn die Notensymbole ebenfalls in einer Sequenz angeordnet sind. Dabei wie-derholt sich die Buchstabenfolge *FCGDAEH* periodisch, wobei jeweils eine be-stimmte Anzahl an Vorzeichen zugeordnet wird. So entspricht dem Notensym-bol D$\sharp\sharp$ die pythagoreische Stufe $P(16)$ mit $v(16) = \frac{43046721}{33554432}$ bzw. mit der Propor-tion $(43046721{:}33554432)$. Diese Interpretationsmöglichkeit der musikalischen Notation, welche der pythagoreischen Theorie genau entspricht (aber auch in jedem anderen regulären System in der gleichen Weise hergeleitet werden kann), hat für die Praxis und besonders für den Gesangsunterricht allerdings keine große Bedeutung. In I.5 wird eine andere Deutung der Notation im Linien-system vorgestellt, die sich mehr auf die Praxis bezieht. Auf die Schreibweise $P(x)$ wird in V.3.b noch einmal genauer eingegangen.

d) Die pythagoreische Kommateilung

Bereits Boethius versucht, die Größe der Schrittintervalle abzuschätzen. Dabei verwendet er das pythagoreische Komma K_P als Einheit, welches man wegen $K_P = \frac{531441}{524288} = 1 + \frac{7153}{524288} = 1 + \frac{1}{73 + \frac{2119}{7153}}$ durch (74:73) abschätzen kann. Boethius zeigt damit, dass für den pythagoreischen Ganzton T gilt $8 \cdot K_P < T < 9 \cdot K_P$, wenn man zur Darstellung im Treppenmodell übergeht. T liegt dabei näher an der oberen Grenze, sodass man am Ende des Mittelalters allgemein von $T \approx 9 \cdot K_P$ und von beiden ungleichen Halbtöne $s \approx 4 \cdot K_P$ und $s' \approx 5 \cdot K_P$ ausgeht.

Entscheidet man sich für $T = 9$ und $s = 4$, dann erhält man im Treppenmodell für die diatonischen Grundgrößen nach Abbildung 3 ein reguläres Intervallsystem mit der Oktave $A=53$, nämlich die pythagoreische Kommateilung (Abbildung 14). Deren Einheit ist das Quintenkomma, und wie Euler 1739 mittels Kettenbruchentwicklung zeigt, stellt sie auch aus moderner Sicht eine hervorragende Näherung an das pythagoreische Intervallsystem dar (vgl. VII.6).

Die pythagoreische Komma-Teilung

Konsonanzen				Schrittintervalle		
Oktave	Quinte	Quarte	Große Terz (Doppelganzton)	Ganzton	Halbton	Quinten-Komma
A	B	C	D	T	s	K_Q
A	B	$A-B$	$4B-2A$	$2B-A$	$3A-5B$	$12B-7A$
$5T+2s$	$3T+s$	$2T+s$	$T+T$	T	s	$T-2s$
53	31	22	18	9	4	1

Abbildung 14

Der Wechsel aus dem pythagoreischen System in die reguläre Kommateilung erspart mit dem Übergang ins Treppenmodell in erster Linie das schwerfällige Rechnen mit Brüchen. Er macht aber unter anderem auch verständlich, warum bei der Notation im Liniensystem das aus vier Strichen oder Kommata bestehende Symbol ♯ verwendet wird, wenn die Erhöhung um den Halbton s sichtbar gemacht werden soll. Denn s setzt sich in dieser Oktavteilung genau aus vier Kommata zusammen.

3. Bireguläre diatonische Struktur und natürliches System

a) Die bireguläre diatonische Struktur

Da nach der antiken Theorie die Quarte die kleinste Konsonanz ist, gelten die Terzen in der mittelalterlichen Theorie grundsätzlich als Dissonanzen. Trotz dieser theoretischen Abqualifizierung werden sie jedoch in der mehrstimmigen Praxis des Mittelalters und der Renaissance mit großem Erfolg als Konsonanzen verwendet. Dieser Konflikt zwischen Praxis und Theorie zwingt schließlich die Theoretiker in der Renaissance zur Aufgabe des althergebrachten pythagoreischen Systems. Die diatonische große Terz wird nunmehr in den Kreis der systembildenden Intervalle aufgenommen und muss nicht mehr mit dem Doppelganzton oder Ditonus der Antike übereinstimmen.

	Konsonanzen			Große Terzen	
	Oktave	*Quinte*	*Quarte*	*Diatonische große Terz*	*Doppel-ganzton*
	A	*B*	*C*	*E*	*D*
Differenzierende	*A*	*B*	$A - B$	*E*	$T + T$
Betrachtung	$\widehat{A}$	$\widehat{B}$	$A - B$	$\widehat{E}$	$4B - 2A$
Integrierende	$B + C$	$C + T$	$D + s$	$T + t$	$T + T$
Betrachtung	$3T + 2t + 2s$	$2T + t + s$	$T + t + s$	$T + t$	$2T$

	Schrittintervalle				
	Ganztöne			Halbtöne	
	diat.	*sek.*	*diat.*	*sek.*	*chrom.*
	T	*t*	*s*	*s′*	*s″*
Differenzierende	$B - C$	$E - T$	$C - E$	$T - s$	$t - s$
Betrachtung	$2B - A$	$A - 2B + E$	$A - B - E$	$3B + E - 2A$	$2E - B$
Integrierende	*T*	*t*	*s*	$T - s$	$t - s$
Betrachtung	$\widehat{T}$	$\widehat{t}$	$\widehat{s}$	$T - s$	$t - s$

	Kennzahlen		
	Quinten-komma	*Terzen-komma*	*Schisma*
	K_Q	K_T	Σ
Differenzierende	$6T - A$	$D - E$	$K_Q - K_T$
Betrachtung	$12B - 7A$	$4B - 2A - E$	$8B - 5A + E$
Integrierende	$6T - A$	$D - E$	$K_Q - K_T$
Betrachtung	$3T - 2t - 2s$	$T - t$	$2T - t - 2s$

Abbildung 15

In der regulären Struktur wird die Oktave als eine konstante Größe angesehen, die durch unterschiedliche Maßzahlen A angegeben werden kann. Die erzeugende Quinte B wird dagegen als variable Größe betrachtet, deren unterschiedliche Werte unterschiedliche Intervallsysteme festlegen. Das gilt auch in der neuen Struktur, in welcher aber mit der großen Terz E eine weitere variable Größe auftritt. In diesem Sinne sprechen wir hier von einer b“ regulären Struktur.

In Abbildung 15, die aus Abbildung 3 entsteht, geht die differenzierende Betrachtung daher jetzt von drei Basiskonsonanzen aus, nämlich von Oktave A, Quinte B und großer Terz E. Die integrierende Betrachtung setzt entsprechend neben dem diatonischen Halbton s zwei unterschiedlich große Ganztonschritte T und t voraus. In der diatonischen Sequenz $...Ts\underbrace{TT}_{2}s\underbrace{TTT}_{3}s\underbrace{TT}_{2}s\underbrace{TTT}_{3}sT...$ müssen in jedem Siebener-Abschnitt zwei der fünf Ganztöne T durch den Ganzton t ersetzt werden, wobei deren Lage allerdings nicht einheitlich festgelegt wird. Zum ditonischen Quintenkomma kommt das Terzenkomma hinzu, das den Unterschied zwischen den beiden großen Terzen oder den beiden Ganztonschritten angibt. Die Differenz der beiden Kommata, das Schisma, wird schließlich zur dritten neuen Kennzahl.

Dass es sich um eine Verallgemeinerung von Abbildung 3 handelt, kann man verifizieren, indem man entweder die diatonische Großterz mit dem Doppelganzton gleichsetzt oder von $t = T$ ausgeht. Die Äquivalenz beider Betrachtungsweisen beruht auch im biregulären Fall auf der Äquivalenz der beiden zugehörigen linearen Gleichungssysteme:

$$\begin{bmatrix} A = 3T + 2t + 2s \\ B = 2T + t + s \\ E = T + t \end{bmatrix} \Leftrightarrow \begin{bmatrix} T = 2B - A \\ t = A - 2B + E \\ s = A - B - E \end{bmatrix}.$$

Diese äquivalenten Systeme werden formal zum ersten Mal von Leibniz aufgestellt (vgl. Abbildung 87 in IV.5.e).

b) Das natürliche System Zarlinos

Der althergebrachte pythagoreische Doppelganzton wird durch (81:64) angegeben. Da diese Proportion am Monochord recht umständlich zu verifizieren ist, wurde sie auch schon in der Antike und im Mittelalter gelegentlich durch die bequemere Proportion (5:4) = (80:64) ersetzt.

Gioseffo Zarlino entwickelt in der Mitte des 16. Jahrhunderts aus dem alten pythagoreischen System ein neues System, das er als natürlich bezeichnet. Er behält die Grundgedanken der pythagoreischen Theorie bei und beschränkt sich auf die Erweiterung der Tetraktys zum *senario*, zur Sechszahl. Auf diese Weise kommt die Proportion (5:4) für die große Terz zu den pythagoreischen Basiskonsonanzen (2:1) und (3:2) hinzu und erweitert so als reine große Terz das alte pythagoreische System mit seiner regulären Struktur zum neuen natürlichen System mit biregulärer Struktur, wobei das Terzenkomma hier den Wert (81:80) annimmt und als syntonisches Komma bezeichnet wird. Die Proportionen des neuen Systems stammen aus $\mathbb{N}\{5\}$ und enthalten die $\mathbb{N}\{3\}$-Proportionen des pythagoreischen Systems als echte Teilmenge. Abbildung 16 zeigt die diatonischen Grundgrößen des natürlichen Systems, wie sie sich aus Abbildung 15 für eine bireguläre Struktur ergeben. Dabei werden heute übliche Bezeichnungen verwendet.

Diatonische Struktur im natürlichen System Zarlinos

Konsonanzen					Schrittintervalle				
Oktave	Quinte	Quarte	Große Terzen		Ganztöne		Halbtöne		
rein	rein	rein	rein	pyth.	groß	klein	groß	klein	chrom.
A	B	C	E	D	T	t	s	s'	s''
Ⓐ	Ⓑ	A – B	Ⓔ	4B – 2A	2B – A	A – 2B + E	A – B – E	3B + E – 2A	2E – B
3T + 2t + 2s	2T + t + s	T + t + s	T + t	2T	Ⓣ	ⓣ	ⓢ	T – s	t – s
$\frac{1}{2}$	$\frac{2}{3}$	$\frac{3}{4}$	$\frac{4}{5}$	$\frac{64}{81}$	$\frac{8}{9}$	$\frac{9}{10}$	$\frac{15}{16}$	$\frac{128}{135}$	$\frac{24}{25}$

Kennzahlen		
Komma		Schisma
Pythag.	Synton.	
K_P	K_S	Σ
12B – 7A	4B – 2A – E	8B – 5A + E
3T – 2t – 2s	T – t	2T – t – 2s
$\frac{524288}{531441}$	$\frac{80}{81}$	$\frac{32768}{32805}$

Abbildung 16

Bei aller Polemik gegen das altpythagoreische System bleibt auch bei Zarlino die Anwendung der Mathematik oder des als wissenschaftlich empfundenen Rechnens in der Musiktheorie grundsätzlich mit dem ganzzahligen Proportionenkalkül im Saitenlängenmodell und mit der außermusikalischen Legitimation durch den *senario* verbunden. Der intuitive Intervallkalkül im Treppenmodell wird jedoch häufiger und bewusster als im pythagoreischen System praktiziert.

Thomas Salmon, dessen Manuskript „*The Division of a Monochord*" sich in den Notizbüchern Newtons befindet[29], bezeichnet die drei natürlichen Stufen T, t und s als „*the three common measures, which constitute all Musicall intervalls*"[30], als die drei gemeinsamen Basisintervalle, aus denen sich alle natürlichen Intervalle zusammensetzen lassen. In III.1 zeigt es sich, dass auch Newton ein Anhänger dieser integrierenden Betrachtungsweise ist.

Weitere Einzelheiten des natürlichen Systems werden in V.3 und VI.2.b dargestellt. Wir wollen hier nur noch kurz auf eine praktische Näherung eingehen. In der pythagoreischen Kommateilung haben wir eine ausgezeichnete Näherung für das pythagoreische System kennengelernt. Aus ihrem großen Ganzton $T = 9$ kann man in einfacher Weise den kleinen Ganzton $t = 8$ bilden, der nunmehr in der Oktave zweimal auftreten muss. Nimmt man zusätzlich für den diatonischen Halbton $s = 5$, so erhält man die natürliche Kommateilung, welche eine gute Näherung an das natürliche System Zarlinos darstellt (Abbildung 17).

Die natürliche Kommateilung

Konsonanzen					Schrittintervalle					Kennzahlen		
Oktave	Quinte	Quarte	Große Terzen		Ganztöne		Halbtöne			Kommata		Schisma
rein	rein	rein	rein	pyth.	groß	klein	groß	klein	chrom.	Quinten-K.	Terzen-K.	
A	B	C	E	D	T	t	s	s'	s''	K_Q	K_T	Σ
A	B	$A-B$	E	$4B-2A$	$2B-A$	$A-2B+E$	$A-B-E$	$3B+E-2A$	$2E-B$	$12B-7A$	$4B-2A-E$	$8B-5A+E$
$3T+2t+2s$	$2T+t+s$	$T+t+s$	$T+t$	$2T$	T	t	s	$T-s$	$t-s$	$3T-2t-2s$	$T-t$	$2T-t-2s$
53	31	22	17	18	9	8	5	4	3	1	1	0

Abbildung 17

Marin Mersenne lernt diese Art der Kommateilung für das natürliche System durch den flämischen Ingenieur Jean Gallé kennen. Er berichtet 1636 in seiner *Harmonie universelle*[31], dass Gallé „ *... jedes Intervall, sowohl konsonant wie dissonant, aus einer bestimmten Anzahl von Kommas zusammensetzt, nachdem er angenommen hat, dass das Komma* $^{80}/_{81}$ *der Monochordlänge oder* $^1/_{53}$ *der Oktave ist.*" Er gibt dann eine natürliche Auswahlstimmung Gallés an, eine

---

29 Thomas Salmon, *The Division of the Monochord*, MS Add 3970, Bl. 1 – 11, wobei Bl.1 eine grafische Darstellung des Monochords enthält.

30 Thomas Salmon, *The Division of the Monochord*, MS Add 3970, Bl. 4r; eine entsprechende Bemerkung findet sich auch am linken Rand des Monochords Bl.1.

31 M. Mersenne 1636a, *Livre sixieme des Orgues*, Preface au Lecteur, Bl. a2ᵛ: „...il compose chaque interualle tant consonant que dissonant d'vn certain nombre de commas, apres auoir supposé que le comma est la 80/81 de la longueur du Monochorde, ou la 1/53 partie de l'Octaue."

zwölfstufige Skala mit natürlichen Proportionen, und erklärt die Berechnung der Kommaangaben über die drei natürlichen Halbtöne (Abbildung 18).

Die Progression $\kappa = \big(2160{:}2048{:}1920{:}1800{:}1728{:}1620{:}1536{:}1440{:}1350{:}$

$1296{:}1215{:}1152{:}1080\big)$ kann ebenfalls zur Darstellung von Gallés natürlicher Auswahlstimmung verwendet werden. Sie taucht bereits im Jahre 1619 bei Johannes Kepler auf (vgl. II.1.a), der allerdings noch keinen Zusammenhang mit der Kommateilung erwähnt. Die an den Notenbuchstaben erkennbaren diatonischen Stufen $\big(1{:}\frac{8}{9}{\cdot}\frac{5}{6}{\cdot}\frac{3}{4}{\cdot}\frac{2}{3}{\cdot}\frac{3}{5}{\cdot}\frac{9}{16}{\cdot}\frac{1}{2}\big)$ Gallés zeigen die Gliederung $TstTtsT$ für die diatonische Skala.

Jean Gallés Auswahlstimmung mit Kommateilung (ca. 1635)

		0	1	2	3	4	5	6	7	8	9	10	11	12
Stufen		G	⁑	A	B	♮	C	⁑	D	♭	E	F	⁑	G
Proportionen		$\frac{1}{1}$	$\frac{128}{135}$	$\frac{8}{9}$	$\frac{5}{6}$	$\frac{4}{5}$	$\frac{3}{4}$	$\frac{32}{45}$	$\frac{2}{3}$	$\frac{5}{8}$	$\frac{3}{5}$	$\frac{9}{16}$	$\frac{8}{15}$	$\frac{1}{2}$
Kommata		0	4	4	5	9	5	14	3	17	5	22	4	26	5	31	5	36	3	39	5	44	4	48	5	53

Quelle: M. Mersenne, Harmonie Universelle, Livre sixiesme des Orgues, Paris 1636, Preface au Lecteur. f.

Abbildung 18

Mit dem musikalischen Logarithmus, der in I.4 näher erläutert wird, können den reinen Intervallen aus dem pythagoreischen und natürlichen System Maßzahlen im Treppenmodell zugeordnet werden, die bequem in der heute allgemein akzeptierte Einheit Cent (¢) interpretiert werden können. Wenn wir uns auf diese Einheit beziehen und der Oktave die Maßzahl $A = 12 = 1200¢$ zuordnen, sprechen wir im Folgenden von einer normierten Darstellung. Für die Proportion $\big(2{:}1\big)$ erhält man in dieser normierten Darstellung die Maßzahl $12 = 1200¢$, für $\big(3{:}2\big)$ (reine Quinte) $7,01955 = 701,955¢$, für die reine große Terz $\big(5{:}4\big)$ entsprechend $3,86314 = 386,314¢$ und für die Proportion $\big(81{:}64\big)$ des pythagoreischen Doppelganztons (vgl. Abbildung 4) ergibt sich $4,07820 = 407,820¢$.

Diese Darstellung bildet die Grundlage der Abbildung 19, die einen Überblick über die Kommateilungen bieten soll. An $\frac{12}{53} \cdot 31 = 7,01887 = 701,887¢$ und $\frac{12}{53} \cdot 18 = 4,07547 = 407,547¢$ kann man erkennen, mit welcher großen Genauigkeit das pythagoreische System durch die pythagoreische Kommateilung approximiert wird. Wegen $\frac{12}{53} \cdot 17 = 3,84906 = 384,906¢$ kann auch im Falle des natürlichen Systems die Approximation noch als sehr gut bezeichnet werden.

Man findet in der Literatur eine weitere Art der Kommateilung, die ebenfalls in Abbildung 19 zu sehen ist und der Eindeutigkeit halber als Pseudo-Kommateilung bezeichnet wird. Sie entsteht, wenn man in der pythagoreischen

32

Kommateilung die beiden diatonischen Halbtöne nicht durch vier, sondern durch fünf Kommata angibt. Dann bestehen die Oktave aus 55, die Quinte aus 32 und die große Terz aus 18 Kommata. An den Werten $\frac{12}{55} \cdot 32 = 6,98182 = 698,182 \cent$ und $\frac{12}{55} \cdot 18 = 3,92727 = 392,727 \cent$ kann man sehen, dass zwar die reine Großterz besser angenähert wird als der pythagoreische Doppelganzton, dass aber insgesamt die reine Quinte und die reine Großterz schlechter approximiert werden. Die numerische Qualität der beiden echten Kommateilungen wird in der Pseudo-Kommateilung nicht erreicht (vgl. dazu Abbildung 90).

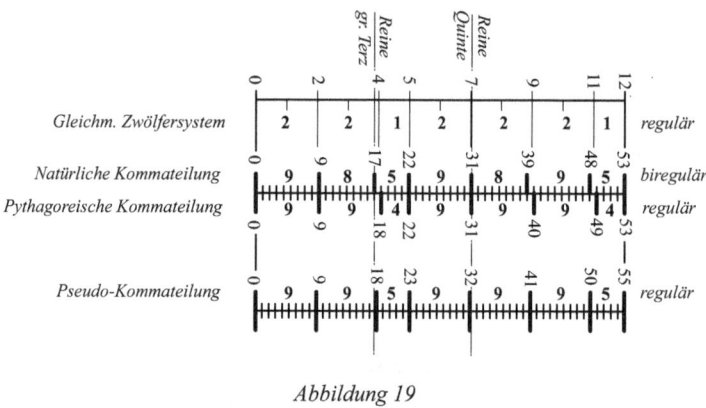

Abbildung 19

Richtet man in Abbildung 16 den Blick nur auf die diatonischen Stufenproportionen, so ruft das natürliche System gegenüber dem pythagoreischen den Eindruck größerer Einfachheit hervor. Die Skalenbildung wird jedoch wesentlich komplizierter, weil die unterschiedlich großen Ganztöne die Struktur der diatonischen Sequenz letztlich doch empfindlich stören. Es gibt daher anders als im pythagoreischen System keine eindeutig bestimmte diatonische Skala mehr. Schon Zarlino ist gezwungen, in der diatonischen Skala Doppelstufen einzuführen, die musikalisch gleichwertig sind, sich aber um ein syntonisches Komma unterscheiden oder ein Kommapaar bilden. Letztlich muss jeder Theoretiker nach gewissen zusätzlichen Kriterien eine eigene diatonische Skala bilden.

Die beiden Ganztonschritte des natürlichen Systems unterscheiden sich um ein syntonisches Komma. Wenn auf einen aufsteigenden natürlichen Ganztonschritt der andere natürliche Ganztonschritt im Abstieg folgt, dann tritt insgesamt eine Erhöhung (oder bei umgekehrter Reihenfolge eine Erniedrigung) um das Komma $c = T - t$ ein, ohne dass sich die Notation im Liniensystem ändert.

Schon zu Lebzeiten Zarlinos hat Benedetti gezeigt[32], dass dieses Phänomen bei einfachen musikalischen Sequenzen im natürlichen System tatsächlich auftreten kann. Bei der musikalischen Wendung in Abbildung 20 muss die Intonation innerhalb von vier Schlägen um ein syntonisches Komma mit $21,5¢$ steigen, wenn man annimmt, dass die simultan erklingenden Intervalle als reine Intervalle intoniert werden.

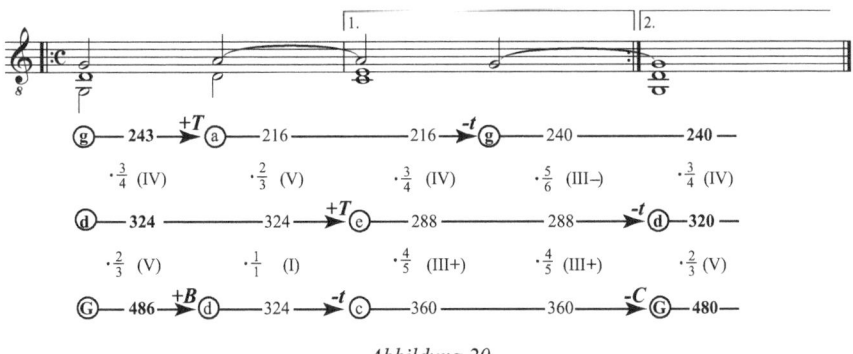

Abbildung 20

Jeder Tonhöhe wird ausgehend von dem Akkord $(G{:}d{:}g)$ über die Progression $(486{:}324{:}243)$ eine natürliche Zahl im Saitenlängenmodell zugeordnet. Die simultan erklingenden reinen Intervalle sind zwischen den Zahlen mit ihren Verhältniszahlen angegeben. Horizontal sind an den Pfeilspitzen die melodischen Intervalle in einer Stimme kenntlich gemacht. Hierbei bedeutet B eine reine Quinte und C eine reine Quarte. Wegen $B - C = T$ tritt auch im Bass insgesamt ein Anstieg um das syntonische Komma $T - t$ ein. Am Ende der kurzen Passage hat sich der reine Akkord $(G{:}d{:}g)$ in den ebenfalls reinen Akkord $(\underline{G}{:}\underline{d}{:}\underline{g})$ mit $(480{:}320{:}240)$ verwandelt.

Wenn man wie Zarlino der Überzeugung ist, dass das natürliche System wenigstens in der Vokalmusik realisiert werden kann, dann muss man eine instabile oder schwankende Intonation in Kauf nehmen. Benedetti und Vincenzo Galilei bekämpfen deswegen schon in der zweiten Hälfte des 16. Jahrhunderts Zarlinos Annahme. Heutige Vokalensembles werden ebenfalls kaum Intonationsschwankungen um $21,5¢$ in derart kurzen Passagen akzeptieren.

---

32   Benedetti 1585, S. 279; vgl. Lindley 1987, S. 160-161, Ex. 4a.

c) Die ¼-Komma-Temperatur des natürlichen Systems

Wenn ein theoretisches System, welches als ideal gilt, in der Praxis und damit in der musikalischen Realität nicht umgesetzt werden kann, ist man zu einem Kompromiss gezwungen. Seit der Renaissance wird in der europäischen Musiktheorie für diesen Sachverhalt der Begriff Temperatur (*temperamentum, participatio*) verwendet, wobei zunächst das pythagoreische und später das natürliche System die Rolle des idealen Systems spielt. Die Intervalle dieser beiden idealen Systeme werden als reine Intervalle begrifflich von den mehr oder weniger unreinen oder temperierten Intervallen unterschieden.

Zarlino hält trotz der Kritik an der Ansicht fest, dass sich das natürliche System in der Vokalmusik realisieren lassen würde. Er selbst weiß aber schon, dass es auf Instrumenten mit festen Tonhöhen niemals vollkommen wiedergegeben werden kann. Sein neues System ist daher schon im Moment seiner Entstehung untrennbar mit dem Problem der Temperatur verknüpft.

Neben der Temperatur durch das gleichmäßige Zwölfersystem, die wir im nächsten Abschnitt gesondert besprechen, gewinnt die ¼-Komma-Temperatur eine große praktische Bedeutung, und zwar vorrangig für Tasteninstrumente. Beide Temperaturen besitzen eine reguläre Struktur mit einem einheitlichen Ganztonschritt, so dass bei ihnen das Phänomen der inneren Instabilität nicht auftritt. Die ¼-Komma-Temperatur stammt aus der pythagoreischen Zeit und wird noch vor Zarlino bereits von Fogliano untersucht. Zarlino und Salinas beschreiben die ¼-Komma-Temperatur korrekt und verallgemeinern sie sogar auf weitere Bruchteile des Kommas wie $\frac{2}{7}$ und $\frac{1}{3}$.

Das natürliche System wird gemäß Abbildung 16 von den reinen Konsonanzen A, B und E erzeugt und besitzt die Schrittintervalle T, t und s. Es gilt dabei $E = T + t$ und $t = T - c$ mit dem syntonischen Komma c. Gesucht ist diejenige reguläre Temperatur im Sinne von Abbildung 3 mit dem einheitlichen Ganzton T^* und dem diatonischen Halbton s^*, deren Doppelganzton $D^* = 2T^*$ mit der reinen natürlichen Terz E übereinstimmt.

Aus $D^* = E$ folgt $2T^* = T+t = 2T - c$ oder $T^* = T - \frac{1}{2}c$. Für die reine Quarte gilt $C = E + s = 2T^* + s$. Weil in allen Intervallsystemen die Oktave gleichgroß sein muss, gilt $A = A^*$ oder $5T + 2s - 2c = 5T^* + 2s^*$ und damit $s^* = s + \frac{1}{4}c$. Für die temperierte Quarte erhält man $C^* = 2T^* + s^* = C + \frac{1}{4}c$. Die temperierte Quarte C^* ist um ein Viertelkomma größer als die reine Quarte C und entsprechend muss die temperierte Quinte B^* um ein Viertelkomma kleiner sein als die reine Quinte B. Dieser Umstand führt zu der Bezeichnung ¼-Komma-Temperatur.

Diese Temperatur zielt auf die Bewahrung der Reinheit der jungen Konsonanz Großterz, während die alten Konsonanzen Quinte und Quarte ihre Reinheit opfern müssen. Die große Terz besitzt bei den Befürwortern der ¼-Komma-Temperatur einen höheren Rang als die Quinte und die Quarte.

Im Saitenlängenmodell kann die ¼-Komma-Temperatur nur mit irrationalen Proportionen korrekt beschrieben werden. T^* besitzt die Proportion $\left(\sqrt{5}:2\right)$ und s^* die Proportion $\left(8:5\sqrt[4]{5}\right)$. Die temperierte Quarte wird durch $\left(2\sqrt[4]{125}:5\right)$ und die temperierte Quinte durch $\left(\sqrt[4]{5}:1\right)$ dargestellt. Selbstverständlich gibt es überhaupt erst am Ende des 16. Jahrhunderts einige wenige Mathematiker, die zu einer solchen Darstellung fähig sind. Daher findet man in theoretischen Erörterungen jener Zeit im besten Falle geometrische Lösungen, die jedoch fast immer durch irgendwelche Näherungen ergänzt werden müssen. In I.5 wird die Anwendung auf Tasteninstrumenten genauer betrachtet, und in Abbildung 113 ist die ¼-Komma-Temperatur als eine Stimmung im Vergleich mit anderen Stimmungen dargestellt.

d) Das gleichmäßige Zwölfersystem als Temperatur des natürlichen Systems

Seit dem 16. Jahrhundert wird auch von der pythagoreisch inspirierten Musiktheorie die Tatsache akzeptiert, dass man auf Bundinstrumenten wie der Laute nur richtig spielen kann, wenn die Bundeinteilung auf dem Hals zwölf gleichgroße Halbtöne erzeugt. Eine zu große Abweichung von dieser regelmäßigen Bundanordnung, wie sie heute von der Gitarre allgemein bekannt ist, führt zu unreinen Einklängen und unreinen Oktaven. Daher wird in jener Zeit das gleichmäßige Zwölfersystem als Temperatur der Lauten- und Violeninstrumente neu thematisiert. Mersenne schildert diesen Sachverhalt sehr ausführlich.[33]

Der englische Gambenvirtuose Christopher Simpson ist der Meinung, dass man die richtigen Stufen des Singens auch mit Hilfe von Instrumenten selbst lernen kann, und erläutert dies 1667 am Beispiel von Laute und Gambe[34]. Das führt zwanglos dazu, dass alle Intervalle der musikalischen Praxis als Vielfache des Halbtons angegeben werden können[35]. Dies ist für Simpson auch die einfachste Interpretation der viersilbigen Solmisation, bei der in jeder Oktave genau zweimal die Silbe *fa* auftaucht, die einen darunterliegenden Halbton signalisiert.

---

33 An vielen Stellen der Harmonie Universelle (Mersenne 1636a). Die Hochschätzung des gleichmäßigen Zwölfersystems wird besonders deutlich in: *Livre Troisiesme des Genres de la Musique*, Prop. XII, S. 170 ff..

34 Simpson 1667a, S. 8-10.

35 Simpson 1667a, S. 38 – 39.

36

In seinem Werk „*The Division-Viol*" aus dem Jahre 1667 findet man konsequenterweise eine grafische Darstellung des gleichmäßigen Zwölfersystems im Treppenmodell[36]. Simpson weiß natürlich, dass es eine andere Auffassung über Intervalle gibt, die im natürlichen System ihren Ausdruck findet. Er erwähnt auch die Kommateilung, die wir bei Gallé in Abbildung 18 angesprochen haben[37]. „*Aber da diese und ähnliche Beobachtungen weniger für unseren gegenwärtigen Zweck erforderlich sind, mag es genügen, sie erwähnt zu haben, wobei wir eine weitergehende Untersuchung solchen überlassen, die Erholung und Vergnügen beim Nachforschen solcher feinerer Subtilitäten finden.*"

Die Tendenz der praktischen Musik zur Gliederung der Oktave in zwölf gleichgroße Halbtonschritte, die etwa gleich groß sind, zeigt sich aber nicht nur bei den Lauteninstrumenten, sondern auch bei den Tasteninstrumenten. Solche Instrumente können nicht beliebig viele Tasten in einer Oktave besitzen. Schon im 15. Jahrhundert bildet sich die Gestalt der Tastatur heraus, die sich trotz vieler Änderungsvorschläge bis heute unverändert erhalten hat und über die Bezeichnungen der weißen Tasten direkt mit dem guidonischen Liniensystem verbunden ist.

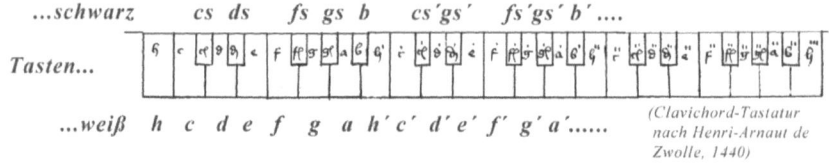

Abbildung 21

Zusammen mit der schwarzen Taste *b* dienen die weißen Tasten zur Wiedergabe der guidonischen diatonischen Skala. So wie der Ganztonschritt zwischen *a* und *h* durch die schwarze Taste *b* sichtbar in zwei Halbtonschritte zerlegt wird, so werden in dieser Tastatur aber auch die vier anderen Ganztonschritte ebenso deutlich sichtbar in zwei Halbtonschritte zerlegt. Weil es in einer diatonischen Skala pro Oktave fünf Ganztöne gibt, finden wir auf der Tastatur in einer Oktave fünf schwarze Tasten. Als Bezeichnung für die neuen vier schwarzen Tasten verwendet man den Buchstaben der linken (niedrigeren) Nachbartas-

36   Simpson 1667b, Part II, §1, S. 14.
37   Simpson 1667b, Part II, §1, S. 13: „But these and other like observations being less requisite to our present purpose, it sufficeth to have mentioned them; leaving a further disquisition thereof to such as find leisure pleasure to search into these nicer subtilities."

te mit einer angehängten[38] Schleife, die als *–is* gelesen wird. Die Benennung beruht auf der Vorstellung, dass man zu diesen vier Tasten jeweils durch eine Erhöhung um einen Halbton gelangt, während zur Taste *b* eine Halbtonerniedrigung vorliegt.

Simpson spricht daher von[39] *„unserer gewöhnlichen musikalischen Skala, die (nur) in so viele Teile oder Abschnitte geteilt werden darf wie es Semitonia oder Halbtöne gibt, die in der betreffenden Skala enthalten sind. Das bedeutet zwölf in jeder Oktave, wie man es an den Griffstellen bei Bundinstrumenten oder an den Tasten eines gewöhnlichen Cembalos oder einer Orgel beobachten kann."* Leibniz schreibt in gleichem Sinne[40]: *„Und unter Anleitung der Natur gelangen die Handwerker zu zwölf Intervallen, weil in der gewöhnlichen Skala die Ganztöne fünfmal und die Halbtöne zweimal vorkommen."*

Um ein Tasteninstrument stimmen zu können, benötigt man eine zwölfstufige Skala, die für jede diatonische Intervallklasse aus Abbildung 7 genau ein Intervall vorgibt. Obwohl sich das gleichmäßige Zwölfersystem förmlich aufdrängt, muss eine solche Stimmung jedoch nicht unbedingt exakt gleichgroße Halbtöne besitzen. Wie schon erwähnt, geht man im 17. Jahrhundert ja sogar davon aus, dass die Stimmung in der ¼-Komma-Temperatur erfolgen soll. Der Abschnitt I.5 geht näher auf das Problem der Stimmung ein.

Noch im 16. Jahrhundert versucht jedenfalls Vincenzo Galilei in einer heftigen Polemik gegen Zarlino die aristoxenischen Gedanken für die Musiktheorie wieder zur Geltung zu bringen. Er kann im Wechsel von $\mathbb{N}\{3\}$ nach $\mathbb{N}\{5\}$ nur eine zaghafte Modifikation der pythagoreischen Theorie erkennen. Er empfiehlt die Progression $\left(\left(\frac{18}{17}\right)^{12} : \left(\frac{18}{17}\right)^{11} : \left(\frac{18}{17}\right)^{10} : \ldots : \left(\frac{18}{17}\right)^{1} : \left(\frac{18}{17}\right)^{0} = 1 \right)$ für das gleichmäßige Zwölfersystem. Diese entspricht einer alten Bundsetzungsregel bei Lautenisten, die ihre Halbtonschritte nach der Proportion des sogenannten „kleinen" Halbtons $\frac{18}{17}$ einrichten, der aus dem pythagoreischen großen Ganzton $T = \frac{9}{8} = \frac{18}{16} = \frac{18}{17} \cdot \frac{17}{16}$ durch einfache arithmetische Teilung entsteht. Diese Regel wird 1619 von Kepler zur Berechnung einer ganzzahligen Progression übernommen (s. Abbildung 32 und Abbildung 36). Um 1600 wird von Simon Stevin

---

38   Von der linken weißen Nachbartaste aus kommt man durch Erhöhung um eine *Diesis* zu der schwarzen Taste. Zur Verwendung der Schleife vgl. A. Capelli, *Lexicon Abbreviatarum*, Leipzig 1901, S. X und XI.

39   Simpson 1667a, S. 38: „… in our common *Scale* of *Musick*; which may be divided into so many Particles or Sections (only) as there be *Semitones* or Half Notes contained in the said Scale. That is to say, Twelve in every *Octave*, as may be observed in the stops of fretted Instruments, or in the Keyes of a Common *Harpsecord*, or *Organ*."

40   Leibniz, LBr 390, Bl. 90r. „Et natura duce ad duodecim intervalla perveniunt artifices, quia in Scala communi quinquies occurrunt toni, bis semitoni …"

38

schließlich die korrekte Progression $\left(2 = \sqrt[12]{2^{12}} : \sqrt[12]{2^{10}} : \sqrt[12]{2^9} : \ldots : \sqrt[12]{2^1} : \sqrt[12]{2^0} = 1\right)$ für

das gleichmäßige Zwölfersystem im Saitenlängenmodell aufgestellt, und zwar unter Verwendung von irrationalen Wurzeln.

Einzelne Mathematiker wie Michael Stifel und Simon Stevin machen schon recht früh erfolgreiche Versuche, die innere Verwandtschaft von arithmetischen und geometrischen Folgen auszunutzen und mathematisch tragfähige Brücken zwischen den Saitenlängen- und Treppenmodell zu bauen, indem sie die Verwandtschaft von arithmetischen und geometrischen Folgen in den Mittelpunkt stellen. Das ist ihnen möglich, weil sie die Zahlen, die wir heute irrationale Zahlen nennen, in ihre Mathematik integrieren und gleichberechtigt neben die rationalen stellen. Der Sache nach formulieren und akzeptieren sie beide die kontinuierliche Struktur des reellen Zahlenraumes, wobei die Dezimaldarstellung von Zahlen ebenfalls auf Stevin zurückgeht. Stevin gewinnt die radikale Überzeugung, dass musikalische Skalen gar nicht durch ganzzahlige Proportionen im Saitenlängenmodell erfasst werden dürfen. Das pythagoreische und das natürliche System sind für ihn nur noch Chimären einer untergegangenen Zeit: Das gleichmäßige Zwölfersystem ist das einzige natürliche System in der Musik.

Durch die Werke Marin Mersennes, die um 1636 im Druck erscheinen, werden Vincenzo Galileis Gedanken und die Wurzelprogression Stevins einem größeren Kreis bekannt. Mersenne veröffentlicht auch sehr genaue dezimale Näherungen des Mathematikers Jean de Beaugrand[41]. Die numerisch genaueste wurzelfreie Darstellung des gleichmäßigen Zwölfersystems im Saitenlängenmodell, die bei Mersenne zu finden ist, stammt jedoch wiederum von Jean Gallé[42].

Aber Vincenzo Galilei bleibt wie Simon Stevin im 17. Jahrhundert noch in der Minderheit, vielleicht deswegen, weil neuplatonisches Denken – nunmehr auch außerhalb der Theologie – wieder verstärkt zur Geltung kommt, oder weil neuartige Legitimationen des natürlichen Systems leichter akzeptiert werden. So offenbart sich schon der Sohn Galileo Galilei als Anhänger des natürlichen Systems, weil er sich der Koinzidenztheorie zuwendet, die eine neuartige physikalische Begründung des natürlichen Systems verspricht (vgl. I.6). Der einfache Intervallkalkül des Treppenmodells und das gleichmäßige Zwölfersystem (als *equal temperament* oder als gleichschwebende Temperatur) setzen sich erst im Laufe des 18. Jahrhunderts auf breiter Front in der Musiktheorie durch.

---

41   Mersenne 1636a, *Livre premiere des Instrumens*, prop. XIV, S. 37-38, sowie Mersenne 1636b, lib. I, , prop. XV, S. 18-19.

42   Mersenne 1636a, *Nouuelles Observations Physiques & Mathematiques*, Obs. VIII, S. 21.

4. Logarithmen und der Wechsel zwischen den Modellen

Von Anfang an bewegt man sich in der pythagoreisch legitimierten Musiktheorie intuitiv zwischen dem additiven Treppenmodell und dem multiplikativen Saitenlängenmodell hin und her, auch wenn bis zu den Zeiten Stifels und Stevins keine mathematisch exakte Methode des numerischen Übergangs zur Verfügung steht. Erst die Entdeckung der Logarithmen und die weite Verbreitung von Logarithmentafeln ermöglichen einer deutlich größeren Anzahl von Theoretikern einen rechnerisch abgesicherten Wechsel zwischen Saitenlängen- und Treppenmodell. Wenn man in beiden Modellen irrationale Zahlen uneingeschränkt akzeptiert, so erweisen sie sich aus heutiger Sicht ja als isomorph: beide Modelle können bei Verwendung einer Logarithmusfunktion gleichwertig für die Untersuchung musikalischer Intervalle und Skalen verwendet werden.

Die ersten brauchbaren Logarithmentafeln für dekadische Logarithmen werden denn auch schnell für musikalische Probleme herangezogen. Johann Faulhaber benutzt solche Tafeln bereits 1630 in seiner *Ingenieurs-Schul*, um das gleichmäßige Zwölfersystem durch eine ganzzahlige Progression im Saitenlängenmodell näherungsweise darzustellen. Bei Rudolf Rasch und Mark Lindley kann man sich über weitere Details diese Vorgeschichte informieren.[43] Lindley vermutet, dass auch Jean Gallé bereits Logarithmen verwendet[44]. Benjamin Wardhaugh sieht außerdem einen Zusammenhang mit dem Problem der „*ratios of ratios*", der Frage nach dem Verhältnis oder dem Maß von Verhältnissen, das er unter anderem bei Johannes Kepler und Nicholas Mercator lokalisiert,[45] das aber auch bereits von Mersenne in Verbindung mit Logarithmen thematisiert wird.[46] Leonhard Euler wird in dieser Tradition von der *mensura* von Proportionen sprechen (vgl. VII.6).

Aus heutiger mathematischer Sicht ist es unmittelbar einleuchtend, dass das multiplikative Saitenlängenmodell unter Wahrung der Struktur im additiven Treppenmodell nur über einen Logarithmus wiedergegeben werden kann und umgekehrt. Der Einklang, der durch die Verhältniszahl $\frac{1}{1} = 1$ eindeutig bestimmt ist, besitzt daher im Treppenmodell unabhängig von der gewählten Basis b immer die Maßzahl $0 = \log_b 1$. Bis heute wird außerdem die fundamentale Annahme gemacht, dass die musikalische Oktave durch die Proportion (2:1) oder die

---

43   Lindley 1987 und Rasch 2002, S. 210-214.

44   Lindley 1987, S. 198.

45   Wardhaugh geht dabei auch auf Newtons Arbeiten ausführlich ein (Wardhaugh 2008, S. 40-56).

46   Mersenne 1636b, lib. V., prop. XXXVII, S. 84.

40

Verhältniszahl $\frac{2}{1} = 2$ eindeutig bestimmt ist. Daher besitzt die Oktave bei Verwendung des dekadischen Logarithmus mit der Basis $b = 10$ die irrationale Maßzahl $\log_{10} 2 = \lg 2 \approx 0,30103$. Die Verwendung des dekadischen Logarithmus hat den großen praktischen Vorteil, dass die zugehörigen Logarithmentafeln weit verbreitet und leicht erhältlich sind.

Durch die Wahl einer anderen Basis b kann man aber auch den verständlichen Wunsch erfüllen, dass der musikalischen Einheit – der Oktave – keine irrationale Zahl wie $\log_{10} 2 = \lg 2$, sondern eine vorgegebene natürliche Zahl $A = n$ als Maßzahl zugeordnet sein soll. Benutzt man für eine derart modifizierte Logarithmusfunktion die Abkürzung $\lambda_A(x) = \log_b x$, dann wird die Basis b definiert durch die Gleichung $A = \log_b 2$ oder äquivalent $b^A = 2$ bzw. $b = 2^{\frac{1}{A}} = \sqrt[A]{2}$. Deshalb gilt $\lambda_A(x) = \frac{A}{\lg 2} \lg x$. Dekadische Logarithmen müssen mit dem einheitlichen Skalierungsfaktor $f = \frac{A}{\lg 2}$ multipliziert werden.

Der Fall $A = 1$ oder $b = 2$ des binären oder dualen Logarithmus wird von dem Theologen und Mathematiker Juan Caramuel y Lobkowitz etwa um 1650 behandelt und 1660[47] veröffentlicht. 1739 kommt Leonhard Euler – vermutlich unabhängig davon – auf den gleichen Gedanken (vgl. VII.6).

Die Wahl $A = 12$ mit $b = 2^{\frac{1}{12}} = \sqrt[12]{2}$ macht den gleichmäßigen Halbton des Zwölfersystems zur Einheit und ist für musikalische Zwecke so gut geeignet, dass man in diesem Fall vom musikalischen Logarithmus sprechen darf. Seine Verwendung impliziert die normierte Darstellung der Intervallgrößen. Die zugehörige Funktion $\lambda(x) = \lambda_{12}(x) = \frac{12}{\lg 2} \lg x$ und ihr Nutzen für die Untersuchung musikalischer Intervalle wird von Johann Heinrich Lambert erstmals 1774 detailliert dargestellt[48]. Wir werden in Abschnitt III.2.b sehen, dass dieser musikalische Logarithmus λ der Sache nach bereits in den unveröffentlichten Notizen Newtons vorkommt, weil Newton bewusst den gleichmäßigen Halbton als Einheit im Treppenmodell verwendet (vgl. Abbildung 54).

In der heutigen Musikwissenschaft wird die Größe eines musikalischen Intervalls fast ausschließlich in der Einheit Cent $(\cent)$ angegeben, wobei ein Cent nach einem Vorschlag von Alexander Ellis aus dem Jahre 1884[49] als der hundertste Teil des gleichmäßigen Halbtons oder durch die Maßzahl $A = 12 = 1200\cent$ für die Oktave definiert ist. Diese Tatsache rechtfertigt den hier verwendeten Begriff der normierten Darstellung und die terminologische Hervorhebung des

---

47   Lobkowitz 1660, *De logarithmis enharmonicis*, Syntagma V, articulus VI, S. 864-870, vgl. Lindley 1987, S. 212, Abb. 32.

48   Lambert 1774, S. 57 und Lambert 1778, § 6, S. 424.

49   Ellis 1884, S. 368 ff.

musikalischen Logarithmus λ unter den anderen logarithmischen Funktionen λ_A. In der normierten Darstellung erscheinen alle Intervalle des gleichmäßigen Zwölfersystems als ganze Zahlen. Es gilt nicht nur $A = 12 = 1200\cent$, sondern zum Beispiel auch $B = 7 = 700\cent$ und $E = 4 = 400\cent$.

Mit Hilfe der Funktion λ können auch die Intervalle des natürlichen Systems im Treppenmodell formal durch ihre Proportionen angegeben werden. Die Cent-Werte entstehen aus den Werten der musikalischen Logarithmusfunktion λ durch Multiplikation mit 100. Die Oktave ist $A = \lambda\left(\frac{2}{1}\right) = 12 = 1200\cent$, die reine Quinte $B = \lambda\left(\frac{3}{2}\right) = 7,01955 = 701,955\cent$ und die reine Großterz $E = \lambda\left(\frac{5}{4}\right) = 3,86314 = 386,314\cent$.

In der Musiktheorie werden jedoch auch andere Werte $A = n$ für die Oktave in sinnvoller Weise verwendet, so dass man oft auf die allgemeine Funktion $\lambda_A(x)$ zurückgreifen muss. Wenn man die reelle Zahl $\lambda_A(x)$ auf eine ganze Zahl rundet, so hat man eine direkte numerische Approximation des Intervalls x als natürliche Zahl in der Oktavteilung der Ordnung $A = n$ gefunden. Wählt man zum Beispiel wie in den Kommateilungen $A = 53$, dann ist der Skalierungsfaktor $f \approx 176,06$, und aus $\lg\frac{9}{8} \approx 0,05115$ wird $\lambda_{53}\left(\frac{9}{8}\right) = f \cdot \lg\frac{9}{8} \approx 9,006$. Der natürliche große Ganzton umfasst sehr genau 9 von 53 Teilen der Oktave. Das ist denn auch der Wert, der in den Kommateilungen zu finden ist.

5. Stimmungen und ihre Notation im Liniensystem

In diesem Abschnitt setzen wir die Überlegungen über das Musizieren auf Tasteninstrumenten fort, die in I.3 begonnen worden sind. Für den Spieler eines solchen Instruments kommt es zum Zeitpunkt des Musizierens nicht mehr auf die Stimmung des Instruments an, sondern nur noch auf die richtige Betätigung der richtigen Tasten. Da zudem außerhalb des Bereichs der traditionellen Schlüssel C, F und G die Notation im Liniensystem mittels Vorzeichen in der Renaissance und im Barock noch nicht einheitlich geregelt ist, verwenden Instrumentalisten jener Zeit gerne Griffschriften oder Tabulaturen, und zwar nicht nur bei Saiteninstrumenten, sondern auch bei Tasteninstrumenten. Diese beruhen sämtliche auf der Zwölfstufigkeit der Oktave, die in den zwölf Tastenbezeichnungen der Standardtastatur aus Abbildung 21 zum Ausdruck kommt. Wie das Beispiel Buxtehudes zeigt, wird die deutsche Orgeltabulatur manchmal auch für die Notation mehrstimmiger Vokalwerke und für Ensemblemusik verwendet, so dass sogar das Liniensystem gelegentlich als überflüssig empfunden werden kann.

Andreas Werckmeister stellt 1698 seinen Generalbass-Schülern die aus den Tastenbezeichnungen der Tabulatur aufgebaute Tabelle in Abbildung 22 zur Verfügung[50], damit sie alle diatonischen Intervalle von einer beliebigen Grundtaste aus greifen und erklingen lassen können. Die Grundtasten sind in der untersten Zeile aufgeführt. An die Stimmung des Instruments, die keineswegs aus einem theoretischen Intervallsystem stammen muss, werden dabei nur drei Minimalforderungen gestellt, die von vielen Stimmungen erfüllt werden:

1. Alle Oktaven zwischen gleichnamigen Tasten sind vollkommen rein.

2. Bei je zwei verschiedenen Tasten erzeugt die rechte Taste immer einen höheren Klang als die linke.

3. Zwischen unmittelbar benachbarten Tasten liegt immer ein Intervall in der ungefähren Größe eines Halbtons.

Die Abfolge der Tasten in jeder Spalte erzeugt dann in einfacher Weise die chromatische Skala zur jeweiligen Grundtaste.

Tabella,
alle Consonantien/ und Dissonantien im Temperirten Clavir zu erkennen.

c′	*cs′*	*d′*	*ds′*	*e′*	*f′*	*fs′*	*g′*	*gs′*	*a′*	*b′*	*h′*	*c″*	*Octava*
h	*c′*	*cs′*	*d′*	*ds′*	*e′*	*f′*	*fs′*	*g′*	*gs′*	*a′*	*b′*	*h′*	*Septima Major*
b	*h*	*c′*	*cs′*	*d′*	*ds′*	*e′*	*f′*	*fs′*	*g′*	*gs′*	*a′*	*b′*	*Septima Minor*
a	*b*	*h*	*c′*	*cs′*	*d′*	*ds′*	*e′*	*f′*	*fs′*	*g′*	*gs′*	*a′*	*Sexta Major*
gs	*a*	*b*	*h*	*c′*	*cs′*	*d′*	*ds′*	*e′*	*f′*	*fs′*	*g′*	*gs′*	*Sexta Minor*
g	*gs*	*a*	*b*	*h*	*c′*	*cs′*	*d′*	*ds′*	*e′*	*f′*	*fs′*	*g′*	*Quinta*
fs	*g*	*gs*	*a*	*b*	*h*	*c′*	*cs′*	*d′*	*ds′*	*e′*	*f′*	*fs′*	*Quinta imperf.*
f	*fs*	*g*	*gs*	*a*	*b*	*h*	*c′*	*cs′*	*d′*	*ds′*	*e′*	*f′*	*Quarta*
e	*f*	*fs*	*g*	*gs*	*a*	*b*	*h*	*c′*	*cs′*	*d′*	*ds′*	*e′*	*Tertia Major*
ds	*e*	*f*	*fs*	*g*	*gs*	*a*	*b*	*h*	*c′*	*cs′*	*d′*	*ds′*	*Tertia Minor*
d	*ds*	*e*	*f*	*fs*	*g*	*gs*	*a*	*b*	*h*	*c′*	*cs′*	*d′*	*Tonus 1. Secunda*
cs	*d*	*ds*	*e*	*f*	*fs*	*g*	*gs*	*a*	*b*	*h*	*c′*	*cs′*	*Semitonium*
c	*cs*	*d*	*ds*	*e*	*f*	*fs*	*g*	*gs*	*a*	*b*	*h*	*c′*	*Fundam. Claves*

Abbildung 22

Wenn die Grundtasten durch entsprechende Umordnung der Spalten aus Abbildung 22 nach aufsteigenden Quinten angeordnet werden, entsteht die Tabelle *a)* in Abbildung 23. Durch Weglassen einiger Zeilen erhält man die wichtige Tabelle *b)* mit den diatonische Skalen der Gattung *TTsTTTs*. Lässt man wei-

---

50 Werckmeister 1698, S. 70-72. Die Hervorhebung der schwarzen Tasten ist im Original nicht enthalten, und Werckmeister schreibt bei den Tastenbezeichnungen *fis* statt *fs* und oktaviert durch Querstriche.

tere Zeilen weg, so entstehen die Tabellen *c)* und *d)* mit den Dur- und Moll-Dreiklänge. Diese Dreiklänge stellen jene grundlegenden „Griffe" dar, die ein Schüler für das Generalbass-Spiel als erstes erlernen muss. In allen vier Tabellen *a)* bis *d)* gibt es genau die zwölf angezeigten Skalen und Dreiklänge, nicht mehr und nicht weniger. Nach dem Quinten-Durchlauf kommt man stets wieder auf die Anfangsskala zurück. Dieser organistische Quintenzirkel ist stets geschlossen, und zwar vollkommen unabhängig von der konkreten Stimmung.

a) Chromatische Skalen (Grundtasten nach Quinten geordnet)

c'	*g'*	*d'*	*a'*	*e'*	*h'*	*fs'*	*cs'*	*gs'*	*ds'*	*b'*	*f'*	*c''*	Octava
h	*fs'*	*cs'*	*gs'*	*ds'*	*b'*	*f'*	*c'*	*g'*	*d'*	*a'*	*e'*	*h'*	Septima Major
b	*f'*	*c'*	*g'*	*d'*	*a'*	*e'*	*h*	*fs'*	*cs'*	*gs'*	*ds'*	*b'*	Septima Minor
a	*e'*	*h*	*fs'*	*cs'*	*gs'*	*ds'*	*b*	*f'*	*c'*	*g'*	*d'*	*a'*	Sexta Major
gs	*ds'*	*b*	*f'*	*c'*	*g'*	*d'*	*a*	*e'*	*h*	*fs'*	*cs'*	*gs'*	Sexta Minor
g	*d'*	*a*	*e'*	*h*	*fs'*	*cs'*	*gs*	*ds'*	*b*	*f'*	*c'*	*g'*	Quinta
fs	*cs'*	*gs*	*ds'*	*b*	*f'*	*c'*	*g*	*d'*	*a*	*e'*	*h*	*fs'*	Quinta imperf.
f	*c'*	*g*	*d'*	*a*	*e'*	*h*	*fs*	*cs'*	*gs*	*ds'*	*b*	*f'*	Quarta
e	*h*	*fs*	*cs'*	*gs*	*ds'*	*b*	*f*	*c'*	*g*	*d'*	*a*	*e'*	Tertia Major
ds	*b*	*f*	*c'*	*g*	*d'*	*a*	*e*	*h*	*fs*	*cs'*	*gs*	*ds'*	Tertia Minor
d	*a*	*e*	*h*	*fs*	*cs'*	*gs*	*ds*	*b*	*f*	*c'*	*g*	*d'*	Tonus 1. Secunda
cs	*gs*	*ds*	*b*	*f*	*c'*	*g*	*d*	*a*	*e*	*h*	*fs*	*cs'*	Semitonium
c	*g*	*d*	*a*	*e*	*h*	*fs*	*cs*	*gs*	*ds*	*b*	*f*	*c'*	**Fundam. Claves**

b) Diatonische Skalen (Gattung TTsTTTs; Grundtasten nach Quinten)

	c'	*g'*	*d'*	*a'*	*e'*	*h'*	*fs'*	*cs'*	*gs'*	*ds'*	*b'*	*f'*	*c''*	Octava
S	*h*	*fs'*	*cs'*	*gs'*	*ds'*	*b'*	*f'*	*c'*	*g'*	*d'*	*a'*	*e'*	*h'*	Septima Major
T	*a*	*e'*	*h*	*fs'*	*cs'*	*gs'*	*ds'*	*b*	*f'*	*c'*	*g'*	*d'*	*a'*	Sexta Major
T	*g*	*d'*	*a*	*e'*	*h*	*fs'*	*cs'*	*gs*	*ds'*	*b*	*f'*	*c'*	*g'*	Quinta
T	*f*	*c'*	*g*	*d'*	*a*	*e'*	*h*	*fs*	*cs'*	*gs*	*ds'*	*b*	*f'*	Quarta
S	*e*	*h*	*fs*	*cs'*	*gs*	*ds'*	*b*	*f*	*c'*	*g*	*d'*	*a*	*e'*	Tertia Major
T	*d*	*a*	*e*	*h*	*fs*	*cs'*	*gs*	*ds*	*b*	*f*	*c'*	*g*	*d'*	Tonus 1. Secunda
T	*c*	*g*	*d*	*a*	*e*	*h*	*fs*	*cs*	*gs*	*ds*	*b*	*f*	*c'*	**Fundam. Claves**

c) Dur-Dreiklänge (Grundtasten nach Quinten)

c'	*g'*	*d'*	*a'*	*e'*	*h'*	*fs'*	*cs'*	*gs'*	*ds'*	*b'*	*f'*	*c''*	Octava
g	*d'*	*a*	*e'*	*h*	*fs'*	*cs'*	*gs*	*ds'*	*b*	*f'*	*c'*	*g'*	Quinta
e	*h*	*fs*	*cs'*	*gs*	*ds'*	*b*	*f*	*c'*	*g*	*d'*	*a*	*e'*	Tertia Major
c	*g*	*d*	*a*	*e*	*h*	*fs*	*cs*	*gs*	*ds*	*b*	*f*	*c'*	**Fundam. Claves**

d) Moll-Dreiklänge (Grundtasten nach Quinten)

c'	*g'*	*d'*	*a'*	*e'*	*h'*	*fs'*	*cs'*	*gs'*	*ds'*	*b'*	*f'*	*c''*	Octava
g	*d'*	*a*	*e'*	*h*	*fs'*	*cs'*	*gs*	*ds'*	*b*	*f'*	*c'*	*g'*	Quinta
ds	*b*	*f*	*c'*	*g*	*d'*	*a*	*e*	*h*	*fs*	*cs'*	*gs*	*ds'*	Tertia Minor
c	*g*	*d*	*a*	*e*	*h*	*fs*	*cs*	*gs*	*ds*	*b*	*f*	*c'*	**Fundam. Claves**

Abbildung 23

44

Die Musik für Tasteninstrumente wird heute nicht mehr in Tabulatur notiert, und auch historisch ist die Notation im Liniensystem niemals völlig verschwunden gewesen. Daher ist es notwendig, sich den Zusammenhang zwischen den beiden Notationsformen zu vergegenwärtigen. Die sieben möglichen vertikalen Positionen einer Note zwischen und auf den Linien kommen ja in den sieben Buchstaben *c, d, e, f, g, a, h* zum Ausdruck, die sich in jeder Oktave wiederholen. Da die weißen Tasten mit denselben Buchstaben bezeichnet werden, wird die Tastenfolge *c, d, e, f, g, a, h, c'*, die in Tabelle *b)* in Abbildung 23 von der Grundtaste *c* ausgeht, im Liniensystem ebenfalls durch die Positionsbuchstaben *c, d, e, f, g, a, h, c'* erfasst (Tabelle *a)* von Abbildung 24).

Geht man einen Quintschritt weiter, so kommt man zur Tastenfolge *g, a, h, c, d, e, fs, g'*: anstelle der Taste *f* wird nunmehr die Taste *fs* benötigt, die rechts von der Taste *f* liegt. *fs* entsteht aus *f* durch Erhöhung um (etwa) einen Halbton. Für diesen Vorgang der Erhöhung wird im Liniensystem das Zeichen ♯ verwendet, daher wird in diesem Fall die Taste *fs* an der Position von *f* notiert, aber mit dem Vorzeichen ♯ versehen. Wir deuten diesen Vorgang durch die Schreibweise *fs* = *f*♯ in der Spalte für die diatonische Skala auf *g* an (in Tabelle a) von Abbildung 24). Der Tastenname *fs* wird in allen folgenden Spalten durch das Notensymbol *f*♯ ersetzt. Bei weiterem Fortschreiten wird jeweils ein Notensymbol zusätzlich mit einem weiteren ♯ versehen und kann damit eine weitere Tastenbezeichnung ersetzen. Bei der diatonischen Skala auf der Taste *h* sind bereits die Notensymbole *f*♯, *c*♯ und *g*♯ vorhanden, wobei aber nunmehr die Tastenbezeichnung *b* gemäß *b* = *a*♯ durch die neue Notenbezeichnung *a*♯ ersetzt werden muss.

Am Ende des Prozesses wird die ursprüngliche Tastenfolge *c, d, e, f, g, a, h, c'* in einer zweiten, völlig veränderter Form mit Hilfe von zwölf Vorzeichen ♯ im Liniensystem notiert. Man sieht, dass bei allen zwölf möglichen diatonischen Skalen immer alle sieben Positions- oder Notenbuchstaben *c, d, e, f, g, a, h* auftreten. In jeder diatonischen Skala werden deshalb zwei verschiedene Stufen auch stets in unterschiedlicher vertikaler Position notiert. Das ist die notwendige Voraussetzung für die Verwendung von Schlüsselvorzeichen. Mit diesen kann für jeden beliebigen Grundton ein übersichtliches und aufgeräumtes Notenbild der zugehörigen diatonischen Skala im Liniensystem erzeugt werden, und daher hat die hier dargestellte Methode der Vorzeichensetzung eine große praktische Bedeutung.

Von der Grundtaste *c* aus kann man jedoch auch in Quarten fortschreiten, wobei die Grundtasten aus Tabelle *b)* in Abbildung 23 von rechts nach links in der Reihenfolge *c, f, b, ...* durchlaufen werden. Hierbei ergibt sich bei jedem

Quartschritt die Hinzufügung eines Zeichens ♭ für die Erniedrigung (Tabelle *b)* in Abbildung 24). Auch hier treten bei allen zwölf möglichen diatonischen Skalen jeweils immer alle Positionsbuchstaben *c, d, e, f, g, a, h* auf. Die Tastenfolge *c, d, e, f, g, a, h, c'* kann am Ende in einer dritten, wieder anderen Form mit Hilfe von zwölf Vorzeichen ♭ im Liniensystem notiert werden.

a) Wiedergabe von Tastenbezeichnungen mit dem Vorzeichen ♯ im Liniensystem

Anzahl der Schlüsselvorzeichen ♯ in der diatonischen Skala →

	0	1	2	3	4	5	6	7	8	9	10	11	12
S	c	g	d	a	e	h	f♯	c♯	g♯	d♯	a♯	e♯	h♯
T	h	fs=f♯	cs=c♯	gs=g♯	ds=d♯	b=a♯	f=e♯	c=h♯	g=f♯♯	d=c♯♯	a=g♯♯	e=d♯♯	h=a♯♯
T	a	e	h	f♯	c♯	g♯	d♯	a♯	e♯	h♯	f♯♯	c♯♯	g♯♯
T	g	d	a	e	h	f♯	c♯	g♯	d♯	a♯	e♯	h♯	f♯♯
S	f	c	g	d	a	e	h	f♯	c♯	g♯	d♯	a♯	e♯
T	e	h	f♯	c♯	g♯	d♯	a♯	e♯	h♯	f♯♯	c♯♯	g♯♯	d♯♯
T	d	a	e	h	f♯	c♯	g♯	d♯	a♯	e♯	h♯	f♯♯	c♯♯
	c	g	d	a	e	h	f♯	c♯	g♯	d♯	a♯	e♯	h♯

b) Wiedergabe von Tastenbezeichnungen mit dem Vorzeichen ♭ im Liniensystem

Anzahl der Schlüsselvorzeichen ♭ in der diatonischen Skala →

	0	1	2	3	4	5	6	7	8	9	10	11	12
S	c	f	h♭	e♭	a♭	d♭	g♭	c♭	f♭	h♭♭	e♭♭	a♭♭	d♭♭
T	h	e	a	d	g	c	f	h♭	e♭	a♭	d♭	g♭	c♭
T	a	d	g	c	f	h♭	e♭	a♭	d♭	g♭	c♭	f♭	h♭♭
T	g	c	f	h♭	e♭	a♭	d♭	g♭	c♭	f♭	h♭♭	e♭♭	
S	f	b=h♭	ds=e♭	gs=a♭	cs=d♭	fs=g♭	h=c♭	e=f♭	a=h♭♭	d=e♭♭	g=a♭♭	c=d♭♭	f=g♭♭
T	e	a	d	g	c	f	h♭	e♭	a♭	d♭	g♭	c♭	f♭
T	d	g	c	f	h♭	e♭	a♭	d♭	g♭	c♭	f♭	h♭♭	e♭♭
	c	f	h♭	e♭	a♭	d♭	g♭	c♭	f♭	h♭♭	e♭♭	a♭♭	d♭♭

c) Zusammenfassung: Notation von Tasten im Liniensystem

Notation mit ♯	f♯♯	c♯♯	g♯♯	d♯♯	a♯♯	f♯	c♯	g♯	d♯	a♯	e♯	h♯
Notation ohne Vz.	g	d	a	e	h	✕	✕	✕	✕	✕	f	c
Taste →	g	d	a	e	h	fs	cs	gs	ds	b	f	c
Notation mit ♭	a♭♭	e♭♭	h♭♭	f♭	c♭	g♭	d♭	a♭	e♭	h♭	g♭♭	d♭♭

Abbildung 24

Die Zusammenfassung in Tabelle *c)* von Abbildung 24 zeigt, auf welch unterschiedliche Art und Weise jeder von einer einzelnen Taste erzeugte Klang im Liniensystem notiert werden kann. Für jede Taste existieren mindestens zwei unterschiedliche Möglichkeiten. Welche davon im konkreten Fall gewählt werden muss, ergibt sich primär aus dem musikalischen Zusammenhang, insbesondere den aktuell verwendeten Schlüsselvorzeichen. Darüber hinaus wird man sich wohl in der Regel für die einfachste mögliche Form entscheiden.

Die aus Positionsbuchstaben und Vorzeichen bestehenden Notensymbole im Liniensystem lassen sich formal in genau der Sequenz anordnen, die bereits Abbildung 13 zu sehen ist. Jedes Notensymbol wird nämlich durch eine eindeutig bestimmte ganze Zahl erfasst, den pythagoreischen Index. Dem Notensymbol *C* (ohne Vorzeichen) ist dabei der Index 0 zugeordnet (linke Seite von Abbildung 25). Diese Folge der Notensymbole kann gemäß Abbildung 25 in eine Spirale umgewandelt werden, die sich um den Zirkel der zwölf Tasten windet. Damit kann man bequem die unterschiedlichen Notensymbole finden, die nach dem Prozess aus Abbildung 24 zu einer Taste gehören.

Notation einer Stimmung für Tasteninstrumente

a) Notensymbole　　　　　*b) Quintenspirale*
nach Quinten geordnet

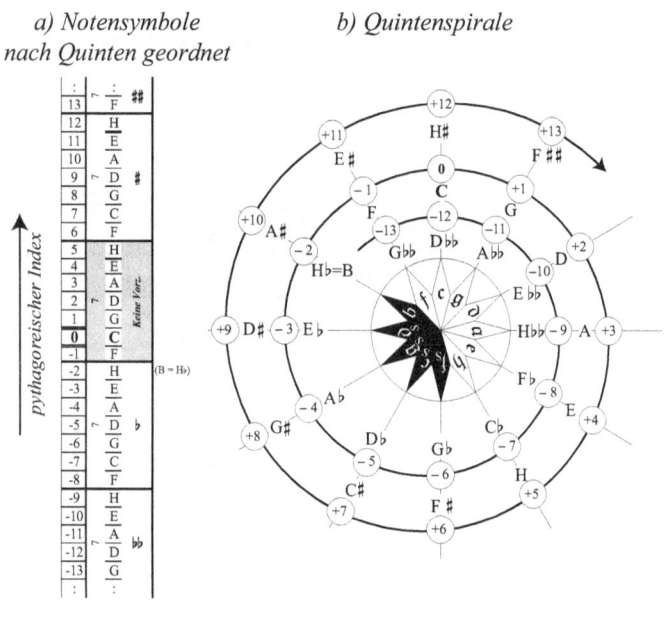

Abbildung 25

In dieser Interpretation können die gewöhnlichen Notensymbole prinzipiell für alle Stimmungen verwendet werden. Die Notation ist nicht mehr – wie in I.2 – an das pythagoreische oder ein anderes reguläres System gebunden, und ein einzelnes Notensymbol sagt nichts Eindeutiges mehr über die tatsächlich zu hörende Höhe der notierten Stufe aus.

Für ein theoretisches System kann die Notation aus dieser Sicht umgekehrt nur die Stufen einer Auswahlstimmung wiedergeben. Das gilt für das pythagoreische und für das natürliche System, aber auch für jedes andere reguläre oder bireguläre System. Nur im gleichmäßigen Zwölfersystem entfällt die Bildung einer Auswahlstimmung.

Die Qualität einer konkreten Stimmung hängt davon ab, in welchem Umfange sie Dreiklänge erzeugen kann, die von einem musikalisch geschulten Gehör akzeptiert werden können. Werckmeister macht es sich zur Lebensaufgabe, eine gute Stimmung zu finden, die uneingeschränkt für alle zwölf Grundtasten musikalisch akzeptable Dreiklänge garantiert. Eine solche gute Stimmung bezeichnet er als wohltemperiert. Die im 17. Jahrhundert für Tasteninstrumente empfohlene ¼-Komma-Temperatur wird von ihm bekämpft, weil diese Temperatur keine Wohltemperierung bedeutet. Es gibt in ihr Dreiklänge, die falsch klingende Intervalle oder Wolfsintervalle enthalten.

Die Basisquinte der ¼-Komma-Temperatur wird im Treppenmodell durch

$$B^* = B - \tfrac{1}{4} K_S = \lambda\left(\tfrac{3}{2}\right) - \tfrac{1}{4}\lambda\left(\tfrac{81}{80}\right) = \tfrac{1}{4}\lambda(5) = \lambda\left(\sqrt[4]{5}\right) = 6,9658 = 696,58\cent \quad \text{erfasst. Sie}$$

ist um ein Viertelkomma kleiner als die reine Quinte $B = \lambda\left(\tfrac{3}{2}\right) = 701,96\cent$. Der reguläre Stimmprozess mit dieser Quinte B^* beginnt mit einer frei wählbaren Taste x, von der aus zunächst die Taste x' als reine Oktave eingestimmt wird. Danach werden von x aus die elf Tasten zwischen x und x' bis zur letzten Taste y durch elf Quinten B^* in Quintreihenfolge eingestimmt, wobei manchmal eine Oktavreduktion erforderlich ist. Das Intervall B_W zwischen y und x' muss jedenfalls am Ende des Stimmprozesses in der Größenordnung einer Quinte liegen, und zwar muss insgesamt $11 \cdot B^* + B_W = 12 \cdot k$ mit $12 \cdot k > 11 \cdot B^*$ gelten. Wegen $11 \cdot B^* = 76,6236$ gilt $k = 7$ und somit $B_W = 84 - 76,6236 = 7,3764 = 737,64\cent$. Diese Wolfsquinte B_W, die sich von der temperierten Quinte B^* um $41,06\cent$ und von der reinen Quinte $B = \lambda\left(\tfrac{3}{2}\right)$ um $35,68\cent$ unterscheidet, wird auch heute von musikalisch geschulten Personen nicht mehr als gute Quinte akzeptiert und erzeugt außerdem unschöne Wolfsterzen, so dass im Endergebnis der ursprüngliche Zweck der ¼-Komma-Temperatur, nämlich durch eine gering verstimmte Quinte B^* reine Terzen $\lambda\left(\tfrac{5}{4}\right)$ zu gewinnen, nur bei sechs Dreiklängen erreicht wird. Die Wolfsintervalle in den übrigen Dreiklängen sind der Grund, warum durch die ¼-Komma-Temperatur keine wohltemperierte Stimmung erzeugt wird (vgl. Abbildung 113).

Wählt man für den regulären Stimmprozess als B^* die reine pythagoreische Quinte $B = \lambda\left(\tfrac{3}{2}\right) = 701,955\cent$ selbst, so erhält man eine pythagoreische Stim-

48

mung. Es gilt jetzt $11 \cdot B^* = 11 \cdot B = 77,2151$ und damit $B_W = 84 - 77,2151$ $= 6,7849 = 678,49\cent$ für die Wolfsquinte. Diese ist um $23,47\cent$ kleiner als die reine Quinte (pythagoreisches Komma). Deshalb kann auch hier nicht von einer Wohltemperierung im Sinne Werckmeisters gesprochen werden.

Wählt man dagegen für den Stimmprozess die Quinte $B^* = 7 = 700\cent$ des gleichmäßigen Zwölfersystems, so gilt jetzt $11 \cdot B^* = 77$ und $B_W = 84 - 77$ $= 7 = 700\cent$; die Wolfsquinte B_W stimmt mit der regulären Quinte B^* überein und weicht außerdem wie diese nur um $1,96\cent$ von der reinen Quinte ab. Da in dieser Stimmung alle zwölf Quinten gleichgroß sind, haben auch alle Terzen in allen Dreiklängen jeweils die gleiche Größe. Es handelt sich um den Idealfall einer wohltemperierten Stimmung, welche aus historischen Gründen als gleichschwebende Temperatur bezeichnet wird, aber zugleich das gleichmäßige Zwölfersystem darstellt. Wenn es in der Praxis gelingt, diese Stimmung auf einem Tasteninstrument herzustellen, dann wirft auch das Zusammenspiel mit Saiteninstrumenten keine großen Probleme mehr auf, weil diese ja schon zu einem großen Teil gleichschwebend gestimmt werden. Ein übersichtlicher Vergleich der angesprochenen Stimmungen ist in Abbildung 113 zu finden, welche sich auf eine von Euler vorgeschlagene natürliche Auswahlstimmung bezieht.

Eine andere natürliche Auswahlstimmung haben wir in Abbildung 18 bereits kennen gelernt. Es muss aber beachtet werden, dass es neben der großen Zahl an regulären oder biregulären Auswahlstimmungen auch einige irreguläre Stimmungen gibt, nämlich solche, die sich nicht als eine reguläre oder bireguläre Auswahlstimmung beschreiben lassen. Besonders im 18. Jahrhundert werden – auch von Werckmeister und Neidhardt – solche irreguläre Stimmungen vorgeschlagen, um die Wohltemperierung zu erreichen, ohne gleich zum gleichmäßigen Zwölfersystem überzugehen.

6. Die physikalische Legitimation des natürlichen Systems durch die Koinzidenztheorie

Seit dem späten 16. Jahrhundert stellt man sich die Schallausbreitung in der Luft mehrheitlich als wellenförmige Ausbreitung eines Schlages oder Stoßes vor. Wie bei einer Wasserwelle wird jeder Stoß oder Impuls, der von der schwingenden Oberfläche eines klingenden Körpers ausgeht, über die Luft auf das Trommelfell übertragen. Dadurch gerät das Trommelfell ebenfalls in

Schwingungen. Schon Giovanni Battista Benedetti spricht 1585 von Luftwellen (*undae aeris*)[51].

In der Ausbreitung eines Klanges mit fester Tonhöhe kann man demnach die Ausbreitung einer Folge von regelmäßigen Impulsen in der Luft sehen. Ein musikalisches Intervall, welches durch eine gekürzte Proportion $(a{:}b)$ angegeben wird, wird daher vereinfacht durch zwei Impulsfolgen visualisiert, deren erste Impulse zum gleichen Zeitpunkt stattfinden. Die beiden Zahlen a und b werden als Perioden $T_1 = a$ und $T_2 = b$ der beiden Folgen interpretiert. Bei der Analyse muss man darauf achten, nach welcher Gesamtperiode P die Impulse wieder zusammentreffen oder koinzidieren. Die *coincidentia ictuum*, das Zusammenfallen der Stöße hat der Theorie ihren Namen gegeben. Wir zeigen dies am Beispiel der Quinte $(3{:}2)$ mit $P = 2 \cdot 3 = 6$:

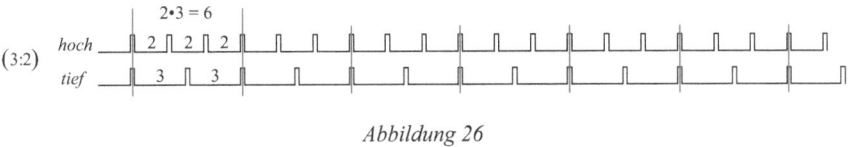

Abbildung 26

Man kann die Gesamtperiode $P = a \cdot b$ von zwei solchen koinzidierenden Impulsfolgen zu einer hierarchischen Anordnung der natürlichen Intervalle verwenden. Je größer die Gesamtperiode ist, desto niedriger ist der Rang des Intervalls, je kleiner die Gesamtperiode, desto höher ist sein Rang. Konsonante Intervalle besitzen aber gewiss einen hohen Rang. Die Koinzidenztheorie besagt demnach, dass ein musikalisches Intervall genau dann als konsonant betrachtet werden kann, wenn die Impulsfolgen seiner beiden Grenzklänge eine Koinzidenz mit niedriger Gesamtperiode erzeugen.

Die nach der Gesamtperiode geordnete Rangliste der Proportionen beginnt in der Tat mit $(1{:}1)$, $(2{:}1)$, $(3{:}2)$, $(4{:}3)$ und $(5{:}4)$ (vgl. Abbildung 28). Das sind aber die ersten Grundkonsonanzen des natürlichen Systems, wie sie Zarlino aus dem *senario* abgeleitet hat. Die Koinzidenztheorie macht darüber hinaus unmittelbar verständlich, warum natürliche Intervalle niemals irrationale Zahlen in ihren Proportionen enthalten können.

Man kann die Bildung der Gesamtperiode auch auf Mehrfachproportionen oder Progressionen ausdehnen, die mehr als zwei Glieder enthalten. Die Gesamtperiode einer solchen Progression π wird durch den Quotienten aus dem kleinsten gemeinsamen Vielfachen und dem größten gemeinsamen Teiler ihrer Glieder bestimmt. Das stimmt überein mit dem kleinsten gemeinsamen Vielfa-

51   Benedetti 1585, S. 283.

50

chen der zugehörigen gekürzten Progression. Leonhard Euler bezeichnet 1739 diese natürliche Zahl $E(\pi) = \frac{kgV(\pi)}{ggT(\pi)}$ als den Exponenten der Progression (vgl. VII.3). In Abbildung 27 wird als Beispiel der reine Dur-Dreiklang über die äquivalenten Progressionen $\pi = (30{:}24{:}20{:}15)$ und $\pi^* = (4{:}5{:}6{:}8)$ dargestellt mit $E(\pi) = E(\pi^*) = 120$.

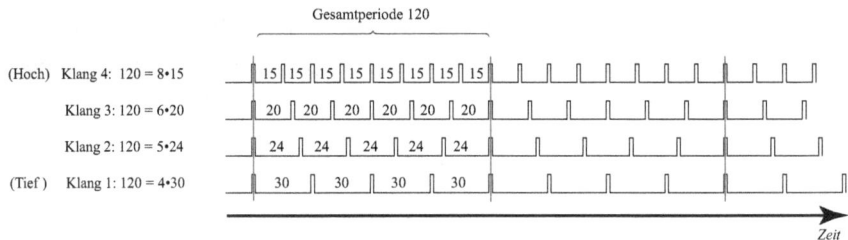

Abbildung 27

Die Betrachtung der Periode kann ersetzt werden durch die Betrachtung ihres Kehrwertes, der Frequenz. Im Zusammenhang mit der Verbreitung der Koinzidenztheorie wird daher das Saitenlängenmodell zunehmend durch das Frequenzmodell abgelöst, in welchem die Größe eines musikalischen Intervalls als Frequenzverhältnis erfasst wird. Im Frequenzmodell kann man sich von der Fixierung auf die Saite lösen und andere klingende Körper sowie die Luft als Medium und das Gehör als Empfänger in die Reflexion einbeziehen. Weil die Frequenz einer Saite umgekehrt proportional zu ihrer Länge ist, bleiben die Proportionen der natürlichen Intervalle numerisch faktisch unverändert und müssen nur anders interpretiert werden als im Saitenlängenmodell.

Bei jeder physikalischen Legitimation handelt es sich jedoch wie bei der pythagoreischen Tetraktys um eine außermusikalische Legitimation des Systems. War bisher nach Boethius die Musik der Arithmetik untergeordnet, so wird sie nunmehr tendenziell zu einem Anwendungsgebiet der Physik. Diese modernere Form der außermusikalischen Legitimation beruft sich nicht mehr auf ein Reich transzendenter kosmisch-numerologischer Gesetze, sondern auf die empirisch zugängliche Natur, wie sie in der neuzeitlichen Naturwissenschaft untersucht wird. Daher verleiht eine physikalische Legitimation der Musik den alten Begriffen Natürlichkeit und Reinheit eine neue und weithin mehrheitsfähige Bedeutung. Weil jedoch die modernere Begründung am natürlichen System Zarlinos wenig oder nichts ändert, kann sie durchaus auch mit traditionellen Legitimationen kombiniert werden. Die Koinzidenztheorie ist deshalb nicht nur für

Naturwissenschaftler attraktiv. Sie trägt ein Stück dazu bei, dass das natürliche System weiterhin die Vorherrschaft in der Musiktheorie behalten kann. Auch wenn der Proportionenkalkül des natürlichen Systems in der Musiktheorie seit der zweiten Hälfte des 18. Jahrhunderts faktisch in den Hintergrund gedrängt worden ist, hat sich an der Attraktivität einer physikalischen Legitimation bis heute erstaunlich wenig geändert. Obwohl die Existenz und die Bedeutung unterschiedlicher Skalen in unterschiedlichen Kulturen heute nicht mehr bestritten wird, bringt auch die heutige Musikwissenschaft einem Reduktionismus viel Sympathie entgegen, welcher die Physik oder die Physiologie als letzte Begründungswissenschaft akzeptiert. Zarlinos spezielle Skalen werden weiterhin als natürlich oder rein (*just*) von anderen Skalen abgehoben, obwohl diese dadurch – wenn auch meist nicht beabsichtigt – in die Kategorie unnatürlicher Skalen abgedrängt werden.

In der frühen Neuzeit schließen sich jedoch keineswegs alle Naturwissenschaftler der Koinzidenztheorie an. Schon Johannes Kepler arbeitet von seinem pythagoreischen Standpunkt aus die entscheidende Schwachstelle jeder physikalischen Legitimation heraus. Das Phänomen der Konsonanz oder des Wohllauts ist untrennbar mit einer Empfindung oder einem Gefühl des Angenehmen oder des Vergnügens verbunden. Auch wenn sie mit physikalischen Phänomenen verbunden sind, sind Gefühle und Empfindungen grundsätzlich subjektiver Natur und können nicht zum Gegenstand der neuzeitlichen Physik werden. Er betont, *„dass es der Geist ist, die menschliche Seele, mit deren Urteil oder auch Instinkt die Sinneswahrnehmung im Gehör angenehme, d. h. konsonante Proportionen von unangenehmen und dissonanten unterscheidet.“*[52] Konsonanz und Dissonanz sind daher Gegenstand der Psychologie oder Metaphysik, jedoch nicht der Physik, die sich nur mit überprüfbaren objektiven Phänomenen zu beschäftigen hat. Dieser Aussage stimmen – wenn auch mit anderen Begründungen – nicht nur die Vertreter der aristotelischen Naturphilosophie zu, sondern auch Newton (vgl. III.1). Selbst Wallis, von dem eine der besten Darstellungen der frühen Koinzidenztheorie stammt, kann ihr nicht voll zustimmen (vgl. II.4).

Die Koinzidenztheorie als eine frühe Form einer physikalischen Legitimation ist in ihren Einzelheiten nicht widerspruchsfrei. Seit dem 18. Jahrhundert geht man mit besserem Erfolg vom Phänomen der Obertöne aus, wenn man das natürliche System mit seinen reinen Intervallen physikalisch legitimieren will.

---

52   Kepler 1619, liber III, cap. I, S. 16: „... Mentem esse, Animumque humanum, cujus seu judicio seu instinctu,sensus auditus proportiones suaves, hoc est consonas , ab insuavibus & dissonis discernat.“ (Vgl. Caspar 1939, S. 101.)

$(a:b)$	(1:1)	(2:1)	(3:2)	(4:3)	(5:3)	(5:4)	(7:4)	(6:5)	(7:5)	(8:5)	(7:6)	(9:5)	(8:7)	(9:7)	(11:6)	(10:7)	(9:8)	(11:7)	...
$P = a \cdot b$	1	2	6	12	15	20	28	30	35	40	42	45	56	63	66	70	72	77	...

Natürliche Intervalle: Prime, Oktave, Quinte, Quarte, Gr. Sexte, Gr. Terz, Kl. Terz, Kl. Sexte, Kl. Septime, Gr. Ganzton

Konsonanzen — **Dissonanzen**

Abbildung 28

Es wird bald bemerkt, dass das später als Naturseptime bezeichnete Intervall $(7:4)$ mit der Gesamtperiode 28 der Theorie nach einen höheren Rang als die kleine Terz $(6:5)$ mit der Periode 30 einnimmt, obwohl die kleine Terz noch zum *senario* gehört und eine Septime als dissonant gilt (Abbildung 28). Für den Ausschluss der Primzahl 7 aus dem natürlichen System gibt es keinen physikalischen Grund.

Schließlich erkennen bereits Kepler und Mersenne, dass die musikalische Rangfolge der Intervalle nicht mit der Rangfolge der Koinzidenztheorie übereinstimmt. Jeder Musiker der damaligen Zeit hält zum Beispiel die große Terz mit der Gesamtperiode 20 für konsonanter als die Quarte mit 12. Das gilt auch für Newton[53]. Für Anhänger der ¼-Komma-Temperatur steht die große Terz mit 20 sogar noch höher als die Quinte mit 6, denn es wird auf der Reinheit der großen Terz und nicht auf der Reinheit der Quinte bestanden.

---

53   Siehe die Liste der Intervalle in Add MS 4000, f. 137v.

II. Frühe mathematisch interessierte Theoretiker

1. Johannes Kepler

Johannes Kepler, der große Astronom und Mathematiker, hat mit seinen fünf Büchern über die Harmonik der Welt, den „*Harmonices mundi libri V*", zu Beginn des dreißigjährigen Krieges ein Werk veröffentlicht, das bis heute viele Leser fesselt. Max Caspar hat 1938 mit der „*Weltharmonik*" eine vorzügliche Übersetzung in deutscher Sprache vorgelegt. In diesem Werk findet man neben dem modernen empirischen Ansatz und der begeisterten Werbung für das neue kopernikanische System auch ein ungewöhnlich klar formuliertes Bekenntnis zu einer pythagoreisch geprägten Weltsicht auf christlicher Basis. Altes und neues Denken bilden bei Kepler eine erstaunliche Einheit.

a) Die Lehre vom natürlichen System

Im dritten Buch der Weltharmonik beschäftigt sich Kepler mit der Musik, genauer mit der Entstehung der harmonischen Proportionen und mit der Natur sowie mit den Unterscheidungen der Dinge, die zur klingenden Musik gehören[54]. Für ihn ist das System Zarlinos das System der Natur, welches die Basis der mehrstimmigen Musik seiner Zeit bildet, wie er sie bei Orlando di Lasso bewundert. Kepler will dem natürlichen System mit seinen $\mathbb{N}\{5\}$-Proportionen eine neue und stabilere Begründung verschaffen. Bevor die Besonderheit seiner neuen Legitimation erörtert wird, soll jedoch zunächst dargestellt werden, in welcher Weise er die natürlichen Intervalle und Skalen behandelt.

Auf die wahre Begründung Keplers für die natürlichen Basisproportionen gehen wir in II.1.c ein. In einem vorläufigen Schritt erzeugt er – vielleicht aus didaktischen Gründen – aus der Proportion $(1{:}1)$ durch sieben formale Teilungen gemäß Abbildung 29 eine Folge von 14 Proportionen[55]. Eine solche Teilung bezeichnet er im Widerspruch zum heutigen Sprachgebrauch als harmonische Teilung. Sie ist rechnerisch sehr einfach und wird rein formal über die Gliedersumme $a + b$ bestimmt. Eine Proportion $(a{:}b)$ ist nur dann in diesem Sinne

---

54 Kepler 1619, lib. III, Titel: „De ortu proportionum harmonicarum, deque Natura & differentijs rerum ad Cantum pertinentium."
55 Kepler 1619, lib. III, Cap. II, S. 27.

54

harmonisch teilungsfähig, wenn die Gliedersumme von 7 verschieden und kleiner als 9 ist. Wird eine unzulässige Summe erreicht, bricht das Verfahren ab.

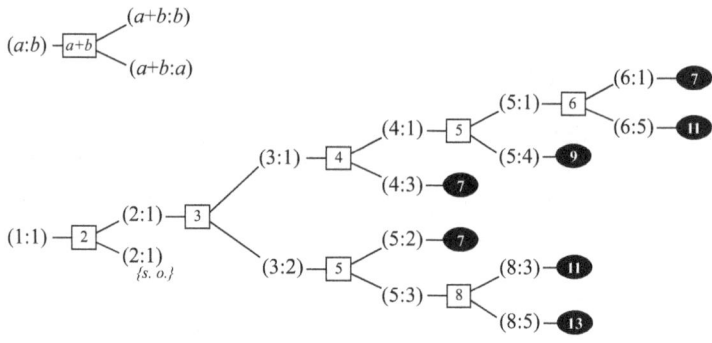

(nach Harmonices mundi, lib. III, cap. II, p. 27)

Abbildung 29

Wenn man sich auf die Proportionen innerhalb der Oktave konzentriert,
dann erkennt man, dass in Keplers eigenartiger Proportionenfolge die natürlichen Proportionen für Quinte, Quarte, große Terz, kleine Terz, große Sexte und
kleine Sexte definiert werden, also tatsächlich die konsonanten Intervalle des
natürlichen Systems innerhalb der Oktave.

Aus den Differenzen der Konsonanzen innerhalb der Oktave berechnet
Kepler dann die melodischen Intervalle (*intervalla concinna*), die Schrittintervalle für die diatonische Skala. Als Intervalle der zweiten Art erhält er durch
Differenzbildung der Konsonanzen den großen Ganzton T mit der Proportion
$(9{:}8)$ (Differenz von Quinte und Quarte), den kleinen Ganzton t mit $(10{:}9)$ (Differenz von großer Sext und Quinte bzw. von Quarte und kleiner Terz), den diatonischen Halbton s (*semitonium*) mit $(16{:}15)$ (Differenz von kleiner Sexte und
Quinte bzw. Quarte und großer Terz) und schließlich den chromatischen Halbton s'' mit $(25{:}24)$, den Kepler als *Diesis* bezeichnet, als Differenz von großer
und kleiner Terz bzw. großer und kleiner Sext.

Als Intervalle der dritten Art bestimmt Kepler schließlich das (syntonische)
Komma mit $(81{:}80)$ als Differenz von großem und kleinem Ganzton und den
sekundären Halbton oder das *Limma s'* mit $(135{:}128)$ als Differenz von großem
Ganzton und diatonischem Halbton. Das Ergebnis stimmt völlig mit Abbildung
10 überein.

Kepler will seine Theorie so anlegen, dass sie zur zeitgenössischen Praxis passt. Daher zeigt er von Anfang an die Intervalle jeweils direkt im Liniensystem[56]. Da er die Intervallbezeichnungen wie Oktave ohne weitere theoretische Begründung dem Wortsinne nach im Liniensystem interpretiert, ist es für ihn klar, dass eine (diatonische) Skala das Achter-Intervall der Oktave in sieben Teilintervalle zerlegen muss. Jede diatonische Skala muss sich letztlich aus zwei diatonischen Halbtönen *s*, drei großen Ganztönen *T* und zwei kleinen Ganztöne *t* zusammensetzen. *„Es ist also die Teilung der konsonanten Intervalle in melodische etwas Natürliches, und die Größe und Zahl der melodischen Elemente, die nicht größer ist als drei, beruht nicht nur auf der Gewöhnung des Ohrs, das Ohr folgt vielmehr einem natürlichen Instinkt. Man kann an Stelle jener drei Elemente nicht andere Intervalle oder eine andere Zahl von Elementen annehmen, in die die einzelnen konsonanten Intervalle geteilt würden.*[57]*"*

Da aber sowohl eine kleine wie eine große Terz am Beginn einer diatonischen Skala auftreten können, unterscheidet Kepler eine harte Skala oder Dur-Skala von einer weichen oder Moll-Skala[58], *„ ... jene allgemein bekannten beiden Gattungen des Gesangs. Die erste wird als weicher Gesang (cantus mollis) bezeichnet, weil in ihr von der untersten Stufe aus die weichen Intervalle für die Terzen und Sexten zu finden sind. Die andere heißt harter Gesang (cantus durus), weil an derselben Stelle der Oktavskala (systema octavae) die entsprechend bezeichneten Intervalle eingeordnet sind. "*

Kleine Terz und kleine Sext werden nämlich auch weiche Intervalle genannt und im Liniensystem durch das Zeichen ♭ von den harten Intervallen der großen Terz und der großen Sexte unterschieden. In diesem Sinne spricht Kepler von einer Moll-Skala, wenn vom Grundton aus eine kleine Terz und eine kleine Sext auftreten. Bei der Dur-Skala findet man dagegen eine große Terz und eine große Sexte.

---

56   Kepler 1619, Lib. III, Cap. IV, S. 35.

57   Kepler 1619, Lib. III, Cap. V, S. 43 „Haec igitur sectio intervallorum consonorum in concinna, naturalis est, quantitasque haec, & numerus elementorum concinnorum, ternario non major non sola aurium assuefactione nititur; sed auditus hoc habet ex instinctu naturali: nec possunt, praeter ista, vel alia intervalla, vel alio numero pro concinnis sumi, in quae dividatur quodlibet ex consonis.". Die Übersetzung stammt aus Caspar 1939, S. 128.

58   Kepler 1619, Lib. III, Cap. VI, S. 44 „Haec sunt illa vulgo celebrata duo Cantus genera; & prior quidem dicitur cantus mollis, quia invenitur in eo ordinata ab imâ voce, intervalla, Tertia & Sexta, molles; posterior verò cantus durus, ab ejusdem denominationis intervallis eodem loco systematis octavae ordinatis....". Caspar verwendet in seiner Übersetzung die Begriffe Tongeschlecht und Tonart, die für uns heute wohl eine andere Bedeutung haben (Caspar 1939, S. 130).

56

Damit stellt Kepler die Progressionen für die beiden diatonischen Skalen von *G* bis *g* auf (Abbildung 30)[59]. Beide Skalen enthalten zwei diatonische Halbtöne *s* (bei Kepler *semitonia*), drei diatonische (große) Ganztöne *T* und zwei sekundäre (kleine) Ganztöne *t*.

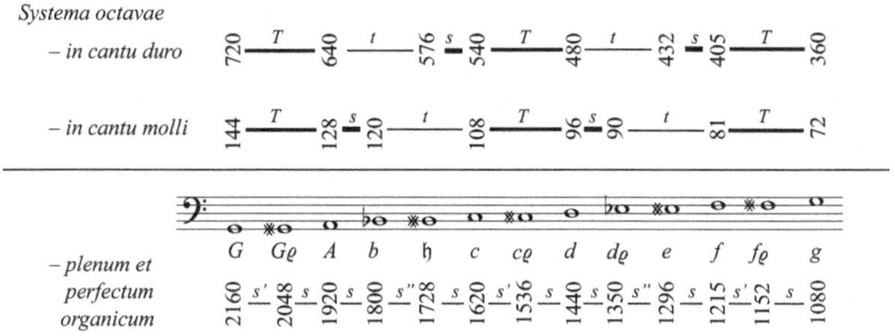

Systema octavae

– *in cantu duro* 720 —*T*— 640 —*t*— 576 —*s*— 540 —*T*— 480 —*t*— 432 —*s*— 405 —*T*— 360

– *in cantu molli* 144 —*T*— 128 —*s*— 120 —*t*— 108 —*T*— 96 —*s*— 90 —*t*— 81 —*T*— 72

– *plenum et perfectum organicum*

G   Gᵱ   A   b   ♮   c   cᵱ   d   dᵱ   e   f   fᵱ   g

2160 *s'* 2048 *s* 1920 *s* 1800 *s"* 1728 *s* 1620 *s'* 1536 *s* 1440 *s* 1350 *s"* 1296 *s* 1215 *s'* 1152 *s* 1080

Keplers Schrittintervalle: *T (gr. Ganzton)* (9:8), *t (kl. Ganzton)* (10:9), *s (Halbton)* (16:15), *s' = T – s (Limma)* (135:128), *s" = t – s (Diesis)* (25:24).

Abbildung 30

Diese beiden Skalen werden zu einer Auswahlstimmung mit zwölf Halbtonschritten zusammengefasst, zum vollständigen und vollkommenen System für Musikinstrumente[60]. Von jedem Ganzton zieht Kepler den diatonischen Halbton *s* ab und erhält so das Limma *s'* und die Diesis *s"*. Seine Auswahlstimmung erscheint daher als eine Folge von zwölf Halbtonschritten mit drei unterschiedlichen Größen[61]. Für alle drei Skalen gibt Kepler je eine Progression an, die wechselseitig über die Faktoren 5, 3 und 15 kompatibel sind (Abbildung 30). Die sogenannte Dur-Skala besitzt den Aufbau *T t s T t s T*, die Moll-Skala dagegen *T s t T s t T*.

Kepler verwendet für die Bezeichnung der Stufen seiner zwölfstufigen natürlichen Auswahlstimmung, die ja für Musikinstrumente gedacht ist, bewusst die Bezeichnungen der deutschen Orgeltabulatur (vgl. Abbildung 21). *„Es gibt auch Notationsformen, die üblicherweise für die Organisten benutzt werden, bei denen statt der schwarzen Linien Folgen von Buchstaben vorhanden sind, die angeben, welche Tasten jeweils geschlagen werden sollen. Hier stehen die*

---

59   Kepler 1619, Lib. III, Cap. VI, S. 45-46.
60   Kepler 1619, lib. III, Cap. VIII, S. 47: „… plenum et perfectum Systema organicum." Caspar spricht m. E. zu unspezifisch von einem „vollständigen und vollkommenen organischen System" (Caspar 1939, S. 134).
61   Kepler 1619, Lib. III, Cap. VIII, S. 47.

Buchstaben an Stelle der Noten, welche die Gesangsnotationen benutzen, indem sie auf die Linien und in die Zwischenräume gesetzt werden. "[62]
Ein großer Vorteil der Notation im Liniensystem ist es ja, dass die zugehörigen Buchstaben oder *claves* im Allgemeinen nicht mehr geschrieben werden müssen. Es gibt drei Ausnahmen, die an ihrer seltsam verfremdeten Schreibweise deutlich zu erkennen sind, nämlich die drei *claves* oder Schlüssel *c*, *g* und *F*, die jedoch nur – wenn überhaupt – am Anfang der Notenzeile erscheinen (Abbildung 31). Hinzu kommen die Zeichen für die Stufen *b* und *h*, wobei eigentlich nur das Zeichen *b* am Anfang einer Notenzeile gesetzt wird.

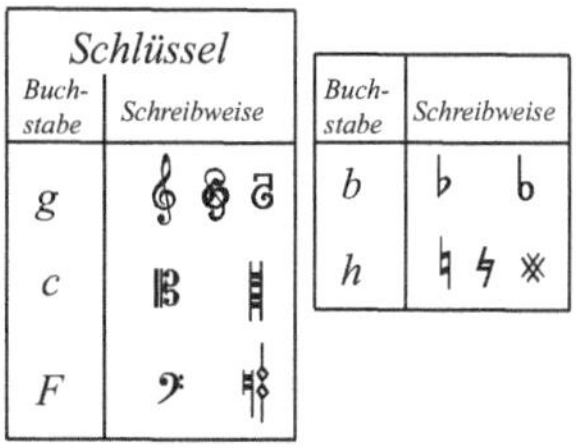

Schlüssel				
Buch-stabe	*Schreibweise*	*Buch-stabe*	*Schreibweise*	
g	𝄞 𝄞 𝄞	*b*	♭ ♭	
c	𝄡 𝄡	*h*	♮ ♮ ✕	
F	𝄢 𝄢			

Abbildung 31

Alle anderen Buchstabenbezeichnungen oder *claves* werden nicht explizit hingeschrieben. Sie sind vielmehr aus der Vorgabe eines Schlüssels und aus der Position der Note zwischen und auf den Linien indirekt zu erschließen sowie ggfs. aus den Vorzeichen zu erschließen.
In der Orgeltabulatur werden die Notenbuchstaben (*claves*) des Liniensystems den Tasten zugeordnet. Das gilt zuerst für die weißen Tasten (einschl. *h* oder ♭): *„Die gleichen Buchstaben werden nun auch bei Musikinstrumenten verwendet. Sie werden nämlich bei Saiteninstrumenten auf die Tasten für die Hämmerchen und bei Instrumenten, die angeblasen werden, auf die Tasten für die Luftklappen geschrieben. Daher rührt es, daß man jene Tasten nach Gewohnheitsrecht ebenfalls claves und ihre Anordnung (d.h. das System aus allen Tasten) claviarium (oder das Clavier) und die Instrumentenart Clavichord nennt. Denn die Saiten werden durch die claves angeschlagen, indem außen die*

---

62 Kepler 1619, lib. III, Cap. IX, S. 51: „Quin etiam sunt diagrammata, pro Organistis scribi solita, in quibus pro lineis nigris, sunt series literarum, indicantium, quaenam Claves tangi debeant: ubi literae sunt pro Notis, quas adhibebant diagrammata cantoria, in lineis aut intervalla positas.". (vgl. Caspar 1939, S. 138.)

Tasten niedergedrückt und innen die Hämmerchen in Bewegung versetzt werden.[63]
Die Schleife, die für vier schwarze Tasten an den Buchstaben der linken Nachbartaste angehängt werden muss, wird bei Kepler als ϱ gedruckt. Diese Tastenbezeichnungen überträgt Kepler in vollem Umfange zurück in die allgemeine Notation. Obwohl er die Stufe *es* im Liniensystem korrekt mit dem Vorzeichen ♭ darstellt, wird ihr daher dennoch der *clavis dϱ* zugeordnet (Abbildung 30)[64].

Die Progression κ für Keplers Auswahlstimmung lässt sich unterschiedlich schreiben:

$$\kappa = \left(2160{:}2048{:}1920{:}1800{:}1728{:}1620{:}1536{:}1440{:}1350{:}1296{:}1215{:}1152{:}1080\right)$$

$$= \left(720{:}682\tfrac{2}{3}{:}640{:}600{:}576{:}540{:}512{:}480{:}450{:}432{:}405{:}384{:}360\right)$$

$$= \left(1{:}\tfrac{135}{128}{\cdot}\tfrac{8}{9}{\cdot}\tfrac{5}{6}{\cdot}\tfrac{4}{5}{\cdot}\tfrac{3}{4}{\cdot}\tfrac{32}{45}{\cdot}\tfrac{2}{3}{\cdot}\tfrac{5}{8}{\cdot}\tfrac{3}{5}{\cdot}\tfrac{9}{16}{\cdot}\tfrac{8}{15}{\cdot}\tfrac{1}{2}\right).$$

κ erweist sich als die natürliche Progression, von der aus Gallé die natürliche Kommateilung konstruiert (vgl. I.3.b).

b) Temperaturen

Kepler ist sich darüber im Klaren, dass eine natürliche Auswahlstimmung nur idealen Charakter hat. Die unterschiedliche Größe der Halbtonschritte wird in der Praxis der Temperatur weitgehend ignoriert. Die Instrumentalmusiker[65] *„temperieren nach musikalischem Herkommen alle Intervalle so, dass keines unversehrt bleibt, und dass die Intervalle, die vollkommen sein sollten, durch eine kleine Einbuße an ihrer Vollkommenheit die Unvollkommenheit der übrigen verringern und mildern."* Ausgehend von seiner eigenen natürlichen Auswahlstimmung skizziert Kepler dabei die Möglichkeit der ¼–Komma-

---

63 Kepler 1619, lib. III, Cap. X, S. 54: „ Eaedem verò literae etiam adhibentur in organis Musicis; inscribuntur enim manubrijs plectorum in Tensis, aut Epistimorum in inflatis, à qua inscriptione Manubria illa, privato jure Claves dicuntur, & ordo ipse, seu Systema ex Manubrijs omnibus, Claviarium, ðas Clavier, & instrumenti genus Clavichordium; quòd chordae clavibus, hoc est manubrijs foris depressis, plectrisque intus exsilientibus, pulsentur." (vgl. Caspar 1939, S. 138).

64 Kepler 1619, lib. III, Cap. VIII, S. 48: „ ut ita fiant intervalla duodecim hoc cap. definita; literis G.Gϱ.A.b.h.c.cϱ.d.dϱ.e.f.fϱ.g:..." (vgl. Caspar 1939, S. 135).

65 Kepler 1619, lib. III, Cap. VIII, S. 48: „... ex artis instituto contemperant omnia intervalla, sic ut nullum sincerum relinquatur, sed ut intervalla, quae debebant esse perfecta, minimo perfectionis damno, sublevent & leniant caeterorum imperfectionem." (vgl. Caspar 1939, S. 134).

Temperatur, die er bei einigen Praktikern vorfindet, welche[66] *„auf ihren Instrumenten die beiden Ganztöne, den großen* 8:9 *und den kleinen* 10:9, *zuerst in dem einen Intervall* 4:5 *zusammenfließen lassen und dieses hinterher präzise in zwei praktische Ganztöne aufteilen, die unter sich gleich sind."*
Kepler hält jedoch die Temperatur der Intervalle für genauer, die Vincenzo Galilei unter Berufung auf Aristoxenos als Annäherung an das gleichmäßige Zwölfersystem propagiert[67], und diskutiert deshalb als einzige Temperatur nur die $\frac{17}{18}$-Regel Galileis für die Laute etwas ausführlicher. Er beurteilt sie aus musikalischer Sicht eindeutig positiv[68]: *„Diese mechanische Saitenteilung stellt das Gehör überall zufrieden."*
Anders als Vincenzo Galilei selbst bestimmt Kepler die Saitenteilung auch rechnerisch für ein Monochord[69] der Länge 100000, wobei außer einem ganz offensichtlichen Druckfehler in der ersten Ziffer nur wenige Druck- oder Rechenfehler vorkommen (Abbildung 32). In Abbildung 36 wird diese Näherung Galileis an einer Laute veranschaulicht.
Galileis Temperatur stellt Kepler eine Variante $\bar{\kappa}$ seiner eigenen natürlichen Progression κ gegenüber, in welcher der Ganzton zwischen G und A im Vergleich mit Abbildung 30 in umgekehrter Reihenfolge in die Halbtöne s und s' aufgeteilt wird. Für die Variante $\bar{\kappa}$ gilt:

$$\bar{\kappa} = \left(2160:2025:1920:1800:1728:1620:1536:1440:1350:1296:1215:1152:1080\right)$$
$$= \left(720:675:640:600:576:540:512:480:450:432:405:384:360\right)$$
$$= \left(1:\tfrac{15}{16}:\tfrac{8}{9}:\tfrac{5}{6}:\tfrac{4}{5}:\tfrac{3}{4}:\tfrac{32}{45}:\tfrac{2}{3}:\tfrac{5}{8}:\tfrac{3}{5}:\tfrac{9}{16}:\tfrac{8}{15}:\tfrac{1}{2}\right).$$

Bei der positiven Beurteilung der Güte der galileischen Temperatur in Abbildung 32 wird jedoch der ungewöhnlich große Spielraum deutlich, den Kepler bei Intervallen der musikalischen Praxis für möglich hält. Bezogen auf die Oktave schreibt er sogar[70]: *„Die Ohren erkennen die Harmonie zwischen*

---

66   Kepler 1619, lib. III, Cap. X, S. 54: „...qui in organis suis, Tonos duos, Majorem 8.9. & minorem 9.10. conflatos in unum intervallum 4.5. postea praecisè bisecant in duos tonos usuales, inter sese aequales." (vgl. Caspar 1939, S. 141).
67   Kepler 1619, lib. III, Cap. X, S. 54: „Etsi accuratior est in hac contemperatione Galilaeus."
68   Kepler 1619, lib. III, Cap. VIII, S. 48 - 49: „Haec tamen mechanica sectio chordae satisfacit auditui utcunque."
69   Kepler 1619, lib. III, Cap. VIII, S. 49 (vgl. Caspar 1939, S. 135).
70   Kepler 1619, lib. III, S. 49: „Agnoscunt sane aures harmoniam inter 100000. & 50363; ut affirmat Mechanicus: agnoscunt etiam eandem inter 100000. & 50000., ut ego affirmo."

100000 *und* 50363 *an, wie der Mechaniker behauptet; die Ohren aber erkennen auch dieselbe Harmonie zwischen* 100000 *und* 50000 *an, wie ich behaupte.*"

	G	Gϱ	A	b	h	c	cϱ	d	dϱ	e	f	fϱ	g	
Keplers natürliche Auswahlstimmung k̄	2160	$\frac{2025}{(2048)}$	1920	1800	1728	1620	1536	1440	1350	1296	1215	1152	1080	
stimmung k̄ *(bzw.* κ*)*	100000	$\frac{93750}{(94815)}$	88889	83333	80000	75000	71111	66667	62500	60000	56250	53333	50000	} *Harm. mundi,*
Glm. Zwölfersystem (V. Galilei)	100000	94444	89198	84242	39562	75242	70967	67025	63301	59785	56463	53325	50363	} *lib.III, p. 49*
					79562	75142				59784		53326	50364	← *Korr.*

Abbildung 32

Kepler lobt ausdrücklich Vincenzo Galileis Sorgfalt, den er auch sonst als Experten in Sachen Musik und Musikgeschichte häufig zitiert. Aber im Gegensatz zu Galilei führt ihn die Prüfung durch die *ratio* wieder zu den richtigen Verhältnissen der Theorie zurück[71]: *„Wenn du aber das Urteil des Gehörs mit scharfsinnigem Forschen des Verstandes überprüfen wirst, dann wird sich sofort ein Widerspruch offenbaren.*"

Er schreibt[72]: *„Und ich meinerseits erkenne seine mechanische Methode an, damit wir auch die Musikinstrumente mit der gleichen Freiheit der Intonation [intensio] verwenden können, wie sie in der menschlichen Stimme vorhanden ist. Für die Theorie [speculatio] aber, noch viel mehr für das Erkennen der Natur halte ich sie für schädlich.*" Und an anderer Stelle[73] noch grundsätzlicher: *„Wir aber blicken hier nicht auf die Kunstlosigkeit [ἀτεχνία] der Empiriker, sondern auf die Genauigkeit [ἀκρίβεια] der Natur.*" Natur und Empirie fallen für den Pythagoreer Kepler nicht zusammen, auch wenn er die Erfahrung für unverzichtbar hält.

---

71 Kepler 1619, lib. III, Cap. VIII, S. 49: „At si auditus judicium cum Rationis sollerti indagine examines; statim apparebit dissensus." (vgl. Caspar 1939, S. 135).

72 Kepler 1619, lib. III, Cap. VIII, S. 50: „Atque Ego quidem usum eijus Mechanicum agnosco, ut organis eâdem penè libertate intensionis, quae est in humana voce, possimus uti: ad speculationem verò, imò ad Naturam cantus dignoscendam perniciosam existimo." (vgl. Caspar 1939, S. 136).

73 Kepler 1619, lib. III, Cap. IX, S. 54: „Nos verò spectamus hic non ἀτεχνίαν Empiricorum, sed Naturae ἀκρίβειαν." (vgl. Caspar 1939, S. 141).

c) Pythagoreische Naturphilosophie auf neuer Basis

Kepler argumentiert in seiner gesamten Naturlehre von einem pythagoreischen Standpunkt aus. Gott hat die Welt nach bestimmten Archetypen geschaffen, und der Geist des Menschen kann beim Nachdenken über die Natur und die Welt – in der *Theoría* oder in der *speculatio* – diese Archetypen in der verwickelten Realität manchmal wie ein Muster erkennen, weil die gottähnliche menschliche Seele ebenfalls nach diesen Archetypen geschaffen worden ist und sie in einem gewissen Sinne selbst enthält.

Dabei ist es für Kepler jedoch jederzeit klar, dass die Ergebnisse einer solchen Suche nach Archetypen mit der quantifizierten Erfahrung, mit der *empiria* in erträglicher Übereinstimmung stehen müssen. Das unterscheidet seine Form des Pythagoreismus sehr deutlich von einer rein spekulativen Form, wie sie etwa bei Robert Fludd zu finden ist.

Die Archetypen bilden in der pythagoreischen Tradition auch die Legitimation für die musikalischen Intervalle. Weil er an der Ableitung aus Archetypen festhalten will, spricht sich Kepler gegen die neue Koinzidenztheorie aus (vgl. I.4). Er hält aber auch eine radikale Änderung am pythagoreischen Gedankengebäude selbst für notwendig. Das unterscheidet ihn von Zarlino, der trotz der Kritik am alten System nur die Vierzahl oder Tetraktys formal durch die Sechszahl ersetzt und ansonsten alles beim alten belässt.

Selbst wenn man annehmen würde, dass dem Schöpfergott solche Zahlenmengen wie Tetraktys oder Senario als Archetypen bei der Erschaffung der Welt und der Seelen gedient haben könnten, selbst dann *„wäre die Sache nicht klar, warum die einen Zahlen 1. 2. 3. 4. 5. 6. usw. bei den musikalischen Intervallen vorkommen, die Zahlen 7. 11. 13. und ähnliche aber nicht.“*[74] Diese Kritik betrifft auch sein eigenes Verfahren aus Abbildung 29.

Kepler hofft, mit seinem Umbau der Fundamente der pythagoreischen Theorie als Nebenprodukt auch eine neue Legitimation des natürlichen Systems zu gewinnen:[75] *„Aus diesen Gründen habe ich es seit zwanzig Jahren für meine*

---

74 Kepler 1619, lib. III, Einleitung, S. 8: „nondum tamen res adeò esset liquida, cur hi numeri 1.2.3.4.5.6. &c. ad intervalla Musica concurrant, at 7.11.13. & similes non concurrant."

75 Kepler 1619, lib. III, Einleitung, S. 8-9: „His igitur des causis ego ab annis vigintj in hoc elaborandum mihi censui, ut hanc Mathematices Physicesque partem illustriorem redderem, inventis causis talibus, quae ex una parte & judicio aurium satisfacerent in constituendo Consonantiarum, caeterorumque Concinnorum Numero; nec ultra id quod aures ferunt excurrerent; ex altera verò parte clarum & apertum discrimen statuerent inter Numeros, qui formant intervalla Musica, interque alienos ab hoc negotio: quae denique respectu tam Archetypi, quam Mentis, quae archetypo utitur ad

Aufgabe gehalten, diesen Teil der Mathematik und Physik deutlicher darzustellen, und zwar durch das Auffinden solcher Begründungen, die auf der einen Seite bei der Aufstellung der Zahl konsonanter und sonstiger melodischer Intervalle das Urteil des Gehörs befriedigen und über das nicht hinausgehen, was das Ohr erträgt. Auf der anderen Seite müssen diese Begründungen einen klaren und offensichtlichen Unterschied festhalten zwischen den Zahlen, welche die musikalischen Intervalle bilden, und denen, die hierzu untauglich sind. Schließlich müssen die Gründe eine enge Verwandtschaft mit den Intervallen aufweisen, und zwar im Hinblick sowohl auf die Urform [archetypus] wie auf den Geist, der sich der Urform bedient, um die Dinge nach deren Gestalt zu schaffen, und sie müssen sich so auf allerhellste Wahrscheinlichkeit stützen."

Kepler glaubt schließlich nicht mehr, dass die Archetypen, welche dem Schöpfergott zur Erschaffung der Welt gedient haben, aus Zahlenmengen oder ganzzahligen Proportionen bestehen. Vielmehr stammen sie nach Keplers Überzeugung aus der Geometrie. Erst in einem zusätzlichen Ableitungsschritt entsteht aus seinen neuen geometrischen Archetypen ein begrenzter Vorrat an ganzzahligen Proportionen, aus denen sich wiederum die Proportionen der musikalischen Basiskonsonanzen bilden lassen.

Nach langem Suchen und nach intensivem Studium des 10. Buches der euklidischen Elemente meint Kepler die Archetypen in gewissen regelmäßigen Vielecken gefunden zu haben, und zwar genauer bei denen, die mit Zirkel und Lineal konstruierbar sind. Die Ordnungen der konstruierbaren Vielecke korrespondieren in der Tat anfänglich mit der Folge $\mathbb{N}\{5\}$, aus der die natürlichen Proportionen gebildet werden (Abbildung 33), und schließen wie gewünscht die Zahlen wie 7, 11 und 13 von der theoretischen Verwendung aus. Wenn man sich mit den natürlichen Zahlen begnügt, die innerhalb der Oktave Konsonanzproportionen bilden, dann benötigt man auch die Zahl 9 nicht mehr, und insgesamt ergibt sich daraus eine formale Rechtfertigung für Keplers Erzeugung der Konsonanzproportionen nach seiner „harmonischen" Teilung (Abbildung 29) über die verbotenen Zahlen 7, 9, 11 und 13.

$n \in \mathbb{N}$	1	2	3	4	5	6	7	8	9	10	11	12	13	14	15	16	17	18	19	20	21
$n \in \mathbb{N}\{5\}$							X				X		X	X			X	X			X
Reguläres n-Eck konstruierbar							X		X		X		X	X			*)	X	X		X

*) Konstruierbarkeit des 17-Ecks erst 1796 entdeckt.

Abbildung 33

conformandas illi res, cognationem cum intervallis haberent, eòque verisimilitudine clarissima niterentur."

Gauß hat 1796 gezeigt, dass man ein Siebzehneck mit Zirkel und Lineal konstruieren kann. Für größere Zahlen n besteht überhaupt keine Korrelation mehr zwischen der Konstruierbarkeit eines regelmäßigen n-Ecks und der Folge $\mathbb{N}\{5\}$. Außerdem lassen sich auch bei Verwendung der Vielecke niedriger Ordnung mit Keplers eigenem Verfahren[76] Proportionen mit der Zahl 7 bilden, weshalb Kepler zum Beispiel auch das Fünfzehneck zusätzlich aus der Liste der zulässigen Vielecke streicht. Sein Versuch einer neuen und tieferen Begründung der Konsonanzproportionen über regelmäßige Vielecke kann deshalb heute bei nüchterner Betrachtung nur einen ziemlich willkürlichen Eindruck hinterlassen. Kepler muss zudem im zweiten Kapitel des dritten Buchs eine recht komplizierte Brücke zwischen den archetypischen Vielecken und den konkreten Saitenteilungen mit ihren traditionellen ganzzahligen Proportionen bauen, deren Tragfähigkeit aus heutiger Sicht ebenfalls nicht sehr einleuchtend ist.

Wie die Behandlung der Temperaturen schon zeigt, gilt die Beschränkung auf $\mathbb{N}\{5\}$-Proportionen jedoch nur für die Theorie, nicht für die musikalische oder gar akustische Realität, in der jede Proportion erklingen kann. Kepler interpretiert dabei eine musikalische Proportion nicht nur auf dem Monochord, sondern immer auch im Liniensystem. Am Ende seiner Ausführungen[77] gibt er drei interessante Beispiele an, bei denen auch nicht natürliche Proportionen vorkommen (Abbildung 34).

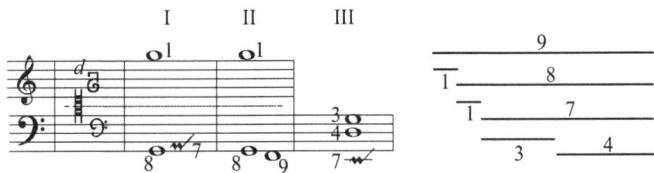

Die mit ᵥ bezeichneten Lagen können nicht durch Noten ausgedrückt werden, wie sie in der Musik üblich sind.

(Harm. mundi, lib. III, cap. II, p. 26)

Abbildung 34

In Beispiel I und II wird ein 11-zeiliges Liniensystem mit vier Schlüsselbuchstaben verwendet, welches unserer heutigen Klavier-Notation entspricht, und in dem die Proportion $(8{:}1)$ die dreifache Oktave von G nach g^2 darstellt.

---

76 Daniel P. Walker erläutert dies am Beispiel des Fünfzehnecks (Walker 1987, S. 97).
77 Kepler 1619, lib. III, Cap. II, S. 26 (vgl. Caspar 1939, S. 110).

64

In II wird durch Hinzunahme von F der Ganztonschritt $(9{:}8)$ nach unten ange-
fügt. Das in Beispiel I auftretende Intervall $(8{:}7)$ lässt sich nach der herrschen-
den Theorie streng genommen nicht im Liniensystem darstellen, wie Kepler
richtig anmerkt. Da dieses Intervall aber der Größenordnung nach zu den Ganztönen gehört, ist die ungefähre Lokalisierung zwischen G und A durchaus richtig. Im Beispiel III muss das Symbol ∿ etwa bei E liegen, denn bis d muss eine
kleine Septime – die später so genannte Naturseptime $(7{:}4)$ – gebildet werden,
und keine Quarte A bis d, wie die Originalzeichnung suggeriert.

Kepler berührt bei seiner grundlegenden Reform des pythagoreischen Ge-
dankens auch die Lehre von der Seele und erklärt, wie in der Seele das Vergnügen an den Konsonanzen zustande kommt. Über die Grundprinzipien seiner geometrischen Intervallbetrachtung[78] „... *gibt es eine erhabene Betrachtung
[speculatio], eine platonische, dem christlichen Glauben entsprechende, die sich
auf die Metaphysik und auf die Lehre von der Seele bezieht.*

*Denn die Geometrie ..., gleich ewig wie Gott und in göttlichem Geiste
[mens] leuchtend, hat Gott Muster [exempla] an die Hand gegeben ..., Muster
für die auszuschmückende Welt, damit diese die beste und schönste und schließlich diejenige werden würde, die dem Schöpfer am ähnlichsten ist. Aber es sind
alles Bilder des Schöpfergottes, die jeweils einzeln als Geister [spiritus], Seelen
[animae] und Vernunftwesen [mentes] ihren Körpern vorangestellt worden
sind, damit sie diese steuern, bewegen, vermehren, bewahren und schließlich
fortpflanzen können.*

*Da sie [die Seelen] also in ihren Pflichten mit einer bestimmten Form [ty-
pus] der Schöpfung verflochten sind, beachten sie bei ihren Tätigkeiten mit dem
Schöpfer zusammen dieselben Gesetze, welche der Geometrie entnommen sind.
Sie erfreuen sich genau an den Proportionen, die Gott verwendet hat, wo auch
immer sie diese finden, sei es in bloßer Betrachtung [speculatio] , sei es unter
Vermittlung der Sinne in den Dingen, die den Sinnen unterworfen sind, oder sei*

---

78 Kepler 1619, lib. III, S. 13: „... speculatio est sublimis, Platonica, Fideique
    Christianae analoga, ad Metaphysicam, adque doctrinam de Anima spectans.
    Geometria enim..., Deo coaeterna, inque Mente divina relucens, exempla Deo
    suppeditavit, ...exornandi Mundi, ut is fieret Optimus & Pulcherimus, denique
    Creatoris (?) similimus. Dei verò Creatoris imagines sunt, quotquot Spiritus, Animae,
    Mentes, suis singulae corporibus sunt praefectae, ut illa gubernarent, moverent,
    augerent, conservarent, adeòque & propagarent. Cum igitur typum quendam
    Creationis sint complexae suis munijs: leges etiam cum Creatore easdem observant
    operis, ex geometriâ desumptas: gaudentque proportionibus ijsdem, quibus Deus est
    usus, ubicunque illas invenerint, sive nudâ speculatione, sive interpositis sensibus, in
    rebus sensui subjectis; sive etiam sine discursu Mentis, per occultum & concreatum
    instinctum."

es auch ohne Nachdenken im Geiste [mens] mittels eines dunklen und mitgeschaffenen Triebes [instinctus]." Die Existenz einer derartigen, vom Leib deutlich zu unterscheidenden Seele ist denn auch der wahre Grund, warum Kepler die Koinzidenztheorie nicht akzeptieren kann (vgl. I.4).

d) Die Himmelsmusik

In der Literatur zur Geschichte der Astronomie findet man viele Darstellungen, die sich mit Kepler beschäftigen. An dieser Stelle beschränken wir uns daher auf einige wenige Aspekte, die mit der musikalischen Lehre von den Zahlen und Intervallen in engerem Zusammenhang stehen.

Wie der Titel *Harmonices Mundi* ja schon klar macht, geht es dem Astronomen und Astrologen Kepler bei seinen harmonischen Überlegungen im Sinne der pythagoreischen Intention und des kopernikanischen Vorbildes letztlich um den Aufbau der ganzen Welt. Die Musik liefert jedoch dazu das Muster[79]: *„Nun muss es lauter schallen, Urania, während ich auf der harmonischen Leiter der himmlischen Bewegungen in jene Höhen aufsteige, wo der ursprüngliche Archetypus des Weltenbaus im Verborgenen verwahrt wird. Ihr modernen Musiker, kommt mit mir und bildet Euch nach euren Lehren [artes], welche dem Altertum noch nicht bekannt waren, ein Urteil über die Sache.*

Nach einem zweitausendjährigen Schlaf hat die unaufhörlich verschwenderische Natur in den letzten Jahrhunderten am Ende euch als erste Muster [exempla] für das Universum [universitas] hervorgebracht. In euren mehrstimmigen Konzerten [concentus], auf dem Wege über eure Ohren hat sie sich selbst, wie sie aus ihrem innersten Schoße hervorkommt, dem menschlichen Geiste eingeflüstert, dem liebsten Kind Gottes des Schöpfers." Für Kepler spiegelt sich die kopernikanische Neuentdeckung in der Entstehung der mehrstimmigen Musik seiner Zeit, die nach seiner Überzeugung wie die Lehre des Kopernikus völlig neu entstanden ist.

Nach Keplers Überzeugung hat Gott bei der Schöpfung der Welt seine geometrischen Archetypen nicht nur in der menschlichen Seele, sondern auch in den himmlischen Körpern und Bewegungen verankert. Allerdings treten die zu-

79 Kepler 1619, lib. V, Cap. VII, S. 207 - 208: „Nvnc opus, Vranie, sonitu majore: dum per scalam Harmonicam coelestium motuum, ad altiora conscendo; quâ genuinus Archetypus fabricae Mundanae reconditus asservatur. Sequimini Musici moderni, remque vestris artibus, antiquitati non cognitis, censete: vos his saeculis ultimis, prima universitatis exempla genuina, bis millium annorum incubatu, tandem produxit sui nunquam non prodiga Natura: vestris illa vocum variarum concentibus, perque vestras aures, sese ipsam, qualis existat penitissimo sinu, Menti humanae, Dei Creatoris filiae dilectissimae insusurravit."

gehörigen harmonische Proportionen nur zu bestimmten hervorgehobenen Zeitpunkten auf, in denen von der beobachtenden Seele ein großes Wohlgefallen erlebt wird. In der übrigen Zeit sind bei der Bewegung der himmlischen nur nichtharmonische Proportionen zu beobachten.

Sätze der Astronomie lassen sich nicht im Laborexperiment prüfen. Dennoch beruhen sie wie die anderen Naturwissenschaften auf einer reichen Erfahrung, die sogar Jahrtausende zurückreicht. Kepler sieht sich einer großen Menge von numerischen Beobachtungsdaten gegenüber, in deren chaotisch erscheinenden Vielfalt einfache Zusammenhänge oder Gesetze verborgen sein müssen. Er ist davon überzeugt, dass sie sich aus diesem Datenmeer durch das Aufspüren harmonischer Proportionen herausfiltern lassen. Eine solche proportionsgebundene, aus der *speculatio* entstandene Hypothese kann er jedoch nur dann als Gesetz akzeptieren, wenn alle davon berührten Einzeldaten rechnerisch mit ihr vereinbar sind. Die numerische Verifizierung der Hypothese ist zu Keplers Zeit mit einem ungeheuren Arbeitsaufwand verbunden.

Heute wird Keplers eigenständiger Beitrag zur Entwicklung der modernen Physik gewöhnlich auf die Entdeckung von drei Gesetzen der Planetenbewegung reduziert. Im dritten Kapitel des fünften Buchs der *„Harmonices Mundi"* schildert Kepler, wie die Entdeckung des dritten Gesetzes für ihn mit der reinen Quinte zusammenhängt[80]: *„Nachdem in unablässiger Arbeit über eine sehr lange Zeit die wahren Abstände der Bahnen mit Hilfe der Beobachtungen Brahes gefunden worden waren, hat sich endlich, endlich die ursprüngliche Proportion der Umlaufszeiten zur Proportion der Bahnen*

, ... spät zwar dem Erschöpften gezeigt,

doch sie hat sich gezeigt und lange danach kam sie selber.'

Wenn du die genauen Zeitangaben haben willst: Am 8. März 1618 ist sie (die Proportion) von meinem Geist [animus] erfasst worden. Als sie aber in unglück-

---

80 Kepler 1619, lib. V, Cap. III, S. 189-190: „Inventis enim veris Orbium intervallis, per observationes Brahei, plurimi temporis labore continuo; tandem, tandem, genuina proportio Temporum periodicorum ad proportionem Orbium

... sera quidem respexit inertem,

Respexit tamen & longo pòst tempore venit;

Eaque si temporis articulos petis, 8. Mart. hujus anni millesimi sexcentesimi decimi octavi animo concepta, sed infoeliciter ad calculos vocata, eòque pro falsâ rejecta, denique 15. Maji reversa, novo capto impetu, expugnavit Mentis meae tenebras; tantâ comprobatione & laboris mei septendecennalis in Observationibus Braheanis, & meditationis hujus, in unum conspirantium; ut somniare me, & praesumere quaesitum inter principia, primò crederem. Sed res est certissima exactissimaque, quòd proportio quae est inter binorum quorumcumque Planetarum tempora periodica, sit praecise sesquialtera proportionis mediarum distantiarum." Die beiden zitierten Gedichtzeilen stammen aus Vergils *Eclogae vel bucolica, Ecloga prima.*

licher Weise der Rechnung unterworfen wurde, wurde sie als falsch zurückge-
wiesen. Schließlich kehrte sie am 15. Mai wieder zurück und kämpfte in einem
neuen Angriff die Dunkelheit in meinem Geiste nieder, und zwar durch die er-
staunlich große Übereinstimmung zwischen meiner siebzehnjährigen Arbeit mit
den Braheschen Beobachtungen und diesem Gedanken [meditatio], die sich zu
einer Einheit verschworen haben. Das hat mich zuerst zu dem Glauben ge-
bracht, ich würde träumen und das Gesuchte als Voraussetzung verwenden.

Aber die Sache ist ganz sicher und äußerst exakt: die Proportion, welche
zwischen den Umlaufzeiten zweier beliebiger Planeten besteht, ist genau das
Anderthalbfache der Proportion der mittleren Abstände."

Keplers drittes Gesetz bezieht sich auf die Proportion $(3:2)$ der reinen Quinte. Er setzt bei seiner Formulierung voraus, dass man Proportionen ihrer Größe
nach vergleichen und sogar Proportionen von Proportionen bilden kann.

Die originale Formulierung des Gesetzes lässt sich heute formal in der Ge-
stalt $(T_1:T_2) = \frac{3}{2} \cdot (a_1:a_2)$ oder $2*(T_1:T_2) = 3*(a_1:a_2)$ andeuten. Weil das Verdoppeln (Verdreifachen) einer Proportion der Bildung der zweiten (dritten) Po-
tenz der zugehörigen Verhältniszahl entspricht, ist dies äquivalent zu
$(T_1^2:T_2^2) = (a_1^3:a_2^3)$ und letztlich zu $\dfrac{T_1^2}{T_2^2} = \dfrac{a_1^3}{a_2^3}$ oder $\dfrac{T_1^2}{a_1^3} = \dfrac{T_2^2}{a_2^3}$. Man kann deshalb

heute das dritte keplersche Gesetz so formulieren: Das Verhältnis aus den Quad-
raten der Umlaufzeiten und den dritten Potenzen der großen Halbachsen ist für
alle Planeten konstant. Auch in dieser oder in einer ähnlichen Formulierung
kann man die reine Quinte wiedererkennen, wenn auch nur noch auf den zweiten Blick.

Das Auffinden bestimmter Proportionen in der Planetenbewegung ist für
Kepler durch die eigene Entdeckung erschwert worden, dass die Planeten die
Sonne nicht auf Kreisbahnen, sondern auf Ellipsen umlaufen. Daher muss man
für jeden Planeten zwei Abstände zur Sonne angeben, nämlich den kürzesten
(*Perihelius*) und den weitesten (*Aphelius*).

Die sechs Planeten Merkur, Venus, Erde, Mars, Jupiter und Saturn, die nach
Keplers Kenntnisstand um die Sonne kreisen, erinnern ihn an ein sechs-
stimmiges Konzert seiner Zeit[81]: *„Nichts anderes sind also die Himmelsbewe-*

---

81 Kepler 1619, lib. V, Cap. VII, S. 213: „Nihil igitur aliud sunt motus coelorum, quâm
    perennis quidam concentus (rationalis non vocalis) per dissonantes tensiones, veluti
    quasdam Syncopationes vel Cadentias (quibus homines imitantur istas dissonantias
    naturales) tendens in certas & praescriptas clausulas, singulas sex terminorum (veluti
    Vocum) ijsque Notis immensitatem Temporis insigniens & distinguens; ut mirum
    amplius non sit, tandem inventam esse ab Homine, Creatoris sui Simiâ, rationem
    canendi per concentum, ignotam veteribus; ut scilicet totius Temporis mundani

gungen als eine Art ewiges Konzert (nur im Verstand, nicht in Stimmen), welches durch dissonierende Spannungen hindurch – wie etwa durch gewisse Synkopen oder Kadenzen, mit denen die Menschen solche natürlichen Dissonanzen nachahmen – zu sicheren und vorgeschriebenen Klauseln hinstrebt, jeweils mit sechs Gliedern (wie mit Stimmen), und mit diesen Noten die Unermesslichkeit der Zeit kenntlich macht und genau bezeichnet. Daher sollte es nicht mehr seltsam erscheinen, dass vom Menschen, dem Affen seines Schöpfers, endlich die den Alten unbekannte Struktur [ratio] gefunden worden ist, wie man gemeinsam in einem Konzert musiziert. Im kurzen Teil einer Stunde will der Mensch durch den kunstvollen Zusammenklang mehrerer Stimmen die Ewigkeit der ganzen Weltzeit spielend darstellen, und er will im äußerst süßen Gefühl für das Vergnügen, welches er in der Musik, der Nachahmerin Gottes, empfindet, so viel wie möglich von dem Wohlgefallen schmecken, welches der göttliche Handwerker selbst an seinen Werken gefunden hat."

Harmonia binorum				Apparentes diurni			Prim.	Sec.			Harmoniae singulorum propriae		Prim.	Sec.			
Diver.		Conv.															
a	1	b	1	(Saturn)	♄	Aphelius	1	46	a	=	Inter	1	48	est	$\frac{4}{5}$	Tertia major
d	3	c	2			Perihelius	2	15	b		&	2	15			
c	1	d	5	(Jupiter)	♃	Aphelius	4	30	c		Inter	4	35	est	$\frac{5}{6}$	Tertia minor
f	8	e	24			Perihelius	5	30	d	=	&	5	30			
e	5	f	2	(Mars)	♂	Aphelius	26	14	e		Inter	25	21	est	$\frac{2}{3}$	Diapente
h	12	g	3			Perihelius	38	1	f	=	&	38	1			
g	3	h	5	(Erde)	♁	Aphelius	57	3	g		Inter	57	28	est	$\frac{15}{16}$	Semitonium
k	5	i	8			Perihelius	61	18	h	=	&	61	18			
i	1	k	3	(Venus)	♀	Aphelius	94	50	i	=	Inter	94	50	est	$\frac{24}{25}$	Diesis
m	4	l	5			Perihelius	97	37	k		&	98	47			
				(Merkur)	☿	Aphelius	164	0	l	=	Inter	164	0	est	$\frac{5}{12}$	Diapason cum
						Perihelius	384	0	m		&	393	36			tertia minore

Abbildung 35

Kepler kommt nun auf die Idee, nicht den Abstand zur Sonne in den beiden Extrempunkten zu betrachten, sondern vielmehr die beiden Bahngeschwindigkeiten im Aphel und im Perihel, die er jeweils durch den Winkel angibt, den die Planeten jeweils an einem Tag durchlaufen (Abbildung 35, Spalte „apparentes diurni")[82].

---

perpetuitatem in brevi aliqua Horae parte, per artificiosam plurium vocum symphoniam luderet, Deique Opificis complacentiam in operibus suis, suavissimo sensu voluptatis, ex hac Dei imitatrice Musicâ perceptae, quadamtenus degustaret." Die grafische Darstellung des Planetensystems findet sich als Beilage zu Kepler 1619, lib. V, S. 186.

82   Kepler 1619, lib. V, Cap. IV, S. 198.

Bei Mars ist die Winkelangabe im Aphel 26.14 als $26'14'' = 1574''$ zu lesen; entsprechend hat man im Perihel $38'1'' = 2281''$. Die letzte Zahl übernimmt Kepler unverändert für die musikalische Interpretation, wie das Gleichheitszeichen zwischen den Tabellen andeuten soll. Multipliziert man sie mit $\frac{2}{3}$, so erhält man $1520,7'' \approx 25'21''$. Das ist die Winkelangabe, die hinter dem Wort „*Inter*" steht und nicht mit dem beobachteten Wert $26'14''$ übereinstimmt. Durch dieses Verfahren legt Kepler die Ungenauigkeit offen, die sein Verfahren mit sich bringt.

Insgesamt wird so jedem Planeten in der Tabelle „*Harmoniae singulorum propriae*" eine natürliche Proportion zugeordnet. In der Tabelle „*Harmonia binorum*" werden aus diesem Zahlenmaterial zusätzlich für zwei Nachbarplaneten je zwei Zahlenverhältnisse näherungsweise bestimmt, nämlich in der Spalte „*Diver.*" das Verhältnis zwischen Aphel des ersten und Perihel des folgenden Planeten und unter „*Conv.*" das Verhältnis zwischen Perihel des ersten und Aphel des zweiten Planeten.

Es ist klar, dass sich die angegebenen natürlichen Proportionen nur in wenigen Ausnahmefällen wirklich zwingend aus dem Datenmaterial ergeben. Es lassen sich sehr leicht andere und oft bessere Näherungsproportionen angeben, wenn man die Beschränkung auf $\mathbb{N}\{5\}$-Proportionen aufgibt. Kepler ist jedoch offenbar der Ansicht, dass die tatsächlichen Proportionen mit ausreichender Genauigkeit durch die angegebenen $\mathbb{N}\{5\}$-Proportionen angenähert werden können, obwohl die von ihm angegebenen Proportionen nur in den Fällen $\frac{a}{d}$ und $\frac{e}{h}$ in sich stimmig sind. Sonst gilt $\frac{c}{f} = \frac{c}{d} \cdot \frac{d}{e} \cdot \frac{e}{f} = \frac{5}{6} \cdot \frac{5}{24} \cdot \frac{2}{3} = \frac{25}{216} = \frac{1}{8,64} \neq \frac{1}{8}$, $\frac{i}{m} = \frac{6}{25} = \frac{1}{4,17} \neq \frac{1}{4}$ und $\frac{g}{k} = \frac{9}{16} = \frac{3}{5,33} \neq \frac{3}{5}$.

2. Marin Mersenne

Der bereits mehrfach erwähnte katholische Theologe, Physiker und Mathematiker Marin Mersenne (1588-1648), Mitglied des Paulanerordens, nimmt eine wichtige Stellung in der Geschichte der modernen Naturwissenschaften ein. Er betreibt nicht nur selbst mathematische und physikalische Untersuchungen, sondern er wird zum Mittelpunkt und Organisator eines Informationsnetzes für zahlreiche Naturwissenschaftler in Europa, das manche Züge einer Akademie vorwegnimmt. Mersenne korrespondiert mit vielen unterschiedlichen Persönlichkeiten, darunter mit Descartes, Gassendi, Roberval, Pascal, Fermat, Torricelli, Constantijn und Christiaan Huygens, Desargues und Beeckmann. Mit vielen Korrespondenten ist Mersenne auch persönlich bekannt. Er bewundert Galileo

Galilei, veröffentlicht im Jahr nach dessen Prozess in Paris ein Buch mit dem Titel *„Les Mécaniques de Galilée"*, und setzt sich mit Erfolg für die Übersetzung und den Druck der in Italien inkriminierten Werke Galileis ein.

Die wissenschaftliche Grundhaltung Mersennes ist daher trotz seiner religiösen Bindung nach allen Seiten offen. Früh setzt er sich mit der skeptischen und mit der alchemistischen Auffassung von Wissenschaft auseinander, denen er seine eigene, als christliche Philosophie bezeichnete Auffassung entgegenstellt[83]. Mersenne bekennt sich selbst zur aristotelischen Tradition als der besten der verfügbaren Möglichkeiten für einen christlichen Philosophen, wobei er aber offen einräumt, dass in ihr auch Fehler enthalten sind. Er kann sich sogar vorstellen, dass eines Tages eine bessere Philosophie existieren könnte[84]: *„Es ist nicht so, dass ich behaupten will, dass man keine Philosophie haben könnte, die exzellenter und besser entworfen ist als die des Aristoteles. Denn ich weiß, dass Gott allmächtig ist, und dass er einen Geist erwecken kann, der hundertmal tiefer in die Natur der Dinge vordringt, was alle Aristoteliker, alle Platoniker, alle Alchemisten und alle Kabbalisten nicht geschafft haben."* Mersennes Haltung besitzt auf diese Weise einen antidogmatischen, auf Erfahrung ausgerichteten Zug, der für einen katholischen Theologen der damaligen Zeit nicht selbstverständlich ist und der zu der intellektuellen Toleranz führt, die neben seiner umfassenden Bildung und seiner unstillbaren wissenschaftlichen Neugier den Erfolg seiner „Akademie" überhaupt erst möglich macht.

Auf der einen Seite betrachtet Mersenne die Untersuchung der Musik als Teil einer Untersuchung der universellen Harmonie, die von Gott gestiftet ist. Er fügt deshalb immer wieder in seine Darstellungen religiöse Assoziationen ein, wenn er diesen transzendenten Bezug sieht. Auf der anderen Seite verlangt er aber auch eine unmittelbare Anbindung der musikalischen Theorie an die Erfahrung und an die neuen Wissenschaften, die blinden Autoritätsglauben ausschließt[85]: *„Daher verlange ich eine Sache von Musikern, und von allen Wissen-*

---

83 Mersenne 1625.

84 Mersenne 1625, Chap. IX, S. 110: „Ce n' est pas que ie vueille dire qu' il ne puisse y auoir quelque Philosophie plus excellente, & mieux disposée que celle d' Aristote, car ie sçay que Dieu est tout puissant, & qu' il peut susciter quelque esprit qui penetrera cent fois plus auant dans la nature des choses, que n' ont fait tous les Peripateticiens, tous les Platoniciens, tous les Alchymistes, & tous les Cabalistes,... "

85 Mersenne 1627, Préface du second livre (fin) : „Or je demande une chose aux Musiciens, et à tous les sçavans, qu' ils ne me peuvent honnestement refuser; à sçavoir qu' ils ne croyent à nulle histoire de celles que els anciens rapportent des effets de la Musique, ou de la maniere qu' elle a esté inventée, etc. qu' ils n' en ayent premierement fait l' experience, ou qu' ils n' y soient forcez par la demonstration; car c' est chose étrange que nous embrassons si facilement les opinions erronées de nos ancestres, encore qu' ils n' ayent eu nulle puissance, ny mesme le plus souvent nulle

schaftlern, die sie mir ehrenhalber nicht verweigern können, nämlich zu wissen, dass sie an keine derartigen Geschichten glauben, welche die Alten über die Wirkungen der Musik oder über die Art ihrer Erfindung usw. erzählen, bevor sie nicht zuerst die Erfahrung gemacht haben oder durch den Beweis dazu gezwungen werden. Denn es ist eine seltsame Sache, dass wir so leicht irrige Meinungen unserer Vorfahren annehmen, auch wenn sie gar keine Macht und auch gar nicht die Absicht gehabt haben, uns dazu zu verpflichten, dem zu folgen, was sie gesagt und geschrieben haben. Ich wünsche daher, dass man sich der Gefangenschaft entzieht, die sich daran gewöhnt hat, die Menschen zu fesseln, und dass man sich nicht mehr der Tyrannei der Meinungen unterwirft."

Mersenne interessiert sich nicht nur für musiktheoretische Fragen, sondern im Kontext der Mechanik auch für Fragen der Akustik, nämlich für die Frequenz und Ausbreitungsgeschwindigkeit des Schalls, für die Gesetze der schwingenden Saite und für die Koinzidenztheorie. Er ist sich aber bewusst, dass die Musik nicht vollständig in der neuen Naturwissenschaft aufgehen kann. Denn nach dem Erfahrungsprinzip muss man in der Musiktheorie auch den großen, historisch gewachsenen Bestand an praktischem Wissen berücksichtigen. Die Musik ist nicht nur Wissenschaft, sondern auch Kunst oder *téchne*. In seinem großen Werk *Harmonie universelle* von 1636, welches nach Art der Mathematik in Form von Sätzen aufgebaut ist, stellt er deshalb nicht nur die mathematisch oder physikalisch ausgerichtete Musiktheorie dar, sondern auch eine ausführliche Beschreibung der Musikwelt seiner Zeit. Die *Harmonie universelle* besteht aus 19 Büchern, zu denen noch ein Einschub und ein Anhang hinzukommen. Die drei ersten Bücher beschäftigen sich mit physikalischen oder akustischen Fragen, das letzte Buch mit spekulativen harmonischen Überlegungen außerhalb der heutigen Musik. Den größten Anteil der verbleibenden 15 Bücher macht die Darstellung des zeitgenössischen praktischen Wissens aus, vor allem die beeindruckende Instrumentenkunde, welche heute neben dem dritten Band des *syntagma musicum* von Michael Praetorius die Hauptquelle für das frühe 17. Jahrhunderts darstellt.

In der *Harmonie universelle* finden wir Keplers Vergleich zwischen der natürlichen Auswahlstimmung $\bar{\kappa}$ und Galileis Approximation an das gleichmäßige Zwölfersystem aus Abbildung 32 wieder. Mersenne übernimmt dabei alle Zahlenwerte – bis auf 89298 statt 89198 – unverändert aus Keplers Originaltabelle (Abbildung 36). Die Zahlen werden auf der rechten Seite eines Lautenhalses so zu einer Skala angeordnet, dass der virtuelle zwölfte Bund die Hälfte der Saiten-

---

volonté de nous obliger à suivre ce qu' ils ont dit et ce qu' ils ont écrit. Je desire donc qu' on se tire de la captivité qui a accoustumé de lier les hommes, et qu' on ne s' assujettisse plus à la tyrannie des opinions …"

länge ausmachen würde. Die exakte Skala des gleichmäßigen Zwölfersystems entspricht der Anordnung der Bünde, wie man sie intuitiv erwartet, und wie man sie von der heutigen Gitarre kennt.

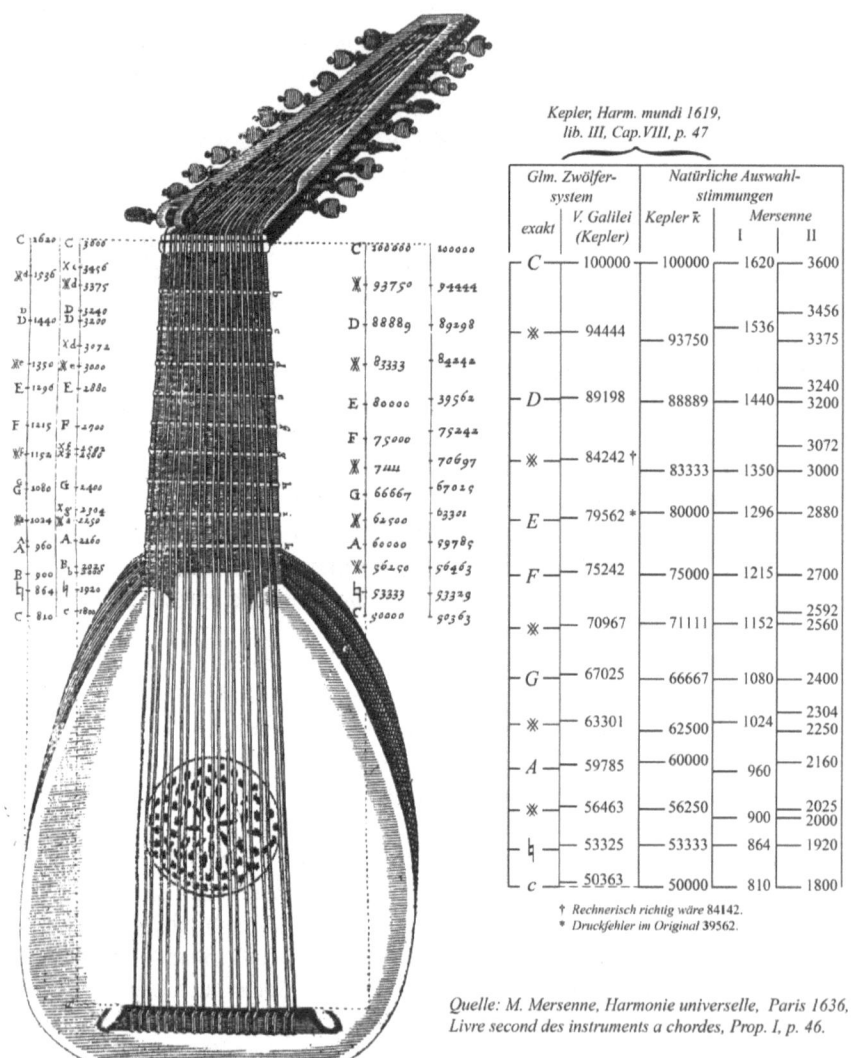

Kepler, Harm. mundi 1619,
lib. III, Cap.VIII, p. 47

	Glm. Zwölfersystem		Natürliche Auswahlstimmungen		
	exakt	V. Galilei (Kepler)	Kepler k̄	Mersenne I	Mersenne II
C	100000	100000	1620		3600
※	94444	93750	1536	3456	3375
D	89198	88889	1440	3240	3200
※	84242 †	83333	1350	3072	3000
E	79562 *	80000	1296		2880
F	75242	75000	1215		2700
※	70967	71111	1152	2592	2560
G	67025	66667	1080		2400
※	63301	62500	1024	2304	2250
A	59785	60000	960		2160
※	56463	56250	900	2025	2000
♮	53325	53333	864		1920
c	50363	50000	810		1800

† Rechnerisch richtig wäre 84142.
* Druckfehler im Original 39562.

Quelle: M. Mersenne, Harmonie universelle, Paris 1636, Livre second des instruments a chordes, Prop. I, p. 46.

Abbildung 36

Da die graphische Ausführung letztlich doch ungenau ist, findet man rechts daneben eine moderne maßstabsgetreue Zeichnung, in der auch die beiden natürlichen Progressionen Mersennes angeführt sind, die im Original links vom Lautenhals abgebildet sind.

Im gewaltigen Panorama der Musik, das uns Mersenne zeigt, finden wir die speziellen Themen, die uns interessieren, nicht kompakt und übersichtlich an einem Ort, sondern verstreut über das ganze Werk. Es kommt ihm nicht auf systematische Geschlossenheit der eigenen Theorie, sondern auf Vollständigkeit des enzyklopädischen Überblicks an.

3. René Descartes

René Descartes diskutiert im Briefwechsel mit dem befreundeten Mersenne auch musikalische Fragen, die auch die Koinzidenztheorie betreffen, und man kann davon ausgehen, dass er sich ihr in seinen späteren Jahren anschließt. In seinem Jugendwerk *Compendium musicae*, das schon 1618 geschrieben, aber erst 1650 in Utrecht veröffentlicht worden ist, wird die Koinzidenztheorie jedoch noch nicht erörtert[86]. Wir beschränken uns hier auf die Betrachtung dieses Werkes.

Die ungewöhnlich große Resonanz, die das *Compendium* unter den Gebildeten Europas gefunden hat, erklärt sich nicht nur durch den großen Namen des Autors, sondern auch durch die nüchterne Kürze des Textes, der sich ausschließlich mit dem natürlichen System beschäftigt. Eine physikalische Erklärung der Konsonanzen wird durch die Berufung auf das Obertonphänomen und die Resonanz bei Saiten zwar mehrfach angedeutet, und es gibt eine wahrnehmungspsychologische Reflexion, die Descartes' Präferenz für arithmetisch geteilte Strecken illustriert[87]. Letztlich konstruiert Descartes jedoch die fundamentalen Konsonanzproportionen (2:1), (3:2) und (5:4) nicht auf der Basis physikalischer Überlegungen, sondern formal im Saitenlängenmodell durch drei Halbierungen auf einer Saite *AB* mit den drei Teilungspunkte *C*, *D* und *E*, wobei er sich auf eine Oktave beschränkt.

In Abbildung 37 werden die Halbierungen sukzessive durch Maßzahlen ergänzt und zum Verständnis des Verfahrens zwei weitere Halbierungen durchge-

---

86 Wardhaugh 2008, S. 18-19: „... although it was not included in the compendium musicae ... Descartes later adopted it as an explanation of consonance in his correspondence with Mersenne."

87 Eine ausführliche Diskussion findet man bei Wymersch 1999, Chapitre 2, S. 123 – 138.

74

führt, wobei die vierte von Descartes noch zustimmend erläutert wird, weil bei ihr die Proportionen des großen und des kleinen Ganztons erkennbar werden. Descartes verwendet nur die Maßzahlen, die eingerahmt sind. Die kleine Terz ergibt sich als Differenz der Quinte und der großen Terz, und die übrigen Konsonanzen innerhalb der Oktave fixiert er als Komplementärintervalle zur Oktave.

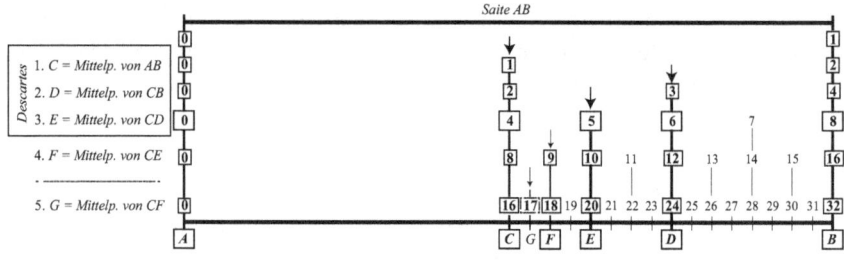

Abbildung 37

Das Halbierungsverfahren ist mit der arithmetischen und damit auch mit der sogenannten harmonischen Teilung verwandt, die bereits bei Zarlino zu finden ist. Wie Leibniz dazu bemerkt, ist dieses Verfahren zur Herleitung der natürlichen Basiskonsonanzen nicht geeignet, weil man mit ihm letztlich alle natürlichen Zahlen und damit auch alle Primzahlen erhält[88]: „... *man würde unter die Dissonanzen und unter die zu großen Primzahlen geraten.*" Schon bei der dritten Teilung tritt ja die Primzahl 7 auf. Auch wenn man sich wie Descartes auf die Intervalle mit dem linken Endpunkt *C* konzentriert, würde die fünfte Halbierung die Proportion (17:16) erzeugen, die keine $\mathbb{N}\{5\}$-Proportion mehr ist.

Weil er sich aber offenbar von Anfang an innerhalb des natürlichen Systems bewegen will, ignoriert Descartes die Primfaktoren, die größer als 5 sind, obwohl sie sich bei seiner Halbierung nicht vermeiden lassen. Als Anhänger der zarlinischen Theorie betont er ausdrücklich, „*dass alle Unterschiedlichkeit der Klänge bezüglich Höhe und Tiefe in der Musik nur aus den Zahlen 2, 3 und 5 entsteht.*"[89] In anderem Zusammenhang versucht er die die natürlichen Ba-

---

88   Leibniz im Brief vom 24.10.1706 an Conrad Henfling, der das Verfahren von Descartes übernimmt (Haase 1982, Nr. 10, S. 86): „Mais il ne paroist point pourquoy la moyenne harmonique (quoyque le nom d'harmonie y soit) doive avoir lieu icy. Il arrive même, qu' en continuant tant soit peu, on tomberoit dans les dissonances, et dans des nombres primitifs trop grands."

89   Descartes 1656, S. 56: „omnem sonorum varietatem circa acutum & grave oriri in Musica ex his tantum numeris 2. 3. & 5."

siskonsonanzen durch die Teilung der Saite in 2, 3, 4 , 5 , … gleiche Teile plausibel zu machen. Aber ganz im Senario Zarlinos befangen endet er mit der Teilung in 6 gleich Teile, und zwar mit der rätselhaften Bemerkung[90]: „*Darüber hinaus findet keine Teilung mehr statt, weil in der Tat die Schwäche des Gehörs größere Tonhöhenunterschiede nur mit Mühe unterscheiden könnte.*"

Das Halbierungsverfahren wird später auch von Conrad Henfling übernommen (vgl. VI.2.a). Auch Thomas Salmon wendet es an, und zwar sogar bis zur sechsten Halbierung[91]. Die dabei entstehenden Proportionen (17:16), (18:17), (31:30) und (32:31) verwendet Salmon jedoch nur zur Beschreibung des chromatischen und enharmonischen Tongeschlechts. Der diatonische Bereich stammt auch für ihn ausschließlich aus dem natürlichen System.

Das erste Kreisdiagramm des Compendium Musicae

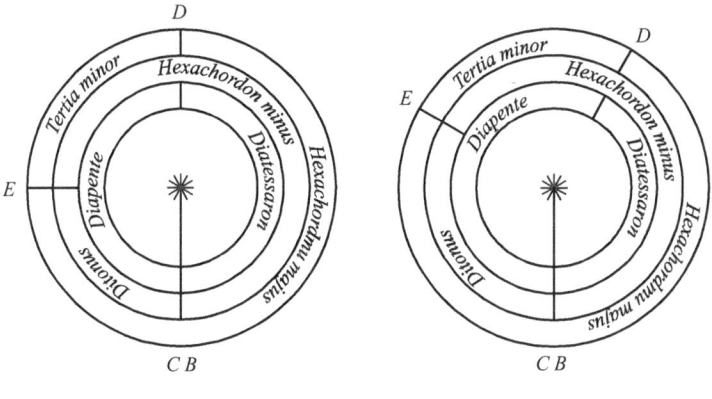

Zeichnung nach
Konstruktionsvorgabe

Tatsächliche Zeichnung

Abbildung 38

Im *Compendium* spielt die Oktave die zentrale Rolle. Jede Oktave hat dieselbe Struktur. Daher stellt Descartes seine Skalen als Kreisdiagramme dar, wobei der volle Kreis stets die Oktave repräsentiert. Ein mögliches Vorbild ist das Diagramm von Puteanus (Abbildung 11). Das linke Diagramm in Abbildung 38 entsteht (im Anschluss an die Teilung der Strecke *AB* gemäß Abbildung 37)

---

90   Descartes 1656, S. 10/12: „Nec ulterius fit divisio: quia, scilicet, aurium imbecillitas sine labore majores sonorum differentias non possit distinguere."

91   Thomas Salmon, *The Division of the Monochord*, MS Add 3970, f. 2r – 3r und im Diagramm f. 1.

76

dadurch, dass „... *ich die Teilstrecke CB, die Hälfte des Klanges AB, welche die Oktave enthält, in einem Kreis aufrolle, so dass der Punkt B mit dem Punkt C zusammenfällt. Dann muss jener Kreis in D und E geteilt werden, wie CB geteilt worden ist.*"[92] In den lateinischen Drucken, die ab 1650 in Utrecht erscheinen, wird zu dieser Konstruktionsanweisung die rechte Zeichnung aus Abbildung 38 abgedruckt. Sie gibt den Sachverhalt sachlich korrekt im Treppenmodell wieder. Unter Berücksichtigung der Maßangaben für die dritte Halbierung in Abbildung 37 führt eine wörtliche Befolgung der zitierten Konstruktionsanweisung für die halbe Saite *CB* jedoch auf die linke Zeichnung. Diese findet sich in der anonymen englischen Übersetzung von 1653, die vermutlich der erste Präsident der Royal Academy, William Brouncker, angefertigt hat[93]. Brouncker ist stolz darauf, dass er die Zeichnung im Gegensatz zur Utrechter Fassung korrekt nach den Intentionen des Autors wiedergeben würde.[94]

Brounckers Zeichnung ist aber musikalisch unsinnig, denn der innerste Kreisring suggeriert, Quinte (*Diapente*) und Quarte (*Diatessaron*) seien gleichgroße Intervalle und jeweils die exakte Hälfte der Oktave, und im mittleren und äußeren Ring erscheinen große (*Ditonus*) und kleine Terz (*Tertia minor*) als gleichgroße Intervalle.

Sinnvolle Kreisdiagramme oder Zifferblattdarstellungen dieser Art setzen grundsätzlich das Denken im Treppenmodell voraus, denn gleiche Intervalle müssen durch gleichgroße Kreissektoren dargestellt sein. Die lineare Skala im Treppenmodell, die in gleichstrukturierte Oktaven eingeteilt ist, kann als Spirale gedacht werden und dann in die Ebene projiziert werden, wie es Abbildung 39 mit einer willkürlich gewählten Stimmung zeigt.

Descartes geht an keiner Stelle seines Textes darauf ein, wie er diesen notwendigen Wechsel ins Treppenmodell bewerkstelligt hat, der mit allen vier Kreisdiagrammen seines *Compendium* verbunden ist und höchst wahrscheinlich die Verwendung von Logarithmen voraussetzt. Benjamin Wardhaugh glaubt dennoch, dass Descartes allein mit der Erstellung dieser Zeichnungen gezeigt habe, dass er als erster die korrekten mathematischen Methoden für den Über-

---

92 Descartes 1656, S. 18: „ ... si CB mediam partem soni AB, quae octavam continet, volvam in circulum, ita ut punctum B cum puncto C jungatur, deinde ille circulus dividatur in D & E, ut divisum est CB."

93 Brouncker 1653, S. 17, Third Figure. Auch die Kreisdiagramme S. 32, 35, 74, 75 und 76 werden von Brouncker fälschlich im Saitenängenmodell interpretiert, wobei die halbe Saitenlänge den Kreisumfang einnimmt. In Lindley 1987, S. 201-202 werden andere Aspekte von Brounckers Übersetzung angesprochen.

94 Brouncker 1653, Vorwort Bl. a2r.

gang vom Saitenlängenmodell ins Treppenmodell beherrscht.[95] Wie Wardhaugh aber selbst berichtet[96], waren die korrekten Kreisdiagramme in der Erstfassung des Textes von 1618 noch nicht enthalten, sondern tauchen erst in einer Kopie von Constantijn Huygens aus dem Jahre 1635 und in den Utrechter Drucken auf, so dass die Urheberschaft der Diagramme unklar zu sein scheint.

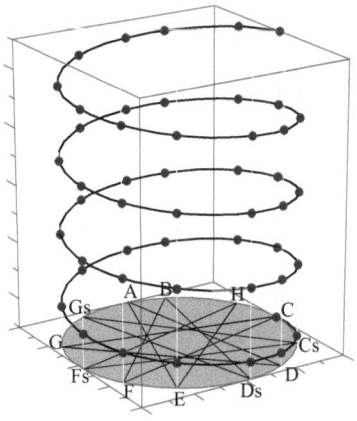

Abbildung 39

Brounckers Fehlinterpretation der kartesischen Kreisdiagramme ist umso erstaunlicher, weil er in seinen übrigen Anmerkungen den Zusammenhang zwischen Treppen- und Saitenlängenmodell klar beschreibt. Das musikalische Intervall als hörbare Differenz muss vom zugehörigen sichtbaren Saitenlängenverhältnis unterschieden werden[97]. Mit den sichtbaren Proportionen der Saitenlängen sind die hörbaren Proportionen der Klänge verbunden, wobei sich beide wie eine arithmetische und eine geometrische Folge verhalten und das Gehör gleichmäßig geteilte Skalen bevorzugt. Die Umrechnung zwischen hörbaren und sichtbaren Proportionen, zwischen additivem Treppenmodell und multiplikativem Frequenzmodell muss durch Logarithmen erfolgen. Deshalb kann

---

95 Wardhaugh 2008, S. 36: „René Descartes seems to have been the first person to assemble the necessary tools and solve this problem of the relative sizes of musical intervals, a problem which he approached through its implications for the visual representation of musical intervals in a precise and coherent diagram."

96 Wardhaugh 2008, S. 43-44

97 Brouncker 1653, S. 84, §1, sowie S. 62: „Audible Differences are as visible Rations."

Brouncker auch eine korrekte Darstellung des gleichmäßigen Zwölfersystems im Saitenlängenmodell angeben.[98]

Descartes entwickelt im kurzen *Compendium* lediglich eine Progression ε für eine natürliche diatonische Skala, die aber auch Werte für die beiden Varianten der Stufe *B* sowie Kommapaare für *G* und *D* enthält. Er wählt dazu den Weg über die drei Hexachorde auf den Schlüsseln *C*, *F* und *G*, wie es seit Guido üblich ist. Allerdings fordert er, dass jedes Hexachord den symmetrischen Aufbau *tTsTt* besitzen müsse.[99] Er stellt die resultierende Skala in seinem vierten Kreisdiagramm dar, welches in Abbildung 40 durch die Symbole *T*, *t* und *s* ergänzt wird. Das *Hexachordum naturale* ist als *vox naturalis* im mittleren, das *molle* als *vox ♭ mollis* im äußeren und das *durum* als *vox ♮* im inneren Kreisring zu finden. Insgesamt ergibt sich im Saitenlängenmodell die Progression

$$\varepsilon = \left(\overset{F}{540} : \underbrace{\overset{G}{486} : 480}_{K} : \overset{A}{432} : \overset{B}{405} : \overset{H}{384} : \overset{C}{360} : \underbrace{\overset{D}{324} : 320}_{K} : \overset{E}{288} : \overset{f}{270} \right),$$ deren Zahlen im

Kreisdiagramm von Abbildung 40 angegeben sind. Auch dieses Kreisdiagramm ist im Treppenmodell erstellt worden.

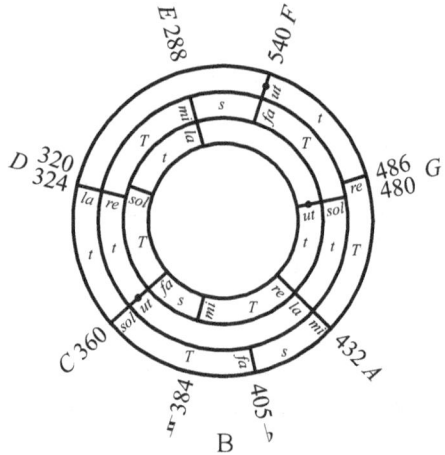

Abbildung 40

98   Brouncker 1653, S. 84 – 92. Er gibt zusätzlich zwei Skalen als Näherungen für das gleichmäßige Zwölfersystem an, die er in raffinierter Weise über den Goldenen Schnitt konstruiert; die drei Monchorde sind auf S. 66-67 zu finden.

99   Descartes 1656, S. 34: „ … quem dico necessario esse debere talem ut semper semitonium majus habeat utrimque juxta se tonum majorem."

Bei einer musikalischen Skala erwartet man intuitiv, dass für eine Notenbezeichnung genau eine Stufe angegeben wird. Das ist im pythagoreischen System
möglich, weil die Notation im Liniensystem und die Solmisation am pythagoreischen System mit einheitlichen Ganztönen ausgerichtet sind (I.2.c). Im natürlichen System kann man dieses naheliegende Prinzip jedoch nicht einhalten, und
man muss einigen Notenbezeichnungen im natürlichen System ein Stufenpaar
zuordnen, dessen Stufen sich um das syntonische Komma unterscheiden. Solche
Kommapaare sind eine unvermeidbare Erscheinung im natürlichen System (vgl.
V.4.d). Sie kommen für G und D schon in den diatonischen Skalen von Fogliano und Zarlino vor, und auch Descartes gibt für diese beiden Stufen jeweils ein
Kommapaar an.

4. John Wallis

Der Theologe und Mathematiker John Wallis hat von 1649 bis 1703 den wichtigsten mathematischen Lehrstuhl an der Universität Oxford inne, den Savilian
Chair of Geometry. Er ist an der Entstehung der Royal Society beteiligt und
wird später mit Newton und Leibniz persönlich bekannt. Einen guten Überblick
über seine musikalischen Arbeiten bietet Benjamin Wardhaugh[100].

Wallis betont immer, dass er auf dem Gebiete der Musik kein Fachmann sei,
obwohl einige Texte, meist Briefe, zu musikalischen Fragen von ihm publiziert
werden. 1682 beginnt er mit der griechischen Harmonik des Ptolemaios eine
Reihe von Neueditionen und lateinischen Übersetzungen griechischer Musiktheorie, die 1698 mit den Werken von Porphyrios und Bryennios abgeschlossen
wird. Diese umfangreiche philologische Arbeit macht ihn zu einem herausra-
genden Kenner der antiken Musiktheorie. In einem umfangreichen Anhang der
Ptolemaios-Ausgabe[101], der mit dieser Ausgabe zusammen eine weite Verbreitung findet, skizziert er die antike Musiktheorie im Vergleich mit der zeitgenössischen Theorie. Wallis beschränkt sich dabei nicht auf eine Wiedergabe der
ptolemaeischen Lehre, sondern bezieht vielmehr auch andere antike Theorien
ein, die von Markus Meibom in der Mitte des 17. Jahrhunderts neu editiert und
übersetzt worden sind. Dazu gehört auch Aristoxenos.

Wallis schreibt[102]: *„Damit aber besser verstanden wird, auf welche Weise
die heutige Skala und die Diagramme der Alten unter sich übereinstimmen, stel-*

---

100 Wardhaugh 2008, S. 156-166.
101 Wallis 1682.
102 Wallis 1682, S. 287: „Quo autem melius percipiatur, quomodo inter se consentiunt,
Hodierna Scala, & Veterum Diagramma, (pro Genere Diatonico, quo solo jam utimur;)
utrumque junctim exhibemus."

80

len wir beide zusammen dar, und zwar für das diatonische Geschlecht, das wir als einziges noch benutzen." Diese geschieht anhand einer grafischen Darstellung[103], in der die antike Skalenbildung dem guidonischen Liniensystem mit der traditionellen Hexachord-Solmisation gegenüber gestellt wird, wie sie in Abbildung 10 zu finden ist.

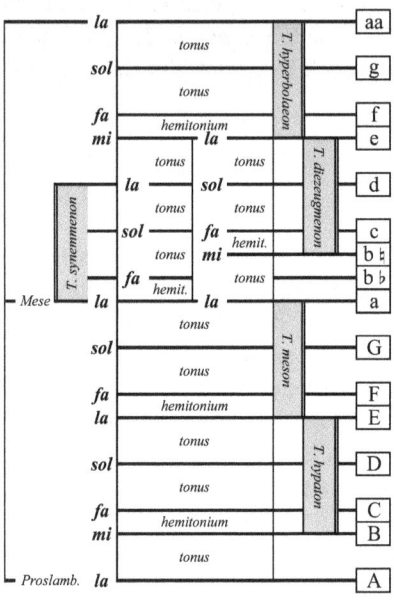

Abbildung 41

Er erläutert bei diesem Anlass das traditionelle Solmisationssystem unter Einbeziehung der siebensilbigen Oktavsolmisation, wie er sie bei Mersenne und Alsted vorfindet. Abschließend beschreibt er aber auch in Übereinstimmung mit der Lehre von Christopher Simpson die viersilbige Oktavsolmisation als das System der zeitgenössischen Praxis. Erstaunlich ist nun, dass er diese vier englischen Solmisationssilben den Stufen der antiken Tetrachorde zuordnet[104]:

---

103   Wallis 1682, S. 287.
104   Wallis 1682, S. 291.

ὑπάτη (Hypáte)	Suprema	la	(tief)
παρυπάτη (Parhypáte)	Subsuprema	fa	
παρανήτη (Paranéte)	Penultima	sol	
νήτη (Néte)	Ultima	la	(hoch)

Unter Beachtung der Gegenläufigkeit der antiken Stufenbezeichnung zu unserer heutigen Vorstellung kann Wallis daher jedem der fünf antiken Tetrachorde, die sich in der Doppeloktave *A – aa* des *systema téleion* befinden, die Solmisation *mi fa sol la* oder *la fa sol la* zuordnen (Abbildung 41), und die derart gegliederte Doppeloktave mit der guidonische Skala aus Abbildung 10 koppeln.

Wallis beschreibt ausführlich alle Möglichkeiten, die in der Antike für die Tetrachordgliederung in den unterschiedlichen Tongeschlechtern bestehen, aber er schreibt dazu[105]: *„Aber diese ganze Lehre von den verschiedenen Geschlechtern ist schon beinahe überall aus der Mode gekommen. Denn wir haben ja schon seit vielen Jahrhunderten ein einziges Tongeschlecht in Gebrauch. Ob dieses Geschlecht freilich das diátonon syntonon des Aristoxenos ist – grob gesprochen in Ganz- und Halbtonschritten –, oder das diátonon ditoniaion des Ptolemaios – in Ganztönen und Limmata (λείμματα), die sich ein wenig von den Halbtönen unterscheiden (wonach Euklid seine sectio canonis vollständig ausgerichtet hat, und dem nahezu alle Musikausübenden oder Musikpraktiker bis zu Boethius und fast bis in unsere Zeit gefolgt sind), oder ob es das diatonikòn syntonon [des Ptolemaios] mit großen und kleinen Ganztönen sowie Quasi-Halbtönen (über welche sich manchmal diejenigen streiten, welche die Sache etwas genauer besprechen) – dafür haben wir jetzt keinen Raum, um es genauer zu diskutieren... Und von denen, die eher grob das Thema behandeln, werden sie gewöhnlich für dasselbe gehalten; und eine genauere Erörterung richtet sich mehr an die Theorie als an die Praxis.“*

---

105 Wallis 1682, S. 303: „Sed tota haec, de variis Generibus doctrina, jam fere desuevit. Quippe jam, per multa secula, unicum habemus Genus Musicum usu receptum. Quod sive sit Aristoxeni Diatonum Intensum, per Tonos & Hemitonia saltem crassius loquendo; Sive Ptolemaei Diatonum Diatonicum, per Tonos & Limmata (λείμματα) quae ab Hemitoniis exiguo differunt; (cui soli suam acommodavit Sectionem Canonis Euclides; quem plerique omnes ad Boethium usque, indeque ad nostra fere tempora, secuti sunt Musurgi, seu Musici practici:) Sive Ptolemaei Diatonum Intensum, per Tonos majores, minores, & quasi-hemitonia; (de quo qui subtilius loquuntur, nonnunquam disceptant:) non est ut hic loci subtilius disputemus, ... Quippe haec tantillo inter se differunt, ut aurium judicio vix aut ne vix distingui possint; &, crassius loquentibus, pro eodem haberi solent; & subtilior disputatio speculationem magis quam praxin spectat.“

82

Gleichmäßiges Zwölfersystem, pythagoreisches System und natürliches System werden von Wallis als gleichberechtigte Darstellungsformen der aus der Antike stammenden einheitlichen diatonischen Struktur beschrieben, die zwar in einer historischen Reihenfolge entstanden sind, aber dennoch bis in die Gegenwart koexistieren. Die historische Reihenfolge entspricht wachsenden Ansprüchen an Genauigkeit. Über das gleichmäßige Zwölfersystem schreibt er[106]: „*Die jüngeren Musiker, besonders die praktischen, benutzen meist die gleiche Sprache wie Aristoxenos, wenn sie Intervalle durch Ganz- und Halbtöne ausmessen. ... Diejenigen aber, welche die theoretische Musik tiefer behandeln, bezeichnen die Unterschiede der Klänge lieber im Sinne der Pythagoreer mit Verhältnissen.*"

Die Unterschiede der Ganz- und Halbtonschritte zwischen den drei genannten Systemen können mit dem Gehör nicht erfasst werden. Daraus zieht Wallis den Schluss, dass die Sinneswahrnehmung (*sensus*) nicht ausreicht, wenn man entscheiden will oder soll, welches der drei Systeme für das angemessenere (*potius*) zu halten ist. Die *ratio* spricht aber mit gewichtigen Gründen für das natürliche System[107]. Denn es scheint so, als müsse man für die Tonhöhe und für das Phänomen der Konsonanz und Dissonanz eine physikalische Ursache voraussetzen. Damit meint Wallis natürlich die Koinzidenztheorie, die er im anschließenden Text eigenständig, ausführlich und klar darstellt[108].

Im Gegensatz zu anderen Vertretern der Koinzidenztheorie betont Wallis jedoch immer, dass sie auf Hypothesen beruht, deren experimentelle Bestätigung noch aussteht. Das gilt schon für die Abhängigkeit zwischen Frequenz und Tonhöhe, aber vor allem für das Phänomen der Koinzidenz selbst. Zwei Impulsfolgen, welche koinzidieren sollen, beginnen in der Regel nicht zeitgleich mit ihrer Ausbreitung. Diese vorsichtige Haltung ist umso bemerkenswerter, als Wallis bereits 1677 als einer der ersten das Phänomen der harmonischen Eigenschwingungen einer Saite in wissenschaftlicher Form vorstellt[109]. Auf der Basis seiner historischen Kenntnisse nimmt er auf diese Weise insgesamt eine undogmati-

---

106   Wallis 1682, S. 309: „Posteriores tamen Musici, ad nostra usque tempora, (praesertim Practici,) cum Aristoxeno plerumque loquuntur; per Tonos & Hemitonia metientes Intervalla... Qui autem Musicam Speculativam subtilius tractant, Sonorum discrepantias potius, ad mentem Pythagoreorum, per Rationes designant."

107   Wallis 1682, S. 318-319: „Cum vero haec quae diximus Genera, tantillo inter se distent, ut Aurium subtilitas ea vix aut ne vix valeat distinguere, ... non tam Sensu quam Ratione judicandum erit, utra sententia potior aestimanda sit; ... Ratio autem sententiae posteriori impense favet."

108   Wallis 1682, S. 319-328.

109   Wallis 1678, S. 839-842. Vgl dazu Wardhaugh 2008, S. 159.

sche Haltung zum natürlichen System ein und zeigt eine große Offenheit gegenüber Alternativen, gerade wenn sie aus der Praxis stammen. In zwei Aufsätzen aus dem Jahre 1698 beschäftigt sich Wallis mit der Teilung der Oktave in zwölf Halbtöne. Im ersten geht es um die gleichmäßige Halbtonskala von Christopher Simpson[110], im zweiten um die Halbtonskala auf einer Orgel[111]. Erstaunlicherweise geht Wallis nicht mit Hilfe von Logarithmen zum Treppenmodell über, sondern schlägt vor, ausgehend von einer natürlichen diatonischen Skala die Proportionen der beiden natürlichen Ganztöne gemäß $\frac{9}{8} = \frac{18}{17} \cdot \frac{17}{16}$ und $\frac{10}{9} = \frac{20}{19} \cdot \frac{19}{18}$ im Saitenlängenmodell arithmetisch zu halbieren. Die Oktave setzt sich dadurch schließlich aus fünf verschiedenen Halbtonschritten mit den Größen 112 ¢, 105 ¢, 99 ¢, 94 ¢ und 89 ¢ zusammen, die in drei Fällen doppelt ($\frac{16}{15}$, $\frac{20}{19}$, $\frac{19}{18}$) und in zwei Fällen dreimal ($\frac{18}{17}$, $\frac{17}{16}$) vorkommen. Er betrachtet dies als eine mögliche Annäherung an das gleichmäßige System. Nur der Halbtonschritt $\frac{16}{15}$ gehört dabei zum natürlichen System, und $\frac{18}{17}$ mit 99 ¢ ist der Halbtonschritt, den Vincenzo Galilei für seine Annäherung an das gleichmäßige Zwölfersystem verwendet.

5. Christiaan Huygens

a) Die Theorie der regulären Intervallsysteme

Huygens ist wie viele Physiker seiner Zeit ein Anhänger der Koinzidenztheorie. Nur die Konsonanzen sind für ihn vollkommen, die sich durch die bekannten einfachen ganzzahlige Proportionen erfassen lassen. In seinem letzten, 1698 posthum erschienenen Werk *Kosmotheoros*, setzt sich Huygens in populärwissenschaftlicher Weise mit der Möglichkeit der Existenz intelligenter Lebewesen auf den Planeten auseinander. Er schreibt: „*Es ist außerdem sicher, dass jenes, was in der Wissenschaft Geometrie an Einheitlichem und Ewigem vorhanden ist, in ähnlicher Weise auch in den harmonischen Wissenschaften gefunden werden kann; da alle Konsonanzen durch gleichbleibende Maßzahlen und in konstanter Proportion gebildet werden, aber jede Anordnung der Klänge und jede Annehmlichkeit des Gesangs, auch bei einer einzigen Stimme, in den Konsonanzen begründet ist. Dadurch kommt es, dass bei allen Völkern dieselben Intervalle zwischen den Stufen gesungen werden, ob die Stimme nun in zusammenhängenden*

---

110   Wallis 1689a, S. 80-84.
111   Wallis 1689b, S. 249-256.

Schritten oder im Sprung voranschreitet."[112] Die Grundlagen der Musiktheorie sind für Huygens auf der Basis der Koinzidenztheorie mathematisch-naturwissenschaftlicher Art und nicht von kulturellen Faktoren abhängig.

Huygens entdeckt offenbar eigenständig die innere Instabilität des natürlichen Systems wieder, die wir schon in I.3.b erläutert haben. Er demonstriert sie am Beispiel einer einfachen einstimmigen Tonfolge[113]:

$$c \xrightarrow[+\lambda\left(\frac{4}{3}\right)]{\text{+Quarte}} f \xrightarrow[-\lambda\left(\frac{6}{5}\right)]{\text{- Kl.Terz}} d \xrightarrow[+\lambda\left(\frac{4}{3}\right)]{\text{+Quarte}} g \xrightarrow[-\lambda\left(\frac{3}{2}\right)]{\text{-Quinte}} c \quad \text{oder} \quad c \xrightarrow[-\lambda\left(\frac{81}{80}\right)]{\text{Einklang!}} c$$

Würde man diese einfache Sequenz neunmal wiederholen, dann würde man fast um einen Ganzton absinken:[114] *„Das aber duldet der Gehörsinn in keinem Falle, vielmehr erinnert er sich des Tons, den er zu Beginn wahrgenommen hatte, und kehrt zu diesem zurück. Daher sind wir gezwungen, uns einer gewissen verborgenen Temperatur zu bedienen, und die genannten Intervalle nicht als perfekte zu singen, woraus eine viel kleinere Beleidigung (des Gehörsinns) entsteht. Fast überall bedarf der Gesang einer solchen Anpassung [moderation].*"

Huygens geht daher im Gegensatz zu Descartes von der musikalischen Notwendigkeit aus, dass man in der Vokalmusik und auf allen Musikinstrumenten grundsätzlich eine reguläre Temperatur verwenden muss. Reguläre Temperie-

---

112 Huygens 1698, S. 73 - 74 „Caeterum illud quod uniusmodi & aeternum in Gemetrica scientia inesse animadvertimus, similiter quoque in Harmonicis invenire certum est; cum consonantiae omnes constanti mensura ac proportione constituantur, omnis vero phtongorum ordo, omnisque cantus delectatio, etiam vocis singulae, in consonantiis fundata sit. Quo fit ut apud omnes gentes eadem tonorum intervalla canantur, sive per gradus continuos, sive saltu vorx progrediatur."

113 Huygens 1698, S. 77: „At de Tono vocis temperando quod dixi, probationem habet non difficilem; quam hic adjungimus, quandoquidem jam aliquid praeter somnia nostra venditare coepimus. Ajo itaque, si quis canat deinceps sonos, quos Musicos notant Literis C, F, D, G, C, per intervalla consona, omninò perfecta, alternis voce ascendens descendensque; jam posteriorem hunc sonum C, toto Commate, quod vocant, inferiorem fore C priore, unde cani coepit. Quia nempe ex rationibus intervallorum istorum perfectis, quae sunt 4 ad 3, 5 ad 6, 4 ad 3, 2 ad 3, componitur ratio 160 ad 162, hoc est 80 ad 81, quae est Commatis." Conrad Henfling bestreitet die Richtigkeit dieser Argumentation (Henfling 1710, S. 289-290).

114 Huygens 1698, S. 77: „ Ut proinde, si novies idem hic cantus repetatur, jam propemodum cujus ratio 8 ad 9. descendisse vocem, tonoque excidisse oporteat. Hoc verò nequaquam patitur aurium sensus, sed toni ab initio sumpti meminit, eodemque revertitur. Itaque cogimur, occulto quodam temperamento uti, intervallaque ista canere imperfecta; ex quo multo minor oritor offensio. Atque hujusmodi moderatione fere ubique cantus indiget; …"

rung wird für Huygens zu einem Grundprinzip, welches sogar auf jenen fernen Planeten Geltung besitzt. Ein Musiker von der Venus oder vom Jupiter „*wird vielleicht verstehen, was kein irdischer Mensch bisher bemerkt hat, warum nämlich bei keinem ein- oder mehrstimmigen Gesang der Ton auf derselben Höhe und Lage gehalten werden kann, wenn man nicht die Konsonanzen und darüber hinaus auch andere Intervalle, ohne dass es jemand wahrnimmt, so temperiert, dass sie von der höchsten Perfektion etwas abfallen.*"[115]

Wenn es Planetenbewohner geben sollte, dann müssten auch für sie die gleichen musikalischen Gesetze wie für uns gelten. Huygens hält es aber für möglich, dass anders als auf der Erde auf anderen Planeten die einfachen Proportionen $(7:5)$ oder $(10:7)$ ebenfalls Konsonanzen darstellen.

Trotz seiner positiven Haltung zur Koinzidenztheorie beschäftigt sich Huygens nicht mit dem natürlichen System selbst, sondern konzentriert sich auf das Problem der regulären Temperaturen, wie er es unter anderem bei Zarlino und Salinas kennengelernt hat. Dabei bevorzugt er die klassische $\frac{1}{4}$-Komma-Temperatur, deren Kenntnis er auch bei den Planetenbewohnern annimmt.

Huygens entwickelt als erster nach Salinas eine formal aufgebaute Theorie der regulären Temperatur im Saitenlängenmodell, die allerdings nicht publiziert worden ist. Setzt man a für die Länge der ganzen Saite und x für die Länge des zur temperierten Quinte Q gehörenden Saitenabschnitts, dann gilt $Q = \lambda\left(\frac{a}{x}\right)$ mit dem musikalischen Logarithmus aus I.3. Bildet man zur vervielfachten Quinte $z \cdot Q$ die in der normierten Basisoktave $[0;12[$ liegende Oktavreduktion $R(z) = \omega(z \cdot Q) = 12 \cdot m_z + z \cdot Q = m_z \cdot \lambda\left(\frac{2}{1}\right) + z \cdot \lambda\left(\frac{a}{x}\right) = \lambda\left(\frac{2^{m_z} \cdot a^z}{x^z}\right)$,

dann gilt $m_z = -\left[\frac{z \cdot Q}{12}\right]$ und der zu $R(z)$ gehörende Saitenabschnitt hat die Länge $l_z = \frac{x^z}{2^{m_z} \cdot a^{z-1}}$. Die Terme l_z hat Huygens 1661 für den Ausschnitt $-5 \le z \le 10$ in voller Allgemeinheit als „*unbestimmtes System*", als „*systema indeterminatum*" korrekt berechnet.[116]

Nach der Aufstellung des „*systema indeterminatum*" und seiner Eigenschaften schreibt Huygens[117]: „*Bis jetzt ist die Größe all dieser Intervalle unbestimmt,*

---

115 Huygens 1698, S. 76: „ Sciet etiam [ille idem] fortasse, quod nemo adhoc animadvertit nostrorum hominum, cur in nullo vocis unius, pluriumve cantu, tonus servari possit in eadem altitudine ac tenore, nisi consonantia intervalla pleraque ultro, ac nemine advertente, ita temperentur, ut à perfectione summa nonnihil desciscant."

116 Huygens 1661, § 1. S. 49/50, vgl. Lindley 1987, S. 214-216 mit Abb. 33.

117 Huygens 1661, § 2. S. 51/52 : „Horum omnium intervallorum indeterminata est hactenus magnitudo, nam qualiscunque adsumatur x, similitudo dicta ubique locum habebit. Videamus ergo quanta convenientissime possit statui x."

*denn wie auch immer x angenommen wird, wird die genannte Ähnlichkeit über-
all vorhanden sein. Wir wollen also prüfen, wie groß man x am passendsten
festlegen kann.*"

Als erstes betrachtet er den Fall $x = \frac{2}{3}a$ der reinen Quinte, also das pythagoreische System. In diesem Falle gehört zur großen Terz $R(4)$ die Länge
$l_4 = \frac{4 \cdot x^4}{a^3} = \frac{64}{81} \cdot a$, „*während sie $\frac{4}{5}a$ sein müsste, um die Konsonanz der großen
Terz zu erzeugen.*"[118] Die Abweichung vom perfekten Intervall $(5:4)$ ist sogar
hörbar. „*Es ist daher besser, die Quinte VS etwas kleiner zu nehmen, d. h. x
etwas größer zu machen als $\frac{2}{3}a$ ... Um wie viel größer als $\frac{2}{3}a$ wählen wir also
x?*"[119]

Im Anschluss daran[120] vergleicht Huygens die temperierte große Sexte $R(3)$
mit der Länge $l_3 = \frac{2 \cdot x^3}{a^2}$ mit der perfekten großen Sexte $(5:3)$, zu welcher die
Länge $\frac{3}{5}a$ gehört, und verlangt, dass l_3 im gleichen Verhältnis kleiner als $\frac{3}{5}a$
sein solle, wie $\frac{2}{3}a$ kleiner ist als x. Das führt auf die Bedingung
$\left(x : \frac{2}{3}a\right) \cong \left(\frac{3}{5}a : l_3\right)$ oder $l_3 \cdot x = \frac{2}{5}a^2 \Leftrightarrow \frac{2 \cdot x^4}{a^2} = \frac{2}{5}a^2 \Leftrightarrow x^4 = \frac{1}{5}a^4$ und schließlich
auf $x = \sqrt[4]{\frac{1}{5}} \cdot a$. Huygens hätte das gleiche Ergebnis auch einfacher erhalten kön-
nen, wenn er ohne Umschweife für die große Terz die Bedingung $l_4 = \frac{4 \cdot x^4}{a^3} = \frac{4}{5} \cdot a$
aufgestellt hätte. Huygens hat jedenfalls auf diesem Wege die temperierte Quin-
te $Q = \lambda\left(\frac{a}{x}\right) = \lambda\left(\sqrt[4]{5}\right)$ gewonnen, die nach I.3.c die $\frac{1}{4}$-Komma-Temperatur erzeugt.

Im dritten Anlauf[121] wird das Verhältnis der temperierten große Sexte $R(3)$
zur perfekten großen Sexte $(5:3)$ dem entsprechenden Verhältnis bei den großen
Terzen gleichgesetzt:
$\left(l_4 : \frac{4}{5}a\right) \cong \left(\frac{3}{5}a : l_3\right)$ oder $l_3 \cdot l_4 = \frac{12}{25}a^2 \Leftrightarrow \frac{8 \cdot x^7}{a^5} = \frac{12}{25}a^2 \Leftrightarrow x^7 = \frac{3}{50}a^7$ ergibt
schließlich $x = \sqrt[7]{\frac{3}{50}} \cdot a$ und damit die temperierte Quinte $Q = \lambda\left(\frac{a}{x}\right) = \lambda\left(\sqrt[7]{\frac{50}{3}}\right)$. Für
die Differenz erhält man jetzt $\lambda\left(\frac{3}{2}\right) - \lambda\left(\sqrt[7]{\frac{50}{3}}\right) = \frac{1}{7}\left(\lambda\left(\frac{3^7}{2^7}\right) - \lambda\left(\frac{2 \cdot 5^2}{3}\right)\right)$

---

118   Huygens 1661, § 2. S. 52 : „..., cum debeat esse $^4/_5 \cdot$a ad faciendam consonantiam
      tertiae majoris."
119   Huygens 1661, § 2. S. 52 : „Praestat igitur quintam VS paulo minorem sumere, hoc
      est x paulo majorem quam $^2/_3 \cdot$a. ... quanto igitur majorem sumimus x quam $^2/_3 \cdot$a ?"
120   Huygens 1661, § 3. S. 53
121   Huygens 1661, § 4. S. 54

$= \frac{1}{7}\lambda\left(\frac{3^8}{2^8 \cdot 5^2}\right) = \frac{2}{7}\lambda\left(\frac{3^4}{2^4 \cdot 5}\right) = \frac{2}{7}K_S$; wir sind also mit $x = \sqrt[7]{\frac{3}{50}} \cdot a$ letztlich in der $\frac{2}{7}$-Komma-Temperatur angekommen, die auch schon bei Zarlino zu finden ist.

Huygens bleibt aber davon überzeugt, dass die $\frac{1}{4}$-Komma-Temperatur ebenso transkulturell fundiert ist wie die Perfektion der Konsonanzen und deshalb als einzige reguläre Temperatur musikalisch wirklich sinnvoll ist. Nach seiner Ansicht werden in ihr die reinen Proportionen am besten approximiert. Die $\frac{1}{4}$-Komma-Temperatur ist für ihn am Ende das *„bestimmte System"*, das *„systema determinatum"*. In dieser Meinung haben ihn wohl auch Organisten seiner Zeit bestärkt, auf deren Orgeln ja meistens diese Temperatur zu finden war. Seine oben geschilderte weiter reichende Theorie der allgemeinen regulären Systeme hat er vielleicht auch deswegen nicht publiziert. Sie ist nur in seinen Manuskripten enthalten.

b) Die 31er-Teilung

Erst im Jahre 1691 veröffentlicht Huygens einen Aufsatz zur Frage der Temperatur[122], und zwar als Brief an den Herausgeber Basnage de Beauval der *Histoire des Ouvrages des Sçavans*. Darin skizziert er zunächst das Konzept der perfekten Konsonanzen und die ¼-Komma-Temperatur, und schreibt dann, worum es in dem Aufsatz geht , nämlich „ *wenn man die Oktave in 31 gleich große Intervalle teilt ... wird man unter den Tonstufen, welche diese unterschiedlichen Längen produzieren, ein System finden, welche demjenigen, welches aus der Temperatur hervorgeht, die ich gerade erklärt habe, so nahe kommt, dass es vollständig unmöglich ist, dass auch das feinste Ohr dort einen Unterschied findet. Und dass eben dies neue System selbst von einer ganz anderen Art sein wird und Vorteile beisteuern wird, sowohl für die Theorie wie für die Praxis."*[123]

Während die pythagoreische Komma-Teilung mit regulärer Struktur gemäß Abbildung 14 durch $T = 9$ und $s = 5$ charakterisiert ist, erhält man aus $T = 5$ und $s = 3$ die 31er-Teilung, von der Huygens spricht (Abbildung 42). In dieser Weise wird die 31er-Teilung schon bei Salinas und Zaragoza behandelt. Normiert man die Oktave auf $A^* = 12$, dann gilt für die normierte Quinte

---

122   Huygens 1691, S. 78-88.
123   Huygens 1691, S. 80/81: „... c'est que si on divise l'Octave en 31 intervalles egaux ... on trouvera dans les tons que produisent ces differentes longueurs, un Systeme si aprochant de celuy qui provient du Temperament que je viens d'expliquer, qu'il est entierement impossible que l'oreille la plus delicate y trouve de la difference. Et que pourtant ce même nouveau Systeme sera d'une nature bien differente de l'autre, et aportera de nouveaux avantages tant pour la Theorie que pour la Pratique."

$B^* = \frac{12}{A} \cdot B = \frac{12}{31} \cdot 18 = \frac{216}{31} \approx 6{,}96774$. Diese temperierte Quinte stimmt mit der temperierten Quinte $\lambda\left(\sqrt[4]{5}\right) \approx 6{,}96578$ der ¼-Komma-Temperatur in der Tat gut überein.

Die 31er-Teilung (Huygens)

Konsonanzen			Schrittintervalle			Quinten-Komma
Oktave	*Quinte*	*Quarte*	*Große Terz*	*Ganzton*	*Halbton*	
A	*B*	*C*	*D*	*T*	*s*	K_Q
A	*B*	$A-B$	$4B-2A$	$2B-A$	$3A-5B$	$12B-7A$
$5T+2s$	$3T+s$	$2T+s$	$2T$	*T*	*s*	$T-2s$
31	**18**	13	10	**5**	**3**	−1

Abbildung 42

Huygens hat in seinen Notizen auch festgestellt, dass sich das Intervall $S = 25$ mit $S^* = \frac{12}{31} \cdot 25 = \frac{300}{31} \approx 9{,}67742$ aus der 31er-Teilung wegen $\lambda\left(\frac{7}{4}\right) \approx 9{,}68826$ nur wenig von der durch die Proportion $(7{:}4)$ definierten Tonstufe unterscheidet, die nicht zum natürlichen System gehört und heute meist als Naturseptime bezeichnet wird. Er sieht jedenfalls einen weiteren Vorzug der 31er-Teilung darin, dass in ihr die Natursepime mit hinreichender Genauigkeit wiedergegeben werden kann.

6. Joseph Sauveur

Die Pariser *Mémoires de l'Académie Royale des Sciences* enthalten in den Jahren 1701, 1707 und 1711 je einen Aufsatz des Akademiemitglieds Joseph Sauveur zur musikalischen Akustik und zur Temperatur, die von Rudolf Rasch mit einer gründlichen Erläuterung im Faksimile herausgegeben[124] und auch von Lindley[125] im Überblick behandelt worden sind. Im Gegensatz zu den fünf bisher angesprochenen Theoretikern handelt es sich bezogen auf Newton und Leibniz um vergleichsweise späte Arbeiten. Sie werden aber bereits an dieser Stelle diskutiert, weil sich Leibniz und Henfling intensiv und kritisch mit Sauveurs Aufsatz von 1701 auseinandergesetzt haben.

Diese erste Arbeit 1701 beschäftigt sich vornehmlich mit physikalisch-akustischen Fragen. In diesem Zusammenhang will Sauveur eine sinnvolle Maßeinheit für die musikalische Intervallgröße finden, die mit dem natürlichen

---

124 Rasch 1984.
125 Lindley 1987, S. 218 - 224.

System kompatibel ist und von allen Theoretikern akzeptiert werden kann. 1711 schreibt er rückblickend: *„Die einhellige Zustimmung, welche die Geometer und die Astronomen der Einteilung des Kreises in 360 Grad und jeden Grades in 60 Minuten gegeben haben, ... macht uns auf die Notwendigkeit aufmerksam, dass man sich in der Akustik auf eine Teilung der hörbaren Intervalle einigen muss, die von allen Mathematikern akzeptiert werden sollte, in der Absicht, dass man eine Sprache sprechen könnte, die einheitlich sein sollte. Genau dies ist absolut notwendig für die Weiterentwicklung dieser Wissenschaft.“*[126]

Sauveurs Temperatur des natürlichen Systems durch Heptameriden- und Meridenteilung (1701)							
Natürliches System (Système diatonique)					Système général	
I		(modernisierte Benennung)		II	III	II. Table	I. Table
VIII	Octave		Oktave		3T. 2t. 2S	1 : 2	301	43
VII	Septieme Majeure		Gr. Septime	Diat.	3T. 2t.S	8 : 15	273	39
7	Septieme Mineure		Kl. Septime	Sek.	3T.t. 2S	5 : 9	255	36
	Septieme Minime			Diat.	2T. 2t. 2S	9 : 16	250	36
VI	Sixte Majeure		Gr. Sexte	Diat.	2T .2t.S	3 : 5	222	32
6	Sixte Mineure		Kl. Sexte	Diat.	2T.t. 2S	5 : 8	204	29
V	Quinte		Quinte		2T.t.S	2 : 3	176	25
5	Fausse Quinte		Tritonus	Diat. (a)	T.t. 2S	45 : 64	153	22
IV	Triton			Diat. (b)	2T.t	32 : 45	148	21
4	Quarte		Quarte		T.t.S	3 : 4	125	18
III	Tierce Majeure		Gr. Terz	Diat.	T.t	4 : 5	97	14
3	Tierce Mineure		Kl. Terz	Diat.	T.S	5 : 6	79	11
II	Seconde Maj.	Ton Maj.	Gr. Sekunde	Gr. Ganzton	T	8 : 9	51	7
		Ton Min.		Kl. Ganzton	t	9 : 10	46	7
2	Seconde Min.	Semiton Maj.	Kl. Sekunde	Diat. Halbton	S	15 : 16	28	4
		Semiton Mineure		Chrom. Halbton	[t–S]	24 : 25	18	3
	Comma			Synt. Komma	[T–t]	80 : 81	5	1
I	Unisson (son fondamental)		Prime			1 : 1	0	0

Quelle: Sauveur 1701, Planche I. In Klammer [ ] gesetzte Ausdrücke im Original nicht enthalten.

Abbildung 43

Wenn man den dekadischen Logarithmus verwendet, wird der Oktave – die in Sauveurs Vorstellung dem Kreisumfang entspricht – durch die irrationale Zahl $\log_{10} 2 = \lg 2 \approx 0,30103$ erfasst. Weil Sauveur nach dem Vorbild der Gradeinteilung beim Kreis auch der Oktave eine vorgegebene natürliche Zahl $A = n$

---

126 Sauveur 1711, S. 307: „Le consentement unanime que les Géometres & les Astronomes ont donée à la division du cercle en 360 degrés, & chaque degré en 60 minutes, ... nous marque la nécessité qu'il y a de convenir dans l'Acoustique d'une division des intervalles des sons qui soit reçûë par tous les Mathématiciens, afin que l'on puisse parler un langage qui soit uniforme: ce qui est ici absolument necessaire pour l'avancement de cette science."

90

als Maßzahl zuordnen will, multipliziert er die Zahl lg 2 mit 10.000 bzw. mit 1.000 und rundet das Ergebnis auf natürliche Zahlen. Damit kann er je nach Genauigkeitsanspruch die vier Maßzahlen $A = 3010 = 10 \cdot 7 \cdot 43$ (Einheit Dekameride), $A = 602 = 2 \cdot 7 \cdot 43$ (Einheit Demiheptameride), $A = 301 = 7 \cdot 43$ (Einheit Heptameride oder später Savart) und $A = 43$ (Einheit Meride) für die Oktave gewinnen. Eine Meride besteht dementsprechend aus 7 Heptameriden, 14 Demiheptameriden oder 70 Dekameriden. In der Arbeit von 1701 konzentriert sich Sauveur auf Meriden und Heptameriden.

Um die Größe eines beliebigen natürlichen Intervallverhältnisses in Heptameriden oder Savart zu erhalten, muss man den dekadischen Logarithmus der Verhältniszahl aus der Logarithmentafel ablesen, das Ergebnis mit 1.000 multiplizieren und abschließend auf eine natürliche Zahl runden. Eine nachfolgende Division durch 7 ergibt nach Rundung die Größe in Meriden. Sauveurs Verfahren stellt daher im Sinne von I.3 eine besonders bequeme direkte numerische Approximation durch Oktavteilungen der Ordnungen 301 (Heptameridenteilung) und 43 (Meridenteilung) dar, wie sie in den beiden letzten Spalten der Abbildung 43 zu sehen ist.

Sauveur ist ein Anhänger des natürlichen Systems, wobei es allerdings auch bei ihm nicht klar ist, ob er die Koinzidenztheorie befürwortet oder nicht. In der großen Doppeltabelle von 1701 findet man für 18 Intervalle des natürliche Systems, des *système diatonique*, nicht nur die traditionellen Proportionen in der Spalte III, sondern in der Spalte II auch eine synthetische Darstellung dieser Intervalle im Treppenmodell mit Hilfe der Variablen *T*, *t* und *S*, welche als *Elemente* der Darstellung betrachtet werden (Abbildung 43), aus denen sich alle anderen Intervalle im naiven Sinne ohne Subtraktionen zusammensetzen lassen[127]. Sauveur übersieht, dass dies für den Bereich der natürlichen Halbtöne und für die Subsemitonien nicht gilt, wie man am syntonischen Komma und am

---

127 Sauveur 1701, erster Teil der großen Tabelle von Planche 1 „Système general ..." unter der Überschrift „Système Diatonique", Spalte II. Auf S. 308 findet man als Erläuterung den Text: „ La II. colonne marque les Elemens ou les petits Intervalles dont les autres Intervalles de l'octave moïenne sont composez *T*. signifie Ton majeur. *t*. Ton mineur. *S*. Semiton majeur *s*. Semiton mineur: *c*. Comma. Par là on voit que la Quinte 2*T.t.S.* est composée de 2. Tons majeurs, d'un Ton mineur, & d'un Semiton majeur." „Die zweite Spalte markiert die Elemente oder die kleinen Intervalle, aus denen die anderen Intervalle der mittleren Oktave zusammengesetzt sind. *T* bezeichnet den großen Ganzton, *t* den kleinen Ganzton, *S* den großen Halbton, *s* den kleinen Halbton, *c* das Komma. Daraus kann man sehen, dass die Quinte 2 *T*. *t*. *S*. aus zwei großen Ganztönen, einem kleinen Ganzton und einem großen Halbton zusammengesetzt ist." 1707 verwendet er eine ähnliche Darstellung für die zu temperierenden Intervalle des natürlichen Systems (Tabelle S. 212-213, Spalte II).

chromatischen Halbton sehen kann. Derartige Ausdrücke, die in der $(T;t;S)$-Darstellung ein Minuszeichen erfordern, werden von Sauveur im Original weggelassen, und das Additionszeichen wird durch eine parataktische Schreibweise vermieden, die jedoch keine Reihenfolge der Schrittintervalle präjudiziert. Die Gültigkeit dieser Beziehungen, die in Spalte II aufgeführt sind, wird ohne jede Begründung als selbstverständlich vorausgesetzt.

Seine sehr knappe Darstellung der natürlichen Intervalle beginnt mit der $\mathbb{N}\{5\}$-Progression $\delta^* = (24{:}27{:}30{:}32{:}36{:}40{:}45{:}48)$. Diese spezielle natürliche diatonische Skala geht auf Zarlino selbst und besitzt die Struktur *TtsTtTs* bzw. in der Schreibweise Sauveurs *TtSTtTS*. Aus δ^* kann Sauveur die Proportionen für *T*, *t* und *S* ablesen. Mit Hilfe der $(T;t;S)$-Darstellung des natürlichen Systems in Spalte II kann er dann in der integrierenden oder synthetischen Betrachtungsweise nach dem Muster der Abbildungen 15 und 16 die fehlenden Proportionen von Spalte III in Abbildung 43 bestimmen, ohne sich weiter in die unübersichtliche Welt der Bruchrechnung einlassen zu müssen. Aus den Proportionen bestimmt er dann nach dem oben geschilderten Verfahren der direkten Approximation die Werte in der Heptameriden- oder Meridenteilung (Abbildung 43, *I.* und *II. Table* im *Système général*).

In der großen Gruppe „*Tables du système général*" der Originaltafel werden alle 301 Stufen der Heptameriden-Teilung (*II. Table*) einzeln aufgeführt. Für jede einzelne Stufe der Heptameriden-Teilung wird die Lage auf dem Monochord (*III. Table*), der von Sauveur neugebildete Solmisations-Name (*Noms des Sons*; *IV. Table*) und die ebenso neuartige Notationsform (*Notes des Sons ; V. Table*) angegeben. Die Umrechnung aller Heptameriden in Meriden erfolgt in der *I. Table*.

Die Abbildung 43 beschränkt sich auf die Informationen über den Zusammenhang der natürlichen Stufen mit ihrer Meriden- und Heptameridendarstellung. Der sonderbare Gedanke Sauveurs, dass man in jeder Oktave 301 verschiedene Stufen unterschiedlich notieren oder mit eigenen Silben bezeichnen könne, hat nämlich in der Musiktheorie keine Anhänger gefunden, so dass auf die Wiedergabe dieser Gedanken hier verzichtet werden kann[128].

Bei seiner Analyse des Aufsatzes von Sauveur notiert Leibniz, wie sich die diatonische Skala δ^*, auf der auch bei ihm selbst die Untersuchung des natürlichen Systems beruht, samt ihrer Struktur in der Heptameridenteilung darstellen lässt[129].

---

128 Leibniz ist wohl einer der wenigen, die sich auch mit diesen Aspekten der Lehre Sauveurs gründlich auseinandergesetzt haben, und zwar in LBr 390, Bl. 43r und 43v.
129 LBr 390, Bl. 43v.

24	27	30	32	36	40	45	48
0	51	97	125	176	222	273	301
T	t	s	T	t	T	s	
51	46	28	51	46	51	28	

Sauveur ermittelt in Abbildung 43 die Größe des Terzenkommas in der Meridenteilung über die direkte Approximation des syntonischen Kommas numerisch korrekt mit einer Meride. Da aber andererseits die beiden Ganztöne einheitlich sieben Meriden betragen und auch Doppelganzton und große Terz übereinstimmen, ist die Meridenteilung im Gegensatz zur Heptameridenteilung eine reguläre Teilung und ihr Terzenkomma muss daher Null sein. Dieser Widerspruch wird später von Leibniz und Henfling bemerkt.

Sauveur erwartet 1701, dass alle denkbaren Skalen in sein Meriden- oder Heptameridensystem umgerechnet werden sollen. Das führt er auch am Beispiel des gleichmäßigen Zwölfersystems und am Beispiel der Pseudo-Kommateilung durch, die schon in Abbildung 19 erläutert worden ist[130]. Das ist aber in dieser Arbeit der einzige Hinweis, dass es noch andere Temperaturen als die Meriden- oder Heptameridenteilung gibt.

In der zweiten Arbeit von 1707 wendet sich Sauveur dem allgemeinen Temperaturproblem zu. Er will nunmehr wie Huygens nur noch reguläre Systeme als temperierte Systeme zulassen. Durch die Lektüre des *Kosmotheoros*[131] ist nämlich auch Sauveur auf das Phänomen der inneren Instabilität des natürlichen Systems aufmerksam gemacht worden, welches er mit einem eigenen Beispiel ausführlich demonstriert. Für die praktische Musik kommen irreguläre und damit auch bireguläre Systeme für ihn nicht mehr in Betracht.

Im Gegensatz zu Huygens ignoriert er darüber hinaus reguläre Systeme, die wie die $\frac{1}{4}$-Komma-Temperatur von irrationalen Quinten erzeugt werden, und beschränkt sich auf reguläre Oktavteilungen. 1707 schreibt er zu seiner $(s;c)$-Darstellung daher lapidar: „*Die Einfachheit eines Systems verlangt, dass die Werte von s und c in ganzen Zahlen ausgedrückt werden.*"[132]

Sauveur verwendet für seine regulären Oktavteilungen zwei verschiedene Arten der integrierenden Intervalldarstellung, nämlich 1707 die schon erwähnte $(s;c)$-Darstellung und 1711 die $(t;s)$-Darstellung. Letztere geht auf die

130 Sauveur 1701, S. 28 : „Le Système Chromatique temperé par les Comma, qui suppose l'Octave divisée en 55 parties ou Comma, dont le Semiton majeur en a 5, le mineur 4, & le Ton 9."

131 Sauveur 1707, S. 208.

132 Sauveur 1707, S. 210: „La simplicité d'un Système demande que les valeurs de c & s soient exprimées en nombres entiers."

$(T;t;S)$-Darstellung des natürlichen Systems von 1701 zurück (Spalte II in Abbildung 43). Ersetzt man T durch t, dann erhält man daraus die reguläre $(t;s)$-Darstellung, wie er 1711 deutlich macht (vgl. dazu Abbildung 44).

					1711	1707		V VI VII VIII
Sauveurs Vergleich des natürlichen Systems mit den regulär temperierten Systemen								
	Natürliches System				*Reguläre Temperaturen (Systèmes temperés)*			
	(Système diatonique juste 1707)		*Alternative*		1711 (Orig.)	1707 (Orig.)	(Korr.)	(Orig.)
	I. *Intervalles Diatoniques*	**II** *Elemens du Système juste* $(T;t;S)$	**II*** $(s;d;c)$		(Kopfzeile)	**IV** $(t;s)$ — $T=t$ in II	**IV*** $(s;c)$ — fehlerhaft!	$(s;d)$ — $c=0$ in II* / **V VI VII VIII**

Label	Interval	II $(T;t;S)$	II* $(s;d;c)$	IV $(t;s)$	IV* $(s;c)$	$(s;d)$	V	VI	VII	VIII
VIII	Octave	$3T.2t.2S$	$12s+7d+3c$	$5t+2s$	$12s.7c$	$12s+7d$	12	31	43	55
	Terzenkomma (synt.)	$[T-t]$	c	$[0]$	c	0	0	1	1	1
	Quintenkomma (pyth.)	$[3T-2t-2S]$	$3c-d$	$[t-2s]$	$-d$	⚠				
	Kl. Diesis (125:128)	$[2S-t]$	d	$2s-t$	d					
2	Chrom. Halbt. (24:25)	$[t-S]$	s	$t-s$	s					
	Seconde Min.	S	$s+d$	s	$s.c$	$s+d$	1	3	4	5
II	Seconde — Ton Min.	t	$2s+d$	t	$2s.c$	$2s+d$	2	5	7	9
	Maj. ou — Ton Maj.		$2s+d+c$							
3	Tierce Mineure	$T.S$	$3s+2d+c$	$t+s$	$3s.2c$	$3s+2d$	3	8	11	14
III	Tierce Majeure	$T.t$	$4s+2d+c$	$2t$	$4s.2c$	$4s+2d$	4	10	14	18
4	Quarte	$T.t.S$	$5s+3d+c$	$2t+s$	$5s.3c$	$5s+3d$	5	13	18	23
IV	Triton	$2T.t$	$6s+3d+2c$	$3t$	$6s.3c$	$6s+3d$	6	15	21	27
5	Fausse Quinte	$T.t.2S$	$6s+4d+c$	$[2t+2s]$	$6s.4c$	$6s+4d$	6	16	22	28
V	Quinte	$2T.t.S$	$7s+4d+2c$	$[3t+s]$	$7s.4c$	$7s+4d$	7	18	25	32
6	Sixte Mineure	$2T.t.2S$	$8s+5d+2c$	$[3t+2s]$	$8s.5c$	$8s+5d$	8	21	29	37
VI	Sixte Majeure	$2T.2t.2S$	$9s+5d+2c$	$[4t+s]$	$9s.5c$	$9s+5d$	9	23	32	41
7	Septieme Minime	$2T.2t.2S$	$10s+6d+2c$	$[4t+2s]$	$10s.6c$	$10s+6d$	10	26	36	46
	Septieme Mineure	$3T.t.2S$	$10s+6d+3c$							
VII	Septieme Majeure	$3T.t.S$	$11s+6d+3c$	$[5t+s]$	$11s.6c$	$11s+6d$	11	28	39	50

Quelle: Sauveur 1707 p. 212-213, 1711 p. 316. In Klammer [ ] stehende Ausdrücke fehlen im Original und sind sinngemäß ergänzt.

Abbildung 44

Bei der $(s;c)$-Darstellung von 1707 geht Sauveur fälschlicherweise davon aus, dass das Komma (worunter er das syntonische Komma versteht) die Differenz von großem und kleinem Halbton darstellen würde, während es in Wirklichkeit die Differenz zwischen großem und kleinem Ganzton darstellt.[133] Daher wird von ihm den regulären 31er, 43er und 55er-Teilungen fälschlich dem syntonischen Komma der Wert $c = 1$ zugeordnet, obwohl großer und kleiner Ganzton in solchen Systemen übereinstimmen. Sauveurs $(s;c)$-Darstellung ist nur

---

133   Sauveur 1707, S. 209: „Soit donc s le semi-ton mineur, la difference du semi-ton mineur an majeur laquelle répond au comma; alors $s + c$ sera le semi-ton majeur, & $2s + c$ sera le ton moyen."

94

dann richtig, wenn man c als die kleine Diesis und s als den chromatischen Halbton interpretiert.

Um diesen Sachverhalt deutlich zu machen, werden in der Abbildung 44 über Sauveur hinaus im natürlichen System das Quintenkomma, die kleine Diesis und der chromatische Halbton explizit mitgeführt. Setzt man d für die Diesis, s für den chromatischen Halbton und c für das syntonische Komma, so erhält man durch $S = s + d$, $t = 2s + d$ und $T = 2s + d + c$ aus der $(T;t;S)$-Darstellung des natürlichen Systems in Spalte II* die alternative $(s;d;c)$-Darstellung, aus welcher man durch die Forderung $c = 0$ eine $(s;d)$-Darstellung (Spalte IV*) für regulär temperierte Systeme erhält, die für Intervalle formal mit Sauveurs $(s;c)$-Darstellung aus Spalte IV übereinstimmt.

Möglicherweise lässt sich Sauveurs Identifizierung von $d = c$ mit dem Komma damit erklären, dass sich in allen regulären Systemen – insbesondere im pythagoreischen System – Diesis und Quintenkomma nur im Vorzeichen unterscheiden; insofern ist in einem regulären System die Aussage richtig, dass das Quintenkomma den Unterschied zwischen den beiden Halbtönen angibt. Sauveur würde dann einen Fehler machen, den man häufig auch anderswo in der musiktheoretischen Literatur der damaligen Zeit findet, nämlich dass der Unterschied zwischen Quinten- und Terzenkomma bzw. zwischen syntonischem und pythagoreischem Komma nicht beachtet wird (vgl. Abbildung 16).

Mit der richtig interpretierten $(s;c)$-Darstellung für reguläre Oktavteilungen kann man jedenfalls aus vorgegebenen Werten von s und c sehr schnell unterschiedliche reguläre Teilungen finden, wenn man $s > 0$ und $c > -s$ beachtet. Sauveur sieht sich sowohl 1707 wie 1711 gezwungen, neben seiner Meridenteilung auch das gleichmäßige Zwölfersystem in seinen großen Übersichtstabellen aufzuführen. Er schreibt etwas ausführlicher dazu: *„Dieses System ist bei weniger kunstfertigen Instrumentalisten in Gebrauch wegen seiner Einfachheit und seiner Möglichkeit, dass sie die diatonische Skala von jeder Taste aus aufbauen können, wie sie wollen, und zwar ohne jede Änderung der Intervalle. Aber weil die Differenzen der Intervalle dieses Systems zu denen des natürlichen Systems zu groß sind, haben die kunstfertigen Instrumentalisten es abgelehnt.*"[134] Auch

---

134 Sauveur 1707, S. 214: „Ce Système a son usage chés les Joüeurs d'Instrumens les moins habiles, à cause de sa simplicité & de sa facilité, pouvant transposer les notes ut, re, mi, fa, sol, la, si, sur telle touche qu'ils veulent, sans aucun changement dans les intervalles: mais les differences des intervalles de ce Système avec ceux du Système Diatonique juste étant trop grandes, les habiles Joüeurs d'Instrumens l'ont rejetté."

die Pseudo-Kommateilung wird wieder angeführt als das temperierte System, dessen sich die gewöhnlichen Musiker bedienen[135]. 1711 hat Sauveur die Arbeit von Henfling studiert, die 1710 in Berlin erschienen ist (vgl. Abschnitt VI). Er verzichtet nunmehr für seine regulären Oktavteilungen auf die undurchdachte $(s;c)$-Darstellung von 1707 und kehrt zur $(t;s)$-Darstellung zurück, wie es in Abbildung 44 gezeigt wird. Er scheut sich nun nicht mehr vor dem Gebrauch des Plus- und Minus-Zeichens, ohne allerdings darauf näher einzugehen.

| Kennzahlen | | | | Intervalle | | | | | | | | | |
Synt. Komma	Comma (C)	Eschaton (E)	Hyperoche (Y)	Terzen-diesis · Harmonia (E+Y)	Halbtöne chrom. · Chroma (E+2Y)	Halbtöne diat. · Diatonus (2E+3Y)	Ganztöne sek. · Tonus minor (3E+5Y)	Ganztöne diat. · Tonus major (3E+5Y+C)	Kleine Terz · Tertia minor (5E+8Y+C)	Große Terz · Tertia major (6E+10Y+C)	Quinte (11E+18Y+2C)	Oktave (19E+31Y+3C)	Henfling biregulär
C = 1		1	1	2	3	5	8	9	14	17	31	53	H: Nat. Kommat.
		3	0	3	3	6	9	10	16	19	35	60	H: Leibniz
		Sp. 1	Sp. 2	Sp. 3	Sp. 4	Sp. 5	Sp. 6		Sp. 7	Sp. 8	Sp. 9	Sp. 10	
		E	Y	E +Y	E + 2Y	2E + 3Y	Tonus 3E + 5Y		5E + 8Y	6E + 10Y	11E + 18Y	19E +31Y	Henfling reg.
		III.	IV.=IX.	V.= X.			VI. =XI.		XII.	XIII.		VII.	Sauveur regulär
		Diff.	Demiton min.	Demiton maj. Sec.Min.			Seconde majeure		Tierce mineure	Tierce majeure		Octave	1711
		[5s–3t]	[2t–3s]	2s–t	t–s	s	t		s+t	2t	[3t+s]	5t+2s	
C = 0		-1	1	0	1	1	2		3	4	7	12	H,2,3: Gln. Zwölfersystem
		1	0	1	1	2	3		5	6	11	19	H,3
		0	1	1	2	3	5		8	10	18	31	H,2,3: Huygens
		1	1	2	3	5	8		13	16	29	50	H,3: Henfling
		-1	2	1	3	4	7		6	19	25	43	H,1,2,3: Meriden-T.
		1	2	3	5	8	13		21	26	47	81	H
		2	3	5	8	13	21		34	42	76	131	H
		-4	3	-1	2	1	3		4	6	10	17	3
		-7	6	-1	5	4	9		13	18	31	53	3: Pyth. Kommat.
		-2	3	1	4	5	9		14	18	32	55	2,3: Pseudo-Kommat.
		-3	4	1	5	6	11		17	22	39	67	3
		-1	3	2	5	7	12		19	24	43	74	3
		-3	5	2	7	9	16		25	32	57	98	3
		-5	7	2	9	11	20		31	40	71	122	3
		-1	4	3	7	10	17		27	34	61	105	3
		-2	5	3	8	11	19		30	38	68	117	3
		-4	7	3	10	13	23		36	46	82	141	3
		-5	8	3	11	14	25		39	50	89	153	3
		-7	10	3	13	16	29		45	58	103	177	3
		-8	11	3	14	17	31		48	62	110	189	3
		1	3	4	7	11	18		29	36	65	112	3
		-1	5	4	9	13	22		35	44	79	136	3
		-3	7	4	11	15	26		41	52	93	160	3
		-5	9	4	13	17	30		47	60	107	184	3
		-7	11	4	15	19	34		53	68	121	208	3
		-9	13	4	17	21	38		59	76	135	232	3
		-11	15	4	19	23	42		65	84	149	256	3

Ein H am rechten Rand kennzeichnet Oktavteilungen, die bei Henfling betrachtet werden; die Zahlen 1, 2 und 3 bezeichnen die Arbeiten Sauveurs von 1701, 1707 und 1711.

Abbildung 45

Um den Zusammenhang mit Henflings Verfahren zu verdeutlichen, erweitern wir in Abbildung 45 Sauveurs Tabelle von 1711 um die beiden Subsemito-

---

135 Sauveur 1707, S. 215: „ … le Système tempéré de 55 comma, qui est celui dont les Musiciens ordinaires se servent."

nien oder Kennzahlen Hyperoche (Y) und Eschaton (E), die Henfling zusammen mit dem Terzenkomma C eine besondere $(Y;E;C)$-Darstellung des natürlichen Systems ermöglichen. Die Einzelheiten dazu werden in Abschnitt VI.3.g erläutert. Die $(Y;E;C)$-Darstellung wird in Abbildung 45 für den Fall $C = 1$ ganz oben auf zwei wichtige bireguläre Oktavteilungen angewendet.

Danach wird mit $C = 0$ in Sp. 1 bis Sp. 10 die $(Y;E)$-Darstellung Henflings für reguläre Systeme gezeigt und mit Sauveurs $(t;s)$-Darstellung in der Tabelle von 1711 in Zusammenhang gebracht. Bei Sauveur erscheint anstelle der Quintenspalte (Sp. 9) unter der Nummer VIII die entsprechende Quartenspalte. Die Spalten Sp. 1 und Sp. 2 fehlen ganz. Darunter werden zuerst die sieben mit H gekennzeichneten Oktavteilungen aufgeführt, die Henfling untersucht hat. Die ersten vier werden von ihm besonders empfohlen, wie in VI.4 ausführlich beschrieben wird. Die Nummern im rechten Rand geben an, in welchem Aufsatz sich Sauveur mit diesen Teilungen beschäftigt hat. Im Anschluss an Henflings Teilungen werden dann die Teilungen aufgelistet, die bei Sauveur außerdem vorkommen. Sauveur lässt aber auch 1711 keinen Zweifel daran, dass er seine Meriden-Teilung für die beste Temperatur hält.

Im doppelt umrandeten Teil von Abbildung 45, den Spalten Sp. 1 bis Sp. 7, erkennt man Henflings Kettendifferenz (vgl.VI.3.g). Die Summe zweier Zahlen ergibt die rechts daneben stehende Zahl. Die ersten vier von Henfling besonders empfohlenen Teilungen zeichnen sich dadurch aus, dass die entsprechenden Zahlen sämtliche aus der Fibonacci-Folge stammen. Wie Sauveur richtig bemerkt, werden sie von Henfling jeweils mit der Zahlenfolge 1-1-2 begonnen, jedoch an unterschiedlichen Positionen.

III. Isaac Newton

1. Allgemeine Fragen

a) Das Fehlen einer physikalischen Begründung des natürlichen Systems

Newton beschäftigt sich intensiv mit dem Schall und seiner Ausbreitung. In den *Principia* von 1687 beschreibt er erstmals den Schall als Ausbreitung longitudinaler Druckwellen.[136] In seinen Schriften zur Musik geht er jedoch im auffälligen Gegensatz zu anderen Naturwissenschaftlern weder auf die Koinzidenztheorie (vgl. I.3) noch auf irgendeine andere physikalische Begründung des natürlichen Systems ein, an welchem er gleichwohl festhält.[137]

Penelope Gouk hält es nicht für ausgeschlossen, dass Newton in seiner Anfangszeit von der Koinzidenztheorie beeinflusst wird, die er sicherlich aus dem Werk Mersennes kennt.[138] In einem Brief vom 21. April 1677 an John North[139] lehnt Newton jedoch die Koinzidenztheorie aus physikalischen Gründen offen ab. Zwei Impulsfolgen, welche koinzidieren sollen, stammen in der Regel von zwei unterschiedlichen und unabhängigen Schallquellen, und man kann daher nicht annehmen, dass sie in Phase sind, d. h. zeitgleich ihre Ausbreitung begonnen haben. Außerdem sind die beiden Ohren eines Menschen in der Regel nicht genau gleichweit von den Schallquellen entfernt. Daher würde eine Koinzidenz zu einem bestimmten Zeitpunkt bestenfalls in einem Ohr auftreten können. Und nach Newton ist es nicht ausgeschlossen, dass sich eine Überlagerung von Impulsen eher auf die Lautstärke als auf die Intervallwahrnehmung auswirkt.

---

136 Isaac Newton, *Philosophiae Naturalis Principia Mathematica*, London 1687, Buch II, Prop. XLVII. Siehe dazu Cannon/ Dostrovsky 1981, S. 9-14.

137 Man kann einer kleinen Anmerkung entnehmen, dass Newton daran gedacht hat, den Zusammenhang zwischen Konsonanzen und Physik zu thematisieren. (*On Musick*, Nr. 5, Add MS 4000, f. 137v: „here annex a discourse of ye motion of strings sounding an 8^t, 5^t & 4th & of ye Logarithmes of these strings, or distances of ye notes.") Es ist aber doch wahrscheinlich, dass Newton sich dann ähnlich wie im Brief an John North geäußert hätte (vgl. Fußnote 139).

138 Gouk 2002, S. 236.

139 Abgedruckt in Turnbull 1977, S. 205 -208. Den Hinweis auf diesen wichtigen Brief habe ich in Gouks Dissertation gefunden (Gouk 1982, S. 336 – 337).

Er schließt die ausführliche Erörterung mit der Feststellung, dass „ ... *erstens Konsonanzen nicht aus der Koinzidenz von Impulsen im Ohr entstehen und keine Abhängigkeit von solchen Koinzidenzen besitzen, und dass zweitens Einklänge eher eine Harmonie von zwei ähnlichen Klängen sind als ein einzelner Ton, der durch die Addition lauter und voller wird.*"[140]

Penelope Gouk sieht im Fehlen einer physikalischen Legitimation eine gewisse Verwandtschaft mit Kepler, der die Koinzidenztheorie ja ebenfalls ablehnt und sich offen zu seiner pythagoreischen Grundeinstellung bekennt. Daher sieht Gouk auch bei Newton den Einfluss einer Harmonik pythagoreischer Art, der sie eine wichtige Rolle in der naturwissenschaftlichen Revolution jener Zeit zuschreibt. In dem Buch, das auf ihrer Dissertation beruht und ebenso wie diese umfangreiches Material zu unserem Thema enthält, charakterisiert sie Newton in der Überschrift des ihm gewidmeten Kapitels sogar als „*Pythagorean Magus*".[141] Auch wenn man nicht so weit gehen mag und die beträchtlichen Unterschiede zwischen Kepler und Newton beachtet, kann man in Newtons Verwendung musikalischer Skalen innerhalb der Lehre von den Spektralfarben (Abschnitt II.3) durchaus jenes harmonikale Denken pythagoreischer Provenienz vermuten, welches bei Johannes Kepler so deutlich hervortritt, und das in musikalischen Strukturen transzendente Bauprinzipien der Natur sieht.

Newton hat in seinen Handschriften, die in der Universitätsbibliothek in Cambridge aufbewahrt werden und sich auf die Jahre 1665/1666 datieren lassen, natürliche Skalen sowohl im Saitenlängen- wie im Treppenmodell ausführlich untersucht. Erörterungen pythagoreischer oder harmonikaler Natur sind in diesen Schriften jedoch erstaunlicherweise ebenso wenig zu finden wie physikalische Argumentationen. Newton konzentriert sich dort vielmehr auf die nüchterne Frage, auf welche Art die Oktave synthetisch aus gewissen Schrittintervallen konfiguriert werden kann, und welche Konfiguration die beste ist.

b) Mathematik im Treppenmodell

Die im einleitenden Abschnitt geschilderte Zweigleisigkeit des Rechnens im natürlichen System findet man auch bei Newton. Obwohl er kein Anhänger der Koinzidenztheorie ist, bildet auch für ihn das natürliche System die Grundlage der Theorie. Wie einige andere Mathematiker seiner Zeit geht er bei dessen Un-

---

140 Turnbull 1977, S. 206-207 „... 1st, that concords arise not from ye coincidence of pulses at ye ear nor have any dependance on such coincidences, & 2dly that unisons are rather a harmony of two like tones then a single tone made more loud & full by ye addition..."
141 Gouk 1999, S. 224-257.

tersuchung aber einen wichtigen Schritt weiter, indem er die mathematische Untersuchung nicht auf das Saitenlängenmodell beschränkt, sondern große und wichtige Teile explizit in das Treppenmodell verlagert. Damit kann er den umständlichen und unanschaulichen Proportionenkalkül vermeiden. Er repräsentiert natürliche Intervalle überwiegend durch Buchstaben, die er als Konstanten im Treppenmodell betrachtet. Dadurch gewinnt er eine größere Übersichtlichkeit. Die Beschreibung der natürlichen Intervalle über $\mathbb{N}\{5\}$–Proportionen tritt so über weite Strecken völlig in den Hintergrund.

Newton weitet dabei die additive Sprechweise bei Intervalloperationen im Treppenmodell auch auf die symbolische und rechnerische Darstellung aus, wobei bekannte musikalische Symbole auf die mathematische Ebene übertragen werden. Die Differenz zwischen der Quinte (*Fifth*) und der Quarte (*Fourth*), die ja eine Sekunde ergibt, schreibt er in der Gestalt $5^{th} - 4^{th} = 2^{d}$, und $D - C$ symbolisiert bei ihm das Intervall zwischen den natürlichen Tonstufen C und D.[142]

Newton geht bei seiner Analyse des natürlichen Systems von vier Aussagen über die Schrittintervalle aus, deren Gültigkeit er voraussetzt, und von denen aus er – ähnlich wie später Sauveur – synthetisch die übrigen Intervalle rekonstruiert. Wir verwenden hier für die Formulierung dieser Grundannahmen die Intervallsymbole aus I.3 (Abbildung 16).

(1) Es gibt einen großen, einen mittleren und einen kleinen Halbtonschritt, nämlich s, s' und s'', zu denen im Saitenlängenmodell die Proportionen $(16{:}15)$, $(135{:}128)$ und $(25{:}24)$ gehören.

(2) Es gibt einen großen und einen kleinen Ganztonschritt, nämlich T und t mit den Proportionen $(9{:}8)$ und $(10{:}9)$. Dabei gilt im Treppenmodell $T = s + s'$ und $t = s + s''$.

(3) Jedes Intervall des natürlichen Systems lässt sich im Treppenmodell als ganzzahlige Linearkombination darstellen, und zwar sowohl von s, s' und s'' als auch von T, t, und s.

(4) Die Oktave besteht aus drei großen und zwei kleinen Ganztönen sowie aus zwei großen Halbtönen.

Die Aufteilung eines Ganztons in zwei Halbtonintervalle wird in (1) und (2) formuliert. Zusammen mit (4) ergibt sich unmittelbar, dass im natürlichen System die Oktave aus sieben großen, drei mittleren und zwei kleinen Halbtönen bestehen muss, also letztlich aus zwölf Halbtönen, die allerdings nicht gleichgroß sind. Etwas Ähnliches ist bei Wallis zu finden, dessen Skala jedoch im Gegensatz zur Skala Newtons nicht mehr zum natürlichen System gehört. Heute

---

142   Beispiele sind auf Add MS 4000, f. 105r zu finden.

nennt man eine solche Skala aus Halbtonschritten eine chromatische Skala, die als natürliche Auswahlstimmung auf Tasteninstrumenten mit Normaltastatur verwendet werden kann.

Nach den Überlegungen aus I.5 leuchtet es ein, dass Newton sich bei seinen Untersuchungen von Anfang an auf derartige zwölfstufige natürliche Auswahlstimmungen und deren Vergleich mit dem gleichmäßigen Zwölfersystem konzentriert. Diese klare Perspektive ist bei den Theoretikern des natürlichen Systems in Newtons Zeit jedoch keineswegs die Regel. Das gleichmäßige Zwölfersystem wird – wenn überhaupt – als eine Temperatur des natürlichen Systems unter mehreren anderen nur am Rande behandelt. Newton führt dagegen den gleichmäßigen Halbton im Treppenmodell explizit als Einheit der musikalischen Skalenbildung ein[143]. Die Oktave umfasst für ihn exakt zwölf gleichmäßige Halbtöne. Schon allein dadurch besitzt das gleichmäßige Zwölfersystem bei Newton eine größere Bedeutung und einen höheren Rang als bei vielen anderen Musiktheoretikern.

Newton verwendet in seinem Notizbuch nicht die Buchstaben T, t und s, welche in unsrer Darstellung die Assoziation an die traditionellen Fachbegriffe *semitonium* (Halbton) und *tonus* (Ganzton) wachhalten sollen. Er verwendet stattdessen zwei andere Buchstabenmengen, nämlich $(r;s;t)$ statt $(T;t;s)$ und $(a;b;c)$ statt $(s;s';s'')$. Er geht nach seiner dritten Grundannahme davon aus, dass sich alle Intervalle des natürlichen Systems im Treppenmodell als $(r;s;t)$- oder $(a;b;c)$-Kombinationen darstellen lassen, wobei er die $(r;s;t)$-Darstellung bevorzugt, vielleicht weil hier weniger Verwechslungen mit den gewöhnlichen Tonbuchstaben auftreten können.

Aus CUL Add MS 4000, f. 111v:	Interpretation:
$3^{\mathrm{d}}\ maj = r + s.$ $r + t = 3^{\mathrm{d}}\ mi$	III+ $= T + t$ $T + s =$ III–
$6^{\mathrm{t}}\ min = 2r + s + 2t$	VI– $= 2T + t + 2s$
$6^{\mathrm{th}}maj = 2r + 2s + t.$	VI+ $= 2T + 2t + s$
$4^{\mathrm{th}}\quad = r + s + t.$	IV $= T + t + s$

Abbildung 46

In Abbildung 46 ist zu sehen, wie Newton die beiden Terzen, die beiden Sexten und die Quarte mit den Symbolen $(r;s;t)$ darstellt. Dass sich Newton dabei im Treppenmodell bewegt, sieht man auch an der Verwendung von Kreis-

---

143   Add MS 4000, f. 105v: Die Beschriftung der letzten Tabellenspalte lautet: „The proportion of all yᵉ 12 Musicall ½notes in a Eight, An exact halfe note being a unite."

diagrammen. In Abbildung 47 will Newton in der linken Hälfte eine natürliche Auswahlstimmung mit ihren zwölf Halbtonschritten zeigen. Sieben a $(= s)$, drei b $(= s')$ und zwei c $(= s'')$ zerlegen die Oktave in zwölf Halbtonschritte, die durch nicht geklärte Strichmarkierungen getrennt sind.

Add MS 4000, f. 109v

Abbildung 47

Aus dieser zwölfstufigen Stimmung auf der linken Seite erhält Newton durch Einfügung von sieben Punkten und fünf Pluszeichen auf der rechten Seite eine siebenstufige diatonische Struktur für die Oktave. Die Punkte stellen die trennenden Stufen zwischen den diatonischen Intervallen dar. Wegen $T = a + b$, $t = a + c$ und $s = a$ wird daher im rechten Kreisdiagramm die diatonische Sequenz $...tTst\underbrace{TsTtTst}_{Oktave}Ts...$ gezeigt. Wir werden aber sehen, dass sich Newton letztlich für die Sequenz $...TtsT\underbrace{TstTtsT}_{Oktave}T...$ entscheiden wird. Die in beiden Kreisdiagrammen gezeigte Halbtonanordnung *abacabaacaba* in der Oktave behält Newton jedoch auch später bei (vgl. III.2.b).

2. Die diatonischen Skalen in der natürlichen Auswahlstimmung χ

a) Diatonische Skalen ξ und ζ

Symmetrische diatonische Oktavgattungen im natürlichen System

Wir haben oben erwähnt, dass im natürlichen System keine eindeutig festgelegte diatonische Skala mehr existiert. Auch Newton muss seine eigene Skala ξ durch eine geeignete Anordnung der Intervalle T, t, und s selbst auswählen. In diesem Abschnitt versuchen wir, diese Konstruktion nachzuvollziehen. Er beschäftigt sich im Hauptteil seiner Notizen unter dem Titel „*On Musick*" mit den diatonischen Oktavgattungen, die er „*Modes*" nennt[144], wohl im Anklang an den lateinischen Fachbegriff *modus*, der allerdings mehr umfasst als nur die Oktavgattung. Es ist ihm dabei klar, dass die Unterscheidung der beiden Ganztonschritte bei der Untersuchung von Oktavgattungen zunächst ignoriert[145] wird.

Als Ausgangspunkt für die Untersuchung diatonischer Skalen wird in der Musiktheorie die diatonische Sequenz verwendet. In ihr kann man genau sieben diatonische Oktavgattungen mit sieben Schritten bilden, von denen aber nur die Gattung *TsTTTsT* symmetrisch ist. In der umrisshaften Inhaltsangabe zu seinem Musiktraktat bezieht sich Newton nur auf diese traditionelle diatonische Sequenz.[146] Im Traktat selbst verwendet er jedoch neben der diatonischen noch zwei andere, musikalisch unbrauchbare Sequenzen, die sich im minimalen Abstand der beiden Halbtonschritte unterscheiden (Abbildung 48). Seine kombinatorisch ausgerichteten Überlegungen beginnen daher mit zwölf Oktavgattungen. Die Buchstaben $o .. y$ geben in diesem Zusammenhang keine Intervalle, sondern Stufen innerhalb der Oktave an; Ganztonschritte erkennt man an den dazwischen gesetzten Punkten, so dass man sich von Anfang an visuell in einer zwölfstufigen Stimmung innerhalb des Treppenmodells bewegt.

1. *Folge:* (= *diatonische Sequenz*) (Min. Halbtonabst. 2)	$\dots o \cdot p \cdot \boxed{q\ r} \cdot s \cdot \boxed{t\ v} \cdot o \cdot p \cdot \boxed{q\ r} \cdot s \cdot \boxed{t\ v} \cdot o \cdot p \dots$ $\dots\ T\quad T\quad s\quad T\quad T\quad s\quad T\quad T\quad T\quad s\quad T\quad T\quad s\quad T\quad T\ \dots$ $\underbrace{\qquad}_{3}\quad\underbrace{\qquad}_{2}$
2. *Folge:* (Min. Halbtonabst.1)	$\dots o \cdot p \cdot \boxed{q\ r} \cdot \boxed{s\ x} \cdot v \cdot o \cdot p \cdot \boxed{q\ r} \cdot \boxed{s\ x} \cdot v \cdot o \cdot p \dots$ $\dots\ T\quad T\quad s\quad T\quad s\quad T\quad T\quad T\quad T\quad s\quad T\quad s\quad T\quad T\quad T\ \dots$ $\underbrace{\qquad}_{4}\quad\underbrace{\ }_{1}$
3. *Folge:* (Min. Halbtonabst. 0)	$\dots o \cdot p \cdot q \cdot \boxed{y\,s\,x} \cdot v \cdot o \cdot p \cdot q \cdot \boxed{y\,s\,x} \cdot v \cdot o \cdot p \dots$ $\dots\ T\quad T\quad T\quad s\quad s\quad T\quad T\quad T\quad T\quad s\,|\,s\quad T\quad T\quad T\ \dots$ $\underbrace{\qquad}_{5}\quad\overset{|}{\ }_{0}$

Abbildung 48

---

144 *On Musick*, Nr. 7, Add MS 4000, f. 139r.

145 *On Musick*, Nr. 9, Add MS 4000, f. 138r: „In wch y^e tone major & minor are not distinguished, their difference being too little to make new modes by their order changed, though thereby they may add much grace or harshness to any particular mode."

146 Add MS 4000, f. 113v nennt als Punkt 7: „Of ye moodes arising thence & their dignity; explained by one line o.p.qr.s.tv.o.p.qr.s.tv.o.p. &c."

Die Stufennotation *o .. y* erzeugt viele Verwechslungsmöglichkeiten mit Intervallangaben über die Basisintervalle {*r*; *s*; *t*}. Der Verständlichkeit halber ergänzen wir deshalb unsere *T-s*-Notation. Die Umrahmungen hebt die beiden zu den Halbtonschritten gehörenden Buchstabenpaare hervor, mit denen Newton jede Folge charakterisiert. Der Zusammenhang dieser seltsamen abstrakten Stufenbezeichnungen mit den traditionellen musikalischen Bezeichnungen wird erst in Abbildung 50 geklärt.

Newton lässt in diesen drei Folgen nur solche Oktavgattungen zu, die mit den ersten vier Teilintervallen eine reine Quinte bilden[147], also drei Ganztöne und einen Halbton einschließen. Daher entfällt bei der diatonischen Sequenz die siebte Oktavgattung *sTTsTTT*. Aus allen drei Folgen erhält er so insgesamt zwölf „*Modes*", von denen aber nur die ersten sechs musikalisch brauchbar sind, weil sie aus der traditionellen diatonischen Sequenz entstehen.

Folge	№	ye key	2^d	3^d minor	3^d major	4th	Tritonus	5^t	6^t minor	6^t major	7th	8th	№	Quinte ¦ Quarte	Zugehörige trad. Modi
1. Folge (diat. Sequ.)	4	*o*	*p*		*q*	*r*		*s*		*t*	*v*	*o*	1	T T s T ¦ T s T	mixolydisch
	3	*s*	*t*	*v*		*o*		*p*		*q*	*r*	*s*	2	T s T T ¦ T s T	dorisch
	5	*r*	*s*		*t*	*v*		*o*		*p*	*q*	*r*	3	T T s T ¦ T T s	jonisch
	2	*p*	*q*	*r*		*s*		*t*	*v*		*o*	*p*	4	T s T T ¦ s T T	aeolisch
	1	*t*	*v*	*o*		*p*		*q*	*r*		*s*	*t*	5	s T T T ¦ s T T	phrygisch
	6	*v*	*o*		*p*		*q*	*r*		*s*	*t*	*v*	6	T T T s ¦ T T s	lydisch
2. Folge		*o*	*p*		*q*	*r*		*s*	*x*		*v*	*o*	7	T T s T ¦ s T T	
		r	*s*	*x*		*v*		*o*	*p*		*q*	*r*	8	T s T T ¦ s T T	
		s	*x*	*v*		*o*		*p*	*q*		*r*	*s*	9	s T T T ¦ s T s	
		v	*o*		*p*		*q*	*r*		*s*	*x*	*v*	10	T T T s ¦ T s T	
3. Folge		*o*	*p*		*q*		*y*	*s*	*x*		*v*	*o*	11	T T T s ¦ s T T	
		s	*x*	*v*		*o*		*p*		*q*	*y*	*s*	12	s T T T ¦ T T s	

Abbildung 49

Die Originaltabelle[148] mit den zwölf Oktavgattungen ist im doppelt umrahmte Teil der Abbildung 49 abgebildet. Die übrigen Angaben dienen der Orientierung. Im weiteren Gang der Betrachtung werden zunächst die zur 2. und 3. Intervallfolge gehörenden Oktavgattungen 7 bis 12 nachträglich wieder ausgeschlossen. Die sechs restlichen gehören zu den mit Namen versehenen authenti-

---

147   *On Musick*, Nr. 4, Add MS 4000, f. 138r: „And since all harmony wthout a fift is flat, therefore the key must necessarily have a fift above it."

148   *On Musick*, Nr. 4, Add MS 4000, f. 139v.

schen *modi* der traditionellen Theorie. Newton konzentriert sich auf die zweite (dorische) Gattung *TsTTTsT*, und zwar vermutlich wegen ihrer Symmetrie.

Newton betrachtet auch Transpositionen zwischen benachbarten Tonarten.[149] Dazu verschiebt er in Abbildung 50 die erste diatonische Sequenz aus Abbildung 48 auf die drei Schlüsselstufen *F*, *C* und *G*.

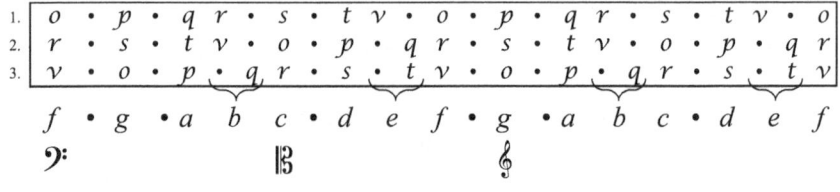

Abbildung 50

Dadurch gibt es insgesamt für die Stufen *B* und *E* zwei Ausprägungen, nämlich die weißen Tasten *H* und *E* sowie die schwarzen Tasten *B* und *Es*. Den drei verschiedenen Positionen der diatonischen Sequenz entsprechen in allen sechs diatonischen Oktavgattungen jeweils drei im Quintabstand befindliche Grundstufen der diatonischen Skala[150], nämlich mixolydisch *F–C–G*, dorisch *C–G–D*, jonisch *B–F–C*, aeolisch *G–D–A*, phrygisch *D–A–E* und lydisch *Es–B–F*.

Begibt man sich nun in die bireguläre Struktur des natürlichen Systems, dann muss man in jeder Oktavgattung zwei der fünf Ganztöne *T* durch *t* ersetzen, weil für die natürliche Oktave $12 = 3T + 2t + 2s$ gilt. Analog gilt für die Quinte $2T + t + s$, für die Quarte $T + t + s$, für die große Terz $T + t$ und für die kleine Terz $T + s$. Wie Newton am Beispiel der ersten Intervallgattung zeigt[151], gibt es in jeder Oktavgattung dafür zehn unterschiedliche Möglichkeiten. Unter Wahrung des Prinzips der Symmetrie erhält man für die dorische Oktavgattung *TsTTTsT* jedoch nur die beiden Varianten *tsTTTst* und *TstTtsT*. In beiden Fällen bilden die ersten drei Schrittintervalle eine reine Quarte und die ersten vier eine reine Quinte. Newton entscheidet sich für die Variante *TstTtsT*, weil hier zusätzlich die ersten beiden Schrittintervalle eine reine kleine Terz *Ts* bilden.

149 *On Musick*, Nr. 12, Add MS 4000, f. 141v: „It may bee required sometimes to raise or let fall ye voyce in singing wch is best done by raising or depressing ye key of ye song a fift, (if an 8^t be too greate)...“

150 *On Musick*, Nr. 12, Add MS 4000, f. 141v: „Any of ye 6 Moodes with its Eights may bee represented by any of these 3 orders of letters for ye key being **o** they represent y^e first moode, & y^e second it being **s**, & y^e 3d if it be **r** &c...“

151 Tabelle in der unteren Hälfte von Add MS 4000, f. 112r.

Numerische Bestimmung der diatonischen Skalen ξ und ζ im Saitenlängenmodell

Die im Treppenmodell herausgearbeitete dorische Skala $TstTtsT$ bestimmt im Saitenlängenmodell eindeutig eine natürliche Progression ξ , die durch sukzessive Multiplikation der zu T, t und s gehörenden Saitenlängenverhältnisse $\frac{8}{9}$, $\frac{9}{10}$ und $\frac{15}{16}$ bestimmt werden kann. Man erhält $\xi \cong \left(1{:}\frac{8}{9}{:}\frac{5}{6}{:}\frac{3}{4}{:}\frac{2}{3}{:}\frac{3}{5}{:}\frac{9}{16}{:}\frac{1}{2}\right)$, und durch Multiplikation mit 720 ergibt sich die ganzzahlige Darstellung $\xi \cong \left(720{:}640{:}600{:}540{:}480{:}432{:}405{:}360\right)$. Abbildung 51, die bei Newton nicht vorhanden ist, zeigt ζ im Saitenlängenmodell.

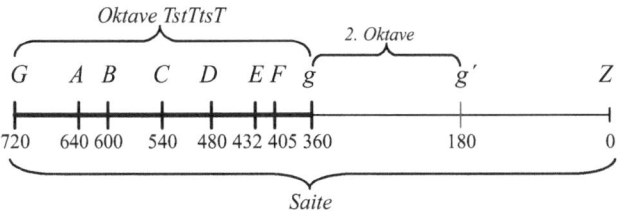

Abbildung 51

Ersetzt man die dritte Stufe $\frac{5}{6}$ in ζ durch den Wert $\frac{4}{5}$, dann entsteht die Variante $\zeta \cong \left(1{:}\frac{8}{9}{:}\frac{4}{5}{:}\frac{3}{4}{:}\frac{2}{3}{:}\frac{3}{5}{:}\frac{9}{16}{:}\frac{1}{2}\right)$, welche die mixolydische Oktavgattung $TtsTtsT$ besitzt, die nicht mehr symmetrisch ist, und die mit der sogenannten Dur-Skala Keplers übereinstimmt (Abbildung 30).

Newton verwendet nur ξ oder ζ als natürliche diatonische Skalen. Beide sind in Gallés Auswahlstimmung enthalten, und ξ stimmt sogar mit der diatonischen Skala Gallés überein, wie man an der Zuordnung der Notenbuchstaben erkennt (vgl. Abbildung 18). Aber schon Thomas Salmon macht als Musiker darauf aufmerksam[152], dass die „*allgemeine Praxis*" weder Newtons dorische Skala ξ noch die mixolydische Skala ζ verwendet, sondern die jonische Skala, die der heutigen Dur-Skala entspricht und auch von Leibniz verwendet wird (vgl. IV.4.b).

---

152 Thomas Salmon, The Division of the Monochord, MS Add 3970, f. 4r : „and universall Practise agrees, that they are most conveniently placed in the following order. $^8/_9$. $^9/_{10}$. $^{15}/_{16}$. $^8/_9$. $^9/_{10}$. $^8/_9$. $^{15}/_{16}$."

Die Skalen ξ und ζ im Kontext der Solmisation

Zu Newtons Zeit werden vielfältige Versuche unternommen, die diatonische Struktur nicht mehr über das Hexachord, sondern über die Gliederung der Oktavsolmisation zu beschreiben. Newton entscheidet sich in seinen frühen Manuskripten für die Solmisation *ut* $_T$ *re* $_T$ *mi* $_s$ *fa* $_T$ *sol* $_T$ *la* $_s$ *fa* $_T$ *ut* entsprechend der Struktur der Skala ζ [153]. Er führt also keine neue siebte Silbe ein, sondern wiederholt die Silbe *fa*. Der Grund besteht vermutlich darin, dass bei diesem Verfahren unter *fa* immer ein Halbton liegt und daher die gewohnte *mi-fa* Regel nur wenig modifiziert werden muss[154]. Er schließt sich dann der viersilbigen Oktavsolmisation an und ersetzt die Silben *ut* und *re* durch *sol* und *la*: *sol* $_T$ *la* $_T$ *mi* $_s$ *fa* $_T$ *sol* $_T$ *la* $_s$ *fa* $_T$ *sol*. Seine Buchstabennotation *o...v* bringt er dann in Zusammenhang mit dieser viersilbigen englischen Oktavsolmisation, die den Akzent auf das Tetrachord verschiebt[155].

Newton baut seine symmetrische Skala *TstTtsT* auf der musikalischen Stufe *G* auf, wodurch die Stufe *B=B♭* und nicht *H* verwendet wird. Abbildung 52 zeigt die angesprochenen Möglichkeiten für die Solmisation.

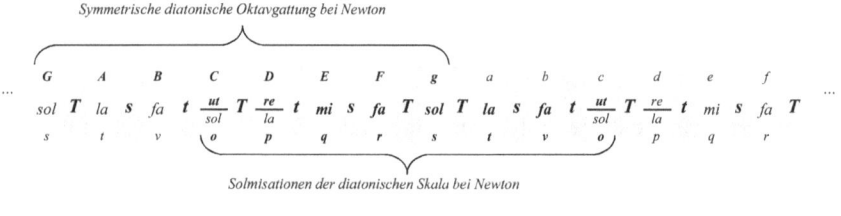

Abbildung 52

Wie in der Standardtastatur entspricht auch bei Newton die Silbe *ut* der Stufe *C* in der nicht transponierten Skala. Aber die in dieser diatonischen Sequenz entstehende Skala auf *C* mit der mixolydischen Oktavgliederung *TtsTTst* stellt nicht die Skala der weißen Tasten dar. Vielmehr enthält sie wie die heutige *F-Dur*-Skala die schwarze Taste *B*. Wenn man aber nicht Newtons Skala ξ, sondern die Skala ζ auf dem Grundton *G* aufbaut, werden nur noch weiße Tasten

---

153   z. B. bei den Diagrammen Add MS 4000, f. 109r und f. 109v.

154   z. B. Wallis 1682, S. 289: „Quarum quidem vox, fa, reputatur hemitonio acutior quam proxime subjecta; reliquae, tono integro."

155   *On Musick*, Nr. 11, Add MS 4000, f. 142r: „These degrees have of old beene expressed by ye six notes, ut, re, mi, fa, sol, la, the 7th note being omitted as being a discord to ye key in ye first moode. But of late ye usuall notes are sol, la, mi, fa, sol, la, fa, hitherto expressed by y^e letters o. p. q. r. s. t. v." Diese viersilbige Solmisation beschreibt auch Wallis an der angegebenen Stelle.

benötigt. Es gibt eine Stelle in den Manuskripten, bei der die symmetrische dorische Skala ξ nicht auf dem Ton G, sondern auf D aufgebaut wird[156]. Hierbei wird die Stufe $H = B\natural$ verwendet, und es kommen nur weiße Tasten vor. Aus diesem Grund wird die zum dorischen Modus gehörende Oktavgattung $TstTtsT$ heute gerne mit diesem Grundton veranschaulicht. Newton selbst bleibt aber in den übrigen Partien seiner Erörterungen beim Grundton G.

b) Die natürliche Auswahlstimmung χ

Konstruktion der Stimmung χ aus der diatonischen Skala ξ

Wenn man nun alle fünf Ganztonschritte in ξ gemäß $T = s + s'$ und $t = s + s''$ in zwei ungleiche Halbtöne aufteilt, dann erhält man eine zwölfstufige Skala oder Stimmung χ mit unterschiedlich großen Halbtönen. Die natürliche Oktave setzt sich bei diesem Verfahren gemäß $12 = 7s + 3s' + 2s''$ wie schon bei Kepler aus zwölf unterschiedlich großen Halbtonschritten zusammen.

	720	T	640	s	600	t	540	T	480	t	432	s	405	T	360
1	720	T	640	s	600	s'' 576 s	540	T	480	s 450 s''	432	s	405	T	360
2	720	s 675 s'	640	s	600	s'' 576 s	540	T	480	s 450 s''	432	s	405	s' 384 s	360
3	720	s 675 s'	640	s	600	s'' 576 s	540	s 506¼ s' / s' 512 s	480	s 450 s''	432	s	405	s' 384 s	360
1	$\frac{16}{15}$	$\frac{9}{8}$	$\frac{6}{5}$	$\frac{5}{4}$	$\frac{4}{3}$	$\frac{45}{32}$	$\frac{3}{2}$	$\frac{8}{5}$	$\frac{5}{3}$	$\frac{16}{9}$	$\frac{15}{8}$	$\frac{2}{1}$
G	5	*	4	A	5	$B\flat$	3	*♮	5	C	4	*	5	D	5	*	3	E	5	F	4	*	5	G
0	5	9	14	17	22	26	31	36	39	44	48	53

Abbildung 53

Diese Überlegungen werden ins Saitenlängenmodell übertragen (Abbildung 53). Im ersten Schritt werden die beiden kleinen Ganztöne geteilt. Wenn man alle weißen Tasten in der Stimmung wiederfinden will, muss von der Grundstufe G aus gesehen eine reine große Terz auftreten und daher das neue Glied X mit der Quarte 540 einen diatonischen Halbton s bilden. Das bedeutet $X = 576$. Wegen der geforderten Symmetrie ist damit auch die Teilung des zweiten kleinen Ganztons festgelegt, und man erhält hier als neues Glied 450. Durch diese Entscheidung enthält χ nicht nur die symmetrische dorische Skala ξ auf G, sondern zugleich auch die mixolydische Skala ζ auf G, bei welcher die dritte Stufe $H = B$ eine reine großen Terz zur Grundstufe G bildet.

---

156   In der Tabelle Add MS 4000, f. 110v; dort versucht Newton eine Darstellung der zwölf *modi* mit den traditionellen Tonbuchstaben und ohne die Buchstaben *o...v*.

Im zweiten Schritt werden der erste und der letzte große Ganzton geteilt. Die neu entstehende große Septime soll zur Oktave einen diatonischen Halbton *s* bilden. Damit erhält man das Zwischenglied 384 und durch Anwendung der Symmetrie das Glied 675.

Schließlich muss nur noch der große Ganzton in der Mitte durch Einfügung von *s* halbiert werden. Dabei wird durch beide Möglichkeiten 512 und $506\frac{1}{4}$ die Symmetrie verletzt: Eine vollkommen symmetrische Stimmung kann es bei Teilung des mittleren Ganztons in ungleiche Halbtöne ja auch gar nicht geben. Newton entscheidet sich für 512, vielleicht um eine Vervierfachung der gesamten Progression in ganzzahliger Darstellung zu vermeiden. Insgesamt entsteht so die Halbtondarstellung *abacabaacaba*, die bereits in Abbildung 47 zu sehen ist.

Die $\mathbb{N}\{5\}$-Progression $\chi = \big(720{:}675{:}640{:}600{:}576{:}540{:}512{:}480{:}450{:}432{:}$ $405{:}384{:}360\big)$ wird von Newton als natürliche chromatische Skala oder Stimmung angesehen. Sie ist mit der Variante $\bar{\kappa}$ bei Kepler identisch (vgl. I.5.a). Bis auf den Tritonus in der Mitte gliedert sie die Oktave symmetrisch. In der Abbildung 53 sind unten zur Orientierung Notenbezeichnungen im Stile Newtons sowie Zahlen für die Approximation durch die 53er-Teilung hinzugefügt worden.

Die Darstellung $\chi \cong \big(1{:}\frac{15}{16}{:}\frac{8}{9}{:}\frac{5}{6}{:}\frac{4}{5}{:}\frac{3}{4}{:}\frac{32}{45}{:}\frac{2}{3}{:}\frac{5}{8}{:}\frac{3}{5}{:}\frac{9}{16}{:}\frac{8}{15}{:}\frac{1}{2}\big)$ erhält man durch Division mit 720, und man erkennt die große Übereinstimmung mit der Stimmung Gallés aus dem Jahre 1635 (Abbildung 18). Die Stimmungen unterscheiden sich numerisch nur in der zweiten Stufe G♯/A♭. Beide Stimmungen enthalten Newtons diatonische Skalen ξ und ζ. Zur besseren Vergleichbarkeit mit Gallés Angaben werden in der Abbildung 53 am unteren Rand zusätzlich auch die Zahlen der 53er Teilung angegeben. Newtons eigene Berechnung der 53er-Werte wird in III.2.e angesprochen.

Die Auswahlstimmung χ und das gleichmäßige Zwölfersystem

Newton hat auf mehreren Blättern der Handschriften in Cambridge die Auswahlstimmung χ ausführlich numerisch untersucht, und zwar sowohl im Saitenlängen- wie im Treppenmodell. Er konzentriert sich dabei von vorneherein auf den Vergleich mit dem gleichmäßigen Zwölfersystem. Abbildung 54 zeigt die Tabelle von Newtons Hand auf Blatt Add MS 3958, f. 31*r*.

Hier werden links vom Doppelstrich die Tonhöhen im Treppenmodell und rechts davon die klingenden Längen im Saitenlängenmodell einander entgegengestellt, wobei jeweils die Zahlenangaben für Newtons Stimmung χ („*Musicall halfe notes*") und für das gleichmäßige Zwölfersystem („*equidistant ½ notes*") parallel aufgeführt werden, so dass man einen ausgezeichneten Überblick erhält[157]. Rechts vom Doppelstrich werden beide Zahlenangaben im Saitenlängenmodell wiedergegeben.

equidistant $\frac{1}{2}$ notes	Musicall halfe notes		A string divided to sound the musicall $\frac{1}{2}$ notes		A string divided to sound y^e 12 equidistant $\frac{1}{2}$ notes in an Eight	
12	12,000000	12.	$\frac{1}{2}$	360	360,000000	G
11	10,882687	$11-\frac{1}{17+}$	$\frac{8}{15}$	384	381,406678	*
10	9,960900	$10-\frac{1}{51-}$	$\frac{9}{16}$	405	404,086406	F
9	8,843587	$9-\frac{1}{13}$	$\frac{3}{5}$	432	428,114581	E
8	8,136863	$8+\frac{1}{15}$	$\frac{5}{8}$	450	453,571578	*
7	7,019550	$7+\frac{1}{102}$	$\frac{2}{3}$	480	480,542367	D
6	5,902237	$6-\frac{2}{41}$	$\frac{32}{45}$	512	509,116882	*
5	4,980450	$5-\frac{1}{102}$	$\frac{3}{4}$	540	539,390559	C
4	3,863137	$4-\frac{1}{15}$	$\frac{4}{5}$	576	571,464474	B
3	3,156413	$3+\frac{1}{13}$	$\frac{5}{6}$	600	605,445467	*
2	2,039100	$2+\frac{1}{51-}$	$\frac{8}{9}$	640	641,446973	A
1	1,117313	$1+\frac{1}{17+}$	$\frac{15}{16}$	675	679,5895149	*
0	0,000000	0.	1	720	720,000000	G

(Add MS 3958, f. 31r)

Abbildung 54

Newton zeigt mit dieser Tabelle, wie man die Stufen seiner natürlichen Auswahlstimmung χ im Treppenmodell mit der normierten Oktave $A = 12$ darstellen kann. Er gibt damit zugleich eine Möglichkeit an, wie das gleichmäßige Zwölfersystem auf einem Monochord der Länge 720 erzeugt werden kann.

Die Dezimalzahlen in der 6. Spalte stimmen bis auf drei Stellen nach dem Komma mit den modernen Werten überein. Die Zahlen in der zweiten Spalte sind sogar insgesamt richtig berechnet, und die Näherungsbrüche in der dritten Spalte sind ebenfalls sehr gut, wenn man Newtons Anmerkung dazu beachtet,

---

157 Abbildung 51 (Add MS 3958, f. 31r) ist schon bei Lindley abgedruckt worden (Lindley 1987, S. 206, Abb. 29b). Lindley diskutiert jedoch leider im zugehörigen Text auf S. 205 die bei ihm nicht abgedruckte Abbildung von Add MS 4000, f. 105v.

dass sich die Bruchanteile auf den gleichmäßigen Ganzton beziehen[158]. Da die ganzen Zahlen in dieser Spalte aber Halbtöne darstellen, muss man heute jeden Bruchteil verdoppeln, wenn man einen aussagekräftigen gemischten Bruch erhalten will. Während Newton für die Zahl 7,019550 die Näherung $7+\frac{1}{102}$ angibt, würde man heute deshalb besser $7+\frac{2}{102}=7+\frac{1}{51}\approx 7,019608$ schreiben. Wenn man dies beachtet, genügen Newtons Zahlenangaben in Abbildung 54 auch heutigen Ansprüchen.

					Cambridge University Library			
					Add MS 4000		Add MS 3958	
			Zahlenreihe		*f.* 105v	*f.* 106v	*f.* 31r	*f.* 35r (36r?)
					Spalte	Spalte	Spalte	
		glm.	Ganze Z.	1				1
Intervallgröße im **Treppenmodell**, Oktave A	A = 12	χ (nat.)	Dezimalz.	2	6		2	•
			Näherungs- brüche	3			3	
	A = lg 2	χ (nat.)	Dezimalz.	4				•
		glm.	Dezimalz.	5				•
Klingende Länge im **Saitenängen- modell**, Saitenlänge l	l = 1	χ (nat.)	Brüche	6	1		4	
	l = 2	χ (nat.)	Brüche	7		3a		
			Dezimalz.	8		3b		
		glm.	Dezimalz.	9		1		
	l = 720	χ (nat.)	Ganze Z.	10	2		5	•
		glm.	Dezimalz.	11	5		6	
Dekadische Logarithmen der ... 10		χ (nat.)	Dezimalz.	12	3			•
Längenangaben aus Zahlenreihe 11		*glm.*	Dezimalz.	13	4			•

Abbildung 55

Die Rechnungen, auf denen dieses Blatt und drei weitere Blätter Newtons[159] beruhen, sollen gemäß Abbildung 55 zusammengefasst und geordnet werden, da in den Originalen fast keine verbalen Erläuterungen zu finden sind. Insgesamt kann man 13 verschiedene Zahlenreihen bei Newton finden, die sich teilweise wiederholen und von denen die Nummern 1, 2, 3, 6, 10 und 11 in Abbildung 54 zu sehen sind. Für die übrigen sieben Zahlenreihen sind die Fundstellen angegeben. Wenn Newton wie in Abbildung 54 zusätzlich die musikalischen Stufenbe-

---

158 Add MS 4000, f. 106v: „By this table it may appear that a Second minor ... is higher by yᵉ 17ᵗʰ ... parte of a note then it would bee were yᵉ musical chord divided in Geometricall progression." Newton benutzt in den Manuskripten ½note für Halbton und note für Ganzton.

159 Add MS 4000, f. 105v, f. 106v und Add MS 3958, f. 35r (f 36r?). Das Blatt Add MS 3958, f. 35r wird hier vermutlich erstmals in die Betrachtung einbezogen.

zeichnungen angibt, beruhen diese auf der mit großen Buchstaben notierten mixolydischen Skala ζ von G aus. Mit B ist demgemäß immer die weiße Taste $H = B\natural$ gemeint, und die schwarzen Tasten werden durch * oder durch kleine Buchstaben kenntlich gemacht: $b=B\flat$, $a = A\flat$, $d = D\flat$, $e = E\flat$ und $f = F\sharp$.

Das Verfahren zeichnet sich durch einen originellen und souveränen Umgang mit dem Saitenlängen- und mit dem Treppenmodell aus. Auf der einen Seite wird Newtons natürliche Auswahlstimmung χ in Zahlenreihe 10 traditionell als Längen einer Saite der Gesamtlänge 720 fixiert. Auf der anderen Seite wird in der Reihe 1 das gleichmäßige Zwölfersystem im Treppenmodell durch die einfachen ganzen Zahlen 0,1,...,12 numerisch eindeutig festgelegt. Newton demonstriert nun, wie man diese beiden Skalen in das jeweils andere Modell umrechnet.

Wie schon erwähnt, erzeugt die Division durch 720 aus $\chi = \left(720{:}\ldots{:}360\right)$ (Zahlenreihe 10) die Darstellung $\chi \cong \left(1{:}\frac{15}{16}{\cdot}\frac{8}{9}{\cdot}\frac{5}{6}{\cdot}\frac{4}{5}{\cdot}\frac{3}{4}{\cdot}\frac{32}{45}{\cdot}\frac{2}{3}{\cdot}\frac{5}{8}{\cdot}\frac{3}{5}{\cdot}\frac{9}{16}{\cdot}\frac{8}{15}{\cdot}\frac{1}{2}\right)$ in Reihe 6. Durch Verdopplung entsteht daraus die Reihe 7 mit $\chi \cong \left(1{:}\frac{15}{8}{:}\ldots{:}\frac{16}{15}{:}2\right)$.

Aus heutiger Sicht kann man direkt von der Darstellung $\chi \cong \left(1{:}\frac{15}{16}{\cdot}\frac{8}{9}{\cdot}\frac{5}{6}{\cdot}\frac{4}{5}{\cdot}\frac{3}{4}{\cdot}\frac{32}{45}{\cdot}\frac{2}{3}{\cdot}\frac{5}{8}{\cdot}\frac{3}{5}{\cdot}\frac{9}{16}{\cdot}\frac{8}{15}{\cdot}\frac{1}{2}\right)$ in Zahlenreihe 6 zu den Zahlen in Reihe 4 kommen, indem man jeweils den dekadischen Logarithmus des Kehrwertes bestimmt. Newton geht aber wohl von der ganzzahligen Darstellung $\chi = \left(720{:}\ldots{:}360\right)$ in Reihe 10 aus und bestimmt für diese ganzen Zahlen die Logarithmen als Zahlenreihe 12. Er gelangt dann zu den Zahlen in Reihe 4, indem er jede Zahl aus Reihe 12 vom größten Wert $\lg 720 \approx 2{,}857332$ subtrahiert.

Von Reihe 4 gelangt man zur Reihe 2, indem man jede Zahl mit $\frac{12}{\lg 2} \approx 39{,}863137$ multipliziert. Aus Reihe 2 gewinnt man Reihe 3, indem man die Differenz zur nächsten ganzen Zahl bildet und diese Differenz durch einen einfachen Bruch annähert, wobei die oben gemachten Bemerkungen zu beachten sind.

Es bleiben nur noch die Zahlenreihen zu klären, die sich mit dem gleichmäßigen Zwölfersystem beschäftigen. Um von der Zahlenreihe 1 auf die Reihe 5 zu kommen, dividiert Newton die Zahl $\lg 2 \approx 0{,}30103000$ für die Oktave durch 12 und erhält so die Zahl $0{,}02508583$, deren Vielfache die Zahlen der Reihe 5 darstellen. Diese Zahlen kann man wiederum vom größten Wert $\lg 720 \approx 2{,}857332$ aus Zahlenreihe 12 subtrahieren, wodurch die Zahlenreihe 13 entsteht. Aus der Zahlenreihe 13 findet man über die Logarithmentafel die Werte in Zahlenreihe 11, deren Division durch 360 schließlich die Zahlen in Reihe 9 ergibt.

112

Für fünf Werte aus der Zahlenreihe $\chi \cong \left(1 : \frac{15}{16} \cdot \frac{8}{9} \cdot \frac{5}{6} \cdot \frac{4}{5} \cdot \frac{3}{4} \cdot \frac{32}{45} \cdot \frac{2}{3} \cdot \frac{5}{8} \cdot \frac{3}{5} \cdot \frac{9}{16} \cdot \frac{8}{15} \cdot \frac{1}{2}\right)$ notiert Newton an einigen Stellen[160] Alternativen, wobei er auch hier auf Symmetrie achtet (Abbildung 56). Für einige Näherungen verlässt er sogar $\mathbb{N}\{5\}$ und verwendet auch die Primzahl 7 für Proportionen. Insbesondere taucht die durch die Proportion $(7 : 4)$ definierte „Naturseptime" bei den kleinen Septimen auf. In Abbildung 56 sind die Originalwerte aus χ fett gedruckt, und es werden zusätzlich zu den Saitenlängenverhältnissen die Werte im Treppenmodell so angegeben, wie es der zweiten Spalte in Abbildung 54 entspricht.

		Trepp.	*SL*				*Trepp.*	*SL*
		0,707	$\frac{24}{25}$				11,293	$\frac{25}{48}$
II–	*Kleine Sekunden (Halbtöne)*	0,845	$\frac{20}{21}$		**VII+**	*Große Septimen*	11,155	$\frac{21}{40}$
		1,117	$\frac{15}{16}$				**10,883**	$\frac{8}{15}$
		1,824	$\frac{9}{10}$				10,176	$\frac{5}{9}$
II+	*Große Sekunden (Ganztöne)*	**2,039**	$\frac{8}{9}$		**VII–**	*Kleine Septimen*	**9,961**	$\frac{9}{16}$
		2,312	$\frac{7}{8}$				9,688	$\frac{4}{7}$
		5,687	$\frac{18}{25}$				6,313	$\frac{25}{36}$
Trt.	*Tritoni*	5,825	$\frac{5}{7}$		**Trt.**	*Tritoni*	6,175	$\frac{7}{10}$
		5,902	$\frac{32}{45}$				6,098	$\frac{45}{64}$

Abbildung 56

Alternative Rekonstruktionsversuche für χ im Kreisdiagramm

Ganztöne einer diatonischen Skala können aber nicht nur durch Einfügung des großen Halbtons *s* halbiert werden. Man kann dies auch über die traditionelle Überlagerung gegeneinander verschobener Hexachorde versuchen, wie es bei der Solmisation praktiziert wird. Da bei musikalischen Skalenbildungen der europäischen Tradition stets Oktavtreue vorausgesetzt wird, sind dafür Kreisdiagramme oder Zifferblattdarstellungen durchaus geeignet. Newton hat sie bei Descartes kennengelernt (Abbildung 40), wie zwei inzwischen berühmte Abbildungen zeigen.

Offenbar um mehr Zwischenstufen als Descartes zu erhalten, benutzt er nicht nur die drei traditionellen Schlüssel, sondern die fünf Stufen der Quinten-

---

160 Besonders Add MS 4000, f. 106v.

kette $F - C - G - D - A$. Dadurch bestehen seine Diagramme nicht aus drei, sondern aus fünf Kreisringen, wobei der Schlüssel F dem äußersten, G dem mittleren und A dem innersten Kreisring zugeordnet ist.

Im ersten Kreisdiagramm (Abbildung 57)[161] verwendet Newton die traditionelle Solmisation *ut–re–mi–fa–sol–la* und das gleiche Hexachord *tTsTt* (8-9-5-9-8 in der 53er Teilung) wie Descartes, wobei er bei jedem Hexachord gestrichelt die unbenannte kleine Septime zwischen *la* und *ut* mitführt. Daher stimmen die drei äußersten Ringe bis auf eine Drehung mit dem vierten Kreisdiagramm von Descartes in Abbildung 40 überein, wenn man die kleinen Septimen ignoriert.

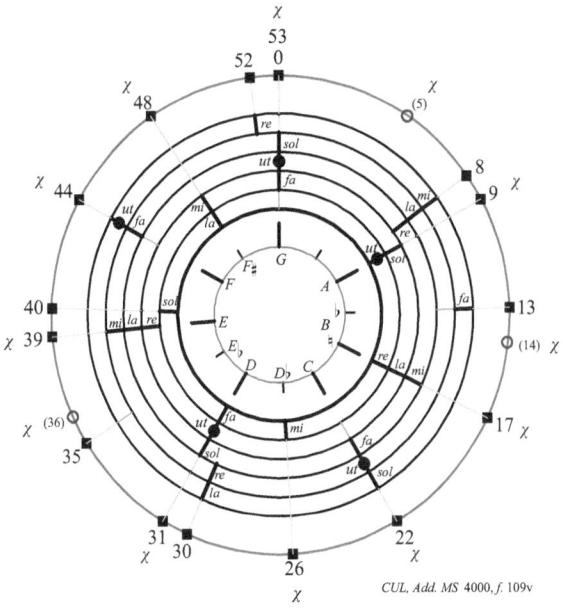

Abbildung 57

Auf dem äußeren Kreis, der im Original fehlt, sind durch Quadrate die Stufen in der 53er-Teilung angegeben, die bei dieser Konstruktion entstehen. Zum besseren Vergleich sind auch die Werte für Newtons eigene Auswahlstimmung χ gekennzeichnet und notfalls mit Klammerangaben ergänzt. Beim originalen

---

161 Dieses Diagramm ist bei Lindley im Faksimile abgedruckt (Lindley 1987, S. 208, Abb. 30b) und wird dort im Zusammenhang mit Descartes auf den Seiten 206 bis 207 besprochen.

114

Diagramm fehlen die Stufenbezeichnungen; sie werden entsprechend dem zweiten Diagramm hier in der Mitte ergänzt.

Es zeigt sich, dass sich auf diesem Weg die Stimmung χ nicht rekonstruieren lässt. Für den Halbton gibt es keinen Wert, die kleine Terz ist ein Komma kleiner als die kleine Terz aus χ. Ähnlich verhält es sich bei der kleinen Sexte.

Die kartesische Hexachordgliederung $tTsTt$ wird von Newton sonst an keiner Stelle verwendet, so dass dieses Diagramm eigentlich nur nach der Lektüre des kontinentalen lateinischen *Compendium* entstanden sein kann. In einem weiteren Diagramm (Abbildung 58) benutzt er anstelle des kartesischen Hexachords die mixolydisch gegliederte Oktave $TtsTtsT$ der Skala ζ (9-8-5-9-8-5-9 in der 53er Teilung). Er verwendet dafür die Solmisation *ut–re–mi–fa–sol–la–fa–ut*, wie sie im Zusammenhang in Abbildung 52 erläutert wird. Allerdings besitzt die solmisierte Oktave dort die Struktur $TtsTTst$. Es scheint, als habe Newton in diesem Diagramm zuerst die 120er-Teilung statt der 53er Teilung verwendet. Die entsprechenden Zahlen werden deshalb zusätzlich ebenfalls angegeben.

Auch diese Variante bringt jedoch nur wenige Vereinfachungen im Vergleich mit Abbildung 57. Newtons Auswahlstimmung χ lässt sich auch auf diese Weise nicht aus der diatonischen Skala ζ rekonstruieren.

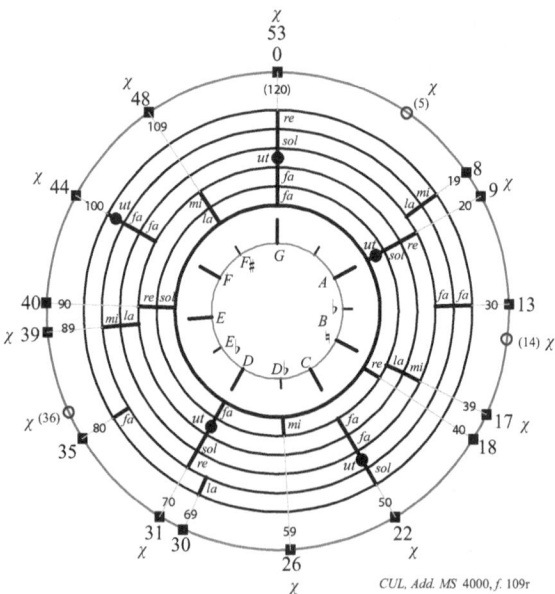

Abbildung 58

c) Die Intervallumgebung von χ

Die Einteilung der Intervallumgebung von χ in Intervallklassen

Tasteninstrumente umfassen mindestens zwei gleichgestimmte Oktaven. Wenn man sämtliche Intervalle innerhalb einer Oktave hörbar machen will, so kann man sich nicht auf eine Oktave beschränken, sondern muss die Existenz einer Doppeloktave voraussetzen. Die Menge aller Intervalle, die in einer solchen Doppeloktave gebildet werden können, aber höchstens eine Oktave umfassen, bezeichnen wir als die Intervallumgebung der Stimmung. Wenn man Oktavreinheit voraussetzt, dann umfasst die Intervallumgebung formal 156 Einzelintervalle. Diese Einzelintervalle müssen nun auf die in Abbildung 7 aufgezählten zwölf diatonischen Intervallklassen verteilt werden, wobei selbstverständlich mehrere Einzelintervalle innerhalb einer Klasse gleichgroß sein können. Bei der Prime und bei der Oktave sind sie sogar in jedem Falle gleichgroß, sodass in der Intervallumgebung maximal nur 134 verschiedene Intervallgrößen auftreten können.

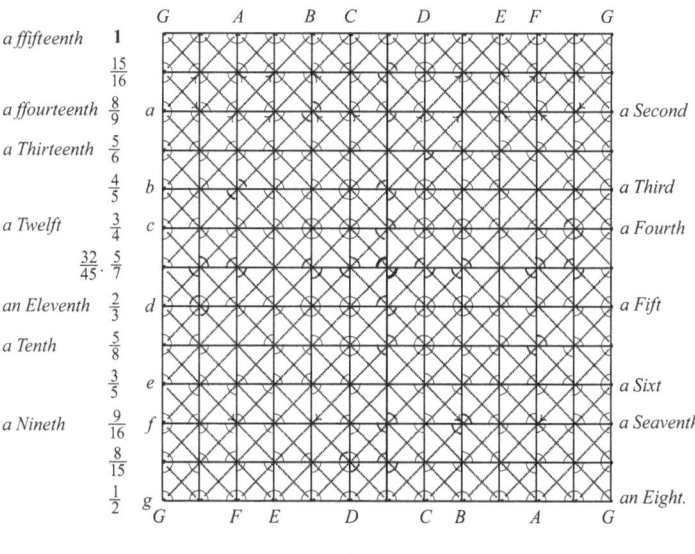

Abbildung 59

Abbildung 59 zeigt ein sorgfältig ausgeführtes 12×12-Diagramm[162], welches mehrere Besonderheiten aufweist. Am linken Rand werden von oben nach unten

162 Add MS 4000, f. 107r, wobei im Original das Diagramm gedreht ist, sodass die links abgebildete Seite unten erscheint. In f. 107v und f. 108r sind Entwürfe zu finden.

die Verhältniszahlen aus χ angegeben, wobei für den Tritonus auch die Variante
$^5/_7$ angegeben wird. Mit kleinen Buchstaben wird die diatonische Skala ζ neben
den Brüchen herausgehoben. Oben und unten sind die Stufenbezeichnungen von
ζ noch einmal eingetragen, allerdings in gegenläufiger Anordnung. Auf der
rechten Seite sind – wieder nach der Struktur von ζ und ebenfalls von oben nach
unten – die Grundbezeichnungen der Intervallklassen Sekunde, Terz, Quarte
usw. zu erkennen. Diese Liste wird nun auf der linken Seite mit None, Dezime,
Undezime usw. von unten nach oben fortgesetzt, wiederum strukturiert nach ζ.
Newton verwendet hier die einfachen traditionellen Bezeichnungen Sekunde,
Terz, Quarte usw. für die durch ζ charakterisierten Intervallklassen, während für
die anderen ein Zusatz wie groß oder klein verwendet wird.

Newton erklärt die Verwendung des Diagramms mit zwei Beispielen:[163]
*„Mit dieser Tafel kann der Abstand zwischen zwei beliebigen Stufen erkannt
werden, ob eine kleine Sekunde, eine Sekunde, eine kleine Terz, eine Terz, eine
Quarte usw. vorliegt. Um zum Beispiel den Abstand zwischen A re und D sol re
zu bestimmen, folge ich dem punktierten Strich von A nach D oder von D nach
A. Dort finde ich eine schwarze Querlinie, die als Quarte beschriftet ist, und daraus schließe ich, dass A re und D sol re eine Quarte voneinander entfernt
sind."* Er schreibt weiter:[164] *„Und um ebenso den Abstand zwischen B mi und D
la sol re zu finden, folge ich der punktierten Linie: vom oberen B aus bis zur
rechten Seite, von dort bis zum unteren B und von da Richtung linke Seite, bis
ich über D bin. ... Dort wird die punktierte Linie von einer Querlinie gekreuzt,
die als kleine Dezime beschriftet werden muss ... Deshalb handelt es sich genau
um eine kleine Dezime."* Die Stufenangaben beziehen sich auch hier auf Abbildung 10.

Jedes Einzelintervall zwischen zwei Stufen der Doppeloktave von Γ ut bis g
sol re ut (Abbildung 10) kann in der Tat mit diesem Diagramm in die richtige
Intervallklasse eingeordnet werden. Die Zahlenangaben aus χ spielen dabei offensichtlich keine Rolle und sind daher in Wahrheit entbehrlich. Das Diagramm

---

163 Add MS 4000, f. 107r „By this table may bee knowne ye distance of any two notes
whither a trew second of ye lesse, second, third of ye lesse, a third, fourth &ct. As to
know ye distance twixt A re & D sol re I follow ye pricked stroke from A to D or from
D to A where I find it crossed by a black crooked line & against it, a ffourth written,
therefor I conclude A re & D la sol distant a true forth." Statt *D la sol* muss es *D sol re*
heißen, denn *d la sol re* wäre ja eine Undezime entfernt (vgl. Abbildung 10).

164 Add MS 4000, f. 107v „ And Thus to find ye distance of B mi & D la sol re I follow y^e
prick line from ye top B to ye right hand side thence to ye bottom B thence towards y^e
left hand side untill I come over D ... where I find ye pricked line to be crossed by a)
stroke & against it to bee written on ye upper line a tenth on the lower... therefore tis a
tenth minor exactly."

zeigt zwar sehr schön die Vielfalt der Einzelintervalle in der Intervallumgebung, aber man muss doch sagen, dass die gestellte Aufgabe sehr viel schneller innerhalb des gleichmäßigen Zwölfersystems gelöst werden könnte.

Numerische Berechnung der Intervallumgebung von χ

Newton führt mit Hilfe der Zahlenreihe 2 von Abbildung 55 (Spalte 2 von Abbildung 54) auf zwei Blättern[165] die vollständige numerische Bestimmung der Intervallumgebung der Stimmung χ im Treppenmodell durch. Dazu bestimmt er die Einzelintervalle als Differenzen. „*Diese Tabelle zeigt den Abstand zwischen zwei beliebigen Stufen. So ist H der Abstand von C und E, oder eine (große) Terz, oder 3,863137 (gleichmäßige) Halbtöne.*"[166] Er stellt die Ergebnisse so dar, dass gleichgroße Einzelintervalle in Form von Gleichungsketten erkennbar werden. Zum Beispiel schreibt er für die reine kleine Terz[167], die sechsmal in der Intervallumgebung auftritt:

$$b = D - B = e - C = G - E = aa - F = AA - f = 3.15,6413.$$

Weil Newton der Stufe g die Größe 0 zuordnet, schreibt er statt $b - g$ nur b. In seiner Tabelle kommen noch zwei andere Größen für kleine Terzen vor, die jeweils durch drei Einzelintervalle in der Intervallumgebung realisiert werden.

I	Primen	0,000000	G	12	VIII	Oktaven	12,000000	G	12
	Kleine	0,706724		2		Große	11,293276		2
II–	Sekunden	0,921787		3	VII+	Septimen	11,078213		3
	(Halbtöne)	1,117313	a	7			10,882687	f	7
	Große	1,824037		4		Kleine	10,175963		4
II+	Sekunden	2,039100	A	6	VII–	Septimen	9,960900	F	6
	(Ganztöne)	2,234626		2			9,765374		2
		2,745824		3		Große	9,254176		3
III–	Kleine Terzen	2,941350		3	VI+	Sexten	9,058650		3
		3,156413	b	6			8,843587	E	6
		3,863137	B	7			8,136863	e	7
III+	Große Terzen	4,058663		1	VI–	Kleine	7,941337		1
		4,078200		1		Sexten	7,921800		1
		4,273726		3			7,726274		3
		4,784924		1			7,215076		1
IV	Quarten	4,980450	C	9	V	Quinten	7,019550	D	9
		5,195513		2			6,804487		2
		5,687174		1			6,312826		1
Trt.	Tritoni	5,902237		5	Trt.	Tritoni	6,097763	d	5

Abbildung 60

---

165 Add MS 4000, f. 104v und f. 106r.

166 Add MS 4000, f. 104v : „This table shews ye distance of any two notes as ye distance of C & E is B, or a 3^d, or 3,863137 halfe notes."

167 Add MS 4000, f. 104v.

Abbildung 60 zeigt eine nach Intervallklassen gegliederte Zusammenfassung von Newtons numerischen Ergebnissen. Die Symmetrie der Stimmung χ tritt auch hier deutlich hervor. Die aus der Zahlenreihe 2 von Abbildung 55 stammenden Werte sind fett gedruckt und mit Newtons Stufenbezeichnungen gekennzeichnet. Außerdem wird vermerkt, wie viele Einzelintervalle den jeweiligen Zahlenwert als Größe besitzen.

Die am Ende des vorigen Abschnittes in Abbildung 56 enthaltenen Alternativen für einzelne Stufen aus χ gehören zu dieser Intervallumgebung, soweit sie keine $\mathbb{N}\{7\}$-Proportionen sind. Denn alle Intervalle der Intervallumgebung von χ müssen sich durch $\mathbb{N}\{5\}$-Proportionen erfassen lassen.

d) Stimmanweisung für χ

Schließlich macht sich Newton klar, mit welchen Stimmschritten die Auswahlstimmung χ auf einem Musikinstrument appliziert werden kann[168]. Wie fast alle Musiktheoretiker seiner Zeit setzt er voraus, dass dies nach Gehör über reine Oktaven, reine Quinten, reine Quarten und reine Großterzen erfolgen kann.

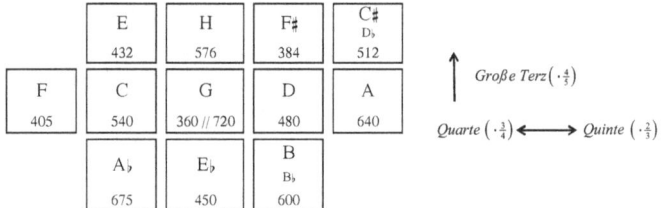

Abbildung 61

Es werden drei Quintenketten $E \to H \to F\sharp \to C\sharp$, $F \to C \to G \to D \to A$ und $A\flat \to E\flat \to B$ eingestimmt, die über die Terzenketten $A\flat \to C \to E$, $E\flat \to G \to H$ und $B \to G \to F\sharp$ gekoppelt sind. Nach dem Vorbild Eulers kann man den Stimmprozess heute übersichtlich in dem Schema der Abbildung 61 darstellen. Indem man in Richtung des Pfeils, welcher zum Stimmintervall gehört, mit dem jeweiligen Faktor multipliziert, kann man rechnerisch verifizieren, dass die Zahlenwerte von χ diesem Stimmschema tatsächlich entsprechen. Möglicherweise muss man dabei das Ergebnis verdoppeln. Wenn man den Tritonus $C\sharp$ ignoriert, wird auch in dieser Quint-Terz-Darstellung die Symmetrie von χ zur zentralen Stufe G sichtbar.

---

168 Add MS 4000, f. 105r. „By y^e helpe of concordant notes all y^e notes in the Gam ut may bee thus tuned ...“

e) Approximation der Auswahlstimmung χ durch Oktavteilungen

Man kann man Oktavteilungen höherer Ordnung $n \geq 12$ finden, die als Näherungen für die Auswahlstimmung χ verwendet werden können, indem man die Zahlen aus der Spalte 2 von Abbildung 54 (Zahlenreihe 2 von Abbildung 55) mit dem Bruch $\frac{n}{12}$ multipliziert. Das entspricht der Verwendung des allgemeinen Logarithmus λ_n anstelle des musikalischen Logarithmus $\lambda = \lambda_{12}$ aus I.4. Rundet man jedes Ergebnis auf den nächsten ganzzahligen Anteil, so kann man für die bei Newton vorkommenden Ordnungen n die moderne Abbildung 62 rekonstruieren. Dabei wird zur leichteren Nachvollziehung eine Spalte mit den Dezimalzahlen für $n = 1$ vorangestellt, die man nur mit den wahren Werten für n multiplizieren muss.

Newton begnügt sich mit der Angabe der gerundeten natürlichen Zahlen. Diese stellen gute Approximationen für die vollständigen Logarithmen der natürlichen Stufen aus χ dar und können im Treppenmodell als bequemer Ersatz für die unhandlichen Dezimalzahlen verwendet werden.

Oktave → 1	Dezimale Ausgangs- Werte χ	Newtons Approximation der natürlichen Auswahlstimmung χ im Treppenmodell durch Oktavteilungen											
		12	53	612	20	25	26	29	36	41	51	60	100	120
G	1,0000	12	53	612	20	25	26	29	36	41	51	60	100	120
* f	0,9069	11	48	555	18	23	24	26	33	37	46	54	91	109
F	0,8301	10	44	508	17	21	22	24	30	34	42	50	83	100
E	0,7370	9	39	451	15	18	19	21	27	30	38	44	74	88
* e	0,6781	8	36	415	14	17	18	20	24	28	35	41	68	81
D	0,5850	7	31	358	12	15	15	17	21	24	30	35	58	70
* d	0,4919	6	26	301	10	12	13	14	18	20	25	30	49	59
C	0,4150	5	22	254	8	10	11	12	15	17	21	25	42	50
B	0,3219	4	17	197	6	8	8	9	12	13	16	19	32	39
* b	0,2630	3	14	161	5	7	7	8	9	11	13	16	26	32
A	0,1699	2	9	104	3	4	4	5	6	7	9	10	17	20
* a	0,0931	1	5	57	2	2	2	3	3	4	5	6	9	11
G	0,0000	0	0	0	0	0	0	0	0	0	0	0	0	0

♩ ♩ ♩ = 12er ♩ ♩ ♩

Abbildung 62

Newton beginnt auf Blatt *f.* 106*r* vermutlich damit, dass er die Werte Spalte 2 von Abbildung 54 auf eine Stelle nach dem Komma rundet. Die Oktave erhält dadurch die Maßzahl 12,0 oder 120. Durch ungenaues Runden erhält er nur gerade Zahlen. Daher handelt es sich in Wahrheit um die 60er-Teilung, deren Zahlen Newton denn auch auf diesem Blatt notiert. Auf Blatt *f.* 108*r* wird im Rahmen der 120er Teilung zum Beispiel die große Terz dagegen korrekt mit 39 angegeben, sodass sich diese Oktavteilung von der 60er Teilung wirklich unterscheidet. Bei der 36er Teilung bemerkt Newton nicht, dass alle ganzen Zahlen durch 3 teilbar sind und daher seine 36er mit der 12er Teilung identisch ist.

Newton hat die Oktavteilungen nur numerisch bestimmt, aber nicht auf musikalische Sinnhaftigkeit geprüft. Musikalisch wird z. B. der diatonische Ganzton als Differenz der Quinte und Quarte definiert. Das ist aber bei der 20er, 25er und 100er-Teilung nicht der Fall. Kleine und große Terz müssen zusammen die Quinte ergeben, was bei der 20er, 51er und 120er-Teilung nicht zutrifft. Bei der 26er und 100er-Teilung ergibt der diatonische Halbton zusammen mit der großen Terz nicht die Quarte. Daher sind diese Teilungen ebenso wie die 36er für den musikalischen Intervallkalkül nicht brauchbar. Wir gehen in IV.5 genauer auf dieses Problem ein.

Newton hat daher letztlich bei seinen Versuchen nur vier wirklich brauchbare Oktavteilungen zusätzlich zum gleichmäßigen Zwölfersystem gefunden. Bemerkenswert ist vor allem der Umstand, dass Newton die optimale 612er-Teilung behandelt, deren exzellente Qualität damals noch unbekannt ist und erst 1819 von John Faray[169] auf systematischem Wege wiederentdeckt wird. Möglicherweise kann man dies so erklären, dass in der dritten Spalte von Abbildung 54 bei der Quinte *D* und bei der Quarte *C* zwischen dem natürlichen und dem gleichmäßigen Wert die Abweichung $\frac{2}{102} = \frac{1}{51}$ auftritt. Wenn man sämtliche Zahlen in dieser Spalte mit 51 multipliziert und anschließend rundet, wird die Abweichung $\frac{1}{51}$, welche J. H. Lambert 1774 als Quintexzess bezeichnen wird[170], anstelle des gleichmäßigen Halbtons zur neuen Einheit. Dann wird der Oktave die Zahl 612 zugeordnet.

Erstaunlicherweise ist ein vergleichbarer Ansatz für eine inhaltliche Begründung der Kommateilung mit der Ordnung 53 im vorliegenden Zahlenmaterial nicht zu entdecken. Zu Newtons Zeiten ist weithin bekannt, dass eine Teilung der Ordnung 53 als Kommateilung sowohl für das altpythagoreische wie für das natürliche System erfolgreich verwendet werden kann. Newton kennt Mersennes Schriften, und er kann dort die Skala Gallés gesehen haben (Abbildung 18). In England wird die Verwendung der 53er-Teilung zudem be-

---

169   Faray 1820; vgl. Lindley 1987, S. 317-319.
170   Lambert 1774, S. 58 und Lambert 1778, § 9, S. 427.

sonders von Nicholas Mercator propagiert.[171] Newton bevorzugt jedenfalls die natürliche Kommateilung, wenn er natürliche Stufen in Abgrenzung zum gleichmäßigen Zwölfersystem mit ganzen Zahlen im Treppenmodell numerisch charakterisieren will, etwa in den Abbildungen 57 und 58. Er verwendet die üblichen Näherungen $T \approx 9$, $t \approx 8$, $s \approx 5$, $s' \approx 4$ und $s'' \approx 3$ für die Grundintervalle des natürlichen Systems, die Gallé schon 1635 benutzt hat (Abbildung 18). Diese Werte sind am unteren Rand von Abbildung 53 deshalb ebenfalls schon angegeben.

3. Farben und musikalische Skalen bei Newton

a) Vorbemerkung

Die bisher dargestellten musikbezogenen Untersuchungen Newtons werden erst im 20. Jahrhundert wieder der Öffentlichkeit zugänglich. Die einzigen Äußerungen zu diesem Thema, die zu seinen Lebzeiten öffentlich bekannt werden, gehören zur Lehre von den Farben des Sonnenspektrums. Diese Lehre ist in seinen Vorlesungen zur Optik[172] von 1672 und sowie in dem Werk *Opticks*[173] zu finden, dessen erste Auflage 1704 gedruckt wird und eine weite Verbreitung findet.

Die Aspekte der Farbenlehre, die zum Verständnis von Newtons optischen Arbeiten notwendig sind, können hier nicht mit der gleichen Ausführlichkeit besprochen werden wie die einleitenden Betrachtungen zur Musik in Abschnitt I. Sarah Lowengard[174] bietet jedoch eine Übersicht über die vielfältigen Versuche, Farben in geometrischen Modellen zu erfassen und zu klassifizieren. Jörg Jewanski[175] publiziert 1999 eine historisch ausgerichtete Spezialuntersuchung der wechselseitigen Beziehung zwischen Ton und Farbe. Es muss an dieser Stelle der Hinweis genügen, dass schon Aristoteles in Gesicht und Gehör die beiden für die menschliche Kommunikation und für die Sprache wichtigen Sinne nebeneinander setzt, und es finden sich bei ihm Hinweise, dass bei der Mischung von Farben ähnliche Proportionen wie in der Musik zu erwarten sind. Analo-

---

171   Zu Mercator siehe Wardhaugh 2008, S. 47-53.
172   Den lateinischen Originaltext mit einer englischen Übersetzung findet man bei Shapiro 1984.
173   Newton 1704.
174   Lowengard 2006. Im Januar 2012 ist das hier interessierende Kapitel 3 unter http://www.gutenberg-e.org/lowengard/A_Chap03.html im Internet zu finden.
175   Jewanski 1999.

gien zwischen Farben und Musik werden in der aristotelisch ausgerichteten Naturphilosophie des 16. und 17. Jahrhunderts daher recht häufig thematisiert.

In I.6 haben wir die Problematik einer physikalischen Legitimation musikalischer Fragen angesprochen, weil objektive und subjektive Phänomen unterschieden werden müssen. Newton macht sich in entsprechender Weise in den optischen Vorlesungen von 1672 Gedanken darüber, ob Farben überhaupt zu einem Gegenstand der neuen, an Experiment und Mathematik orientierten Physik gemacht werden dürfen.

In der Überschrift kündigt er an, dass wie seine übrigen physikalischen Arbeiten auch seine Ausführungen über die Farben[176] „*nicht hypothetisch und mit Mutmaßungen, sondern mittels Experimenten und Beweisen*" erfolgen sollen. Er ist sich bewusst, dass er damit Neuland betritt und dafür eine Begründung angeben muss. „*Aber damit ich nicht in den Verdacht gerate, ich hätte die Grenzen meines Aufgabenbereichs überschritten, indem ich die Natur der Farben zu behandeln beginne, von denen man glaubt, dass sie nichts mit den mathematischen Wissenschaften zu tun haben, wird es deshalb nicht nutzlos sein, wenn ich die Gründe für dieses Unterfangen in Erinnerung bringe.*"[177] Damit ist der enge Zusammenhang von Farberscheinungen mit dem Phänomen der Brechung gemeint, der sich als chromatische Aberration bei der Konstruktion von Fernrohren negativ bemerkbar macht. Er schreibt anschließend: „*.. die Erzeugung der Farben umfasst so viel an Geometrie und die Kenntnis der Farben wird durch so große Evidenz bestätigt, dass ich mich ihnen um ihrer selbst willen zuwenden kann, womit ich auf diese Weise die Grenze der mathematischen Wissenschaften ein wenig ausweiten werde.*"[178] Die physikalische Lehre von den Farben steht damit für Newton gleichberechtigt neben Astronomie, Geographie, Navigation, Optik und Mechanik.

Newton beschäftigt sich in seinen Experimenten (vornehmlich unter Verwendung eines Prismas) mit dem Farbenspektrum des Sonnenlichts, einem farbigen Band zwischen Violett und Rot. Er ist sich bewusst, dass diese homogenen Farben oder Primärfarben nur eine Teilmenge aus der Menge der wahrnehmbaren Farben darstellt. Zu den homogenen kommen die heterogenen Farben, die erst in unserer Sinneswahrnehmung entstehen, weil das Auge die tat-

---

176 Shapiro 1984, S. 86 und 436 am Rand: „De quibus non hypotheticè et probabiliter, sed ab experimentis aut demonstrativè disserendum esse promittitur."

177 Shapiro 1984, S. 86 und 436: „Verùm ne videar officij limites excessisse, dum naturam colorum pertractare aggrediar, qui nihil ad Mathesin attinere censeantur: Non abs re erit, si de ratione incepti hujus iterum commonefaciam."

178 Shapiro 1984, S. 86 und 436: „... generatio colorum tantam Geometriam complectitur et eorum cognitio tanta firmatur evidentiâ, ut vel ipsorum gratiâ possem aggredi, sic limites Mathesis nonnihil ampliaturus.."

sächlich vorhandenen Primärfarben in einem ununterscheidbaren Gemisch von Farben zu einem einzigen Farbeindruck zusammenfasst. Daher werden nicht alle Farben, sondern nur die Primärfarben zum Gegenstand der physikalischen Betrachtung.

b) Die musikalische Skala im Sonnenspektrum

Das Sonnenspektrum zeigt sich Newton als ein farbiges Band, welches zwischen Violett und Rot unendlich viele, ineinander übergehende Primärfarben aufweist. Er versucht nun, die Farbbereiche auszumessen, wobei er in den Optik-Vorlesungen von 1672 zunächst von fünf Farben oder besser von fünf Farbklassen ausgeht.

1. Das gesamte Spektrum erstreckt sich von Y (Grenze zu Ultraviolett) bis X (Grenze zu Ultrarot). XY wird in 60 Einheiten eingeteilt.[179]

2. Die Grenze H von Blau und Grün liegt in der Mitte (30), das am stärksten leuchtende Grün (Lauchgrün) teilt XY von X aus im Verhältnis 5:3 (Maßzahl wäre 22,5). Man erhält folgende Situation:[180]

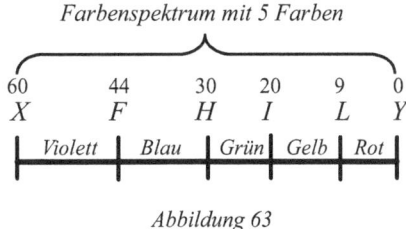

Abbildung 63

Die Bereiche für die Farben sind nicht gleichgroß, sondern sie werden in Richtung Rot kleiner. Das weckt vermutlich die Assoziation an einen Lauten- oder Gitarrenhals, oder auch an eine Darstellung wie Abbildung 51, die seine musikalische Skala ξ im Saitenlängenmodell zeigt. Jedenfalls bringt Newton nunmehr die Musik ins Spiel, obwohl er sie selbst nicht zu den Anwendungsgebieten der neuen Physik rechnet. Vielleicht liegt ein zusätzliches Motiv für diese überraschende Entscheidung darin, dass beide Gebiete durch einen starken Anteil von Subjektivität gekennzeichnet sind, und dass nach der traditionellen Naturphilosophie Gesichts- und Gehörsinn eng miteinander verwandt sind.

Newton ergänzt die Darstellung mit einem Punkt Z, der 60 Einheiten von Y entfernt ist, und addiert zu den gefundenen Zahlen jeweils die Zahl 60 (oberer

---

179   *Optica*, Part II, Lecture 11 in: Shapiro 1984, S. 536-549.
180   *Optica*, Part II, Lecture 11 in: Shapiro 1984, Figure II, 38.

124

Teil von Abbildung 64). Damit kann er seine Farbzerlegung als Oktavprogression $(120{:}104{:}90{:}80{:}69{:}60){=}\big(\underline{720}{:}624{:}\underline{540}{:}\underline{480}{:}414{:}\underline{360}\big)_{\cdot 6}$ im Saitenlängenmodell interpretieren. Die Erweiterung mit 6 lässt nun vier wichtige Zahlen von ζ erkennen. Weil wohl die Analogie zur diatonischen Skala ζ nach Abbildung 51 deutlicher werden soll, fügt Newton zwischen Violett und Blau die Farbe Indigo und zwischen Gelb und Rot die Farbe Orange ein. Passende Abschätzungen der neuen Farbgrenzen ermöglichen ihm die vollständige Übertragung seiner alten diatonischen Skala $\zeta \cong \big(720{:}640{:}600{:}540{:}480{:}432{:}405{:}360\big)$ auf das Spektrum mit sieben Farbklassen, wobei er allerdings die Zahlenangaben halbiert (unterer Teil von Abbildung 64).

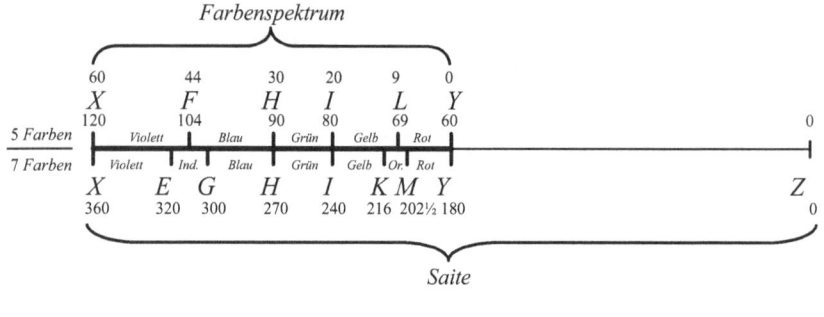

Abbildung 64

Newton ist sich bewusst, dass diese Einteilung nicht als empirisch gesichert betrachtet werden kann. Er schreibt: *„Im Übrigen habe ich dies nicht so genau beobachten und abgrenzen können, so dass ich mich zu dem Eingeständnis gezwungen sehe, es könne vielleicht ein wenig anders zusammengesetzt sein. Wenn man zum Beispiel zwischen XZ und YZ elf mittlere Proportionale bilden würde und für EZ die zweite, für GZ die dritte, für HZ die fünfte, für IZ die siebte, für KZ die neunte und für MZ die zehnte wählen würde, dann würde sich diese Aufteilung des Bildes mit den Ausdehnungen der Farben in ziemlich guter Übereinstimmung zeigen."*[181]

---

181 *Optica*, Part II, Lecture 11 in: Shapiro 1984, S. 544: „Caeterum haec non adeò praecisè observare ac definire potui quin ut fateri cogar ea posse paulò aliter fortasse constitui. Quemadmodum si inter XZ et YZ sumantur undecim mediae proportionales, quarum EZ secunda sit, FZ tertia, GZ quinta, HZ septima, IZ nona, et KZ decima; haec etiam imaginis distributio cum colorum expansionibus sat bene convenire videbitur. Nam differentiae adeò minutae quales inter hanc et superiorem distributionem intercedunt, acutissimo sensu judice vix comparituros errores efficere

In diesen Worten zeigt sich, wie stark Newton sich trotz der erkannten Unschärfe der Beobachtung an die musikalische Analogie gebunden fühlt. Denn
die genannte Alternative entspricht nicht irgendeiner anderen außermusikalischen Teilung, sondern der dorischen Skala *TsTTTsT* aus dem gleichmäßigen
Zwölfersystem.

Newton greift dann auf seine diatonische Skala $\xi = (720{:}\ldots{:}360)$ aus Abbildung 51 zurück. Über die Spalten 5 und 6 der Abbildung 54 findet die Lage
der zugehörigen gleichmäßigen Stufen, wobei er die Zahlen durch 2 teilt und
rundet:[182] *„Aus den nachfolgenden Zahlen wird klar aber werden, um wie viel
sich diese beiden Einteilungen unterscheiden. Die oberen Zahlen beziehen sich
auf eine Saite, die nach musikalischer Art in 720 Teile geteilt ist, und die unteren auf dieselbe Saite, möglichst genau nach geometrischer Art geteilt:*

360. 320. 300. 270. 240. 216 . 202½. 180.   *auf einer musikalisch geteilten
Saite,*

360. 321. 303. 270. 240. 214. 202.   180.   *auf einer geometrisch geteilten
Saite.*

*Aber ich habe dennoch die obere Teilung bevorzugt angewendet, nicht so
sehr weil sie mit den Erscheinungen sehr gut zusammenpasst, sondern weil sie
vielleicht etwas enthalten kann, was zu den Harmonien der Farben gehört, die
vielleicht analog sind den Zusammenklängen der Klänge (Von diesen Harmonien verstehen Kunstmaler durchaus etwas, aber ich selbst halte sie nicht für
völlig geklärt.)"*

In dem Buche von 1704 wird nur noch dieses siebenfarbige Spektrum im
Saitenlängenmodell vorgestellt (Abbildung 65)[183]. Nach dem Hinweis darauf,
dass er die Untersuchung mehrfach mit hinreichend genauer Übereinstimmung
durchgeführt habe, konstatiert Newton lapidar[184], dass *„die Längsseiten MG und*

---

possum." Die falsche Buchstabenzuordnung im lateinischen Text wurde schon von
Shapiro im englischen Text korrigiert (Anm. 25).

182 *Optica*, Part II, Lecture 11 in: Shapiro 1984, S. 544-546: „Quantum verò distributiones
istae differunt ex adjunctis numeris patebit, quorum superiores ad chordam 720
partium ratione musica divisam respiciunt, et inferiores ad eandem chordam quàm
proximè divisam ratione Geometricâ:

360. 320. 300. 270. 240. 216 . 202½. 180.   Chordâ Musicè divisâ.

360. 321. 303. 270. 240. 214. 202 . 180.   Chordâ Geometricè divisâ.

Superiorem verò distributionem potiùs adhibui, non tantum quod cum phaenomenis
optimè convenit, sed quòd fortasse aliquid circa colorum harmonias (qualium Pictores
non penitùs ignari sunt, sed ipse nondum satis perspectas habeo) sonorum
concordantijs fortasse analogas, involvat."

183 Newton 1704, Fig. 4 auf Tafel I zum 2. Teil des ersten Buches.

184 Newton 1704, S. 92: „ ... the rectilinear sides MG and FA were by the said cross lines
divided after the manner of a musical Chord."

FA [des Spektrums] durch die angesprochenen punktierten Linien nach der Art einer musikalischen Saite geteilt werden". Entsprechend wird die Teilung des Spektrums in Abbildung 65 ohne Umschweife durch Newtons Skala $\xi = \left(1 : \frac{8}{9} : \frac{5}{6} : \frac{3}{4} : \frac{2}{3} : \frac{3}{5} : \frac{9}{16} : \frac{1}{2}\right)$ fixiert.

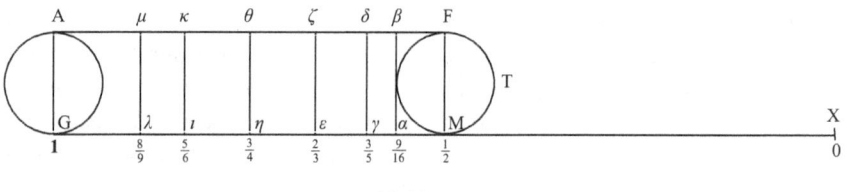

Abbildung 65

Johann Heinrich Lambert beschäftigt sich 1772 mit Newtons Experimenten am Prisma. Newtons Teilung interpretiert er musikalisch korrekt in der Gestalt *a, h, c, d, e, fis, g, a*. Er schreibt dann:[185] *„Es ist aber bey dieser Abtheilung in der That viel willkührliches. Die Farben im prismatischen Bilde machen nicht eine bestimmte Zahl von deutlich abgesetzten Classen aus. Sie verlieren sich durch unmerklich kleine Stuffen in einander. Oben am eigentlich Rothen finde ich einen sehr dünnen Streifen Florentiner Lack oder einem ins Blaue ziehenden Rothen. Dann folgt das eigentliche Roth von hoher Carminfarbe. Dieses gehet in die Feuer- und Menningfarbe über, ehe es ins Mittel zwischen roth und gelb kömmt. Das Oraniengelb unterscheidet sich noch leicht in zwo oder drey Stufen. Vom gelben ins grüne, vom Grünen ins Blaue lassen sich ebenfalls noch kenntliche Mittelstufen bemerken, und solche gibt es auch zwischen den drey blauen und blauroten Farben. Wer also Lust hat, die zwölf halben Töne in den Farben zu finden, der wird in dem prismatischen Bilde ohne viel Mühe, die einer jeden beliebigen Temperatur zugehörende Eintheilung der Streifen vornehmen, auch allenfalls noch weiter gehen können, als man in den musikalischen Verhältnissen gehen darf.*
Es bleibt inzwischen immer so viel richtig, daß in dem prismatischen Bilde die farbichten Streifen vom rothen gegen das violette in der That dergestalt in der Breite anwachsen, daß man weniger die Summe ihrer Breiten als die Summe ihrer Verhältnisse zum Maaße derselben nehmen muß, so wie es in der Music mit den Tönen geschieht."

---

185   Lambert 1772, S. 20-21.

c) Der Farbenkreis

Im Sonnenspektrum wird nur ein Ausschnitt aus der Menge aller Farben sichtbar wird, nämlich diejenigen Farben, welche durch ein Prisma nicht weiter zerlegt werden können. Daher sucht Newton eine Möglichkeit, wie man ausgehend von solchen Primärfarben quantitativ die Mischung von anderen Farben beschreiben kann. Im Zusammenhang mit der Übertragung der musikalischen Skala ζ auf das Sonnenspektrum notiert er 1672: *„Das wird zum Beispiel wahrscheinlicher erscheinen, wenn man die Nähe (affinitas) beachtet, die zwischen dem äußersten Violett und Rot besteht, den Extremen bei den Farben. Eine derartige Nähe wird auch zwischen den Grenzen der Oktave gefunden werden, die in gewisser Weise für Einklänge gehalten werden können.“*[186]

Es fällt in der Tat nicht schwer, sich zwischen Violett und Rot einen ähnlichen Übergang von Farben vorzustellen wie beim Übergang von Blau und Grün. Daher ist es verständlich, wie man auf den Gedanken verfallen kann, die Spektralfarben in einem Kreis anzuordnen, obwohl bei einer solchen einfachen Zusammenfügung der Farbverlauf sich abrupt von Violett in Rot verwandeln müsste. Eine kreisförmige Darstellung des Spektrums hat aber mit musikalischen Kreisdiagrammen wenig zu tun. Wie Abbildung 39 zeigt, haben solche Diagramme nur dann einen Sinn, weil sie auf eine lineare Skala im Treppenmodell mit zwei oder mehreren gleich strukturierten Oktaven zurückgeht. Eine solche Situation liegt beim Spektrum gerade nicht vor.

1704 stellt Newton jedenfalls der europäischen Öffentlichkeit seinen Farbenkreis (Abbildung 66)[187] mit einer Gliederung durch musikalische Stufen vor[188], die sehr an Puteanus erinnert (Abbildung 11). Der damit verbundene Wechsel in das Treppenmodell wird wie schon bei der musikalischen Untersuchung auch hier nicht erläutert.

Für die Aufteilung von 360° nach dem Muster *TstTtsT* seiner diatonischen Skala ζ könnte Newton wie bei den Kreisdiagrammen aus III.2.b auf die 53er Teilung ($T = 9$, $t = 8$, $s = 5$) oder auf die 612er Teilung ($T = 104$, $t = 93$, $s = 57$) zurückgreifen. Stattdessen benutzt er hier die rätselhaften Vorgaben $T = {}^1/_9$, $t =$

---

186 *Optica*, Part II, Lecture 11 in: Shapiro 1984, S. 546: „Quemadmodum verisimiliùs videbitur animadvertenti affinitatem quae est inter extimam purpuram ac rubedinem, colorum extremitates, qualis inter Octavae terminos (qui pro unisonis quodammodò haberi possunt) reperitur..“ Das Zitat schließt unmittelbar an das Zitat aus Fußnote 182 an.

187 Fig. 11 auf Tafel III zum 2. Teil des ersten Buches in: Newton 1704.

188 Newton 1704, S. 114-115.

$^1/_{10}$, $s = {}^1/_{16}$. Diese dienen offenbar zur Abschätzung[189] von $\log_b \frac{9}{8}$, $\log_b \frac{10}{9}$ und $\log_b \frac{16}{15}$. Lambert bestimmt nach dieser Angabe $T = 80$, $t = 72$ und $s = 45$ in einer 474er Summenbildung[190], bevorzugt aber selbst die einfache Vorgabe $T = t = 2$ und $s = 1$ des gleichmäßigen Zwölfersystems, die exakt die Struktur des puteanischen Diagramms ergibt.

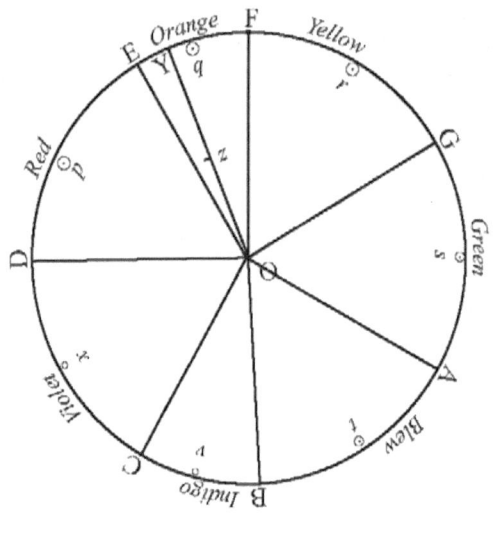

Abbildung 66

An die Konstruktionsanweisung für den Farbenkreis schließt sich die Beschreibung eines geometrischen Verfahrens an, wie man eine Mischfarbe Y im Farbenkreis finden kann. Nach Newtons Ansicht setzt sich die Mischfarbe aus

---

189   Vielleicht denkt Newton an eine Reihenentwicklung wie $\ln \frac{1}{1-z} = \sum_{k=1}^{\infty} \frac{z^k}{k}$, die sich heute

   aus der Theorie der geometrischen Folge herleiten lässt und sich gemäß $\ln \frac{1}{1-z} = \int_0^z \frac{dx}{1-x}$

   für $z < 1$ auf die Fläche unter der Hyperbel bezieht. Wegen $\ln \frac{n+1}{n} = \ln \frac{1}{1-\frac{1}{n+1}}$ gibt diese

   Reihe jedenfalls für $z = \frac{1}{n+1}$ den natürlichen Logarithmus der überteilten Proportion

   $\frac{n+1}{n}$ mit beliebiger Genauigkeit an. In erster Näherung ist daher jeder Logarithmus

   $\log_b \frac{n+1}{n}$ tatsächlich proportional zu $\frac{1}{n+1}$. Lambert bestätigt rechnerisch die Brauchbar-

   keit dieser newtonschen Näherung (Lambert 1772, S. 25).

190   Lambert 1772, S. 24.

Strahlen unterschiedlicher Spektralfarben zusammen, die gemäß seiner Korpuskulartheorie des Lichtes aus Lichtkorpuskeln unterschiedlicher Größe oder Gestalt bestehen. Um die Mischfarbe im Farbenkreis auf geometrischem Wege zu
finden müssen die an der Farbmischung beteiligten Farben durch Kreise repräsentiert werden, die den Farbkreis von innen in der Mitte des jeweiligen Farb-
sektors berühren. Die Größe dieser Kreise soll proportional zur Anzahl der
Lichtstrahlen der betreffenden Farbklasse sein[191]. Dann muss der gemeinsame
Schwerpunkt Z dieser Kreise konstruiert werden, und die Zentrale durch Z trifft
den Farbenkreis im gesuchten Punkt Y. Das ist streng genommen ein absurdes
Ergebnis, weil ja der Farbenkreis – als Kreislinie gedacht – seiner Entstehung
nach nur unzerlegbare Spektralfarben und keine Sekundärfarben enthalten kann.
Newton macht keinen Begründungsversuch für diese Konstruktion. Er schreibt
am Ende nur:[192] *„Für die Praxis halte ich diese Regel für genau genug, obwohl
sie mathematisch nicht genau ist. Ihre Wahrheit kann ausreichend für die Sinneswahrnehmung erwiesen werden."*

Der Mathematiker Brook Taylor bringt 1719 eine etwas plausiblere Interpretation. Er identifiziert den Mittelpunkt O mit der Farbe Weiß. Verbindet man
eine Primärfarbe auf der Kreislinie mit dem Mittelpunkt, so erhält man alle
Mischfarben oder *„broken Colours"* der gleichen Art[193]. Taylors Konstruktion
von Mischfarben im newtonschen Farbkreis ergibt demnach auch Punkte im Inneren des Farbkreises.

---

191   Newton 1704, S. 115: „... Circles proportional to the number of rays of each Colour in
the given mixture..."
192   Newton 1704, S. 117: „This Rule I conceive accurate enough for practise, though not
mathematically accurate; and the truth of it may be sufficiently proved to sense... "
193   Taylor 1719, S. 63-64: „Having thus disposed the simple Colours, the Center of the
Circle O will be the Place of White. And between the Center and the Circumference
are the Places of all the broken compounded Colours, those nearest the Center being
the most compounded, and those farthest from it being the least compounded."

130

IV. Gottfried Wilhelm Leibniz

1. Quellen

Wie Isaac Newton hat auch Leibniz keine eigenständige Schrift zur Musiktheorie in gedruckter Form veröffentlicht. In seiner *Dissertatio de arte combinatoria*[194] von 1666 untersucht Leibniz im *Problema* VI die kombinatorische Frage, wie viele Melodien man zu einem vorgegebenen Text finden kann. Relativ bald nach seinem Tode sind im Jahre 1734 zwei Briefe an Christian Goldbach aus dem Jahre 1712 veröffentlicht worden, in welchen Leibniz auf musikalische Fragen Goldbachs eingeht[195], und die eine breite Resonanz in der Öffentlichkeit finden. Abgesehen von diesen Briefen und von der *Dissertatio* sind alle anderen musikbezogenen Texte von Leibniz erst seit dem 20. Jahrhundert wieder öffentlich zugänglich.

1710 erscheint im ersten Band der *Miscellanea Berolinensia*, der Zeitschrift der Königlich preußischen Societät der Wissenschaften, ein umfangreicher Aufsatz[196] von Conrad Henfling über sein neues musikalisches System. Dieser ist als ein lateinischer Brief Henflings an Leibniz formuliert, den damaligen Präsidenten der Societät. Durch die Veröffentlichung von Henflings *Epistola de novo suo Systemate Musico* bringt Leibniz seinen Namen mit Henfling öffentlich in Zusammenhang.

Mit der Publikation der *Epistola* ist ein umfangreicher Briefwechsel in den Jahren von 1705 bis 1711 verbunden, der unter der Signatur LBr 390 im Leibniz-Archiv in Hannover aufbewahrt wird. Rudolf Haase hat 1982 diesen Briefwechsel veröffentlicht[197], der 15 Blätter von Leibniz und 40 Blätter von Henfling umfasst. In LBr 390 sind jedoch auch 30 weitere Blätter enthalten, die von Leibniz selbst stammen oder von ihm mit eigenhändigen Kommentaren versehen worden sind, und die sich alle auf unterschiedliche Weise mit musikalischen Skalen und Intervallen beschäftigen. Diese Blätter sind noch nicht transkribiert und veröffentlicht worden. Es überwiegt darin eine starke rechnerische Prägung,

---

194 Leibniz: *Dissertatio de Arte Combinatoria* 1666; A VI, 1, 163-230.
195 Kortholt 1734, Epistola CLIV (S. 239-241) und CLV (S. 242-243)
196 Henfling 1710.
197 Haase 1982. Dort findet man unter der Nr. 8 auf den Seiten 59 bis 89 auch die ursprüngliche Fassung der *Epistola*. Eine französische Übersetzung der lateinischen Texte (darunter auch die Urfassung der *Epistola*) bietet Bailhache 1992. Eine deutsche Übersetzung des lateinischen Briefs von Conrad Henfling hat Werner Schulze in der Zeitschrift Musiktheorie, 2/2 (1987) und 2/3 (1988) im Laaber-Verlag veröffentlicht.

und nur gelegentlich wird ein Zusammenhang mit dem Inhalt der Briefe an Henfling erkennbar[198]. Viele Blätter enthalten Zusätze und Änderungen, die zu unterschiedlichen Zeiten entstanden sein müssen.

Auf dem Blatt 27 der Mappe LH 37,1 beschäftigt sich Leibniz detailliert mit der *Harmonica* von Joachim Jungius, die 1679 von Martin Fogel in einem Sammelband posthum veröffentlicht worden ist[199]. Leibniz hat 1678 das Erscheinen der *Harmonica* mit folgenden Worten im *Journal des Sçavans* angekündigt[200]: „*Dieser Jungius ist unwidersprochen einer der größten Mathematiker und Philosophen seiner Zeit und einer der gebildetsten Männer, die Deutschland je gehabt hat. Er ist zu seinen Zeiten wenig bekannt gewesen, und viel weniger sonst, weil er zu seinen Lebzeiten nie etwas veröffentlichen wollte, da er sich selbst mit seinen eigenen Werken nicht zufrieden geben konnte. Sobald wir das Buch aus Hamburg erhalten haben, wo es veröffentlicht werden soll, werden wir mitteilen, was es enthält.*" Leibniz hat jedoch die angekündigte Besprechung nie veröffentlicht. Das Manuskript LH 37, 1, Bl. 27 hat möglicherweise mit dieser geplanten Veröffentlichung zu tun und könnte daher um das Jahr 1680 entstanden sein.

In den Manuskripten wird auch eine ausführliche Beschäftigung mit Joseph Sauveur deutlich. In LBr 390, Bl. 42 – 45 befindet sich sogar ein zusammenhängend konzipierter Text mit der einleitenden Bemerkung „*tiré du discours de M. Sauveur dans les Memoires de l' Academie des sciences 1701*". Bis jetzt lassen sich in den Handschriften keine Spuren einer ähnlich detaillierten Auseinandersetzung mit den musikbezogenen Arbeiten von Christiaan Huygens entdecken, obwohl Leibniz mit Huygens befreundet ist und dessen Arbeiten mit einiger Sicherheit kennt. Insgesamt wird aber an vielen Stellen der Manuskripte deutlich, dass für Leibniz vor allem Marin Mersenne mit seinen Werken – meist mit der

---

198   Bodemann schreibt zu LBr 390 (Bodemann 1889, S. 86): „Besonders über die Fundamente der Musik. Dabei von Leibniz eine Menge der schwierigsten Rechnungen (mit Zeichnungen); besonders eine längere Abhandl. über die Intervalle, nebst einer *Tabula intervallorum musicorum simpliciorum.*" Die zusammenhängende Auseinandersetzung mit Sauveur auf Bl. 42 – 45 unter dem Titel „*Tiré du discours de Mr. Sauveur dans les Mémoires de l'Acad. Royale des sciences 1701*" erwähnt er als Einlage des Briefes an A. des Vignoles (Haase 1982, Nr. 20, S. 133).

199   Jungius 1679.

200   *Journal des Sçavans pour l'Année M.DC.LXXVIII*, Paris 1678, XXIX, Lundy 22. Aoust M.DC.LXXVIII, S. 342: „Ce Iungius estoit sans contrecredit un des plus grands Mathematiciens & Philosophes de son temps & un des plus habiles hommes que l' Allemagne ayt jamais eu. Il y a pourtant esté peu connu pendant sa vie, & beaucoup moins ailleurs, parce qu'il n'a jamais voulu rien publier de son vivant, ne pouvant pas se contenter soy-même sur ses propres Ouvrages. Quand nous aurons receu ce livre de Hambourg, où il doit estre publié, nous ferons part de ce qu'il contient."

Harmonie Universelle von 1636 – von herausragender Bedeutung ist[201]. Leibniz entdeckt darin auch eine wenig bekannte elementare Musiklehre des Mathematikers Desargues[202].

Ulrich Leisinger hat die Liste der Bücher mit musiktheoretischem Inhalt zusammengestellt, die Leibniz besessen hat[203]. Nicht nur Werke der wichtigsten Autoren der Musiktheorie wie etwa Zarlino und Salinas, sondern auch Werke der zeitgenössischen deutschen Musiktheoretiker Sethus Calvisius, Michael Praetorius, Joachim Burmeister und Johann Lippius sind in seinem Besitz. Letztere werden jedoch in den Handschriften nicht erwähnt, wohl aber Otto Gibelius und Erycius Puteanus.[204]

2. Musikalische Elementarlehre

a) Die Wissenschaft der Praxis

Leibniz akzeptiert die Elementarlehre als einen gleichberechtigten Teil des Nachdenkens über Musik. Neben die physikalisch-wissenschaftliche Reflexion bei der Grundlegung des natürlichen Systems tritt für ihn auf musikalischem Gebiete die Wissenschaft der Praxis, welche Leibniz mit der Chemie seiner Zeit vergleicht. Er schreibt an Henfling im Sommer 1706[205]:

---

201 LBr 390, Bl. 45r, 67v, 76v, 77v, 90r.

202 LBr 390, Bl. 67v. In Mersenne 1636a, *Livre Sixiesme de l'art de bien chanter, Ordres des sons*, Prop. I, S. 132 (*gedruckt 332*) - 142 (*gedruckt 342*) gibt Mersenne die Lehre von Desargues wieder.

203 Leisinger 1994.

204 LBr 390, Bl. 88v, Gibelius auch Bl. 67v.

205 Leibniz an Henfling, Nr. 7 in Haase 1982, S. 58-59, (LBr 390, Bl. 13v): „Je remarque aussi quantité de passages cheutes et pour ainsi dire de phrases dans la musique, qui y sont comme la plus prochaine cause de ce qui y peut emouvoir quelque passion, et elles sont souvent employées, et se retrouvent en mille differens endroits. Leur bon usage fait la practique, et c'est à peu prés comme les belles phrases d'une langue. Ces phrases sont cause que des ignorans de l'art font quelques fois des beaux airs, et que des practiciens y reussissent par routine et par genie, comme dans la poesie, et comme il y a des gens qui parlent joliment sans savoir la grammaire. Je crois avec vous, Monsieur que cette science n'a pas encor esté assés establie et cultivée et meme la science de la practique, et principalement par rapport à l'art d'emouvoir les passions par la Musique dans les personnes mème les plus grossieres. Il a y deux manieres de traiter la musique, comme la physique qui est traitée mathematiquement par un Geometre, il explique les loix de la force, il tache de deviner les figures, les grandeurs et les mouvemens des petits corps. Mais un physicien chymiste ne va pas si loin, car il

„Ich bemerke in der Musik auch eine Fülle von flüchtigen Kadenzen und sozusagen Phrasen, die dort so etwas wie die am nächsten liegende Ursache dafür sind, dass man hier eine Leidenschaft erregen kann, und sie werden oft verwendet und finden sich an tausend verschiedenen Stellen. Ihr richtiger Gebrauch macht die Praxis aus, und das ist ein wenig so wie bei den schönen Phrasen in der Sprache. Diese Phrasen sind die Ursache dafür, dass Unverständige in dieser Kunst manchmal schöne Melodien machen können, und dass hier durch Routine und durch Genie Praktiker reüssieren können, wie in der Dichtkunst, und wie es Leute gibt, die angenehm reden können ohne die Grammatik zu kennen.

Ich bin mit Ihnen der Ansicht, mein Herr, dass diese Wissenschaft noch nicht ausreichend etabliert und kultiviert worden ist, und das gilt auch für die Wissenschaft der Praxis, und vornehmlich in Bezug auf die Kunst, durch die Musik sogar bei den ungeschliffensten Personen Leidenschaften zu wecken.

Es gibt zwei Arten, wie man Musik behandeln kann: einmal wie die Physik, die von einem Geometer mathematisch behandelt wird. Er entwickelt die Gesetze der Kraft, er bemüht sich um die Enträtselung der Gestalten, der Größen und der Bewegungen kleiner Körper. Aber ein Chemiker geht nicht so weit, denn er würde zu sehr aufgehalten werden, wenn er versuchen sollte, alles a priori abzuleiten. Und er nimmt als gegeben hin, was ihm die Natur als Tatsache anbietet, um sich seiner zu bedienen, z. B. die Schwefelsäure.

Auf diese Weise würde ein praktischer Musiker, der an die Erregung von Leidenschaften denkt, diese Phrasen als fertig gegeben annehmen, von denen ich gesprochen habe. Diese sind wie fühlbaren Zutaten der Praxis, und er wird Wunder daraus gewinnen.

Aber die Theorie soll die Begründung für die Erzeugung und für die Wirksamkeit dieser fühlbaren Elemente abgeben, und soll die Fertigkeit ermöglichen, sie zu gestalten, und zwar anders als nur durch Instinkt."

Leibniz interessiert sich für diese Wissenschaft der Praxis und damit auch für die musikalische Elementarlehre, etwa für Fragen der musikalischen Notation und der richtigen Verwendung von Stufen- und Intervallbezeichnungen. Schon in der Dissertation von 1666 spricht er das Problem der Solmisation an. Diese Dinge gehören zudem für ihn zur *ars characteristica*, die ihn als solche

---

seroit trop arresté, s'il falloit tout tirer à priori. Et il prend pour accordé ce que la nature luy offre tout fait, pour s'en servir, par exemple les eaux fortes. Ainsi un Musicien practicien qui penseroit à toucher les passions, prendroit pour fournies et données ces phrases dont j'ay parlé qui sont comme des ingrediens sensibles de la practique, et il en fera des merveilles.Mais la Theorie doit rendre raison de la fabrique et de l'effect de ces elemens sensibles et donner l'art d'en former autrement que par instinct."

134

lebenslang beschäftigt. Wir haben in I.2.b die Auseinandersetzung des 17. Jahrhunderts um den Übergang von der Hexachord- zur Oktavsolmisation erwähnt. Leibniz verfolgt sie aufmerksam und schließt sich in seinen Schriften der Oktavsolmisation von Erycius Puteanus an. Da die kleine Terz, welche die Differenz zwischen der Oktave und der großen Sexte umfasst, entweder in der Form *sT* oder in der Form *Ts* aufgeteilt werden kann, und weil der Buchstabe *B* doppeldeutig ist, muss man aber letztlich über *Bi* hinaus den sechs traditionellen Silben noch eine weitere Silbe hinzufügen. Für die Doppelstufe *B* verwendet Leibniz daher oft *Si* und *Bi*,[206] aber unter Berufung auf Gibelius[207] auch *Ni* und *Na*, ohne jedoch dessen neue Silbe *Do* (für das traditionelle *Ut*) zu übernehmen.

b) Die Lehre von Desargues

Am Anfang des 17. Jahrhunderts kommt der Gedanke auf, dass es für den Anfängerunterricht vorteilhaft sein könnte, auf die Solmisation völlig zu verzichten. 1636 veröffentlicht Mersenne[208] eine kurze solmisationsfreie Anleitung von Desargues, welche die Aufmerksamkeit von Leibniz erregt. Desargues benutzt nur die Tonbuchstaben des Liniensystems, und beschreibt die diatonische Struktur synthetisch mit Ganz- und Halbton. Leibniz macht sich dazu die Skizze in Abbildung 67.

Da er im Gegensatz zu Desargues an der Solmisation festhält, stellt er denselben Sachverhalt in Abbildung 68 auch mit Solmisationssilben *Ni* und *Na* von Gibelius dar[209]. Ganztonschritte sind wie bei Newton in III.2.a an den Punkten erkennbar. Hierin sieht Leibniz die Tendenz zur Gliederung der Oktave in zwölf gleichgroße Halbtonschritte, die wir bereits in I.3.d angesprochen haben. Er schreibt[210]: *„Daher komme ich zu dem Schluss, dass M. Desargues die Teilung der Oktave in 12 gleiche Teile billigt."* Eine einzelne diatonische Skala entsteht nach Abbildung 67 aus der durch Punkte dargestellten zwölfstufigen Skala,

---

206 z. B. LBr 390, Bl. 72v. In Haase 1982, S. 87, Nr. 10 findet sich in der 5. Zeile ein Druckfehler. Dort steht 51 statt *SI*; Leibniz will an dieser Stelle Verständnis für die Ablehnung der Bocedisation durch Henfling äußern.

207 LBr 390, Bl. 90v. Eine Quelle könnte sein: O. Gibelius: *Seminarium modulatoriae vocalis. Das ist: Ein Pflantzgarten der Singkunst, welcher in sich begreiffet etliche Tirocinia, oder Lehrgesänglein ...*, Bremen ²1657, S. 1 bis 4. Die erste Auflage dieses Werks ist elf Jahre früher erschienen.

208 Mersenne 1636a, *Livre Sixieme de l'art de bien chanter, Ordres des sons*, Prop. I, S. 132 (*gedruckt 332*) - 142 (*gedruckt 342*).

209 LBr 390, Bl. 67v.

210 LBr 390, Bl. 67v. „ou je juge que M. Desargues approuvait la division de l'octave en 12 parties egales."

indem fünf Lücken bestehen bleiben und die restlichen Stellen als diatonische Skala gebraucht werden.

Abbildung 67

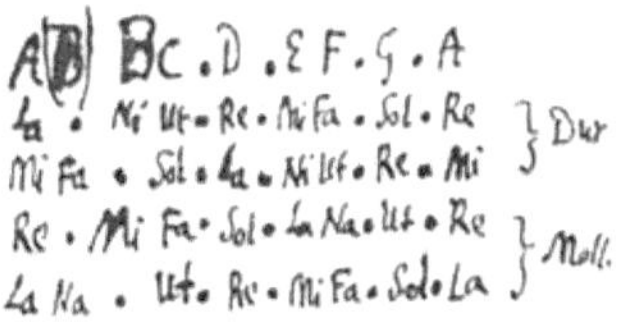

Abbildung 68

Leibniz geht in der Anwendung der Solmisationssilben manchmal über das übliche Maß hinaus. In LBr 390, Bl. 77r und 77v (Abbildung 69) verwendet er für die fünf Lückenstufen der jonischen Oktavgattung ebenfalls Silbenbezeichnungen, wobei er an dieser Stelle *Bi* statt *Ni* verwendet.

Abbildung 69

Abbildung 70

Die Silbe für eine Lückenstufe entsteht aus den beiden ersten Buchstaben der darüber liegenden Stufe, ergänzt um den Anfangsbuchstaben der darunter liegenden Stufe.

Die volle chromatische Skala, wie sie heute im Gegensatz zu diatonischen Skala genannt wird, und die Leibniz intuitiv mit dem gleichmäßigen Zwölfersystem identifiziert, gibt Mersenne schon 1636 mit den Zahlen 1,...,13 an[211] (Abbildung 70). Die Interpretation als gleichmäßiges Zwölfersystem ist fast unvermeidlich, wenn man die diatonische Struktur im Liniensystem in didaktisch einfacher Weise mit Ganz- und Halbtonschritten erklärt. Die praktische Musiklehre, die sich auf die Notation im Liniensystem bezieht, bewegt sich bei Leibniz insgesamt im Treppenmodell und besitzt eine deutliche Tendenz zum gleichmäßigen Zwölfersystem.

---

211 Mersenne 1636a, *Livre Troisiesme des Genres de la Musique*, Prop. XII, S. 171; vgl. auch Prop. XIX, S. 193.

136

Leibniz bemerkt, dass die diatonische Struktur strenggenommen eine Rück-
wirkung auf die geometrische Realisierung des Liniensystems haben müsste. Da
es große und kleine Terzen gibt, dürften die Linien, die eine Terz voneinander
entfernt sei müssen, nicht alle im gleichen Abstand gezeichnet werden. Für die
Position einer Note zwischen den Linien müssen strenggenommen verschiedene
Möglichkeiten berücksichtigt werden. Er skizziert in LBr 390, Bl. 71r eine *„musikalische Skala, die den wahren Abständen angepasst ist"*[212].

c) Die Scheiben von Theophil Staden

1653 publiziert Georg Philip Harsdörffer im dritten Teil seiner *„Delitiae Mathematicae et Physicae"*[213] eine Erfindung des Nürnberger Organisten Sigmund
Theophil Staden, nämlich zwei kreisförmige Scheiben zum Ausschneiden. Kleine und große Scheibe müssen im Mittelpunkt zusammen geheftet werden, so
dass der kleinere Kreis im größeren gedreht werden kann (Abbildung 71).

---

212 LBr 390, Bl. 71r: „ Scala Musica veris distantiis accommodata ..."
213 Harsdörffer 1653, S. 367. Der zugehörige Text hat die Überschrift: „Wie auff einer
     Scheiben/ alle Rechtstimmung und Mißstimmung zu weisen?" und lautet: „Diese
     Erfindung haben wir H. Theophilo Staden berühmten Organisten allhier bey S.
     Laurenti zu danken/ und ist die vollständige/ wie auch die unvollkomme
     Zusammenstimmung durch den Δ bedeutet/ wie Figur die außweiset/ wann man die
     kleinere Scheiben auff den Mittelpunct/ also hefftet/ das sie kann herum gedrehet
     werden Das Schwartz schattirte muß heraußgeschnitten werden/ damit man den
     Namen deß darunterstehenden Tons lesen kann/ und ist von solchen ein mehrers zu
     lesen in den V. Theil der Gesprächspiele am 500. und folgenden Blättern. Besiehe H.
     Abdias Trewens Disputationes Musicas." Es folgt die Anweisung: „Hierin müssen die
     2. Scheiben mit ☿ bezeichnet / gehäfftet werden." Schließlich heißt es: „Daß in
     diesen Tafeln die Δ nicht gleich auff einander treffen/ ist die Schulde deß im ebnen
     Kupfferplatten/ darauff sie gestochen worden/ indem der Circkel auff einer Saiten
     mehr abgewichen/ als auff der andern und also keiner vollkommene Rundung
     verzeuchnet. Zum andern ist die Schuld auch deß Papiers/ welches an einem Ort mehr/
     an dem andern weinger einzugehen pfleget/ nach dem es dick oder dünn ist." .
     Harsdörffers Verweis auf den V. Teil der Gesprächsspiele führt allerdings nicht zu ei-
     nem theoretischen Text, sondern zu der stadenschen Partitur für das Singspiel *Tugend-
     sterne*. Abdias Trew (oder Treu) hat in Altdorf vier Disputationen mit dem Titel
     „Disputatio musica ..." drucken lassen, nämlich „... *prima De Natura Musicae"*
     (1645), „... *secunda De Natura Soni et Auditus"* (1645), „... *tertia De Causis
     Consonantiae et Dissonantiae"* (1648), und schließlich „... *quarta De Divisione
     Monochordi"* (1662). In keiner Disputation werden jedoch die stadenschen Scheiben
     unmittelbar angesprochen.

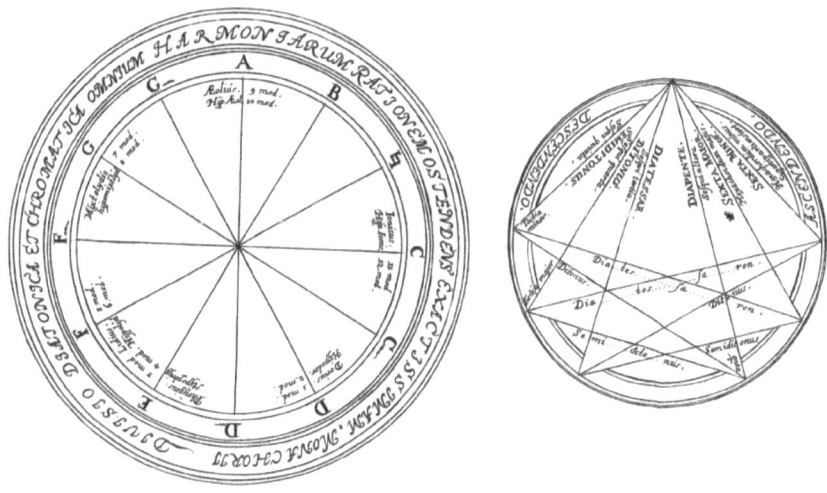

Abbildung 71

Der äußere Kreis trägt die Inschrift „*Diatonische und chromatische Teilung des Monochords, welche das genauste Verhältnis (ratio) aller Harmonien zeigt.*" Diese Überschrift ist sachlich irreführend, denn auf einem Monochord, welches wie ein Gitarrenhals nur Saitenlängenverhältnisse zeigen kann, sind die Halbtonabstände zwischen zwei benachbarten Stufen deutlich verschieden. Im weiter innen liegenden Kreis sind die zwölf Tastenbezeichnungen als regelmäßiges Zwölfeck nach dem Zifferblatt angeordnet, wobei bei den schwarzen Tasten eine Wellenlinie die übliche Schleife ersetzt. Das Diagramm stellt deshalb in Wahrheit einen organistischen Zirkel im Treppenmodell dar (vgl. I.5). Unter jeder Taste, die zugleich den Finalton anzeigt, ist jeweils die authentische und plagale Kirchentonart angegeben. Der innere Kreis zeigt die Konsonanzen innerhalb einer Oktave, und zwar in der Art, dass die Konsonanzen nicht vom Anfangspunkt aus, sondern zum Zielpunkt hin angegeben werden, in dem die sechs Linien enden.

Zu den Lesern Harsdörffers gehört Andreas Werckmeister, unter den protestantischen deutschen Kantoren der wichtigste Befürworter der wohltemperierten Stimmung. Er antwortet um 1700 auf die Frage, wann er sich denn erstmals für die gleichschwebende Temperatur interessiert habe,[214] „ *... daß ich schon vor*

---

214   Werckmeister 1707, S. 111 - 112.

30. Jahren / als ich die Scheibe des Theophili Staden / aus des Harßdorffers
Philos. Erqvick-stunden gesehen / schon auf diese Temperatur gedacht / habe."
Leibniz kennt die Arbeiten Werckmeisters wohl nicht[215]. Aber auch bei ihm
führen die Scheiben zu einem verstärkten Interesse am gleichmäßigen Zwölfersystem. Auf dem Blatt 49r von LBr 390 findet man eine lateinisch beschriftete
Kopie mit einer kurzen lateinischen Erklärung. Blatt 50r enthält noch eine weitere Kopie, allerdings mit französischer Beschriftung. Im äußeren Kreis steht hier:
„*Division du Monochorde diatonique et chromatique montrant tres exactement*
la proportion des tous les accords." Beide Kopien korrigieren gegenüber dem
harsdörfferschen Exemplar die irrtümliche Vertauschung der beiden Sexten[216].
Da die *Delitiae* schon 1653 gedruckt worden sind und da Leibniz schon 1666 in
der *dissertatio* aus diesem Werk zitiert, ist es sehr wahrscheinlich, dass die Kopien nach Harsdörffers Vorlage entstanden sind. Es ist jedoch auch denkbar,
dass sie auf eine andere Quelle zurückgehen, welche die beiden Sexten in richtiger Anordnung enthält.

Blatt 48 bringt zu den Scheiben einen „*Unterricht zum gebrauch der*
Musicalischen Figur durch die jenigen die der Music nicht kundig" in deutscher
Sprache. Der Schreiber muss die deutsche Orgeltabulatur gut kennen, denn er
verwendet sie flüssig in deutscher Schreibschrift. Die Blätter 46 und 47 enthalten eine französische Übersetzung.

Eine bestimmte diatonische Skala wird wie in I.5 als eine Siebener-Auswahl
aus den zwölf Tasten *C, cs, d, ds, e, f, fs, g, gs, a, b* und *h* betrachtet. Es werden
dabei nur die beiden Möglichkeiten behandelt, welche unserer modernen Dur-
und Moll-Skala entsprechen. Die diatonische Skala auf *D* in der jonischen Oktavgattung (Dur-Skala) wird so erklärt, dass die fünf Tasten *C, b, gs, f* und *ds*
herausgenommen und nur die sieben übrigen Tasten *d, e, fs, g, a, h* und *cs* verwendet werden. Diese Skala ist an der kleinen Sexte (oder großen Terz) *fs* zu
erkennen. Wird dagegen zum Grundton *D* die große Sexte (oder kleine Terz) *f*
verwendet, so liegt die äolische Moll-Skala *d, e, f, g, a, b* und *c* vor, weil die
Stufen *cs, ds, fs, gs* und *h* wegfallen.

---

215   Goldbach macht Leibniz jedoch in einem Brief vom 24. Juni 1712 darauf aufmerksam,
      dass Neidhardt und Werckmeister die gleichschwebende Temperatur dadurch herstel-
      len wollen, dass sie bei allen zwölf Quinten des Zirkels jeweils $^1/_{12}$ des (pythagorei-
      schen) Kommas abziehen. Neidhardt halte Werckmeister für den Erfinder dieser Tem-
      peratur. (Brief Nr. 7 in: A. P. Juschkewitz et J. C. Kopelowitsch, *La correspondance*
      de Leibniz avec Goldbach, in: *Studia Leibnitiana* XX/2 (1988), S. 183-184).

216   Bei der abgebildeten französischen Fassung bleibt aber die Zweitbeschriftung als *He-*
      xachorde vertauscht. Bei der lateinischen Fassung LBr 390, Bl. 49r bleibt diese zu-
      sätzliche Angabe weg, stattdessen werden die Proportionen richtig angegeben.

Die Gestalt des Zifferblatts legt es nahe, den Grundton durch die Nummer 0 anzugeben. Die anderen, auf dem gewählten Grundton aufbauenden diatonischen Stufen werden in der jonischen Oktavgattung (Dur-Skala) dann durch die Nummern- oder Schrittfolge 2, 4, 5, 7, 8 und 11 erfasst. Leibniz beschäftigt sich in fast unleserlichen Notizen auf LBr 390, Bl. 77v damit, welche leicht zu lernende Gesetzmäßigkeit in dieser Ziffernfolge verborgen ist. Schließlich verfällt er auf die Idee, den Zahlenwerten Buchstaben zuzuordnen (Abbildung 72).

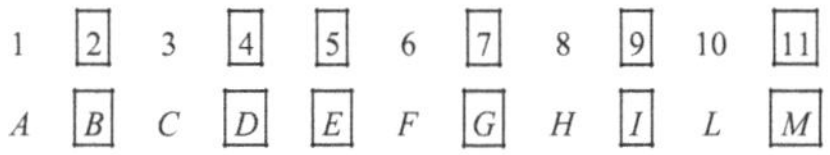

$$1 \quad \boxed{2} \quad 3 \quad \boxed{4} \quad \boxed{5} \quad 6 \quad \boxed{7} \quad 8 \quad \boxed{9} \quad 10 \quad \boxed{11}$$

$$A \quad \boxed{B} \quad C \quad \boxed{D} \quad \boxed{E} \quad F \quad \boxed{G} \quad H \quad \boxed{I} \quad L \quad \boxed{M}$$

Abbildung 72

Die Nummernfolge für die diatonische Skala wird so durch die Zeichenkette *BDEGIM* kodiert, die Leibniz zur besseren Les- und Lernbarkeit durch ein kleines *o* zu *BoDEGIM* ergänzt. Daher kann er schreiben[217]: *„Aus den neuen Zwischenräumen kann man die alten erkennen durch BoDEGIM."*

Auch heute noch kann man derartige Scheiben verwenden, wenn man sich über diatonische Skalen, Konsonanzen oder Dreiklänge informieren will. Die sinnvolle Verwendung von Kreisdiagrammen für die Oktave beruht jedoch, wie wir schon bei Brouncker in II.3 gesehen haben, auf der konsequenten Interpretation im Treppenmodell. Wenn ein regelmäßiges Zwölfeck hinzukommt, wird das Diagramm intuitiv schnell mit dem gleichmäßigen Zwölfersystem assoziiert, obwohl es im vorliegenden Falle nur die richtige Verwendung der Tasten zeigt und das Tasteninstrument keineswegs gleichschwebend gestimmt sein muss (vgl. I.5). Auch Leibniz übernimmt kommentar- und kritiklos den Begriff Monochordteilung in der Scheibenbeschriftung und notiert lapidar[218]: *„Es handelt sich um eine Teilung der Oktave in zwölf gleiche Teile."*

Leibniz bringt solchen „Maschinen", die ein schnelles und leichtes Lernen versprechen, immer Interesse entgegen, wie er es ja auch bei dem Werk von René Ouvrard *„Secret pour composer en musique par un art nouveau"* zeigt[219]. Seine Beschäftigung mit den stadenschen Scheiben ist ein weiterer Beleg für seiner generellen Überzeugung, dass jede diatonische Skala der Praxis als achtstufige Teilmenge einer umfassenderen chromatischen Skala aus dreizehn Stu-

---

217 LBr 390, Bl. 77r rechts oben: „Ex spatiis antiqua novis dat nosse BoDEGIM."
218 LBr 390, Bl. 49r rechts: „Est sectio octavae in duodecim partes aequales."
219 Uylenbroek 1833, XXXVII, S. 129 und XXXVIII, S. 133. Huygens schreibt S. 133: „Ce Mr. Ouvrard, de qui vous attendez la Musique, pretendoit de pouvoir montrer la composition en 24 heures."

fen aufgefasst werden kann, und dass man sich sehr oft der Einfachheit halber
im gleichmäßigen Zwölfersystem bewegt.

Wie in I.5 nachzulesen ist, werden die Regeln für die Bildung diatonischer
Skalen jedoch einfacher und durchsichtiger, wenn man die Tasten nicht nach
dem Ziffernblatt, sondern im Quintenzirkel anordnet. Dennoch sind Stadens
Scheiben ein früher sinnfälliger Ausdruck dessen, was in I.5 als organistischer
Quintenzirkel bezeichnet wird.

3. Die modifizierte Koinzidenztheorie

a) Der naturwissenschaftliche Aspekt

Das natürliche System Zarlinos bildet auch für Leibniz die Grundlage der theo-
retisch-wissenschaftlichen Untersuchung von musikalischen Intervallen, die
demnach im Frequenz- oder Saitenlängenmodell erfolgen muss. Er setzt sich mit
den Details der Schallausbreitung[220] bis hin zum Innenohr auseinander. Leibniz
lehnt die direkte Analogie zu Wasserwellen ab und interpretiert die Schallausbreitung ähnlich wie Newton im Sinne einer Longitudinalwelle: Schwingungs-
richtung und Ausbreitungsrichtung stimmen überein. Seine eigene Erklärung
beruht auf dem Begriff der elastischen Kraft. Ein Impuls erfolgt da, wo der Zustand der stärksten Verdichtung der Luft oder modern gesprochen der höchste
Luftdruck vorhanden ist.

Anders als Newton schließt sich Leibniz im Grundsatz der Koinzidenztheorie an. *„Aus den Perioden der Schwingungen entstehen die Zusammenkünfte der
Saiten oder die Konsonanzen und Dissonanzen. Denn wenn man zwei Saiten so
spannt, dass sie beim Schwingen mit den Impulsen der anderen zusammenpas-
sen (oder wenn jeder zweite Impuls der stärker gespannten oder schneller die
Schwingung absolvierenden Saite mit irgendeinem Impuls der schlafferen oder
langsameren übereinstimmt), dann hat man eine Oktave. Wenn der dritte Impuls
der gespannteren auf den zweiten der schlafferen fällt, hat man eine Quinte,
usw."* [221]

220 Alle Texte LH 37, 1, Bl. 1 – 26, darunter besonders der zusammenhängende Text in
Bl. 3 – 8: „Cogitationes novae, quomodo formetur sonus et per aërem propagetur
atque in organo auditus exprimatur."

221 LH 37, 1, Bl. 18r unten: „Ex vibrationum periodis conventus duarum chordarum seu
consonantiae et dissonantiae oriuntur. Nam si duae chordae ita tensae sunt, ut
vibrantes alterius ictibus consentiant seu secundus quisque chordae tensioris sive

In Kontext der Koinzidenztheorie setzt sich Leibniz auch mit der Entdeckung der Eigenschwingungen einer Saite durch Wallis und Sauveur auseinander[222], welche später zur Einbeziehung der Obertöne in die physikalische Begründung des natürlichen Systems führt. Unter dem Eindruck solcher Phänomene scheint er in einzelnen Äußerungen sogar gelegentlich wieder die traditionelle Unterordnung der Musiktheorie unter die Arithmetik zu akzeptieren.[223]

Wie die Blätter 14, 15, 24 und 25 aus LH 37, 1 zeigen, beschäftigt sich Leibniz intensiv mit der Rolle des Ohres für die Schallwahrnehmung, und zwar in Auseinandersetzung mit dem 1684 erschienen Buch *De auditu* des Helmstädter Professors Schelhammer. Auch hinter dem Trommelfell handelt es sich um die Ausbreitung von Schallwellen, wenn auch von anderer Art. Leibniz scheint jedoch nicht daran zu glauben, dass es ein körperliches Organ geben kann, welches aus einer eintreffenden Schallwelle ein Signal herstellt, das der wahrgenommenen Tonhöhe direkt entspricht. Diese Umwandlung bleibt seiner Meinung nach dem wahrnehmenden Subjekt, der Seele überlassen.

b) Unmerkliche Perzeptionen und musikalische Wahrnehmung

Leibniz ergänzt die physikbasierte Koinzidenztheorie durch neuartige psychologische Überlegungen und macht sie dadurch realitätstauglicher. Mehr als die verbale Kommunikation zielt die musikalische Kommunikation auf die Erregung von Affekten und Empfindungen im Zuhörer. Die Kommunikation zwischen dem Musizierenden und dem Hörer beruht dabei auf der musikalischen Wahrnehmung, die auch bei Leibniz nur über die Sinne gewonnen werden kann, auch wenn Seele und Verstand aktiv an der Erkenntnis mitwirken. Im Falle der musikalischen Wahrnehmung spielen die unmerklichen Perzeptionen, die *perceptiones insensibiles*, eine besondere Rolle, wie Ulrich Leisinger herausgearbeitet hat[224]. Unabhängig davon, ob wir uns im wachen Zustand befinden oder

---

    celerius vibrationem absolventis ictus coincidat cuilibet ictui laxioris seu tardioris, octava est; si tertius tensioris incidat in secundum laxioris, est quinta; etc."

222   LBr 390, Bl. 45 beide Seiten.

223   In der für die *scientia generalis* gedachten *Recommandation pour instituer la science generale* aus dem Jahre 1686 schreibt Leibniz (A VI, 4 Teil A, S. 709): „*Die Musik ist der Arithmetik untergeordnet, und wenn man einige grundlegende Erfahrungstatsachen über Konsonanzen und Dissonanzen kennt, dann hängt der ganze Rest der allgemeinen Regeln von Zahlen ab...*" („La Musique est subalterne à l'Arithmetique, et quand on sçait quelques experiences fondamentales des consonances et dissonances, tout le reste des preceptes generaux depend des nombres...")

224   Leisinger 1994, S. 140-156.

142

nicht, aktivieren unsere Sinne permanent eine sehr große Zahl von Perzeptionen in uns. Die menschliche Seele als Haupt eines großen Organismus und als geistiges Wesen muss sich aber bei wachem Bewusstsein auf ihre wesentlichen Aufgaben konzentrieren können. Daher ist es notwendig, dass die Mehrzahl der unendlich vielen kleinen Perzeptionen, die ununterbrochen als Sinneseindrücke in der Seele aktiviert sind, gar nicht erst zum Bewusstsein vordringen kann. Es muss sich um unmerkliche Perzeptionen handeln.

Kleine, unmerkliche Perzeptionen können aber jene Wirkungen in der wachen Seele hervorrufen, die für die musikalische Kommunikation charakteristisch sind. Sie beinhalten unsere Empfindungen, unsere Schmerz- und Lustgefühle und überhaupt unsere Affekte, deren große Bedeutung für unser Leben nicht bestritten werden kann. Alexander Baumgarten bezeichnet daher den Komplex der unbewussten Perzeptionen, das Unbewusste, als *fundus animae*, als den Grund der Seele[225].

Die bewussten Empfindungen, die mit Hilfe des Vor- oder Unbewussten entstehen, können jedoch ebenso wie die distinkten oder rationalen Erkenntnisse im Bewusstsein mehr oder weniger klar sein, wie man z. B. daran sieht, dass *„wir manchmal, ohne auf irgendeine Weise im Zweifel zu sein, klar erkennen, ob ein Gedicht oder ebenso gut ein Bild gut oder schlecht gemacht ist, weil es ein ‚Ich-weiß-nicht-was' gibt, das uns befriedigt oder abstößt.“*[226]

In einer Auseinandersetzung mit Bayle bringt Leibniz auf der Basis seiner Lehre von der prästabilierten Harmonie und von den angeborenen Ideen, die uns heute sehr fremd geworden ist, ein ungewöhnliches Beispiel für bewusste und unbewusste seelische Aktivitäten aus dem Bereich der Musik. Ein Sänger sei für eine regelmäßige Darbietung an einer Kirche oder einer Oper angestellt, wobei das vorgeschriebene Repertoire in Buchform vorliegen soll[227]. *„Dieser Sänger*

Alexander Baumgarten, *Metaphysica*, Editio VII., Halle 1779, S.176, § 511: „Sunt in anima perceptiones obscurae, § 510. Harum complexus FVNDVS ANIMAE dicitur."

226 Leibniz: *Discours de Metaphysique*; A VI, 4 B, 1567: „C' est ainsi que nous connoissons quelques fois clairement , sans estre en doute en aucune façon, si un poeme, ou bien un tableau est bien ou mal fait, parce qu'il y a un je ne sçay quoy qui nous satisfait ou qui nous choque."

227 Leibniz: *Extrait du Dictionnaire de M. Bayle article Rorarius* S. 2599 *sqq. de l'Edition de l'an 1702 avec mes remarques*; GP, IV, S. 549-550: „Il suffit qu'on se figure un chantre d'Eglise ou d'opera gagé pour y faire à certaines heures sa fonction de chanter; et qu'il trouve à l'Eglise ou à l'opéra un livre de Musique, où il y ait pour les jours et les heures marquées les pièces de musique ou la Tablature qu'il devra chanter. Ce chantre chante à livre ouvert, ses yeux sont dirigés par le livre et sa langue et son gosier sont dirigés par les yeux, mais son ame chante pour ainsi dire par memoire, ou par quelque chose equivalente à la memoire; car puisque le livre de Musique, les yeux et les aureilles ne sauraient influer sur l'ame, il faut qu'elle trouve

singt aus dem offenen Buch, seine Augen werden von dem Buch gelenkt und seine Zunge und seine Kehle wird von den Augen gelenkt, aber seine Seele singt sozusagen aus dem Gedächtnis, oder mit Hilfe einer Sache, die dem Gedächtnis gleichwertig ist. Denn da das Musikbuch, die Augen und die Ohren nicht wissen können, wie sie auf die Seele Einfluss nehmen sollten, muss die Seele es notwendigerweise durch sich selbst finden, und das sogar ohne Anstrengung und ohne Fleiß und ohne Suche nach demjenigen, was ihr Gehirn und ihre Organe mit Hilfe des Buches selbst finden.

Deshalb ist die ganze Partitur aus diesem Buch oder aus diesen Büchern, welchen man der Reihe nach beim Singen folgen muss, in seiner Seele eingraviert, virtuell seit dem Beginn der Existenz der Seele, so wie diese Partitur in irgend einer Weise in die materiellen Ursachen eingraviert worden ist, bevor man zum Komponieren dieser Stücke und zur Herstellung der Partitur gekommen ist.

Aber die Seele wird sich nicht bewusst sein, dass sie davon etwas erfasst, denn dies ist eingehüllt in den konfusen Perzeptionen der Seele, die jede Einzelheit des Universums darstellen. Und sie wird sich dessen nur zu den Zeiten deutlich bewusst, wenn ihre Sinnesorgane merklich von den Noten dieser Partitur berührt werden."

Mit der Thematisierung des Unbewussten und der Anerkennung der Tatsache, dass zum Inventar unseres Bewusstseins nicht nur unterschiedlich klare rationale Erkenntnisse, sondern auch unterschiedlich klare Empfindungen gehören, die permanent auf uns einwirken, macht Leibniz auf der einen Seite in überraschend moderner Weise deutlich, wie komplex das Problem der Wahrnehmung und damit das Verhältnis zwischen Außenwelt, Körper, Seele und Geist ist. Auf der anderen Seite öffnet er damit eine Möglichkeit, philosophisch kompetent über Phänomene zu sprechen, die mit Empfindungen, Affekten und überhaupt mit Unbewusstem verbunden sind, auch wenn solche Phänomene in einem rein rationalen Diskurs streng genommen gar nicht verstanden werden können.

---

par elle même et même sans peine et sans application, et sans le chercher ce que son cerveau et ses organes trouvent par l'aide du livre. C'est parce que toute la tablature de ce livre ou des livres qu'on suivra successivement en chantant, est gravée dans son ame virtuellement des le commencement de l'existence de l'ame; comme cette Tablature a été gravée en quelque façon dans les causes materielles avant qu'on est venu à composer ces pièces et à en faire un livre. Mais l'ame ne sauroit s'en apercevoir, car cela est enveloppé dans les perceptions confuses de l'ame, qui expriment tout le detail de l'univers. Et elle ne s'en apperçoit distinctement que dans le temps, que ses organes sont frappés notablement par les notes de cette Tablature."

c) Die unbewusst zählende Seele

Zählen ist ein bewusster Vorgang, den man als Kind erlernen muss. In einem eigenen Dialog[228] stellt Leibniz den Zusammenhang mit der platonischen Anamnesis-Lehre her, wie sie im Dialog *Menon* enthalten ist. Bevor der lernende Knabe bei Leibniz zeigt, dass er durchaus schon mit Geld umgehen kann, wird deutlich, dass er auch ohne Unterricht die Glockenschläge einer Turmuhr richtig interpretieren und schon bis 24 zählen kann[229]. Diese Beobachtung steht in Übereinstimmung mit der musikalischen Erfahrung: beim Rhythmus oder beim Tanz kann man durchaus von einem unbewussten Zählen sprechen.

Bei der Tonhöhenwahrnehmung ist jedoch der Zusammenhang mit dem intuitiven Zählen weit weniger offensichtlich als beim Rhythmus. Wie kann man erklären, dass die Ausbreitung einer Impulsfolge mit abzählbarer Periode oder Frequenz am Ende zur Vorstellung einer musikalischen Tonhöhe führt?

Leibniz kann in seinen eigenen akustischen und physiologischen Untersuchungen kein körperliches Organ im Ohr oder in den Nervenleitungen namhaft machen, welches diese Aufgabe erledigt. Alle beteiligten Körperteile leiten lediglich die isochrone Impulsfolge auf mechanischem Wege weiter. Daher kann die Umwandlung in eine Tonhöhenvorstellung nur im hörenden Subjekt selbst stattfinden: Die Seele muss die eintreffenden Impulse „*zählen*" und die gezählten Frequenzen oder Perioden rechnerisch vergleichen. Schon 1636 schreibt Mersenne, dass der zentrale Vorgang beim Hören nichts anderes sein könne als „... *das Abzählen der Luftstöße, sei es, dass die Seele sie zählt ohne dass wir es wahrnehmen, oder dass sie die Zahl fühlt, die sie berührt.*"[230]

Nach unserer Alltagserfahrung kann eine bestimmte Geschwindigkeit beim Zählen nicht unterschritten werden. Akustische Frequenzen kann man gerade nicht durch einfaches Abzählen ermitteln. Eine solche Zählung und ihre Auswertung müssten außerdem innerhalb eines Musikstückes außerordentlich schnell erfolgen, da man ja beim Hören eines einzelnen musikalischen Klanges über wenig Zeit verfügt. Und schließlich stellt sich beim Hören eines musikalischen Intervalls (oder eines Klanges mit konstanter Tonhöhe) kein Zählgefühl

---

228 G. W. Leibniz, *Ein Dialog zur Einführung in die Arithmetik und Algebra nach der Originalhandschrift herausgegeben, übersetzt und kommentiert von Eberhard Knobloch*, Stuttgart – Bad Cannstatt 1976. Nach der Angabe auf S. 177 beruht diese Edition auf LH 35 I, Bl. 1 – 18.

229 l. c., S. 16. Der Hinweis auf diese Stelle stammt von Hartmut Hecht.

230 Mersenne 1636a, 1. Buch, Prop. 13, S. 23: „ ... n'est autre chose que le desnombrement des battimens de l'air, soit que l'ame les conte sans que nous l'apperceuions ou qu'elle sente le nombre qui la touche." Vgl. dazu Leisinger 1994 , S. 46.

wie beim Rhythmus ein. Daher erscheint heute die Vorstellung nicht sehr plausibel, dass die musikalische Intervall- und Tonhöhenwahrnehmung durch ein unbewusstes Zählen der Seele erfolgen soll. Leibniz selbst ist jedoch von dieser Idee fasziniert. Für ihn wird die Wahrnehmung der Tonhöhe zu einem zentralen Beispiel für die Lehre von den unmerklichen Perzeptionen.

In einer nach 1702 stattfindenden Auseinandersetzung mit Bayle spricht er von der *Arithmétique occulte*:[231] *„Ich habe an anderer Stelle gezeigt, dass die konfuse Perzeption des Angenehmen oder Unangenehmen, die sich bei den Konsonanzen oder Dissonanzen einstellt, in einer verborgenen Arithmetik besteht. Die Seele zählt die Impulse des klingenden Körpers, der sich in Vibration befindet, und wenn sich diese Impulse regelmäßig in kurzen Zeitintervallen wieder treffen, findet sie daran Gefallen. In dieser Weise macht sie diese Zählungen ohne es zu wissen."* Und in einem Text[232] zur Koinzidenztheorie aus dem April 1709 schreibt er: „mens vero eam per insensibilem illam, quam in Musica exercet, Arithmeticam, non facile assequatur" *(„Der Geist kann sie nur schwer mit jener unmerklichen Arithmetik erreichen, die er in der Musik anwendet.").*

Leibniz verbindet in seiner Musiktheorie die physikalischen und physiologischen Aspekte der akustischen Wahrnehmung mit seiner neuartigen psychologischen Lehre. Die außermusikalische Legitimation wird über den Bereich der Physik hinaus durch Physiologie und Psychologie ergänzt, wobei letztere nur in der aristotelisch geprägten Naturphilosophie, aber kaum in der modernen quantitativen Physik thematisiert wird. Das wirkt sich auch auf die mathematischen Mittel aus, die in der Musiktheorie eingesetzt werden können. Aus der naiven Koinzidenztheorie entsteht auf diese Weise eine realistische Koinzidenztheorie, welche der musikalischen Praxis weitaus besser gerecht wird und ihr eine weitaus größere Gestaltungsfreiheit einräumt. Im Bild der unbewusst zählenden Seele wird diese Abwendung von der naiven Koinzidenztheorie zum eigentlichen Charakteristikum seiner Musiktheorie.

Wie wichtig dieser Sachverhalt für Leibniz ist, zeigt sich darin, dass er ihn für mehrere Definitionsversuche der Musik verwendet, welche die Besonderheit seiner Theorie gegenüber anderen Theorien deutlich hervortreten lassen. Am

---

231   Leibniz, *Extrait du Dictionnaire de M. Bayle article Rorarius S. 2599 sqq. de l'Edition de l'an 1702 avec mes remarques*, in: GP, IV, S. 550-551: „J'ay montré ailleurs que la perception confuse de l'agrement ou desagrement qui se trouve dans les consonances ou dissonances consiste dans une Arithmetique occulte. L'ame compte les battemens du corps sonnant qui est en vibration, et quand ces battemens se rencontrent regulierement à des intervalles courts, elle y trouve du plaisir. Ainsi elle fait ces comptes sans le savoir."

232   Leibniz, Text zur *Tabula intervallorum Musicorum simpliciorum*, Nr. 22 bei Haase 1982, S. 140.

Ende des Blattes LBr 390, Bl. 72v, das mit sehr vielen Rechnungen zum natürlichen System gefüllt ist, findet sich der Satz: „Musica est computus insensibilis quem facimus nescientes". *(„Die Musik ist eine unmerkliche Berechnung, die wir machen ohne es zu wissen.")* Und im Brief vom 17. April 1712 an Christian Goldbach findet man schließlich die berühmt gewordene Formulierung „Musica est exercitium arithmeticae occultum nescientis se numerare animi." *(„Musik ist eine verborgene Anwendung der Arithmetik durch die Seele, die nicht weiß, dass sie zählt. ")*[233]

Und im gleichen Brief schreibt er: *„Denn es irren jene, die glauben, es geschehe nichts in der Seele, dessen sie sich selbst nicht bewusst sei. Auch wenn also die Seele nicht fühlen sollte, dass sie zählt, so fühlt sie doch die Wirkung dieser unfühlbaren Zählung, sei es Vergnügen bei Konsonanzen, sei es Unbehagen bei Dissonanzen. Aus vielen unfühlbaren Koinzidenzen entsteht nämlich das Vergnügen. "*[234]

d) Die Unschärfe bei der Tonhöhenwahrnehmung

Im Brief an Goldbach bringt Leibniz noch einen anderen Aspekt ins Spiel:[235] *„Möglicherweise gibt es irgendwo Lebewesen, die vielleicht mehr Feinfühligkeit für Musik besitzen als wir und sich an musikalischen Proportionen erfreuen können, die uns weniger berühren. Aber ich möchte glauben, dass eine größere Feinfühligkeit unserer Sinne uns mehr schaden als nützen würde, denn wir würden viel Unangenehmes beim Sehen, Riechen und Berühren zu fühlen haben, und Leute, deren Sinneswahrnehmung bei der Musik allzu fein ist, werden gestört durch Fehler, welche die Praktiker beim Instrumentenbau wohl kaum ver-*

---

233 Leibniz an Goldbach Nr. CLIV, Kortholt 1734, S. 241. Vgl. dazu Leisinger 1994, S. 43 ff.

234 Leibniz an Goldbach Nr. CLIV, Kortholt 1734, S. 241: „Errant enim, qui nihil in anima fieri putant, cuius ipsa non scit (? sit) conscia. Anima igitur etsi se numerare non sentiat, sentit tamen huius numerationis insensibilis effectum, seu voluptatem in consonantiis, molestiam in dissonantiis, inde resultantem. Ex multis enim congruentiis insensibilibus oritur voluptas."

235 Leibniz an Goldbach Nr. CLIV, Kortholt 1734, S. 240: „Non impossibile est, esse alicubi animalia, quae plus quam nos Musicae sensibilitatis habeant, et delectentur Musicis proportionibus, quibus nos minus afficimur. Sed putem, maiorem sensuum nostrorum subtilitatem magis nobis nocituram, quam profuturam, multa enim visu, olfactu, tactu, ingrata sensuri essemus; et qui nimis subtilis sensus sunt in Musica, offenduntur quibusdam oberrationibus practicorum in organorum constructione non bene evitabilibus, quibus tamen auditorium non solet."

meiden können, und die dennoch normalerweise die Zuhörerschaft nicht stören."

Die Wahrnehmung der Tonhöhe ist also nicht völlig exakt, sondern mit einer gewissen Unschärfe behaftet. Dieser Sachverhalt ist von großer Bedeutung für den musikalischen Alltag. Wie Leibniz im April 1709 schreibt, kann eine Konsonanz deshalb auch dann als solche wahrgenommen werden, wenn die entscheidende Koinzidenz der Impulse nicht völlig exakt zum gleichen Zeitpunkt erfolgt:[236] *„Die Begründung ist, dass Konsonanz in Übereinstimmungen von Stößen besteht, auch wenn sie etwas verzögert sind. Der Geist kann sie [die Konsonanz] nur schwer mit jener unmerklichen Arithmetik erreichen, die er in der Musik anwendet, wenn die Menge der Stöße zu groß ist, bevor sie zu einer Koinzidenz gelangt, und wenn unterdessen keine andere Beobachtung dem Wahrnehmenden helfen kann."*

Intervalle mit einer theoretischen natürlichen Proportion $(a{:}b)$ können demnach auch dann als solche identifiziert werden, wenn die wirklichen Klänge in einer leicht veränderten Proportion $(a'{:}b')$ erzeugt werden. Es muss lediglich in gewissen Grenzen $\frac{a'}{b'} \approx \frac{a}{b}$ gelten. Hinsichtlich der musikalischen Wirkung kann die Proportion $(a{:}b)$ durch eine andere Proportion $(a'{:}b')$ ersetzt werden.

In einer auf dem natürlichen System beruhenden Intervalltheorie legitimiert die Substitutionstheorie auch die Untersuchung irrationaler Proportionen, wie sie etwa bei der Behandlung der ¼-Komma-Temperatur und des gleichmäßigen Zwölfersystems auftreten, und bildet so die Grundlage für eine sinnvolle und praxisgerechte Theorie der Temperatur des natürlichen Systems. Goldbach formuliert die neue Haltung in einem kurzen Aufsatz sehr treffend[237]: *„Im Wege einer stetigen Annäherung [per appropinquationem continuam] können in der Praxis rationale durch irrationale Zahlen ersetzt werden, solange der Mangel oder der Überschuss nach dem Urteil der Ohren mit Null gleichgesetzt werden kann."*

Diese stetige Substitutionstheorie oder dieses Unschärfeprinzip der realistischen Koinzidenztheorie entspricht völlig der musikalischen Alltagserfahrung, nach der bei kleinen Intonationsschwankungen die Konsonanz umso besser

---

236 Leibniz, Text zur *Tabula intervallorum Musicorum simpliciorum*, Nr. 22 bei Haase 1982, S. 139 ff: „Ratio est, quod concinnitas in ictuum consensibus, etsi nonnihil dilatis, consistit; mens vero eam per insensibilem illam, quam in Musica exercet, Arithmeticam, non facile assequatur, si nimia sit ictuum multitudo, antequam ad consensum perveniatur, nullaque alia tantisper observatio sentientem juvet."

237 Goldbach 1717, S. 115 : „In praxi numeris surdis substitui possunt rationales per appropinquationem continuam, donec excessus vel defectus, aurium judicio, nihilo aequetur."

wird, je näher man in stetiger Annäherung an den reinen Wert herankommt. Sie umgeht das Unstetigkeitsparadoxon, welches in der naiven Koinzidenztheorie im Sinne von I.6 auftritt. Denn darin können Intervalle, deren Größe nur minimal vom idealen Intervall abweicht, eigentlich nicht als Ersatz für das ideale Intervall dienen. Ersetzt man etwa die reine Quinte $(3:2)$ mit $\frac{3}{2} = 1,5$ und mit der Gesamtperiode 6 zuerst durch $(301:200)$ mit $\frac{301}{200} = 1,505$ und dann durch $(3001:2000)$ mit $\frac{3001}{2000} = 1,5005$, so hat die numerisch bessere Näherung mit 6002000 eine viel größere Gesamtperiode als die numerisch schlechtere mit der Gesamtperiode 60200. Je näher eine solche rationale Näherungsproportion an der idealen Proportion liegt, desto dissonanter wäre nach der naiven Theorie das zugehörige Intervall, was der musikalischen Erfahrung völlig widerspricht.

Bei den Ausführungen zur Temperatur in IV.5.a wird es sich zeigen, dass Intervalle, die sich um weniger als das syntonische Komma (81:80) unterscheiden, nach Leibniz' Meinung als gleich akzeptiert werden können[238]: „*Und im allgemeinen wird ein Fehler vernachlässigt, der das Komma nicht überschreitet.*" Das syntonische Komma beträgt 21,5¢; heute geht man davon aus, dass der kleinste wahrnehmbare Unterschied je nach musikalischer Qualifikation zwischen 5¢ und 50¢ liegt[239].

Wenn man eine Saite AB durch Einfügung eines Punktes C auf ein Teilstück CB verkürzt, dann erhöht sich die Tonhöhe um das Intervall $\alpha = \frac{AB}{CB}$. Positioniert man dagegen im Punkte C einen zusätzlichen Steg, dann erzeugen die gleichzeitig angeschlagenen Saitenteile AC und CA ein Intervall der Größe $\beta = \frac{CB}{AC}$. In der Regel sind die beiden Intervalle α und β verschieden. Eine solche Saitenteilung lässt sich bequem in einer Dreifachproportion $\left(\overline{AB:CB:AC}\right)$ zusammenfassen. Wenn der Punkt C so positioniert wird, dass die Saite AB nach dem goldenen Schnitt geteilt wird, dann muss definitionsgemäß gelten $\alpha = \frac{AB}{CB} = \frac{CB}{AC} = \beta$. Man erhält $\pi_1 = \left(\overline{AB:CB:AC}\right) \cong \left(\sqrt{5}+1:2:\sqrt{5}-1\right)$ als Progression, wie Leibniz in *LH* 37, 1, Bl. 27 richtig erkannt hat.

Leibniz kommt später in einem anderen Zusammenhang noch einmal auf dieses Ergebnis zurück, nämlich in dem vielzitierten Brief an Goldbach. Dort will er einem anonymen Freund Goldbachs die Frage beantworten, ob Konsonanzen erklingen würden, wenn man eine Saite im goldenen Schnitt teilt. Er geht bei seiner Antwort von der sehr guten Näherung $\sqrt{5} \approx 2,236$ aus und ap-

---

238   LBr 390, Bl. 77v, rechter Textblock, untere Hälfte: „Et generaliter negligitur error qui comma non excedit."

239   Siehe dazu D. E. Hall: *Musikalische Akustik: Ein Handbuch*, Mainz 1997, S. 410.

proximiert die Progression π_1 durch $\pi_2 = (3,236:2:1,236) \cong (809:500:309)$.

Die beiden Teilproportionen $(809:500)$ und $(500:309)$ von π_2 unterscheiden sich mit $\lambda\left(\frac{809}{500}\right) = 833,05\cent$ und $\lambda\left(\frac{500}{309}\right) = 833,19\cent$ in der Tat nur äußerst wenig vom Idealwert $833,09\cent$. Um eine Beziehung zu den Konsonanzproportionen herzustellen, geht Leibniz aber noch einen riskanten Schritt weiter. Er approximiert π_2 durch $\pi_3 = (800:500:300) \cong (8:5:3)$, die sich aus den Proportionen $(8:5)$ für die reine kleine und $(5:3)$ für die reine große Sexte zusammensetzt, und gibt deshalb schließlich folgende Antwort:[240] *„Dein Freund, dessen Papier du mir mitgeteilt hast, und der das Monochord nach dem goldenen Schnitt teilen will, nimmt in Wirklichkeit Intervalle wahr, die sich dem Gehör so zeigen, als würden sie fast übereinstimmen mit der großen und der kleinen Sexte. Wenn daher jene Saitenteilung etwas Angenehmes an sich hat, wird es von diesen Intervallen ausgeliehen werden."*

Nun gilt aber $\lambda\left(\frac{8}{5}\right) = 813,69\cent$ und $\lambda\left(\frac{5}{3}\right) = 884,36\cent$. Bei einer Abweichung von $19,4\cent$ kann man mit einigem guten Willen in der Tat davon sprechen, dass die irrationale Proportion $(\sqrt{5}+1:2)$ des goldenen Schnittes als reine kleine Sexte $\lambda\left(\frac{8}{5}\right)$ wahrgenommen werden kann. Aber sie kann gewiss nicht gleichzeitig als reine große Sexte $\lambda\left(\frac{5}{3}\right)$ wahrgenommen werden, da hier die Abweichung $51,27\cent$ betragen würde. Diese Abweichung überschreitet zudem deutlich die selbstgewählte Grenze des syntonischen Kommas mit $21,5\cent$. An der Argumentation kann man jedoch ablesen, wie weit sich Leibniz im Kontext seiner modifizierten Koinzidenztheorie von den natürlichen Intervallen zu entfernen wagt.

Der Brief an Goldbach zeigt, dass Leibniz das Problem mit der Primzahl 7 kennt, welches bei der Begründung des natürlichen Systems durch die naive Koinzidenztheorie auftritt (vgl. I.6). Wie sein Freund Huygens, der in seinem *Kosmotheoros*[241] bei der fiktiven Betrachtung des Lebens auf anderen Planeten

---

240 Leibniz an Goldbach Nr. CLIV, Kortholt 1734, S. 241-242: „Amicus Tuus, cuius schedam mecum communicasti, et qui monochordum vult secare in extrema et media ratione deprehendet reuera interualla, quae ita prodeunt ad sensum fere coincidere cum sexta maiore et minore,... Itaque si quid illa sectio habet grati, mutuabitur ab his intervallis vicinis."

241 Huygens 1698, S. 73 - 78. Eine französische Ausgabe des Kosmotheoros ist 1702 in Paris unter dem Titel *„Nouveau Traité de la Pluralité des Mondes"* und eine deutsche Ausgabe 1703 in Leipzig mit dem Titel *„Kosmotheoros oder Welt-betrachtende Muthmassungen von denen Erd-Kugeln und deren Schmuck"* erschienen.

auch auf musikalische Fragen eingeht, akzeptiert auch Leibniz für die irdische Musik die Beschränkung auf $\mathbb{N}\{5\}$ als ein kulturelles Faktum.

Leibniz sieht beim bewussten Ausschluss der Primzahl 7 aber auch einen Zusammenhang mit den unmerklichen Perzeptionen und der damit verbundenen Unschärfe:[242] *„Wir zählen in der Musik nicht über fünf hinaus, ähnlich wie jene Leute, die in der Arithmetik in dieser Weise nicht über die Dreizahl hinausgekommen sind, und bei denen man eine Redewendung der Deutschen über einen einfachen Menschen anwenden könnte:* Er kan nicht über drey zehlen. *Denn unsere wirklich gebrauchten Intervalle bestehen in Proportionen, welche aus Verhältnissen mit je zwei Zahlen zusammengesetzt sind, und zwar aus den Primzahlen 1, 2, 3 und 5. Wenn uns ein wenig mehr Feinfühligkeit gegeben wäre, würden wir bis zur Primzahl 7 fortschreiten können. Und ich glaube, dass solche Feinfühligkeiten wirklich gegeben sein können. Daher haben die Alten die Zahl 7 auch nicht vollständig gemieden. Aber es wird kaum jemanden geben, der bis zu den nächsten Primzahlen 11 und 13 weitergehen will. "*

4. Die Analyse des natürlichen Systems

a) Joachim Jungius und die Systematisierung der natürlichen Intervalle

Leibniz kennt und schätzt Joachim Jungius in allen Bereichen, vor allem als großen Logiker. Das bestätigt sich auch bei der *Harmonica*, obwohl das Werk nur fragmentarischen Charakter besitzt. Es handelt sich um eine Art Vorlesungsmitschrift, eine mehr oder weniger geordnete Sammlung von einzelnen Aussagen. Der Herausgeber Martin Fogel hat die Textpartikel fortlaufend nummeriert und auf eine Seitennummerierung verzichtet. Darunter finden sich Definitionen, Sätze und Aufgaben, aber keine Beweise. Die Formulierung der Sätze umfasst 79 und die Formulierung und Lösung der fünf behandelten Aufgaben sogar nur 33 Textpartikel. Mehr als die Hälfte der Textpartikel, nämlich 127,

---

242 Leibniz an Goldbach Nr. CLIV, Kortholt 1734, S. 240: „Nos in Musica non numeramus ultra quinque, similes illis populis, qui etiam in Arithmeca non vltra ternarium progrediebantur, et in quibus phrasis Germanorum de homine simplice locum haberet: Er kan nicht über drey zehlen. Nam nostra intervalla vsitata omnia sunt rationum compositarum ex rationibus inter binos ex numeris primitiuis, 1, 2, 3, 5. Si paulo plus nobis subtilitatis daretur possemus procedere ad numerum primitiuum 7. Et tales reapse dari puto. Itaque nec numerum veteres refugiebant plane. Sed vix erunt, qui procedant vsque ad proximos primitiuos 11. et 13."

entfallen dagegen auf Definitionen, Hypothesen und Erfahrungssätze, mit denen die Theorie skizziert wird. Darin wird das Hauptziel der Abhandlung erkennbar, nämlich einen Weg zu finden, wie man eine logisch saubere Theorie der Intervalle und Skalen aufbauen kann.

Auch Jungius geht vom natürlichen System aus. Es gibt in der *Harmonica* zwei unterschiedliche Ansätze für die Abfolge von Definitionen und Sätzen, nämlich Ansatz A (Textpartikel 18–29) und den Ansatz B (30–45; von Fogel am Rande mit einem durchgehenden Strich hervorgehoben). Bei A werden zuerst die grundlegenden Konsonanzen über Proportionen und dann die übrigen Intervalle analytisch als deren Linearkombinationen – meist als Differenzen – definiert: *„Der kleine Ganzton ist das Intervall, um welches die Quarte die kleine Terz übertrifft."* [243] Aus dieser Art der Definition ergeben sich dann als Sätze Aussagen der Form *„Ein kleiner Ganzton liegt zwischen Klängen, deren Saiten die Proportion enthalten, die zwischen 9 und 10 besteht."*[244]

Im synthetischen Ansatz B werden bei den Definitionen umgekehrt nur großer und kleiner Ganzton sowie diatonischer Halbton über die Proportionen $(9:8)$, $(10:9)$ und $(16:15)$ vorgegeben. Die übrigen Intervalle werden wieder als Linearkombinationen – jetzt meistens als Summen – definiert: *„Eine kleine Terz ist das aus dem großen Ganzton und dem Halbton zusammengesetzte Intervall."*[245] Daraus ergibt sich die Aussage: *„Eine kleine Terz liegt zwischen Klängen, die sich wie 6 zu 5 verhalten."*[246] als Satz.

Bei beiden Ansätzen sind die fehlenden Beweise simple Rechnungen, die Leibniz z. T. einfach als Marginalien in seinem Exemplar der *Harmonica* notiert[247]. Daher kann bei oberflächlicher Betrachtung die jungianische Trennung von Definitionen und Sätzen leicht als fruchtlose Haarspalterei erscheinen. Lässt man sich jedoch darauf ein, so erkennt man, dass die meisten musikalischen Intervalle ausgehend von wenigen Grundintervallen als Summen oder Differenzen anderer Intervalle definiert werden können, wobei es sich formal als unwichtig erweist, ob man analytisch von den großen oder synthetisch von den kleinen Intervallen ausgeht. Wie wir in Abschnitt I ja schon gesehen haben, kann man in

---

243 Jungius 1679, Textpartikel 24 (Definition 20): „Tonus minor est intervallum, quô Quarta excedit Sesquitonium."

244 Jungius 1679, Textpartikel 29 (Theorema IV): „Tonus minor est inter sonos, quorum chordae proportionem continent quae est inter 9 & 10."

245 Jungius 1679, Textpartikel 34 (unter der Überschrift „Aliter. Definitiones"): „Sesquitonus est intervallum ex Majore tono & Semitonio compositum."

246 Jungius 1679, Textpartikel 41 (Theorema I): „Sesquitonus est inter sonos, qui se habent ut 6 & 5."

247 Dieses Exemplar wird in der G.W. Leibniz- Bibliothek in Hannover unter der Signatur Nm-A 418 aufbewahrt.

der Tat letztlich jedes Intervall aus den Grundintervallen berechnen, wenn man
das zugehörige Regelwerk aus linearen Gleichungen kennt.

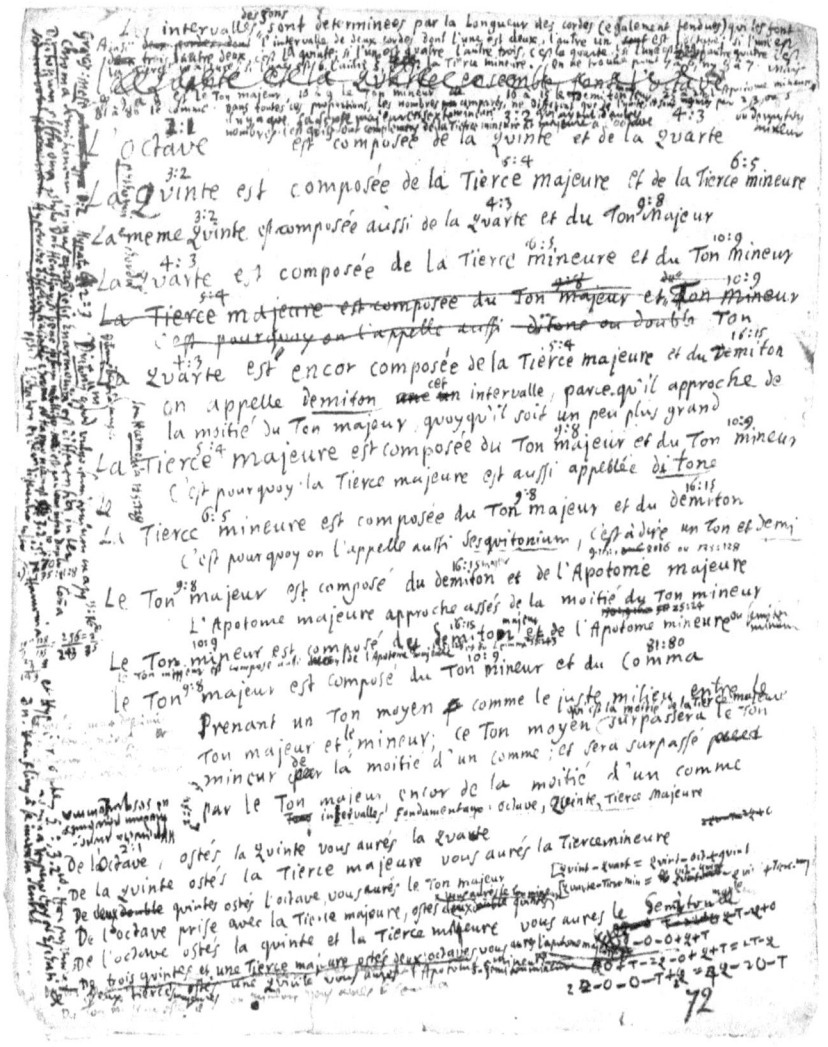

Abbildung 73

Leibniz fertigt in LH 37, 1, Bl. 27 viele wörtliche Exzerpte aus der *Harmonica* an, die er durch eigene Bemerkungen und Rechnungen ergänzt. Für Leibniz

ist der analytische oder differenzierende Ansatz besonders wichtig. Er sagt dazu[248]: *„Man muss beachten, wie aus den Intervallen der primären Konsonanzen die übrigen abgeleitet werden."* Die Intervalle entstehen *„aus den vier primären Konsonanzen, die nach allen möglichen Kombinationen wechselseitig subtrahiert werden."* Während Newton und Sauveur die synthetische Betrachtungsweise bevorzugen, bei der die natürlichen Intervalle als Linearkombinationen der *three common measures T, t* und *s* nachgebildet werden (vgl. I.3.b), stellt Leibniz das konsonanzbasierte analytische Vorgehen in den Vordergrund.

Im Blatt LBr 390, Bl. 72r (Abbildung 73) befindet sich eine Liste von Aussagen über natürliche Intervalle, die an Jungius erinnern. Leibniz ergänzt sie später durch viele eigene Kommentare. Am unteren rechten Rande befinden sich algebraische Terme und Gleichungen, welche einzelne verbale Sätze darstellen. Dabei werden Buchstaben als Abkürzungen für die konstanten Proportionen gewisser natürlicher Intervalle verwendet, wie man es bei Newton ebenfalls findet (vgl. III.1.b). Man darf vermuten, dass die harmonischen Gleichungen, die Leibniz in seinen späteren Aufzeichnungen als Regelwerk für Intervalle verwendet, auch vom jungianische Vorbild beeinflusst sind. Wir werden in IV.5 darauf zurückkommen.

b) Diatonische Skala δ^* und Auswahlstimmung γ^*

Die Fundamentalskalen δ^* und γ^*

Als Anhänger der Koinzidenztheorie ist Leibniz im Grundsatz davon überzeugt, dass das natürliche System, wie es Zarlino gelehrt hat, die Struktur der musikalischen Intervalle und Skalen für die Theorie richtig darstellt. Wer sich jedoch im natürlichen System bewegt, muss sehr schnell erfahren, dass die Anzahl der möglichen Intervalle in einer Oktave theoretisch unbegrenzt ist. Man muss sich auf die musikalisch wichtigen Intervalle konzentrieren, denen eine eigene Bezeichnung zugebilligt werden kann und die bei der Temperatur berücksichtigt werden müssen. In Abschnitt VI.3 kann man sehen, wie schwierig eine solche Untersuchung werden kann, wenn man wie Conrad Henfling an dieses Problem ganz allgemein herangeht.

Wohl um diese Schwierigkeiten zu vermeiden zieht sich Leibniz ebenso wie Newton bei der Untersuchung des natürlichen Systems von Anfang an auf gewisse Erkenntnisse der traditionellen Elementarlehre zurück. Er geht davon aus,

---

248 LH 37, 1, Bl. 27r: „Notandum ex consonantiarum primariarum intervallis, quomodo caetera deriventur..." und „ ... ex quatuor consonantiis primariis invicem subtractis, secundum omnes combinationes possibiles...."

dass jede diatonische Skala heptatonisch sein muss, also eine achtstufige Teilmenge aus einer umfassenderen Skala oder Stimmung aus dreizehn Stufen sein muss. Das gilt für Leibniz unabhängig vom Intervallsystem und von der gewählten Grundstufe. Im natürlichen System muss sich die kleine wie die große Skala außerdem durch eine Mehrfachproportion oder Progression aus $\mathbb{N}\{5\}$ darstellen lassen. Leibniz verwendet für die natürliche diatonische oder guidonische Skala ausschließlich die $\mathbb{N}\{5\}$-Progression

$$\delta^* = (24:27:30:32:36:40:45:48),$$

die auf Zarlino selbst zurückgeht und die Struktur *TtsTtTs* aufweist. Es handelt sich also um eine jonische Skala, welche Leibniz gewöhnlich auf der Stufe *C* beginnt, und deren Struktur deshalb unserem heutigen *C-Dur* entspricht. Er setzt sie als vollkommen selbstverständlich voraus und bezeichnet sie gegenüber Henfling als *harmonische Zahlen*.[249] Auch seine Gewährsleute Lippius[250] und Sauveur[251] verwenden sie als selbstverständliche Arbeitsgrundlage. Leibniz ist sich aber bewusst, dass die Wahl der diatonischen Fundamentalskala δ^* willkürlich wirken muss, und er bemüht sich daher auch um eine Begründung für diese Wahl, die wir weiter unten darstellen werden.

Durch Multiplikation mit 15 und Einschiebung von fünf neuen Zahlen entsteht aus δ^* die Mehrfachproportion für eine zwölfstufige Skala oder Auswahlstimmung, die Leibniz auch als „*erweiterte guidonische Skala*" bezeichnet:[252]

$$\gamma^* = (360:\underline{384}:405:\underline{432}:450:480:\underline{512}:540:\underline{576}:600:\underline{640}:675:720).$$

Die fünf neuen Stufen, die nicht zur diatonischen Skala δ^* gehören, sind unterstrichen. Wie wir sehen werden, versucht Leibniz auch den Übergang von δ^* zu γ^* plausibel zu machen.

δ^* und γ^* spielen für Leibniz die gleiche Rolle im natürlichen System wie ξ (oder ζ) und χ für Newton. Die musikalisch wichtigen Intervalle des natürlichen Systems sind beide nur diejenigen, die aus den Intervallumgebungen der beiden Fundamentalskalen stammen, und das ist eine endliche, überschaubare Teilmenge der Basisoktave des natürlichen Systems.

Als Anhänger der Koinzidenztheorie bevorzugt Leibniz diejenige Schreibweise für Progressionen, die sich auf das Frequenzmodell bezieht, und die wir in

---

249 Leibniz an Henfling, Nr. 10 in Haase 1982, S. 87: „… sept Nombres Harmoniques…".

250 Johannes Lippius, *Synopsis Musicae Novae omnino verae atque Methodicae universae*, Straßburg 1612, nach C5.

251 Sauveur 1701, S. 303: „Les Musiciens dans le Systême Diatonique, qui est le plus en usage, ont partagé l'Octave en sept Intervalles par des Sons qui sont dans les raports des nombres 24. 27. 30. 33 . 36. 40. 45 48."

252 LBr 390, Bl. 90r (unteres Drittel) „… Scala Guidoniana aucta."

diesem Buch durch * kenntlich machen wollen: größere Zahlen beschreiben höhere Tonstufen. Progressionen ohne *, wie sie bei Newton vorkommen, werden dagegen im Saitenlängenmodell interpretiert: größere Zahlen geben tiefere Tonstufen an.

Die Glieder der Oktavprogression δ^* besitzen das kleinste gemeinsame Vielfache $k = 4320$. Teilt man diese Zahl jeweils durch ein Glied der Progression, dann erhält man die äquivalente Darstellungsmöglichkeit δ für die diatonische Skala im Saitenlängenmodell, bei welcher die Zahlen eine monoton fallende Folge und damit eine Monochordeinteilung bilden. Mit γ^* verfährt man in gleicher Weise und erhält so die Zahlenfolgen

$$\delta = (180{:}160{:}144{:}135{:}120{:}108{:}96{:}90) \text{ und}$$

$$\gamma = (2880{:}\underline{2700}{:}2560{:}\underline{2400}{:}2304{:}2160{:}\underline{2025}{:}1920{:}\underline{1800}{:}1728{:}\underline{1620}{:}1536{:}1440).$$

Beide Zahlenreihen kommen bei Leibniz selbst nicht vor und benötigen außerdem größere Zahlen als δ^* und γ^*. Bis auf $2025 = 4 \cdot 506\frac{1}{4}$ sind alle Glieder von γ durch 4 teilbar. Wenn man $506\frac{1}{4}$ durch 512 ersetzt, erhält man aus γ die Progression $(720{:}\underline{675}{:}640{:}\underline{600}{:}576{:}540{:}\underline{512}{:}480{:}\underline{450}{:}432{:}\underline{405}{:}384{:}360)$. Das ist Newtons fast-symmetrische Auswahlstimmung χ aus Abbildung 53. Sie enthält dieselben Zahlen wie γ^*, allerdings in umgekehrter Reihenfolge, und kann deshalb leicht mit γ^* verwechselt werden. Newtons natürliche chromatische Skala χ unterscheidet sich bei aller Ähnlichkeit im mittleren Tritonus von der Skala γ^*.

Leibniz bezeichnet Progressionen, die eine Oktave umfassen, als Polychorde, wobei er diese je nach Anzahl ihrer Glieder unterschiedlich benennt. δ^* wird demnach als Oktochord bezeichnet. Die Sonderstellung von δ^* unter allen denkbaren Oktochorden hebt Leibniz gerne durch den Zusatz „natürlich" hervor. Vielleicht dient es der Verständlichkeit, wenn wir statt von Polychorden etwas nüchterner von Oktavprogressionen reden.

Die grundlegende Oktavprogression δ^* verbindet Leibniz oft mit den sieben Solmisationssilben, wie auf dem Blatt 78v von LBr 390 (Abbildung 74).

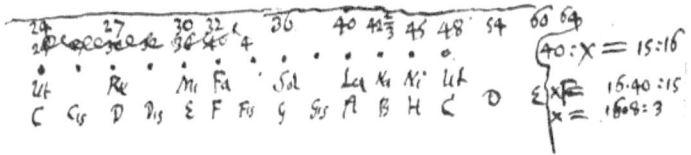

Abbildung 74

Um die Rolle der Doppelstufe *B* durch die Solmisationssilben *Na* und *Ni* dabei richtig zu erfassen, wird an dieser Stelle mit der Zahl $42\frac{2}{3}$ auch die Silbe *Na* in die Proportion δ^* integriert. Der Rechenweg steht am Rande: Zwischen *La* und *Na* will Leibniz die Proportion $(15{:}16)$ herstellen, weil dieser natürliche Halbtonschritt auch zwischen *Mi* und *Fa* sowie zwischen *Ni* und *Ut* zu finden ist. Die Multiplikation mit 15 zeigt, dass *Na* entsprechend durch die Zahl 640 in γ^* repräsentiert wird.

Die Konstruktion von γ* aus der diatonischen Skala δ*

Leibniz weiß, dass nicht nur die Intervalle zwischen benachbarten Gliedern von δ^* musikalisch wichtig sind. Musikalisch wichtig sind alle Intervalle der Intervallumgebung von δ^*, die mehr Intervalle umfasst als nur die Schrittintervalle (vgl. III.2.c). Aus der Intervallumgebung von δ^* will Leibniz die erweiterte guidonische Skala γ^* gewinnen. Im ersten Anlauf verwendet er für die Intervallumgebung eine Darstellung, wie sie in der Musiktheorie bei diesem Thema üblich ist. Das zeigt eine Zeichnung auf LBr 390, Bl. 42r (Abbildung 75).

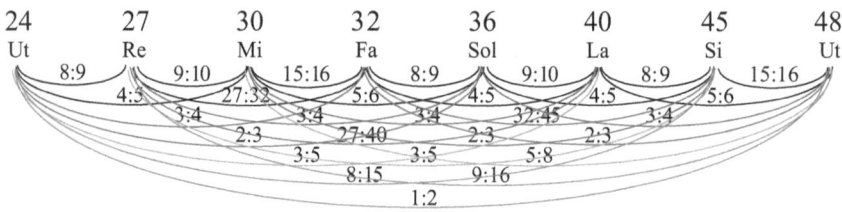

Abbildung 75

Alle unterschiedlichen Proportionen, die an den Bögen stehen, gehören zur Intervallumgebung der Skala δ^*. Leibniz erkennt aber bald, dass es besser ist, bei solchen Darstellungen die Bögen wegzulassen. Dann entsteht ein Rechenschema in der Form eines Dreiecks mit der Spitze nach unten. Dieses dreieckige Schema kann für jede Mehrfachproportion verwendet werden und beherrscht die beiden Seiten von LBr 390, Bl. 70 sowie die Seite LBr 390, Bl. 74r.

Wohl erst etwas später macht sich Leibniz klar, dass er mit diesem Verfahren bei einer Oktavprogression nur die Hälfte der tatsächlichen Intervallumgebung gewinnt. Man muss bei einer Oktavprogression noch eine weitere Oktave berücksichtigen, die durch Verdoppelung entsteht. Leibniz spricht vom *Polychordon duplicatum*. Für die diatonische Skala δ^* erhält er auf diese Weise schließlich eine sehr übersichtliche Darstellung der vollen Intervallumgebung, wie sie in Abbildung 76 zu sehen ist (LBr 390, Bl. 88v). Er nummeriert hier die naiven Intervallklassen von 0,...,7 durch und interpretiert ihre lateinische Bezeichnung korrekt als eine Angabe der Lage (*sedes*) im Liniensystem. Außerdem hebt er darin das linke Dreieck der ursprünglichen halben Intervallumgebung hervor, so dass die volle Intervallumgebung aus drei Dreiecken zu einem Trapez zusammengesetzt wird. Dieses trapezförmige Rechenschema, bei dem das rechte Dreieck eigentlich überflüssig ist, findet sich auch auf den Seiten LBr 390, Bl. 73v, 74v und 87v.

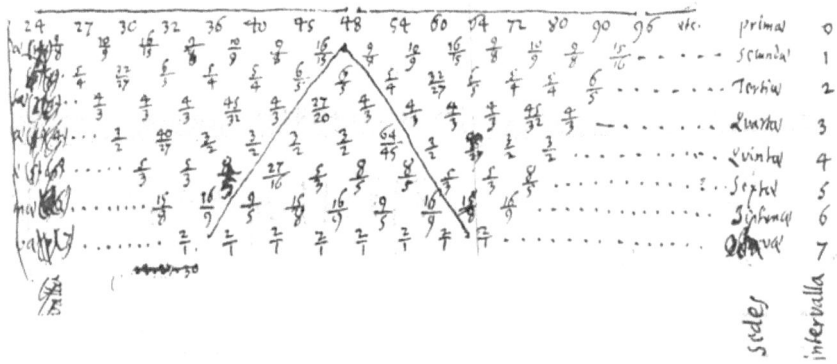

Abbildung 76

Die Intervallumgebung wird sinnvollerweise nicht nur zeilenweise berechnet, sondern auch zeilenweise ausgewertet. Denn jede Zeile entspricht einer naiven Intervallklasse. Im Ergebnis entstehen Tabellen, in welchen Leibniz gewissen natürlichen Proportionen auch bestimmte musikalische Intervallbezeichnungen zuordnet, die sich auf die diatonischen Intervallklassen beziehen. Solche Tabellen für die volle Intervallumgebung finden sich auf LBr 390, Bl. 72v, 73r und 89v, von denen die letzte in Abbildung 77 auf der linken Seite gezeigt wird.

Jeder naiven Intervallklasse sind drei Intervalle sind zugeordnet, bei denen sich das mittlere Intervall von seinem Partner entweder um das syntonische Komma $(81:80)$ oder um den chromatischen Halbton $(25:24)$ unterscheidet, so dass größtes und kleinstes Intervall einer naiven Klasse immer einen Halbton der Größe $(135:128) = (81:80) \cdot (25:24)$ einschließen.

Diese Intervalle werden in der rechten Tabelle der Abbildung 77 auf die zwölf diatonischen Intervallklassen gemäß Abbildung 7 verteilt. Dazu muss man bei den Sekunden, Terzen, Sexten und Septimen nunmehr zusätzlich jeweils nach der kleinen oder großen Variante sortieren, wobei jeweils die beiden Intervalle, die sich nur um das syntonische Komma unterscheiden, zu einer Klasse gehören. Die vier von den reinen Werten abweichenden Quart- und Quintintervalle müssen danach untersucht werden, ob sie so stark von den Regelwerten abweichen, dass sie als Tritonus klassifiziert werden müssen. Das betrifft $\frac{45}{32}$ und $\frac{64}{45}$. Jede der zwölf diatonischen Intervallklassen enthält deshalb auch bei Leibniz mindestens einen Wert.

Intervallumgebung der diatonischen Fundamentalskala bei Leibniz (LBr 390, Bl. 89v)

	Intervallklasse		Proportion	Kl.
	naiv	diatonisch		
	Prime	Prime	(1:1)	0
Sekunde	Kleine Sekunde	(16:15)	1
	Große Sekunde	(9:8) , (10:9)	2
Terz	Kleine Terz	(6:5) , (32:27)	3
	Große Terz	(5:4)	4
Quarte	Quarte	(4:3) , (27:20)	5
Quinte	Tritonus	(45:32)	6
		(64:45)	
	Quinte	(3:2) , (40:27)	7
Sexte	Kleine Sexte	(8:5)	8
	Große Sexte	(5:3) , (9:5)	9
Septime	Kleine Septime	(16:9) , (10:9)	10
	Große Septime	(15:8)	11
Oktave	Oktave	(2:1)	12

Abbildung 77

Leibniz wählt nun in LBr 390, Bl. 90r (Abbildung 78) jeweils die fettgedruckte Proportion und erhält so seine erweiterte guidonische Skala

$$\gamma^{*} = \left(360:\underline{384}:405:\underline{432}:450:480:\underline{512}:540:\underline{576}:600:\underline{640}:675:720\right).$$

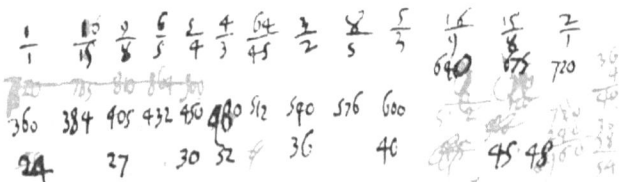

Abbildung 78

In LBr 390, Bl. 74v ist auch eine kreisförmige Darstellung der vollen Intervallumgebung der diatonischen Oktavprogression δ^{*} zu finden ist, die vielleicht mit Lippius und Mersenne zu tun hat. Die trapezförmige Darstellung nach Abbildung 76 ist ihr an Klarheit jedoch weit überlegen.

Die Herleitung der diatonischen Skala δ^* aus $\mathbb{N}\{5\}$

Neben der Herleitung von γ^* aus δ^* unternimmt Leibniz auch einen Versuch, die Sonderstellung der Fundamentalskala δ^* unabhängig von der musiktheoretischen Tradition und unabhängig von physikalischen Theorien allein aus arithmetischen Überlegungen herzuleiten. Er geht davon aus, dass im natürlichen System die Glieder der Progressionen aus der Menge $\mathbb{N}\{5\}$ stammen müssen, also keinen größeren Primfaktor als 5 haben dürfen. Auf den Seiten LBr 390, Bl. 69v und 72v setzt er sich mit dieser Folge von natürlichen Zahlen explizit auseinander und richtet zuerst die Aufmerksamkeit darauf, dass mit jeder Zahl a_k aus $\mathbb{N}\{5\} = \{a_1, a_2, a_3, \ldots\}$ auch das Doppelte in $\mathbb{N}\{5\}$ liegen muss.

k ↓	a_k ↓								
1	1	2							
2	2	3	4						
3	3	4	5	6					
4	4	5	6	8					
5	5	6	8	9	10				
6	6	8	9	10	12				
7	8	9	10	12	15	16			
8	9	10	12	15	16	18			
9	10	12	15	16	18	20			
10	12	15	16	18	20	24			
11	15	16	18	20	24	25	27	30	
12	16	18	20	24	25	27	30	32	
13	18	20	24	25	27	30	32	36	
14	20	24	25	27	30	32	36	40	
15	24	25	27	30	32	36	40	45	48
16	25	27	30	32	36	40	45	48	50
17	27	30	32	36	40	45	48	50	54
18	30	32	36	40	45	48	50	54	60
19	32	36	40	45	48	50	54	60	64
20	36	40	45	48	50	54	60	64	72
21	40	45	48	50	54	60	64	72	75	80

Abbildung 79

Daher gibt es zu jedem Index k einen eindeutig bestimmten weiteren Index m mit $a_m = 2 \cdot a_k$, und man kann von a_k aus die maximale Oktavprogression $\omega^*(a_k) = (a_k : \ldots : 2 \cdot a_k)$ bilden, indem man lückenlos alle Folgenglieder aus

$\mathbb{N}\{5\}$ bis $a_m = 2 \cdot a_k$ hinzunimmt. Die Abbildung 79 zeigt im umrandeten Bereich den ersten Abschnitt der Folge $\mathbb{N}\{5\}$ bis $a_m = 80$ und zugleich die 21 ersten maximalen Oktavprogressionen $\omega^*(1)$ bis $\omega^*(40)$.

Jede Oktavprogression $(a_k : \ldots : 2 \cdot a_k)$ innerhalb des natürlichen Systems mit den Rahmenzahlen a_k und $2a_k$ – oder jedes Polychord, wie Leibniz sich ausdrückt, – muss eine echte Teilprogression von $\omega^*(a_k)$ sein. Die Folge $\omega^*(a_k)$ der maximalen Oktavprogressionen ist ein rein zahlentheoretisches Phänomen und hat mit musikalischen Fragen nichts zu tun.

Leibniz ist fasziniert von der Folge der maximalen Oktavprogressionen. Er macht sich sogar die Mühe, für diese Folge sukzessiv alle Intervallumgebungen zu berechnen (in Dreiecksform LBr 390, Bl. 70r und 74r , in Trapezform 87v). Würde sich δ^* aus dieser Folge $\omega^*(a_k)$ ergeben, dann könnte man tatsächlich von einer mathematischen Begründung von δ^* sprechen. Als diatonische Skala kommt jedoch nur ein Oktochord in Frage, eine Oktavprogression aus acht Gliedern. $\omega^*(24)$, das die größte Ähnlichkeit mit δ^* zeigt, besitzt jedoch neun Glieder und ist ein Enneachord, welches im Gegensatz zu δ^* die Zahl 25 enthält.

Nach der Gleichung $2^a \cdot 3^b \cdot 5^c - 2^l \cdot 3^m \cdot 5^n = 1$ zu schließen, die Leibniz auf LBr 390, Bl. 72v links oben im Zusammenhang mit der Analyse von $\mathbb{N}\{5\}$ aufgeschrieben hat, lokalisiert er die Ursache darin, dass die beiden Zahlen $24 = 2^3 \cdot 3^1 \cdot 5^0$ und $25 = 2^0 \cdot 3^0 \cdot 5^2$ in $\mathbb{N}\{5\}$ zu eng benachbart sind. Der kleinstmögliche Abstand bei Zahlen aus in $\mathbb{N}\{5\}$ tritt ja genau bei den Lösungen der diophantischen Gleichung $2^a \cdot 3^b \cdot 5^c - 2^l \cdot 3^m \cdot 5^n = 1$ ein. Aus der obigen Tabelle kann man entnehmen, dass als nächstes Lösungspaar in $\mathbb{N}\{5\}$ die Zahlen 80 und 81 auftreten. Auch wenn es hier offen bleiben muss, ob und wann in $\mathbb{N}\{5\}$ bei größeren Zahlen jemals wieder ein solcher Zwilling wie 80 und 81 auftritt, kann man doch sagen, dass dieser Gedanke letztlich nicht weiter führt. Für die Anfangswerte der Folge $\mathbb{N}\{5\}$ wäre es nämlich fatal, wenn man das Vorkommen von Zwillingen in zulässigen Progressionen prinzipiell ausschließen wollte.

Daher muss Leibniz bei seiner zusammenfassenden Darstellung der gesamten Argumentationskette auf LBr 390, Bl. 87r eine Bedingung formulieren, die allzu deutlich das erwünschte Ergebnis vorwegnimmt:[253] *„Es werden aber bei*

---

253 LBr 390, Bl. 87r (in der Mitte): „Omittuntur autem in Systemate , nempe primario, ... numeri etsi non nisi per 2, 3, 5, divisibiles, tamen alteris nimis propinqui veluti 25, et 80, 81 qui est vicinis 24 vel 48, 80 parum absunt priores non nisi semitonio minore, postremus non nisi commate; cum caeteri tono aut semitonio majore distent."

einem System (wenn es primär ist) ... alle Zahlen ausgelassen, wenn sie andere Primfaktoren als 2, 3 und 5 enthalten, aber auch die, welche den anderen zu nahe kommen, wie 25 (und 80), die in der Nähe von 24 (und 81) liegen und von den Vorgängern weniger als ein kleiner Halbton, schließlich weniger als ein Komma entfernt sind."

Mit dem expliziten Ausschluss der Zahl 25 und ihrer Vielfachen in $\mathbb{N}\{5\}$ fällt nicht nur $\omega^*(25)$ aus der Betrachtung heraus. Die Oktochorde $\omega^*(15)$, $\omega^*(16)$, $\omega^*(18)$ und $\omega^*(20)$ verwandeln sich nunmehr in Heptachorde, und aus dem Enneachord $\omega^*(24)$ entsteht das einzig verbleibende Oktochord, das nunmehr glücklicherweise mit δ^* überein stimmt.

5. Harmonische Gleichungen und Temperaturen

a) Das gleichmäßige Zwölfersystem als privilegierte Temperatur

Aus der elementaren Musiklehre ergibt sich für Leibniz gewissermaßen von selbst, dass das natürliche System durch das gleichmäßige Zwölfersystem temperiert werden kann:[254] *„ Man kann auch jeden der fünf natürlichen Ganztöne in zwei Halbtöne teilen. Von Natur aus gibt es schon zwei Halbtöne; und fünf Intervalle zusätzlich, jedes davon in zwei aufgeteilt, werden noch mal 10 Intervalle ergeben, die als Halbtöne dienen können. Und so könnte man auch die Oktave in 12 mittlere Halbtöne einteilen. "*

Das gleichmäßige Zwölfersystem bildet für ihn auch im Saitenlängenmodell kein ernsthaftes mathematisches Problem. Anders als bei Newton und Henfling führt das an manchen Stellen zu einer gewissen Nachlässigkeit bei der numerischen Genauigkeit oder dazu, dass Leibniz bestimmte Zahlenreihen nicht mehr selbst berechnet, sondern einfach von Mersenne abschreibt.[255]

---

254 LBr 390, Bl. 42r (unteres Viertel): „On peut aussi diviser chacun des cinq tons naturels de l'octave en semitons. il y a deja deux demitons naturellement, et encor cinq intervalles , les quels divises en deux, donneraient encor 10 intervalles qui servient des demitons. Et on pourrit aussi diviser octave en 12 demitons moyens."

255 Beides im linken oberen Textblock von LBr 390, Bl. 77v. Auf Blatt 77r findet sich der Rechenfehler, der die Ungenauigkeit verursacht: die Division 301030 : 12 ergibt nicht 25088, sondern 25086.

162

Vor der wichtigen Tabelle LBr 390, Bl. 90r (Abbildung 80) findet man folgenden Text[256], der auf die Beschreibung der natürlichen Intervalle in der Intervallumgebung folgt: „*Aber da die Intervalle insgesamt sehr heterogen sind, hat man Temperaturen gesucht, von denen diejenige als die älteste und bequemste erscheint, derer sich schon Aristoxenos bedient zu haben scheint. Der sagte, dass man das Urteil der Sinne den pythagoreischen Gedankengängen vorziehen solle. Daher hat es einstmals zwei Sekten von Musikern gegeben, nämlich Empiriker und Rationalisten. Aber könnte doch auch anderswo die Erfahrung so gut auf die Vernunft zurückgeführt werden wie in der Musik!*"

SCALA MUSICA ISODODECAMERES (LBr 390, Bl. 90r)

	medii proport. exacti		Logarithmi mediorum prop.	Differentia	Logarithmi	... phthongi						
0	$\sqrt[12]{1}=1$	100000	000000	000000	000000	$\frac{1}{1}$ unison.	360	Ut	C	F	C	G
1	$\sqrt[12]{2}$	105946	025086	+002941	= 028029	$\frac{16}{15}$ semit. maj	384	•				
2	$\sqrt[12]{4}=\sqrt[6]{2}$	112246	050172	+000980	= 051152	$\frac{9}{8}$ ton. maj.	405	Re	D	G	D	A
3	$\sqrt[12]{8}=\sqrt[4]{2}$	118921	075257	+003924	= 079181	$\frac{6}{5}$ tert. min	432	•				
4	$\sqrt[12]{16}=\sqrt[3]{2}$	125993	100342	−003442	= 096900	$\frac{5}{4}$ tert. maj.	450	Mi	E	A	E	B
5	$\sqrt[12]{32}$	133481	125438	−000499	= 124939	$\frac{4}{3}$ quart.	480	Fa	F	[B]	F	C
6	$\sqrt[12]{64}=\sqrt{2}$	141422*	150515	+002453	= 152968	$\frac{64}{45}$ quint. fals. min.	512	•				
7	$\sqrt[12]{128}$	149830*	175616	+000475	= 176091	$\frac{3}{2}$ quint.	540	Sol	G	C	G	D
8	$\sqrt[12]{256}=\sqrt[6]{16}$	158741*	200704	+003416	= 204120	$\frac{8}{5}$ sext. min.	576	•				
9	$\sqrt[12]{512}=\sqrt[4]{8}$	168179*	225792	−003943	= 221849	$\frac{5}{3}$ sext. maj.	600	La	A	D	A	E
10	$\sqrt[12]{1024}=\sqrt[6]{32}$	178172*	250880	−001002	= 249878	$\frac{16}{9}$ sept. minim.	640	[Na]		[B]		F
11	$\sqrt[12]{2048}$	188771*	275968	−002968	= 273000	$\frac{15}{8}$ sept. max.	675	Ni	B	E		
12	$\sqrt[12]{4096}=2$	200000*	301030	−000026	= 301030	$\frac{2}{1}$ Octav.	720	Ut	C	F	C	G

(Seitliche Beschriftungen: links „medii proportionales undecim inter 1 et 2"; Mitte „Temperamenta"; unten „intervall. à phthongo primo")

* Diese Zahlen stehen nicht im Original.
Sie stammen aus der Vorlage LBr 390, Bl. 77v.

Abbildung 80

Der letzte Satz „*Sed utinam tam bene alibi, quam in Musica, Empiria ad Rationem reducari posset*" erinnert an das allgemeine Ziel, welches Leibniz im März 1700 in seiner ersten Denkschrift der neuen Sozietät der Wissenschaften und Künste in Berlin gestellt hat, nämlich *Theoriam cum Praxi* zu vereinigen. Das gleichmäßige Zwölfersystem vertritt in diesem Fall die musikalische Praxis,

---

256 LBr 390, Bl. 90r (links oben) „Sed quia intervalla in omnibus multum heterogonea sunt; quaesita sunt temperamenta ex quibus vetustissimum est, et commodissimum apparet, quo jam Aristoxenus usus videtur; qui sensuum judicium rationibus pythagoricis proferendum ajebat: unde duplex Musicorum secta olim, Empiricorum et Rationalium. Sed utinam tam bene alibi, quam in Musica, Empiria ad Rationem reducari posset."

die der *Empiria* zugrunde liegt. Das natürliche System, welches für Leibniz in der chromatischen Skala γ^* repräsentiert wird, vertritt dagegen die physikbasierte Theorie, die Gegenstand der *Ratio* ist.

Die natürliche Auswahlstimmung γ^* und das gleichmäßiges System werden so unmittelbar einander gegenüber gestellt, weil das gleichmäßige Zwölfersystem von Leibniz hinsichtlich Alter und Praktikabilität deutlich den übrigen bekannten Temperaturen vorgezogen wird. Er schreibt:[257] *„Und da es glaubhaft ist, dass dieses System, das sich durch seine Einfachheit empfiehlt, den meisten Zuhörern mehr als hinreichend Genüge tun wird, auch wenn wenige empfindsame oder geübte Ohren den Fehler noch bemerken sollten, halte ich es für lohnenswert, dass alle Zahlen mit den Fehlern in einer Tabelle gezeigt werden.“*

An der praktischen musikalischen Verwendbarkeit des gleichmäßigen Zwölfersystems besteht für Leibniz kein Zweifel. Newton erwähnt dagegen keine praktische Verwendungsmöglichkeit des gleichmäßigen Zwölfersystems. Er verwendet es nur, um seine natürliche Auswahlstimmung in geeigneten Maßeinheiten genau erfassen zu können.

Leibniz wählt für das gleichmäßige Zwölfersystem die eigenwillige, gräzisierende Bezeichnung *scala musica isododecameres* als Überschrift für die Tabelle in Abbildung 80. In dieser Tabelle wird die Auswahlstimmung γ^* dem gleichmäßigen Zwölfersystem in ähnlicher Weise gegenübergestellt, wie es Newton mit seiner Auswahlstimmung χ in Abbildung 54 durchführt.

Die Spalte mit den Dezimalzahlen für die links außen stehenden Wurzelausdrücke ist im Original unvollständig; sie sind wohl einfach bei Mersenne abgelesen worden. Rechts außen in der Tabelle finden wir den Skalenaufbau der musikalischen Elementarlehre, dann folgen die Stufen der natürlichen Auswahlstimmung γ^*, deren Frequenzverhältnisse zur Grundstufe ebenfalls angegeben werden. Die zugehörigen Logarithmen findet man direkt daneben, und man sieht, um wie viel sie sich von den Logarithmen der gleichmäßigen Stufen unterscheiden. Auf dem schwer lesbaren Blatt LBr 390, Bl. 91r geht es vermutlich um weitere Vorteile des gleichmäßigen Zwölfersystems. Die Darstellung durch Zahlen wird betrachtet und über die Tastatur nachgedacht, was vielleicht mit Henfling zu tun hat.

---

257 LBr 390, Bl. 90r (Mitte links) „Et quoniam credibile est Systema hoc facilitate sua commendabile plerisque auditoribus abunde satisfacere, etsi paucae aures delicatae aut exercitatae errorem adhuc sentiant, ideo omnes numeros cum erroribus in Tabula exhiberi opere pretium putem. “

Als Abschluss der Diskussion um die Veröffentlichung von Conrad Henflings lateinischem Brief schreibt Leibniz im April 1709 an Henfling:[258] *„Als ich eines Tages die alte Teilung der Oktave in zwölf gleiche Teile betrachtet und mit Logarithmen geprüft habe, die schon Aristoxenos verfolgt hat, und als ich bemerkt habe, wie viele der als gleich angenommenen Intervalle den gebräuchlichsten unter denen der gewöhnlichen [natürlichen] Skala nahe kommen, da habe ich die Meinung gewonnen, dass man sich gewöhnlich in der Praxis daran halten könne, und dass, obwohl die Musiker und die feinen Ohren einen gewissen merklichen Mangel dabei finden würden, nahezu alle Hörer nichts dabei finden und dabei doch entzückt sein werden."*

b) Die ¼-Komma Temperatur

Leibniz findet in seiner Zeit neben dem gleichmäßigen Zwölfersystem viele andere Temperaturen vor, wobei die ¼-Komma-Temperatur oder die mitteltönige Temperatur wohl die meisten Befürworter besitzt (vgl. I.3.c). Auf Blatt LH 37,1, Bl. 27 beschäftigt er sich – vermutlich um das Jahr 1680 herum – mit der *scala reformata*, wie Jungius die ¼-Komma-Temperatur nennt[259]. Der vierte Teil des Kommas, den Jungius einprägsam als *quartula* bezeichnet, wird von Leibniz korrekt mit $2\sqrt[4]{5}:3$ bestimmt. Er konstatiert, dass das *quartula* genau den Unterschied zwischen der reinen und der temperierten Quarte bzw. Quinte angibt, und gibt den dekadischen Logarithmus mit 0.00134 an. Insgesamt werden sehr viele einzelne Aussagen zu den „reformierten" Intervallen gemacht, die über Jungius hinausgehen, und Leibniz versucht auch hier schon, einen Zusammenhang mit dem goldenen Schnitt zu finden (vgl. IV.3.c).

Wir finden auch die Bemerkung[260], dass Leibniz noch mehr Anwendungen der „reformierten" Intervalle auf einem Blatt über die musikalische Linie notiert habe. Dieses Blatt ist allerdings nicht bekannt. Es ist möglich, dass es sich mit der musikalischen Linie auf dem Proportionalzirkel beschäftigt.

---

258 Leibniz an Henfling, Nr. 25 in Haase 1982, S. 147: „Ayant considéré un jour et examiné par les Logarithmes l'ancienne division de l'octave en 12 parties egales qu'Aristoxene suivoit deja; et ayant remarqué combien ces intervalles egalement pris approchent des plus utiles de ceux de l'echelle ordinaire; j'ay crû que pour l'ordinaire on pourroit s'y tenir dans la pratique; et quoyque les Musiciens et les oreilles delicates y trouveront quelque defaut sensible, presque tous les auditeurs n'en trouveront point, et en seront charmés."

259 Die reformierte Skala wird in Jungius 1679 in den Textpartikeln 117-143, 165, 185-200 behandelt.

260 LH 37, 1, Bl. 27, Zeile 60: „alios usus reformatorum notavi in schedula de linea Musica."

Auf dem Blatt LBr 390, Bl. 42r aus der Zeit nach 1701, wo die Einleitung zur Besprechung Sauveurs und dessen Oktavteilungen zu finden ist, geht Leibniz noch einmal kurz auf die ¼-Komma-Temperatur ein. Er gibt den mittleren Ganzton dieser Temperatur hier wie auch schon auf dem Jungius-Blatt korrekt mit $\left(2{:}\sqrt{5}\right)$ an (vgl. I.3.c). Allerdings beachtet er hier die Tatsache nicht konsequent, dass Quarte und Quinte eben um ein *quartula* temperiert werden müssen, und gibt eine diatonische Skala an, die statt des temperierten Halbtonschritts $\left(5\sqrt[4]{5}{:}8\right)$ fälschlich den traditionellen Halbton 15:16 enthält (Abbildung 81).

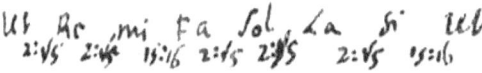

Abbildung 81

c) Die Entdeckung der harmonischen Gleichungen

Leibniz verwendet für den Übergang vom Frequenzmodell zum Treppenmodell nicht den musikalischen Logarithmus λ, sondern den dekadischen Logarithmus lg. Wie Sauveur gibt er daher in Abbildung 80 im Treppenmodell die Größe der Oktave durch die reelle Zahl $\lg 2 \approx 0,30103$ an. Die kleineren Intervalle des natürlichen Systems werden dementsprechend durch noch kleinere Irrationalzahlen erfasst, die auch in dezimaler Näherung wie bei der *scala musica isododecameres* keine guten Vergleichsmöglichkeiten bieten. Nach den Ausführungen in I.4 macht es Sinn, für die Größe der Intervalle eine Maßeinheit so zu wählen, dass die Oktave durch eine natürliche Zahl $A = n$ angegeben wird. Dadurch können Intervalle näherungsweise in Oktavteilungen der Ordnung n erfasst werden, indem man ihre dekadischen Logarithmen mit dem Skalierungsfaktor $f = \frac{n}{\lg 2}$ multipliziert und anschließend rundet. Das Frequenzverhältnis desjenigen Intervalls e, dessen dekadischer Logarithmus zur Einheit im Treppenmodell wird, ist dabei durch $1 = \frac{n}{\lg 2} \cdot \lg e$ oder durch $\lg e = \frac{1}{f}$ definiert.

Leibniz steigt in das Thema der Oktavteilungen auf eine unkonventionelle Weise ein, indem er von vornehrein außer den natürlichen Intervallen seiner Auswahlstimmung γ^* auch die Intervalle der ¼-Komma Temperatur erfassen will. Deshalb macht er das jungianische *quartula* oder Viertelkomma durch die Wahl $\lg e = \frac{1}{4}\lg\frac{81}{80} \approx 0,00135$ zur neuen Einheit im Treppenmodell. Aus dieser

166

Bedingung erhält man heute mit dem Taschenrechner $f = \frac{1}{\lg e} \approx 741,4$ und
$A = n = f \cdot \lg 2 \approx 223$. Das Viertelkomma ist etwa der 223. Teil der Oktave.

Leibniz schreibt 1706 in seinem Brief an Henfling, wie er selbst aus
$e \approx 0,00135$ den schlechten Näherungswert $A = n = 215$ erhält: „*Ich merke an,
dass wenn man entsprechend den Logarithmen der Oktave 3010 Teile zuordnet,
dann hat das Viertelkomma davon ungefähr* $13\frac{1}{2}$*. Nehmen wir genau 14, weil
der Fehler dabei 52 Zehntausendstel nicht überschreitet, oder kaum den 5000.
Teil der Oktave überschreitet, dann werden sich die Teile der Oktave, d. h.
3010, zu den Teilen des Viertelkommas (Jungius nennt es Quartula) wie 430 zu
2 oder 215 zu 1 verhalten.*"[261] Durch diese Näherungsrechnung wird das *quartula* für Leibniz zur Maßeinheit bei der Teilung der Oktave in $215 = \frac{3010}{14}$ gleiche
Teile. Mit ihrer Hilfe erstellt er eine gemeinsame Tabelle für die Intervalle der
¼-Komma-Temperatur und des natürlichen Systems, welche die wechselseitigen
Größenverhältnisse in ganzen Zahlen offenlegen soll.

Leibniz berechnet die Intervalle der 215er-Teilung in tabellarischer Form
auf dem Blatt LBr 390, Bl. 81r, das im Original sehr schwer zu lesen ist. Wir
geben sie deshalb in modernisierter Gestalt wieder, wobei die Spalten- und Zei-
lenstruktur sichtbar gemacht wird (Abbildung 82). Dort wird zusätzlich zu jedem Intervall auf der linken Seite durch Grauschattierung vermerkt, ob es zu
Henflings Kettendifferenz gehört, die in VI.3.g genauer erläutert wird. Grau unterlegte Zeilen machen die „reformierten" Intervalle kenntlich, die zur jungianischen ¼-Komma Temperatur gehören.

In Spalte (1) von Abbildung 82 stehen die Intervallbezeichnungen. Die Spalte (2) stellt Abkürzungen durch Buchstaben bereit. An der Buchstabenzuordnung von A (Oktave) bis Z (*quartula*) erkennt man, dass ursprünglich nur natürliche und reformierte Intervalle der ¼-Komma- Temperatur in der Tabelle vorhanden sind. Letztere werden durch grau unterlegte Zeilen hervorgehoben.

Im Zuge der Diskussion mit Henfling werden zu einem späteren Zeitpunkt
weitere Intervalle in die Tabelle aufgenommen, denen teilweise kein Buchstabe
in Spalte (2) zugeordnet wird. Henflings eigenwillige Intervallbezeichnungen
sind in Abbildung 82 durch eine andere Schriftart und durch eine graue Markie-
rung am linken Rand hervorgehoben. Man kann daher vermuten, dass die ur-

---

261 Leibniz an Henfling, Nr. 10 in Haase 1982, S. 84-85: „Je remarque cependant que que
lors que selon les Logarithmes, on donne à l'octave 3010 parties, le quart de Comme
en a environ 13 ½ . Prenons 14 tout juste, puisque l'erreur a lors n'excede pas 52 dix-
milliemes ou n'excede gueres la 5000me parties de l'octave, et alors les parties de
l'octave, c'est à dire 3010, seront aux parties du quart du Comme (Jungius l'appelle
Quartulam) comme 430 à 2 ou 215 à 1."

sprüngliche Tabelle mit den Intervallen *A* bis *Z* (ohne die Henfling betreffenden Ausführungen) schon vor 1706 entstanden ist.

(1)	(5)	(7)	(3)	(2)	(8)		(6)	(9)	(4)
14 dividit *octava*	3010	215	2:1	**A**		**215**	(301)		301030
sext. maj.	2218	158$^3/_7$	5:3	**B**		**158**	221	A–L	
sext. min.	2041	145$^{11}/_{14}$	8:5	**C**		**146**		A–H / G+L	
quint	1761	125$^{11}/_{14}$	3:2	**D**		**126**	(176)		176091
quint. Ref.				**E**		**125**			
Quarta Reformata				**F**		**90**			
Quarta	1249	89$^3/_{14}$	4:3	**G**		**89**	(125)	A–D	
Tertia maj. Ditonus	969	69$^3/_{14}$	5:4	**H**		**69**	(97)		96910
Tertia minor sesquitonus	792	56$^4/_7$	6:5	**L**		**57**	(79)	D–H	
Ref				**M**		**56**			
Tonus major	512	36$^4/_7$	9:8	**N**		**37**	(51)	D–G	
Tonus medius				**O**		**35**		N+P,:2	
Tonus minor	458	32$^5/_7$	10:9	**P**	33	**32**	(46)	G–L	
semiton. Ref				**Q**		**21**			
semiton. Naturale diatonus	280	20	16:15	**R**		**20**	(28)	G–H	
Apotome major	231	16$^1/_2$		**S**		**17**	(23)	N–R	
Limma coincidit hic cum	226	16$^1/_7$		**T**		**16**	(23)	P–S	
Apotome reformata, *etsi re vera sit paulo minus*				**V**					
Apotome minor seu semitonium minus Chroma	177	12$^9/_{14}$	25:24	**W**	13	**12**	(18)	H–L / P–R	
Differentia semitoniorum maj. et minoris Harmonia					7	**8**	(10)	R–W	
Comma			81:80	**X**	4	**5**	(5)	N–P	
semicomma				**Y**		**2**			
Quartula. Diff. inter Apotome (major) et Limma				**Z**		**1**			
Harmonia diff.ia semitoniorum			128:125			**8**	(10)	R–W	
differentia chromatis et harmoniae, Hyperoche Henflingi						**4**	(8)		
differentia Harmoniae et Hyperoches, Eschaton Henflingi						**4**	(2)		

Abbildung 82

Die Proportionen von natürlichen Intervallen sind in Spalte (3) enthalten. Die Spalten (4), (5) und (6) enthalten mehr oder weniger vollständig die zugehörigen sechsstelligen, vierstelligen und dreistelligen dekadischen Logarithmen, die jeweils durch Rundung auseinander hervorgehen. Leibniz geht nur bei den grundlegenden natürlichen Intervallen wieder den Weg der direkten numerischen Approximation.

Der Skalierungsfaktor für den dekadischen Logarithmus ist in der 215er-Teilung $f \approx 714,21454$. Da er umfangreiche Rechnungen stets vermeiden will, benutzt er die Näherung $f \approx \frac{10000}{14}$ und beschränkt sich auf die Division der vierstelligen Logarithmen in Spalte (5) durch 14. Im Original findet sich deshalb links oben der Vermerk „*14 dividit octava*". Die Division der Werte aus Spalte (5) durch 14 führt – bei den natürlichen Stufen – zunächst auf die Werte in Spalte (7), die wiederum in Spalte (8) gerundet werden. Diese Spalte enthält damit die Werte für die Approximation der natürlichen Stufen in der 215er Teilung. So gilt etwa in Sp. (4) $\lg\frac{3}{2} = 0,176091$, wozu in Spalte (5) die ganze Zahl 1761 gehört. Diese Zahl wird durch 14 dividiert. Das Ergebnis $125^{11}/_{14}$ in Spalte (7) wird auf den Wert 126 in Spalte (8) gerundet, durch den die reine Quinte in der 215er Teilung approximiert wird.

Da das *quartula* die Einheit der 215er Teilung darstellt, muss die „reformierte" Quinte 125 Teile umfassen. Dazu ist keine neue Rechnung notwendig. Ähnlich kann Leibniz mit fast allen mitteltönigen oder reformierten Intervallen verfahren. Für den reformierten oder mittleren Ganzton (*tonus medius*) gibt er die naheliegende Berechnungsmethode in Form eines algebraischen Terms an, der heute in der Form $O = (N + P) : 2$ geschrieben würde und hier $O = (37 + 33) : 2 = 35$ ergibt.

Leibniz entdeckt möglicherweise in diesem Zusammenhang, dass man die Division durch 14 oft durch einfache Differenzenbildung ersetzen kann, wenn man die Ergebnisse der jungianischen Intervallanalyse beachtet. Der große Ganzton N ist ja – wie man aus dem natürlichen System weiß – die Differenz von Quinte und Quarte, also muss man in Spalte (8) nur die Rechnung $N = D - G$ durchzuführen. Derartige Terme, die zunächst nur der Rechenvereinfachung dienen und in Spalte (9) zu sehen sind, bezeichnet Leibniz später als harmonische Gleichungen.

In den meisten Fällen führt die Anwendung der harmonischen Gleichungen in der Spalte (8) auf dasselbe Ergebnis wie die numerische Berechnung, die auf den Spalten (5) und (7) beruht. Bei vier Intervallen, die in Spalte (8) von Abbildung 82 deutlich hervorgehoben sind, ist das jedoch nicht der Fall. Leibniz überschreibt bei ihnen den ursprünglichen numerischen Wert (links) durch den Wert (rechts), den die harmonischen Gleichungen liefern. Beim *tonus minor* steht am Ende deshalb 32 statt 33 und beim Komma 5 statt 4. Das ist im Falle des Kommas besonders überraschend, da Leibniz doch die ganze Konstruktion auf der Basis des Viertelkommas durchgeführt hat und deshalb hier nur die Zahl 4 zu erwarten sein dürfte. Das zeigt eindrücklich, dass die harmonischen Gleichungen für Leibniz eine größere Bedeutung besitzen als die numerische Rechnung.

Henflings eigentümliche Kennzahlen *Harmonia*, *Hyperoche* und *Eschaton*, die Leibniz in dieser Tabelle offenbar zu einem späteren Zeitpunkt nachträgt, bilden nach der Korrektur innerhalb der 215er-Teilung zusammen mit dem *tonus minor*, dem *diatonus* und dem *chroma* in Spalte (8) tatsächlich die von Henfling postulierte Kettendifferenz[262] 32 – 20 – 12 – 8 – 4 – 4.

Auf Blatt LBr 390, Bl. 81v formuliert Leibniz das zentrale Prinzip der harmonischen Gleichungen für Oktavteilungen[263]: *„Es reicht aus, wenn die fundamentalen Intervalle passend in kleinen ganzen Zahlen gegeben sind, damit sich die übrigen richtig daraus ergeben."* Im gleichen Sinne schreibt Leibniz am 14. Dezember 1706 an Henfling[264]: *„Ich merke an, dass wenn man es erreicht hat, die Verhältnisse der Logarithmen der fundamentalen Intervalle – also Oktave, Quinte und große Terz – ebenso (aussi) genau in möglichst kleinen Zahlen auszudrücken, so wird man zugleich alle anderen Intervalle so rein wie möglich in solchen Zahlen ausdrücken können."* Natürlich gilt das nur, wenn man die harmonischen Gleichungen kennt. Es entsteht so die analytische oder differenzierende Betrachtungsweise, wie sie bereits in Abbildung 15 vorgestellt worden ist.

Auf dem Blatt LBr 390, Bl. 72r (Abbildung 73) experimentiert er mit diesen Gleichungen. Dort wird ein Teil der jungianischen Aussagen für das natürliche System verbal aufgeführt, aber am unteren Rand kann man sehen, wie durch einfache algebraische Terme der Sachverhalt sehr viel klarer wird als in den gewundenen verbalen Formulierungen.

Die durch die harmonischen Gleichungen erreichte Rechenvereinfachung demonstriert er auf Blatt LBr 390, Bl. 81v am Beispiel der drei fundamentalen Intervalle Oktave $A = 15$, Quinte $D = 9$ und Ditonus $H = 5$, aus denen er mit den harmonischen Gleichungen die übrigen (durch einen Buchstaben erfassten)

---

262 Siehe Henfling 1710, S. 285, § 29, Schema III und die Anwendung davon auf Sauveurs 43er-Teilung (S. 287, § 32). Vgl. dazu Abschnitt VI.3.g.

263 LBr 390, Bl. 81v: „Sufficit fundamentalia intervalla convenienter esse in numeris integris exiguis, ut caetera rectè consequantur…"

264 Leibniz an Henfling, Nr. 13, Haase 1982, S. 98: „Je remarque que pourveu qu'on exprime les proportions des Logarithmes des intervalles fundamentaux, c'est à dire de l'octave, de la quinte et de la Tierce majeure, aussi exactement qu'il se peut en petits nombres, on exprimera en meme tous les autres intervalles le plus juste qu'il se pourra en tels nombres…"

170

Intervalle bestimmt. Mit diesem Verfahren stellt er in LBr 390, Bl. 81v eine Tabelle auf, aus der die im Brief an Henfling enthaltenen Teile[265] stammen (vgl. Abbildung 86).

d) Allgemeine Oktavteilungen

Leibniz entdeckt bei der Besprechung von Sauveurs Aufsatz von 1701, dass dieser wie er selbst von sechsstelligen dekadischen Logarithmen ausgeht und der Sache nach die Oktavteilungen der Ordnungen 3010 (Dekameriden), 301 (Heptameriden) und 43 (Meriden) behandelt: *„Aus dem allen sehe ich, dass die Heptameriden von Herrn Sauveur nichts anderes sind als die Einheiten meiner Logarithmen, wenn man davon nur die drei letzten Ziffern weglässt, und dass man die Dekameriden bildet, wenn man nur die zwei letzten weglässt."*[266] Er geht bei dieser Gelegenheit nicht mehr auf seine eigene 215er-Teilung ein, auf die er erst in einem Brief an Henfling zurückkommt[267].

Wichtige Oktavteilungen bei Leibniz, Sauveur und Henfling

Numerischer Ausgangspunkt: lg 2 ≈ 0,30103

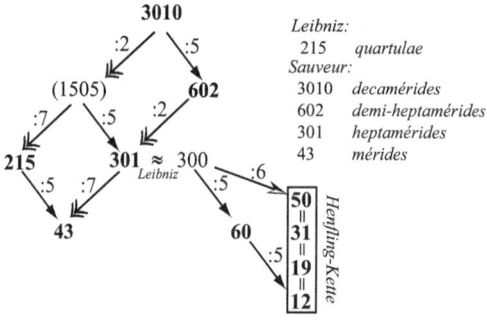

Abbildung 83

Sauveurs Teilungen beruhen jedoch wie die leibnizianische 215er-Teilung auf der Faktorzerlegung der Zahl 3010. Die 43er-Meriden-Teilung, in welcher nach Abbildung 43 die Quinte durch die Zahl 25 angegeben ist, kann man auch

---

265 Leibniz an Henfling, Nr. 10, Haase 1982, S. 85.
266 LBr 390, Bl. 42v: „je vois par tous cela, que les Heptamerides de Mons. Sauveur ne sont rien que les unites de mes Logarithmes quand on en retranche seulement les 3 dernieres chifres, et les Heptadecamerides prennent quand on retranche seulement des deux dernieres chifres."
267 Leibniz an Henfling (24.10.1706), Nr. 10 in Haase 1982, S. 84-85.

über die Division durch 5 als Teilsystem der Quartula-Teilung gewinnen, wenn man in der 215er-Teilung bei der Quinte von der Zahl 125 ausgeht, also von der reformierten Quinte. Wenn man wie Leibniz die 215er-Teilung als eine gute Approximation an das natürliche System betrachtet, dann muss die 43er-Teilung Sauveurs eine ebenso gute Approximation an die ¼-Komma-Temperatur darstellen. Das ist aber nicht der Fall, weil eben eine Meride, ein Element der 43er-Teilung, in Wahrheit nicht ein Viertel, sondern ein Fünftel des Kommas ausmacht, wie Leibniz ja selbst bei der Analyse der 215er-Teilung nach Abbildung 82 erkannt hat.

Leibniz beschäftigt sich später auch mit den Oktavteilungen, welche Henfling in die Diskussion einbringt. Dabei sind die vier regulären Oktavteilungen aus Henflings Schema III besonders interessant[268]. Sie bilden eine Kettendifferenz, die zur Folge 5,7,|12,19,31,50|,81,… gehört, deren Zusammenhang mit der Fibonacci-Folge Henfling klar beschrieben hat. Zu dieser Kette gehört auch die die 31er-Teilung von Huygens.

2:1	5:3	8:5	3:2	4:3	5:4	6:5	9:8	10:9	16:15	25:24	81:80
Octava	*Sextae**		*Quinta*	*Quarta*	*Tertia minor*	*Tertia major*	*Tonus major*	*Tonus minor*	*Semiton. majus*	*Semiton. minus / Apotome minor*	*Comma*
3010	2218	2041	1760	1249	969	791	511	457	280	177	53
3010	2210	2040	1760	1250	970	790	510	460	280	180	50
301	221	204	176	125	97	79	51	46	28	18	5
300	220	205	175	125	95	80	50	45	30	15 *an* 20?	5
60	44	41	35	25	19	16	10	9	6	3 -4-	1
~~120~~	~~88~~	~~82~~	~~70~~	~~50~~	~~38~~	~~32~~	~~20~~	~~18~~	~~12~~	~~7~~	~~2~~

*irrtümlich Septimae?

Abbildung 84

Leibniz zeigt bei der Beschäftigung mit Sauveurs Aufsatz in LBr 390, Bl. 42v explizit, wie er selbst – wiederum ausgehend von der Teilung der Ordnung 3010 – für die wichtigsten natürlichen Intervalle mit geeigneten Rundungen und mit der Näherung 301 ≈ 300 schließlich zur Oktavteilung der Ordnung 60 kommt (Abbildung 84). Unter der 60er-Teilung finden sich die durchgestrichenen Zahlen einer 120er-Teilung.

Auf demselben Wege kommt Leibniz von den Zahlen der 60er-Teilung in einem Brief an Henfling (Abbildung 85)[269] zum gleichmäßigen Zwölfersystem.

---

268   Henfling 1710, § 29, S. 285. Siehe dazu Abschnitt VI.3.g.

269   Da die sich Zahl 8, welche sich aus der Division von 41 durch 5 ergibt, vom Schreiber unglücklicherweise zu hoch geschrieben wird, hat Haase bei seiner Transkription bei *C* 46 statt 41 abgelesen (Original in LBr 390, Bl. 21r; Nr. 10 in Haase 1982, S. 85).

172

Dabei verwendet er die symbolische Intervalldarstellung durch Buchstaben wie bei den harmonischen Gleichungen.

A	B	C	D	G	H	L	N	P	R	W	X
60	44	41	35	25	19	16	10	9	6	3	1
12	9	8	7	5	4	3	2	2	1	1	0

Abbildung 85

Damit ist auch das gleichmäßige Zwölfersystem in das eigenwilliges System der Oktavteilungen integriert. Leibniz betont aber an mehreren Stellen, dass seine eigene 60er Teilung, deren Element der Größe 20¢ er als guten Näherungswert für das syntonische Komma betrachtet, in Wirklichkeit dasselbe leisten würde wie Sauveurs 301er Teilung in Heptameriden.

Sauveur hat in seiner Arbeit von 1701 die Intervalle und Kennzahlen seiner 43er-Teilung (in Meriden), die er für die beste hält, nicht mit den harmonischen Gleichungen, sondern über die direkte numerische Näherung berechnet. Wie Leibniz erhält er auf diesem Wege für die beiden Ganztöne den Wert 7, aber gleichzeitig für das Komma den Wert 1, während Leibniz mit den harmonischen Gleichungen 0 berechnet. Da aus musikalischer Sicht das syntonische Komma immer die Differenz der beiden Ganztöne sein muss, ist Sauveurs Angabe trotz numerisch richtiger Approximation musikalisch sinnlos. Sinnvoll ist nur die Fassung der 43er-Teilung, die Leibniz berechnet.

Die Oktavteilungen, die in der Abbildung 86 nach ihrer Quelle in LBr 390 mit 21r, 42v, 81v und 81r beschriftet sind, bilden die Grundlage für den Brief, den Leibniz 24.10.1706 an Henfling schreibt.[270] In diesem Brief benutzt Leibniz den Begriff der harmonischen Gleichungen und wendet sie konsequent an. Wir fügen in Abbildung 86 die Oktavteilungen hinzu, die Henfling in seiner eingangs erwähnten *Epistola de novo suo Systemate Musico* an den angegebenen Stellen thematisiert, und im Gegensatz zum Original werden für alle Teilungen auch die Werte für *s*, die *Apotome major,* angegeben. Um den Zusammenhang mit Henflings Theorie zu erfassen, werden außerdem für alle Oktavteilungen auch die henflingschen Kennzahlen mit angeführt, die ursprünglich bei Leibniz nicht zu finden sind (vgl. IV.3.c).

In Abbildung 62 aus III.2.e hat sich gezeigt, dass Newton bei der direkten logarithmischen Approximation seiner speziellen Auswahlstimmung χ trotz richtiger Rechnung auf zahlreiche musikalisch unbrauchbare Oktavteilungen kommt. Solche Fehler sind mit den harmonischen Gleichungen schnell zu erkennen. Dennoch finden sich auch bei Leibniz zwei musikalisch sinnlose Tei-

---

270 Leibniz an Henfling, Nr. 10 in Haase 1982, S. 83-87.

lungen, die am rechten Rand von Abbildung 86 durch Pfeile kenntlich gemacht werden. In der 22er-Teilung ist der große Halbton R größer als der große Ganzton N und der Halbton S wird negativ. Leibniz scheint das Problem bemerkt zu haben, denn er trägt nur die Werte für A, D und H ein, ohne die daraus berechneten Werte anzugeben. Bei der 15er-Teilung, die Leibniz auf LBr 390, Bl. 81v exemplarisch durchrechnet, ist der Ganzton P genau so groß wie der Halbton S. Leibniz hat diesen Fehler offenbar deswegen nicht bemerkt, weil er an dieser Stelle die Spalte S ganz eingespart hat. Es fehlt aber auch grundsätzlich die konsequente Ermittlung derjenigen Einschränkungen für die Werte von A, D und H, die eine musikalisch sinnvolle Oktavteilung sicherstellen.

		Oktave	Quinte	Quarte	Gr. Terz	Kl. Terz	Ganzton		Halbton			comma	Harmonia	Hyperoche	Eschalon	
		octava	quinta	quarta	tertia major	tertia minor	tomus major	tomus minor	semitonium majus	Apotome major	semitonium minus	comma	Harmonia	Hyperoche	Eschalon	
		A	**D**	**G**	**H**	**L**	**N**	**P**	**R**	**S**	**W**	**X**				
Nachweis			A–D			D–H	D–G	G–L	G–H	N–R	H–L	N–P	R–W			
								t. m.	diat.		chr.		harm.	hyp.	esch.	
•		3010	1760	1250	969	791	510	459	281	229	178	51	103	75	28	
•		3010	1760	1250	970	790	510	460	280	230	180	50	100	80	20	
• •		301	176	125	97	79	51	46	28	23	18	5	10	8	2	
•		300	175	125	95	80	50	45	30	20	15	5	15	0	15	
•		215	126	89	69	57	37	32	20	17	12	5	8	4	4	
•		60	35	25	19	16	10	9	6	4	3	1	3	0	3	
•		55	32	23	18 *r*	14	9	9	5	4	4	0	1	3	-2	
•		53	31	22	17	14	9	8	5	4	3	1	2	1	1	
•		50	29	21	16 *r*	13	8	8	5	3	3	0	2	1	1	
•		43	25	18	14 *r*	11	7	7	4	3	3	0	1	2	-1	Sauveur
•		39	23	16	12	11	7	5	4	3	1	2	3	-2	5	
•		31	18	13	10 *r*	8	5	5	3	2	2	0	1	1	0	Huygens
•		24	14	10	8	6	4	4	2	2	2	0	0	2	-2	
•		22	12	10	7	5	[2]	5	[3]	[-1]	2	-3	1	1	0	←
•		19	11	8	6 *r*	5	3	3	2	1	1	0	1	0	1	
•		15	9	6	5	4	3	[2]	1	[2]	1	1	0	1	-1	←
•		12	7	5	4 *r*	3	2	1	1	1	1	1	0	1	-1	

r: Reguläres System (H = 4D – 2A)

21r	42v	81v	81r	Brief A	§28	§33	Sch. III	Brief B
LBr 390					Epistola			Brief B
Leibniz					Henfling			

Brief A: Leibniz an Henfling 24.10.1706.
Brief B: Henfling an Leibniz 18.11.1706.

Abbildung 86

Von all den betrachteten Oktavteilungen besitzt aber neben dem gleichmäßigen Zwölfersystem nur die 60er-Teilung ein größeres Interesse für Leibniz, weil sie wie das natürliche System zwei unterschiedlich große Ganztöne besitzt und biregulär strukturiert ist. Wer nur reguläre Temperaturen mit gleich großen Ganztönen befürwortet, sollte seiner Meinung nach gleich das einfache und durchsichtige gleichmäßige Zwölfersystem verwenden[271].

---

271 Leibniz an Henfling, Nr. 10 in Haase 1982, S. 85: „En quel cas il suffiroit peut estre, de se tenir aux douze parties."

174

e) Die Rückübertragung der harmonischen Gleichungen

Die harmonischen Gleichungen hat Leibniz ursprünglich zur schnelleren Berechnung und zur Kontrolle von Oktavteilungen entwickelt. Dabei stützt er sich jedoch auf Gesetze, deren Gültigkeit im natürlichen System allgemein anerkannt ist. Auf Blatt LBr 390, Bl. 72r (Abbildung 73; am unteren Rand) sind bereits solche abkürzende Terme und Gleichungen für die Aussagen über natürliche Intervalle enthalten. Gleiches geschieht nun in der *Tabula intervallorum Musicorum simpliciorum*[272], die sich nicht mit Oktavteilungen, sondern mit dem natürlichen System selbst beschäftigt. Die Abbildung 87 zeigt eine Vorfassung der *Tabula* aus LBr 390, Bl. 85r.

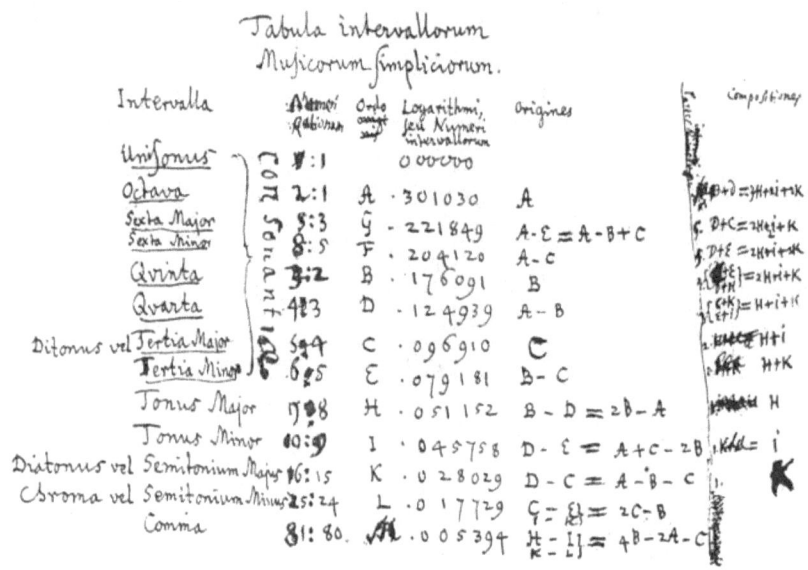

Abbildung 87

Die Buchstaben in der Spalte *Ordo originis* bezeichnen in der *Tabula* die Logarithmen der natürlichen Frequenzverhältnisse, wobei anders als bei den Oktavteilungen die Buchstaben so gewählt werden, dass entsprechend der Über-

---

272 Leibniz, Text zur *Tabula intervallorum Musicorum simpliciorum*, Nr. 22 bei Haase 1982, S. 139.

schrift die Reihenfolge ihrer Berechnung aus den fundamentalen Konsonanzen $A = \lg\frac{2}{1}$, $B = \lg\frac{3}{2}$ und $C = \lg\frac{5}{4}$ deutlich wird. Zusätzlich sind in der Spalte *origines* Terme angegeben, die eine direkte Berechnung aus A, B und C ermöglichen. Für das *Semitonium Minus*[273] gilt $L = 2C - B = 2 \cdot \lg\frac{5}{4} - \lg\frac{3}{2}$, also $L = \lg\left(\left(\frac{5}{4}\right)^2 : \frac{3}{2}\right) = \lg\left(\frac{25}{16} : \frac{3}{2}\right) = \lg\frac{25}{24}$. Zu L gehört deshalb die Proportion $(25{:}24)$.

Die harmonische Gleichung $L = 2C - B$ definiert wie bei den Oktavteilungen auch im natürlichen System dasjenige Intervall, das traditionell als *Semitonium Minus* bezeichnet wird. Das ist nicht überraschend, weil die harmonischen Gleichungen ja ursprünglich im natürlichen System aufgestellt worden sind. Sie ermöglichen deshalb auch dessen rechnerische Rekonstruktion aus den drei fundamentalen Konsonanzen. Man kann in der Abbildung 87 eine stark formalisierte Zusammenfassung der Abbildung 73 sehen. Alle natürlichen Intervalle lassen sich in dieser analytischen oder differenzierenden $(A;B;C)$-Darstellung angeben, die mit der $(A;B;E)$-Darstellung aus Abbildung 15 übereinstimmt.

Die drei Gleichungen für den großen und kleinen Ganzton sowie den großen Halbton kann man als ein Gleichungssystem schreiben und umformen:

$$\begin{bmatrix} H = -A + 2B \\ I = A - 2B + C \\ K = A - B - C \end{bmatrix}$$ kann äquivalent umgeformt werden zu $$\begin{bmatrix} A = 3H + 2I + 2K \\ B = 2H + I + K \\ C = H + I \end{bmatrix}$$

Wenn man von der Wahl der Buchstaben absieht, handelt es sich dabei um die äquivalenten Gleichungssysteme, welche am Ende von I.3.a zu finden sind. Natürliche Intervalle können auch als Linearkombinationen von H, I und K dargestellt werden, wie es Leibniz unter der Überschrift *compositiones* notiert. Die $(H;I;K)$-Darstellung ist identisch mit der $(T;t;S)$-Darstellung, welche auf den drei Basisintervallen oder *common measures* T, t und s beruht und schon bei Newton und Sauveur zu finden ist. Leibniz ist aber derjenige, der den Zusammenhang zwischen differenzierender und integrierender Darstellungsmöglichkeit thematisiert und algebraisch konsequent formuliert. Er wendet außerdem als erster die harmonischen Gleichungen bewusst nicht nur innerhalb, sondern auch außerhalb des natürlichen Systems an.

---

273   Die alternativen Charakterisierungen des großen und kleinen Halbtons als *Diatonus* bzw. *Chroma* beziehen sich offenbar auf die Nomenklatur Henflings.

V. Eine Verallgemeinerung der harmonischen Gleichungen

1. Der diatonische Algorithmus

Man kann zu den harmonischen Gleichungen aus den Abbildungen 3 und 15 , welche die reguläre und die bireguläre Struktur definieren, die Komplementärbildung hinzunehmen, indem man für jedes Intervall I innerhalb der Oktave das komplementäre Intervall $\bar{I} = A - I$ als Differenz zur Oktave definiert. Unter Einbeziehung des Tritonus definiert das derart erweiterte System der harmonischen Gleichungen für die bireguläre Struktur (vgl. I.3) den Algorithmus nach Abbildung 88, mit dem man in einheitlicher Form aus drei beliebigen Basiskonsonanzen A (Oktave), B (Quinte) und C (große Terz) eine Menge von Einzelintervallen bestimmen kann, die *alle zwölf* diatonischen Intervallklassen abdecken.

Diatonischer Algorithmus

zur Berechnung grundlegender Intervalle und Kennzahlen in bireguliären Systemen

Intervallklasse	ggfs. Einzelintervall		Übliche Definition *mit mögl. Reihenfolge der Berechnung*	Harmonische Gleichungen	Komplementäre Intervalle		
12 Oktave			*(Grundgröße)*	**A**			
7 Quinte			*(Grundgröße)*	**B**	*Komplementäre Intervalle*		
6 Tritonus		(7)	*Diat. gr. Terz + Diat. Ganzton*	$2B + C - A$	$2A - 2B - C$	*Tritonus*	6
		(6)	*3 × Diat. Ganzton*	$6B - 3A$	$4A - 6B$		
5 Quarte		(1)	*Oktave – Quinte*	$A - B$			
4 Große Terz	*Ditonus*	(5)	*2 × Diat. Ganzton*	$4B - 2A$	$3A - 4B$	*Kleine Sexte*	8
	Diat. große Terz		*(Grundgröße)*	**C**	$A - C$		
3 Kleine Terz	*Diat. kleine Terz*	(4)	*Quinte – Diat. gr. Terz*	$B - C$	$A - B + C$	*Große Sexte*	9
	Sek. kleine Terz	(12)	*Quinte – Ditonus*	$2A - 3B$	$3B - A$		
2 Große Sekunde	*Diat. Ganzton*	(2)	*Quinte – Quarte*	$2B - A$	$2A - 2B$	*Kleine Septime*	10
	Sek. Ganzton	(3)	*Diat. gr. Terz – Diat. Ganzton*	$C - 2B + A$	$2B - C$		
1 Kleine Sekunde	*Diat. Halbton*	(13)	*Quarte – Diat. gr. Terz*	$A - B - C$	$B + C$	*Große Septime*	11
	Sek. Halbton	(14)	*Diat. Ganzton – Diat. Halbton*	$3B + C - 2A$	$3A - 3B - C$		
	Chrom. Halbton	(15)	*Sek. Ganzton – Diat. Halbton*	$- B + 2C$	$A + B - 2C$		
Terzendiesis		(8)	*Oktave – 3 × Diat. gr. Terz*	$A - 3C$			
(Henfling) Hyperoche		(17)	*Chrom. Halbton – Terzendiesis*	$- B + 5C - A$			
Quintenkomma (pyth.)		(10)	*6 × Diat. Ganzton – Oktave*	$12B - 7A$			
Terzenkomma (synt.)		(9)	*Ditonus – Diat. gr. Terz*	$4B - C - 2A$			
Halbtondifferenz		(16)	*Diat. Halbton – Sek. Halbton*	$- 4B - 2C + 3A$			
(Henfling) Eschaton		(18)	*Terzendiesis – Hyperoche*	$B - 8C + 2A$			
Schisma		(11)	*Quintenkomma – Terzenkomma*	$8B + C - 5A$			

(Intervalle / Kennzahlen)

Abbildung 88

Außer diesen Intervallen kann man im gleichen Zuge gewisse Kennzahlen definieren, die musikalisch oder historisch von irgendeiner Bedeutung sind. Die Menge $BS[A,B,C] = \{I \mid I = m \cdot A + x \cdot B + y \cdot C\}$ aller ganzzahligen Linearkombinationen von A, B und C enthält deshalb sämtliche Einzelintervalle und sämtliche Kennzahlen, die im diatonischen Algorithmus von Abbildung 88 aufgelistet werden. $BS[A,B,C]$ kann als bireguläres System oder als konsonanzbasiertes Intervallsystem bezeichnet werden. Aus den Vorgaben von A, B und C kann mit dem diatonischen Algorithmus immer eine gewisse Anzahl von Einzelintervallen bestimmt werden, die alle Intervallklassen abdecken. Wählt man aus jeder Klasse jeweils ein Einzelintervall aus, dann wird dadurch eine Auswahlstimmung definiert.

Diejenigen bireguläre Systeme, die eine reguläre Struktur gemäß I.1 beschreiben, werden als reguläre Intervallsysteme bezeichnet. Bei ihnen fällt der Ditonus mit der diatonischen Großterz zusammen: Es gilt $C = 4B - 2A$, und es verschmelzen die beiden Ganztonschritte. Ein solches reguläres System wird formal durch $RS[A,B] = BS[A,B,4B-2A]$ definiert.

In Abbildung 88 wird ein Einzelintervall oder eine Kennzahl durch die zugehörige harmonische Gleichung und damit als ein Element von $BS[A,B,C]$ eindeutig erfasst. Daher bereitet das bunte Durcheinander der historischen Benennungen keine grundsätzlichen Schwierigkeiten. Bezeichnungen für Einzelintervalle werden in Abbildung 88 deshalb nur dann angegeben, wenn sie für die „Übliche Definition" benötigt werden. Die Adjektive „groß" und „klein" werden hierbei vermieden, weil in allgemeinen Quint-Terz-Systemen die Reihenfolge der Einzelintervalle innerhalb einer Klasse unterschiedlich sein kann. Die hier gewählten Bezeichnungen lassen sich problemlos durch andere ersetzen.

Die in der Spalte „Übliche Definition" stehenden Angaben sollten – wenn man von der Wahl der Bezeichnungen absieht – für musikalisch gebildete Personen unmittelbar nachvollziehbar oder evident sein. Sie enthalten ja nur Aussagen über grundlegende musikalische Intervalle, wie sie schon bei Jungius oder auf LBr 390, Bl. 72r (Abbildung 73) zu finden sind, und die in den harmonische Gleichungen lediglich in einfacher Weise formalisiert werden.

1992 konstatiert Patrice Bailhache im Zusammenhang mit den in Abbildung 86 wiedergegebenen Oktavteilungen diese Einfachheit der harmonischen Gleichungen. Er schreibt[274]: „*Von einer Temperatur zur anderen stellt Leibniz seine*

---

274   Bailhache 1992, S. 45: „D'un tempérament à l'autre, Leibniz effectue ses comparaisons à l'aide de ce qu'il appelle des *équations harmoniques*, concept de prime abord fort impressionnant. Il a attribué des lettres (A, B, C, etc.) aux différents intervalles, et les équations ne sont que la traduction symbolique, grâce à ces lettres, de simples

178

Vergleiche mit Hilfe der harmonischen Gleichungen an. Er hat verschiedenen Intervallen die Buchstaben A, B, C usw. zugeordnet, *und mit diesen Buchstaben sind die Gleichungen nichts anderes als eine symbolische Übersetzung von einfachen Additionen (von Logarithmen der Frequenzverhältnisse) wie z. B. Quarte + Quinte = Oktave, Große Terz + kleine Terz = Quinte usw. Sie sind alle in einer gewissen Art trivial in dem Sinne, den die Mathematiker diesem Wort geben, denn selbst die gleichschwebende Temperatur erfüllt sie.*" Und zusammenfassend heißt es[275]: „ *... wir haben gesehen, dass dieses Konzept der harmonischen Gleichungen gewissermaßen keinerlei Wert besitzt.*"

Man kann sich in der Tat bei den harmonischen Gleichungen damit zufrieden geben, einen Sachverhalt als trivial entlarvt zu haben. Man kann aber auch in diesem einfachen linearen Gleichungssystem ein fruchtbares Prinzip sehen, welches die historische Erfahrung mit musikalischen Intervallen aus der diatonischen Struktur in eine einfache mathematische Form bringt. Leibniz kann ja nur aus diesem Grunde die harmonischen Gleichungen als Kontrollinstrument einsetzen, um Vorschläge für Intervallsysteme oder Temperaturen auf ihre musikalische Sinnhaftigkeit zu prüfen. Werden die Gleichungen in einem Intervallsystem nicht erfüllt, dann ist es musikalisch nicht brauchbar, selbst wenn seine Intervalle numerisch korrekt durch direkte Approximation aus den entsprechenden natürlichen Intervallen berechnet worden sind. Jedes musikalisch brauchbare Intervallsystem, das sich auf das diatonisch geprägte Liniensystem und seine traditionellen Intervallklassen bezieht, muss sich in diesem Sinne als bireguläres System $BS[A,B,C]$ angeben lassen.

Über die differenzierende und integrierende Betrachtungsweise hinaus, die wir bereits in Abschnitt I für die bireguläre Struktur angesprochen haben, gibt es noch andere äquivalente Darstellungsmöglichkeiten für bireguläre Systeme. So kann man z. B. in der Kommadarstellung alle Intervalle mit der Oktave A und mit den beiden Kommata K_Q und K_T darstellen. Das wird am übersichtlichsten, wenn man $K_Q = 12p$ und $c = K_T$ verwendet. Aus $12p = 12B - A$ und $c = 4B - C - 2A$ ergibt sich nämlich $B = \frac{7}{12}A + p$ und $C = \frac{1}{3}A + 4p - c$, was sich im normierten Falle $A = 12$ zu $B^* = 7 + p$ und $C^* = 4 + 4p - c$ vereinfacht. Deshalb lassen sich alle Intervalle eines beliebigen normierten Intervallsystems über den diatonischen Algorithmus auch als ganzzahlige Linearkombi-

---

additions (des logarithmes du rapport de fréquence) du genre: 4te + 5te = octave, 3ce maj. + 3ce min. = 5te,... Elles sont toutes en quelque sorte triviales (au sens que les mathématiciens donnent à ce mot), puisque même le tempérament égal les vérifie."

275   Bailhache 1992, S. 47: „ ... nous avons vu que ce concept d'*équations harmoniques* n'avait quasiment aucune valeur."

nationen von 12, p und c darstellen. Diese Kommadarstellung ist für den Fall des natürlichen Systems wohl von Henfling gefunden worden (vgl. VI.2.b).

2. Das QT-Trapez

Leibniz hat die Frage nicht untersucht, in welchen numerischen Grenzen die Basiskonsonanzen A, B und C variieren dürfen. Das lässt sich heute schnell nachholen. Die Oktave A darf aus musikalischer Sicht nicht als variable Größe angesehen werden. Man geht heute davon aus, dass sie die feste Größe $1200\cent$ besitzt, unabhängig davon, welche Maßzahl A für sie verwendet wird. Jedem biregulären System $BS\left[A,B,C\right]$ kann man das äquivalente, durch $A^* = 12 = 1200\cent$ normierte Quint-Terz-System $QTS\left[B^*,C^*\right] = BS\left[12,B^*,C^*\right]$ zuordnen, das allein durch die variable normierte Quinte $B^* = \frac{12}{A}B$ und durch die variable normierte Großterz $C^* = \frac{12}{A}C$ bestimmt ist. Entsprechend gibt es zu jedem regulären System $RS\left[A,B\right]$ ein normiertes Quint-System $QS\left[B^*\right] = RS\left[12,B^*\right]$. Durch Multiplikation der normierten Zahlen B^* und C^* mit 100 erhält man die entsprechenden Cent-Werte.

Für das natürliche Intervallsystem gilt $A = \lg\frac{2}{1}$, $B = \lg\frac{3}{2}$ und $C = \lg\frac{5}{4}$ oder $B^* = \lambda\left(\frac{3}{2}\right) \approx 7,01955$ und $C^* = \lambda\left(\frac{5}{4}\right) \approx 3,86314$, wenn man den musikalischen Logarithmus $\lambda(x) = \frac{12}{\lg 2}\lg x$ aus I.3 verwendet. Damit lassen sich die vier historisch wichtigsten Intervallsysteme in normierter Gestalt als konsonanzbasierte Intervallsysteme schreiben. Mit $\lambda\left(\sqrt[4]{5}\right) \approx 6,96578$ erhält man:

Natürliches System:
$$N = BS\left[12, \lambda\left(\tfrac{3}{2}\right), \lambda\left(\tfrac{5}{4}\right)\right]$$
$$= QTS\left[\lambda\left(\tfrac{3}{2}\right), \lambda\left(\tfrac{5}{4}\right)\right]$$

Pythagoreisches System: $\quad P = RS\left[12, \lambda\left(\tfrac{3}{2}\right)\right] = QS\left[\lambda\left(\tfrac{3}{2}\right)\right]$

Gleichmäßiges Zwölfersystem: $\quad G = RS\left[12,7\right] = QS\left[7\right]$

¼-Komma-Temperatur: $\quad M = RS\left[12, \lambda\left(\sqrt[4]{5}\right)\right] = QS\left[\lambda\left(\sqrt[4]{5}\right)\right].$

Aus musikalischer Sicht müssen beim diatonischen Algorithmus nach Abbildung 88 alle Halbtöne größer als Null sein, und alle Intervallklassen müssen der Größe nach geordnet sein. Jedes Einzelintervall, das zur Klasse der großen Sekunden gehört, muss kleiner sein als alle Einzelintervalle, die zur Klasse der kleinen Terzen gehören. Innerhalb einer Intervallklasse wird jedoch keine feste Reihenfolge der Einzelintervalle vorausgesetzt.

Aus diesen trivialen Vorgaben ergibt sich mit dem diatonischen Algorithmus ein umfangreiches lineares Ungleichungssystem in den normierten Variablen $B*$ und $C*$, dessen Lösungsmenge durch die beiden Bedingungen $7 - \frac{1}{7} < B* < 7 + \frac{1}{5}$ und $\frac{1}{2}B* < C* < \frac{3}{2}B* - 6$ (oder $\frac{4}{7}A < B < \frac{3}{5}A$ und $\frac{1}{2}B < C < \frac{3}{2}B - \frac{1}{2}A$) beschrieben wird. Diese Ungleichungen definieren in einem Quint-Terz-Diagramm das QT- Trapez, welches in Abbildung 89 mit den Eckpunkten $RSTU$ zu sehen ist.

Der Schnittpunkt der Diagonalen ist der Punkt $G(7;4)$, der dem gleichmäßigen Zwölfersystem G entspricht. Auf der Diagonalen $C* = 4B* - 24$ liegen alle regulären Systeme, bei denen die Großterz mit dem Ditonus übereinstimmt.

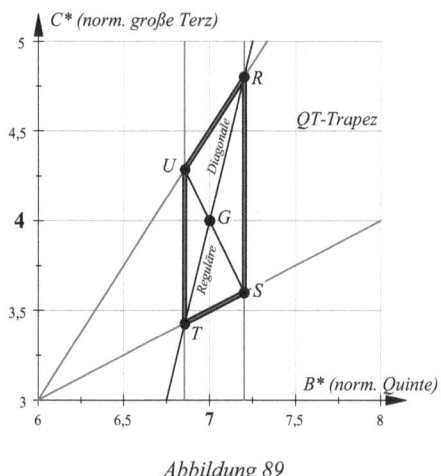

Abbildung 89

Wählt man aus dem QT- Trapez eine beliebige normierte Quinte $B*$ und eine beliebige normierte Großterz $C*$, so kann man sicher sein, dass das konsonanzbasierte Intervallsystem $QTS*[B*, C*] \cong QTS[A, B, C]$ musikalisch nicht zu Widersprüchen führt.

Die vier historisch wichtigen Intervallsystemen N, P, G und M liegen allesamt im QT-Trapez und bilden in seinem Zentrum ein charakteristisches Dreieck (Abbildung 90), um welches sich die übrigen Intervallsysteme anordnen lassen. Als Einheit auf beiden Koordinatenachsen wählt man zweckmäßigerweise den gleichmäßigen Ganzton, wobei sich die gezeichneten Achsen beim gleichmäßigen Zwölfersystem G treffen.

Die drei regulären Systeme P, G und M liegen auf der regulären Diagonalen. Ausgehend von P kann man diese Diagonale so skalieren, dass man die Bruchteile $\tilde{\sigma}$ des syntonischen Kommas ablesen kann, um welches die reine Quinte vermindert wird. $\tilde{\sigma} = 0$ entspricht dem System **P** und $\tilde{\sigma} = \frac{1}{4}$ dem System **M**, der ¼-Komma-Temperatur. Für **G** gilt sehr genau $\tilde{\sigma} \approx \frac{1}{11}$.

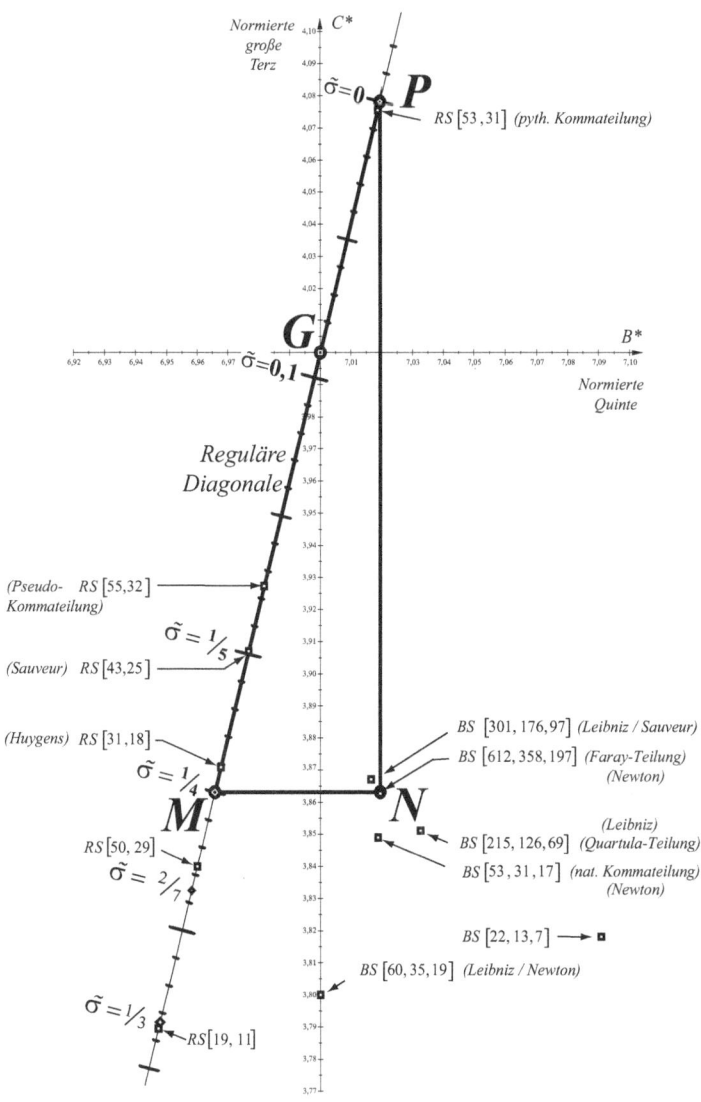

Abbildung 90

Die obige Bedingung $\frac{4}{7}A < B < \frac{3}{5}A$ wird für jede natürliche Zahl A mit $A \geq 36$ von mindestens einer anderen natürlichen Zahl B erfüllt. Daher gibt es für jedes $A \geq 36$ mindestens eine konsonanzbasierte Oktavteilung der Ordnung A. Als kleinere Ordnungen für konsonanzbasierte Oktavteilungen kommen aber nur die Zahlen A = 12, 17, 19, 22, 24, 26, 27, 29, 31, 32, 33 und 34 in Frage.

Im Falle A = 24 erhält man B = 14, aber daraus nur die Möglichkeit C = 8 für die große Terz. Diese drei Zahlen sind aber nicht teilerfremd. $BS[24,14,8]$ ist daher äquivalent zum gleichmäßigen Zwölfersystem $RS[12,7] = QS[7]$. Im Falle A = 22 erhält man nur die Lösung B = 13 und nicht – wie Leibniz entsprechend der korrekt berechneten numerischen Approximation angenommen hat – den Wert B = 12. Das erklärt die Widersprüche, die in Abbildung 86 aufgetreten sind.

Die widerspruchsfreien Oktavteilungen $BS[A,D,H]$ und $RS[A,D]$ aus Abbildung 86, bei denen reguläre Systeme in der Spalte H bereits markiert sind, können in normierter Gestalt in das Quint-Terz-Trapez von Abbildung 90 eingetragen werden. Die Teilungen $BS[29,17,9]$ und $BS[39,23,12]$ werden bei den gewählten Bildabmessungen nicht sichtbar, da ihre normierte Großterzen $H* = \frac{12 \cdot 9}{29} \approx 3,724 \approx 372,4¢$ und $H* = \frac{12 \cdot 12}{39} \approx 3,692 \approx 369,2¢$ zu klein sind. Sie besitzen aber wohl kaum eine praktische Bedeutung.

Erwartungsgemäß stellt $BS[301,176,97]$ eine sehr gute Approximation an N dar. Allerdings ist die Faray-Teilung $BS[612,358,197]$ so gut, dass sie in Abbildung 90 fast mit N zusammenfällt. Die Kommateilung $BS[60,35,19]$ von Leibniz ist dagegen eine deutlich schlechtere Temperatur für N als die einfachere und ältere natürliche Kommateilung $BS[53,31,17]$, die Henfling wieder in die Diskussion einbringt, und die eine ebenso gute Temperatur für N ist wie die Quartula-Teilung $BS[215,126,69]$. $BS[60,35,19]$ ist bezogen auf N sogar schlechter als Sauveurs Meriden-Teilung $RS[43,25]$ oder die Huygens-Teilung $RS[31,18]$, die ihrerseits in der Tat eine gute Näherung an die ¼-Komma-Temperatur M bildet. Die pythagoreische Kommateilung $RS[53,31]$ ist schließlich eine ausgezeichnete Temperatur für das altpythagoreische System P.

Mit den harmonischen Gleichungen hat Leibniz einen Weg aufgezeigt, wie man völlig unterschiedliche Intervallsysteme unter dem einheitlichen Gesichtspunkt der Konsonanzbasierung betrachten kann, wenn sie sich innerhalb der diatonisch geprägten und am Liniensystem orientierten Tradition bewegen. Diese Form einer einfachen mathematischen Modellbildung für die Theorie der musikalischen Intervalle bewegt sich vollständig im Treppenmodell der musikalischen Elementarlehre und ist nicht mehr auf das natürliche System oder auf eine physikbasierte Argumentation angewiesen.

3. Pythagoreische und natürliche Basisoktave und die heutige Notation im Liniensystem

a) Die Basisoktave von konsonanzbasierten Systemen und das ganzzahlige Gitter (Euler-Gitter)

In einem bireguläen System $K = BS[A,B,C] = \{I | I = m \cdot A + x \cdot B + y \cdot C\}$ gibt es prinzipiell unendlich viele Intervalle und Stufen, die auch beliebig groß sein können. Außerdem kann K selbstverständlich auch negative Zahlen enthalten. Bei den bisherigen Untersuchungen von Skalen haben wir uns aber fast immer auf die Oktave, d.h. auf den Bereich zwischen 0 und A beschränkt, nämlich auf die Basisoktave $\mathcal{K} = \{I | I = m \cdot A + x \cdot B + y \cdot C \text{ mit } 0 \leq I < A\}$ des Systems K.

Zu jedem Intervall I aus K kann man mit der Oktavreduktion ω ein eindeutig bestimmtes Intervall $\omega(I)$ aus $\mathcal{K}$ bestimmen, indem man so lange die Oktave A zu I addiert oder subtrahiert, bis das Ergebnis in $\mathcal{K}$ liegt: $0 \leq \omega(I) < A$. Daher lässt sich jedes Intervall I aus der Basisoktave $\mathcal{K}$ in der Form $I = K(x;y)$ angeben, wobei gilt $K(x;y) = \omega(x \cdot B + y \cdot C)$. Handelt es sich um ein reguläres System, dann gilt entsprechend $I = R(x) = K(x;0) = \omega(x \cdot B)$.

Da x und y ganze Zahlen sind, lassen sich alle Intervalle $K(x;y)$ aus der Basisoktave $\mathcal{K}$ sehr einprägsam als Punkte im Punktegitter $\mathbb{Z}^2$ visualisieren, wenn man ein gewöhnliches orthonormiertes Koordinatensystem verwendet. Dabei entspricht üblicherweise die horizontale Achse den x-Werten, also der erzeugenden Quinte B, und die vertikale Achse den y-Werten zur erzeugenden großen Terz C. Man spricht gelegentlich vom Euler-Gitter, weil Euler wohl als erster auf die Vorteile einer solchen Darstellung aufmerksam gemacht hat (vgl. VII.5).

Definiert man innerhalb der Basisoktave $\mathcal{K}$ eine eigene Addition durch die Definition $K(x;y) + K(u;v) = \omega(K(x;y) + K(u;v))$, dann ergibt sich für das Rechnen in $\mathcal{K}$ die sehr bequeme Regel $K(x;y) + K(u;v) = K(x+u;y+v)$, welche genau der Vektoraddition in $\mathbb{Z}^2$ entspricht. Die Addition im Treppen-modell kann auf diese Weise sehr einfach realisiert werden.

Verschiedene Punkte in $\mathbb{Z}^2$ können jedoch durchaus dasselbe Intervall in der Basisoktave $\mathcal{K}$ eines konsonanzbasierten Intervallsystems darstellen. Die Basisoktave $\mathcal{K}$ und das Gitter $\mathbb{Z}^2$ müssen keineswegs isomorph sein. So besteht die Basisoktave bei allen Oktavteilungen nur aus endlich vielen Stufen. Im gleich-mäßigen Zwölfersystem enthält die Basisoktave $\mathcal{G}$ sogar nur 12 verschiedene Stufen, während $\mathbb{Z}^2$ unendlich viele verschiedene Punkte umfasst.

b) Natürliche und pythagoreische Basisoktave im ganzzahligen Gitter

Da im natürlichen System die Zahlen $B^* = 12\frac{B}{A}$ und $\frac{B}{C}$ irrational sind, lässt es sich beweisen, dass jedem Zahlenpaar $\begin{pmatrix} x \\ y \end{pmatrix}$ aus $\mathbb{Z}^2$ genau ein Intervall $N(x;y)$ aus $\mathcal{N}$ entspricht und umgekehrt. Das ganzzahlige Gitter $\mathbb{Z}^2$ oder das Euler-Gitter ist ein isomorphes Bild der natürlichen Basisoktave $\mathcal{N}$, die aus diesem Grunde unendlich viele Stufen enthält.

Bei normierter Oktave $A = 12$ lässt sich jedes Intervall der natürlichen Basisoktave $\mathcal{N}$ durch $I = N(x;y) = m \cdot 12 + x \cdot \lambda\left(\frac{3}{2}\right) + y \cdot \lambda\left(\frac{5}{4}\right) = \lambda\left(2^m \cdot \left(\frac{3}{2}\right)^x \cdot \left(\frac{5}{4}\right)^y\right)$
$= \lambda\left(2^{m-x-2y} \cdot 3^x \cdot 5^y\right)$ angeben. Zu einem vorgegebenen Intervall $N(x;y)$ kann man den zugehörigen Bruch $\frac{a}{b}$ mit $2b > a \geq b$ finden, indem man den Bruch $3^x \cdot 5^y$ so lange mit 2 multipliziert oder durch 2 dividiert, bis $1 \leq 2^z \cdot 3^x \cdot 5^y < 2$ gilt. Dann gilt $\frac{a}{b} = 2^z \cdot 3^x \cdot 5^y$, woraus sich die $\mathbb{N}\{5\}$-Proportion $(a:b)$ im Saiten-längenmodell ergibt. Aus $N(2;-3) \approx 2,44969 = 244,969\cent$ erhält man so den Bruch $\frac{a}{b} = \omega\left(3^2 \cdot 5^{-3}\right) = \omega\left(\frac{3^2}{5^3}\right) = \omega\left(\frac{9}{125}\right) = \frac{144}{125}$ und damit die $\mathbb{N}\{5\}$-Proportion $(a:b) = (144:125)$.

Kennt man umgekehrt die $\mathbb{N}\{5\}$-Proportion $(a:b)$ einer natürlichen Stufe mit $a \geq b$, so muss man lediglich die im gekürzten Bruch $\frac{a}{b}$ enthaltenen Prim-zahlexponenten x und y von 3 und 5 mit ihren Vorzeichen isolieren, um die zu-gehörige Oktavreduktion $N(x;y)$ in der Basisoktave $\mathcal{N}$ angeben zu können. Das syntonische Komma $K_S = \lambda\left(\frac{81}{80}\right) = \lambda\left(2^{-4} \cdot 3^4 \cdot 5^{-1}\right)$ lässt sich deshalb auch in der Form $K_S = N(4;-1)$ schreiben.

Das pythagoreische System P ist ein Teilsystem von N, und entsprechend ist auch seine Basisoktave $\mathcal{P}$ dasjenige Teilsystem der Basisoktave $\mathcal{N}$, für dessen Intervalle gilt $P(x) = N(x;0)$. Die formale Schreibweise $P(x)$ haben wir bereits in I.2.c im Zusammenhang mit der Notation im Liniensystem verwendet. Die pythagoreische Basisoktave $\mathcal{P}$ ist isomorph zum eindimensionalen Zahlenstrahl $\mathbb{Z}$. Daher kann man in $\mathcal{P}$ einfach $P(x) + P(a) = P(x+a)$ verwenden.

Wie wir in I.2.c gesehen haben, spiegelt die Schreibweise $P(x)$ die Entstehung der pythagoreischen Intervalle in der Basisoktave durch Quintfortschreitung wieder. Damit ist über den pythagoreischen Index x nach Abbildung 13 auch die Notation im Liniensystem geregelt: jeder pythagoreischen Stufe $P(x)$ kann über den Index x eindeutig ein Notensymbol im Liniensystem zugeordnet werden und umgekehrt, wenn man sich für eine Grundstufe entschieden hat.

Wegen $\begin{pmatrix} x \\ y \end{pmatrix} = (x+4y) \cdot \begin{pmatrix} 1 \\ 0 \end{pmatrix} - y \cdot \begin{pmatrix} 4 \\ -1 \end{pmatrix} = r \cdot \begin{pmatrix} 1 \\ 0 \end{pmatrix} + z \cdot \begin{pmatrix} 4 \\ -1 \end{pmatrix}$ wird mit $r = x + 4y$ und $z = -y$ jedem natürlichen Intervall $N(x;y)$ aus $\mathcal{N}$ gemäß $N(x;y) = \omega\big(P(r) + z \cdot K_S\big)$ in eindeutiger Weise eine pythagoreische Stufe $P(r)$ zugeordnet. Weil diese Beziehung der Sache nach wohl von Conrad Henfling entdeckt worden ist, sprechen wir hier von Henflings Formel. Die verschiedenen natürlichen Stufen $N(x;y)$, die einer bestimmten pythagoreischen Stufe $P(r)$ zugeordnet sind, unterscheiden sich demnach um gewisse ganzzahlige Vielfache des syntonischen Kommas $K_S = N(4;-1)$. Weitere Ausführungen hierzu finden sich in VI.2.b.

Zu jeder Notenbezeichnung im Liniensystem und damit zu jeder einzelnen pythagoreischen Stufe $P(r)$ gehören deshalb formal unbegrenzt viele natürliche Intervalle $N(x;y)$ aus $\mathcal{N}$, welche alle den gemeinsamen pythagoreischen Index $r = x + 4y$ besitzen und sich untereinander um ganzzahlige Vielfache des syntonischen Kommas unterscheiden. Wenn man über ♭ und ♯ hinaus keine neuen Akzidenzien verwendet und die Notation im Sinne von I.2.c theoretisch interpretiert, müssen alle diese Stufen $N(x;y)$ im Liniensystem genau so notiert werden wie die pythagoreische Stufe $P(r)$. Zusätzliche Akzidenzien wie Unter- oder Überstreichung, welche die einzelnen Stufen $N(x;y)$ kenntlich machen könnten, sind zwar von verschiedener Seite vorgeschlagen worden, aber haben sich in der Musikpraxis nicht durchsetzen können.

VI. Conrad Henfling

Da Conrad Henfling bei weitem nicht so bekannt ist wie Newton, Leibniz und Euler, sei eine kurze Anmerkung zu seiner Person gestattet. Zu drei bedeutenden Frauen aus dem europäischen Hochadel entwickelt Leibniz eine besondere Beziehung, die man fast als Freundschaft bezeichnen kann. Er kommt 1676 an den Hannoveraner Hof und lernt dort die spätere Kurfürstin Sophie von Hannover (1630-1714) und deren Tochter Sophie Charlotte (1668-1705) kennen, die 1688 nach ihrer Hochzeit mit Friedrich von Brandenburg Kurfürstin und 1701 erste preußische Königin wird. Prinzessin Caroline von Ansbach-Bayreuth (1683-1737) aus der fränkischen Linie der Hohenzollern wird 1696 zur Vollwaise und kommt nach Berlin in die Obhut Sophie Charlottes, die für eine umfassende Ausbildung der Prinzessin sorgt. Dort lernt sie Leibniz kennen und schätzen. Am 22. August 1705 heiratet sie Georg von Hannover, der 1714 anlässlich der Thronbesteigung seines Vaters zusammen mit Caroline als Kronprinz nach England übersiedelt und dort 1727 König wird. Caroline setzt auch von England aus den Briefwechsel mit Leibniz bis zu dessen Tode fort und bemüht sich persönlich darum, dessen Kontakt zu englischen Wissenschaftlern zu verbessern. Eine ähnliche Bindung zeigt Caroline auch gegenüber Georg Friedrich Händel, den sie bereits als Kapellmeister in Hannover bewundert hat.

Conrad Henfling (1648-1716) ist ein Beamter der Markgrafschaft Brandenburg-Ansbach, der es bis zum Hof- und Justizrat bringt. Die junge Prinzessin Caroline findet Gefallen an seinen privaten wissenschaftlichen Beschäftigungen auf dem Gebiet der Mathematik und Musik und macht Leibniz auf Henfling aufmerksam. Der von Caroline initiierte Briefwechsel beginnt kurz nach dem plötzlichen Tod der Königin Sophie Charlotte am 1. Februar 1705 und endet im Jahre 1711. Wie bereits in IV.1 dargestellt, ergibt sich aus diesem Briefwechsel 1710 die Veröffentlichung des auf den 17. April 1708 datierten lateinischen Briefes Henflings an Leibniz, der *Epistola de novo suo Systemate Musico*. Im Folgenden beziehen wir uns bei Zitaten aus der *Epistola* auf die in den *Miscellanea Berolinensia* 1710 abgedruckte Fassung (Henfling 1710)[276]. Mit dieser Publikation steht offenbar auch die Aufnahme Henflings in die junge Berliner Akademie in Zusammenhang, die bereits 1707 diskutiert wird, aber erst 1711 erfolgt.

---

276 Bailhache bezieht sich in seinem Buch von 1992, das sich mehr mit Henfling als mit Leibniz beschäftigt, fast immer auf die Urfassung, die bei Haase 1982, Nr. 8, S. 59-79 zu finden ist.

1. Henflings Eintreten für die gleichschwebende Temperatur

Henfling ist wie Leibniz der Meinung, dass von allen Temperaturen das gleichmäßige Zwölfersystem *„am leichtesten zu den Musikinstrumenten passt"*[277]. Anders als Newton und Leibniz setzt er diese theoretische Position auch in die Praxis um. Mit dem Ansbacher Kapellmeister Georg Heinrich Bümler trägt er dazu bei, dass um das Jahr 1703 herum zwei Orgeln in Ansbach (damals Onoltzbach) mit der gleichschwebenden Stimmung versehen werden. Diese Nachricht samt der dabei verwendeten Monochordteilung (Abbildung 91) hat Johann Mattheson 1722 in der *„Critica Musica"* veröffentlicht[278]. Bümler schreibt: *„Vor dieses mahl habe nur gedenken wollen/ daß schon vor mehr als 19. Jahren/ auf Veranlassung Herrn Hof-Rath Hänflings seel./ eine Temperatur (welches er zwar vor mir gethan hatte) berechnet: aber ich das Glück gehabt/ dieselbe ad praxin, nachdem solche vor gut befunden/ zu bringen; auch diese Zeit über nicht allein alle Clavicimbel/ sondern auch / nebst zweyen Positiven/ sogar zwo große Orgeln/ allhier in Onoltzbach/ darnach gestimmet/ von denen die eine in der hiesigen Stadt-Kirche/ die andere aber in der Stiffts-Kirche renovirt worden. ... Es sind darinnen alle Intervalla eines Nahmens/ auch einander gleich: also daß eine Quint wie die andre/ dem Gehör nach /rein; obwohl den Zahlen nach nicht in $\frac{2}{3}$ bestehen. Der Unterschied ist so geringe/ daß das Gehör solche ganz rein schätzet. Ingleichen ist eine tertia major wie die andere/ also/ daß man aus allen 24 Tonis spielen kann/ ohne das Gehör durch einige Intervalla zu laediren. Es ist diese Temperatur weit vollkommener als Herrn Neidhardts/ deren Ew. Hoch-Edl. In der Organisten Probe p. 253 in dem 28. Paragrapho gedenken/ welche mir aber noch nie unter Handen kommen. Denn 80.81. Theil/ oder/ das sonst gewöhnlich/ so genannte Comma, ist nicht die Differenz, welche sich zeiget/ wenn man durch 12 Quinten in der Proportion $\frac{2}{3}$ rechnet. Derohalben auch $\frac{1}{12}$ von diesem Commate abgezogen/ keine vollkommene Temperatur geben kann."*

Zeichnerisch ist das halbe Monochord von Bümler und Henfling sehr genau, welches Mattheson mit der Überschrift *„Neueste Temperatur"* veröffentlicht (Abbildung 91)[279]. Das gilt auch für die numerischen Angaben zu den Teilungspunkten des Monochords. Sie entstehen durch Multiplikation mit 4000 aus den Werten der Spalte IV in der Figur 67 aus der *Epistola* von 1710 (vgl. VI.3.f).

---

277 Henfling 1710, § 41, S. 291: *„.... facillime Instrumentis Musicis aptatur,..."*
278 Mattheson 1722, Teil 1, S. 11 (Fußnote).
279 Mattheson 1722, Teil II, S. 52.

188

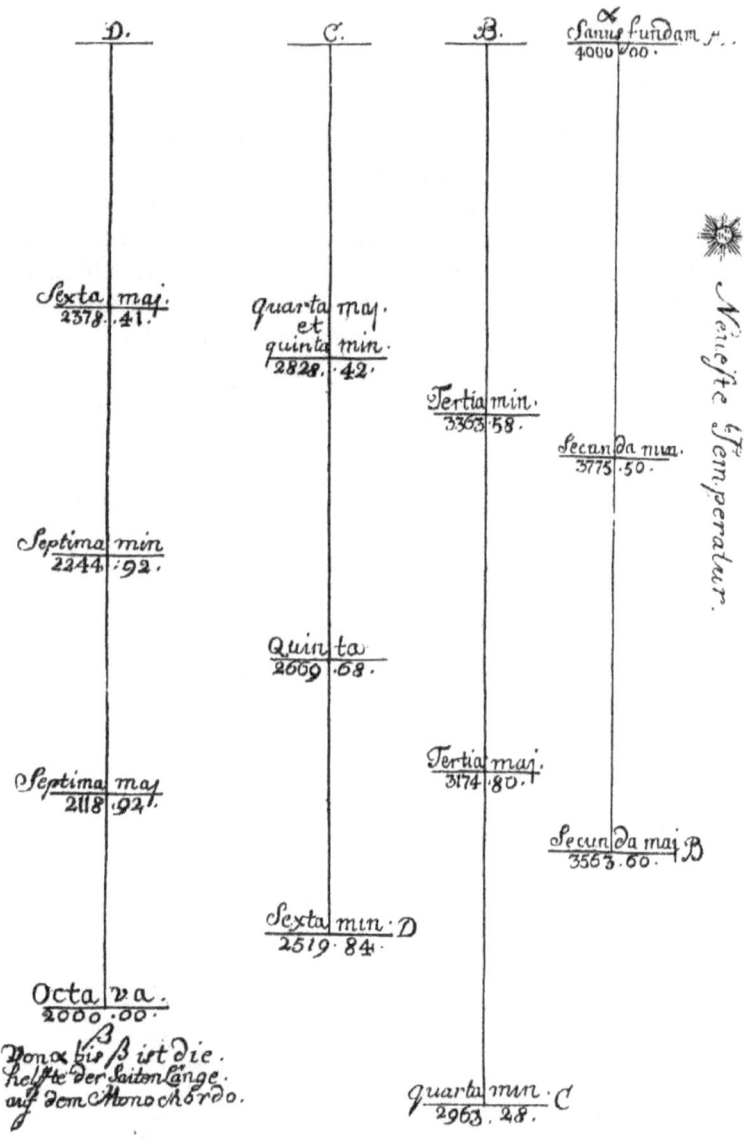

Abbildung 91

Matthesons Veröffentlichung führt zu einer bizarren Fehde unter einigen Musiktheoretikern, die sich alle die Ziele Werckmeisters zu eigen gemacht haben und letztlich alle die gleichschwebende Temperatur befürworten, wenn auch in unterschiedlichem Grade und mit unterschiedlichen Begründungen. Im Kommentar zu Abbildung 91 erweckt Matthenson nämlich den Eindruck, als akzeptiere er 1722 mit Henflings Monochord erstmals die Tatsache, dass die Temperatur mit dem gleichmäßigen Zwölfersystem auch auf Orgeln[280] einstimmbar sei. Noch 1719 vertritt er dagegen in der *Exemplarischen Organisten-Probe* die These, dass eine Applikation auf der Orgel nicht möglich sei, und hat entsprechende Vorschläge von Christoph Albert Sinn im Zusammenhang einer heftigen Polemik gegen ungebildete Organisten als unrealistisch abqualifiziert[281].

Matthenson druckt nun 1722 für die *quarta minor* Henflings einen falschen Wert ab: Es muss in Abbildung 91 statt 2963.28 richtig 2996.61 heißen. Dieser Druckfehler wird 1724 von Neidhardt[282] und 1727 von Johann Georg Meckenheuser[283] öffentlich moniert und korrigiert. Beide wehren sich bei dieser Gelegenheit auch gegen den Originalitätsanspruch, der ihnen in der Überschrift und im Kommentar Matthensons zum Ausdruck zu kommen scheint. Sie verweisen auf das wirkliche Alter des gleichmäßigen Zwölfersystems, und heben neben ihrer eigenen besonders die Rolle Werckmeisters für die Applikation der gleichschwebenden Temperatur auf der Orgel hervor. Für den Organisten Meckenheuser, einen dezidierten Anhänger Simon Stevins, ist Werckmeister sogar „*der erste Eisbrecher zu einer gleichen Temperatur gewesen.*"[284] Zudem verteidigt er sich und seine mitteldeutschen Berufskollegen – nun ebenfalls in polemischer Form – gegen die Organisten-Schelte von Matthenson.

Matthenson berichtigt den Druckfehler 1731 in der 2. Auflage seiner Generalbass-Schule[285]. Er erklärt jetzt, dass die Überschrift „*Neueste Temperatur*" bei der Erstveröffentlichung nur scherzhaft gemeint gewesen sei, „*wolwissend/ daß dergleichen Erfindung/ so viel den Endzweck betrifft; schon über zwey tausend Jahr alt sey.*" Das gleichmäßige Zwölfersystem selbst gehe ja auf Aristoxenos und seine numerische Darstellung im Saitenlängenmodell auf Simon Stevin zurück. Bei dieser Gelegenheit bekennt sich Matthenson als Anhänger des

280 Matthenson 1722, Teil II, S. 53: „ *(nachdem deren Gebrauch auf den Orgeln auch practicable gefunden worden)*".
281 Matthenson 1719, § CXLV, S. 99 und § CLXIII, S. 111 sowie vor allem Anmerkung a) auf S. 100. Vgl. Sinn 1717.
282 Neidhardt 1724.
283 Meckenheuser 1727, S. 27.
284 Meckenheuser 1727, § 78, S. 54. Zur Rolle Werckmeisters siehe auch Fußnote 214.
285 Matthenson 1731, § 237, S. 147.

190

Aristoxenos[286]: „*Denn ich/ für meine Person/ war/ und bin/ völlig überzeuget/ daß die gleiche Temperatur die beste ist/ habe auch nie daran gezweifelt.*" Er ist allerdings zu dieser Zeit auch noch immer davon überzeugt, dass sie auf Orgeln nicht gut eingestimmt werden könne. Wie der Text der Generalbass-Schule jedoch deutlich zeigt, hat ihn Meckenheusers scharfe Kritik tief getroffen[287].

Bümlers Kritik an Neidhardt ist aus mathematischer Sicht sachlich korrekt. Die frühen Arbeiten Neidhardts leiden wie sämtliche Arbeiten Werckmeisters daran, dass syntonisches und pythagoreisches Komma nicht sauber auseinander gehalten werden. Das hat auch Meckenheuser bei aller positiven Würdigung Werckmeisters bereits vor der Jahrhundertwende erkannt und kritisiert, und zwar unabhängig von Bümler oder Henfling. Dagegen berücksichtigt Neidhardt erst in der *Sectio Canonis Harmonici* von 1724 explizit das Schisma, die Differenz zwischen den beiden Kommata[288]. Er geht dabei nicht besonders freundlich auf die Kritik Bümlers ein und ignoriert auch Meckenheuser. Dabei wird jedoch deutlich, dass auch er ebenso wie Mattheson die *Epistola* Henflings kennt[289].

286 Mattheson 1731, § 233, S. 144.
287 Ohne den Namen Meckenheuser jemals zu nennen verteidigt sich Mattheson darin über weite Passagen gegen dessen Kritik (Mattheson 1731, §§ 231-283, S. 143 – 184). Er rechnet ihn zu den sieben Personen, die sich an ihm gerieben haben, und welchen der empfindlich getroffene Polemiker sogar eine zehnstrophige Ode widmet (Mattheson 1731, § 244, S. 152 – 153).
288 Neidhardt 1724, Vorbericht Blatt B1r – B2r: „In meinen ersten Studenten-Jahren kam mich die Lust an / eine gleich-schwebende Temperatur öffentlich vorzuschlagen / woselbst das Comma Didymicum angenommen / und das Schisma, aus daselbst angeführter Ursache / übergangen / der Prozeß aber selbsten auf den Werckmeisterischen Fuß gesetzet war … [In der letzten Zeit] wurden endlich die Gedancken rege / dieselbe noch einmal vorzunehmen/ eine noch größere Schärffe dabey vor Augen zu haben / das Schisma, so kleine es auch ist / nicht fahren zu laßen / und deswegen ein völlig-circulirendes Genus zum Grunde zu legen … Es gefiel mir ferner nicht uneben/ als ich wahrnahm / daß die Geometrische Eintheilung der Octave in 12 gleiche rationes, so gar sehr genau / mit dieser neuen gleich-schwebenden Temperatur / übereintraf." Neidhardt betont aber, dass die Kritik Bäumlers nicht der Anlass für die Neufassung seiner Theorie gewesen sei: „Kaum / daß alles in die gehörige Ordnung gebracht war / ließ sich Herr Bümler / Capellmeister in Onoltzbach / auch mit einer gleich-schwebenden [Temperatur] sehen / welche an Vollkommenheit was besonders haben solte."
289 Neidhardt 1724, S. 33.

191

2. Numerische Beziehung der natürlichen Intervalle zum gleichmäßigen Zwölfersystem

a) Henflings Darstellung natürlicher Stufen

Henfling bezieht sich in der *Epistola* vornehmlich auf Mersenne und Descartes, aber auch auf das Werk von John Wallis. Wie Leibniz betrachtet er das natürliche System in der differenzierenden Sichtweise als bireguläres System, welches von Oktave, Quinte und Großer Terz mit den traditionellen Verhältniszahlen $\frac{1}{2}$, $\frac{2}{3}$ und $\frac{4}{5}$ erzeugt wird. Alle natürlichen Intervalle lassen sich im Treppenmodell als ganzzahlige Kombination dieser Basisintervalle angeben, oder äquivalent im Saitenlängen- oder Frequenzmodell als Produkte von drei Potenzen mit ganzzahligen Exponenten. Henfling verwendet für diese Basisintervalle gerne die antikisierenden Bezeichnungen *Dia-pason*, *Ditonus* und *Hypate*. Er bestimmt ihre Verhältniszahlen nicht wie Leibniz über die Koinzidenztheorie, sondern trotz dessen Kritik nach dem Vorbild von Descartes durch drei hintereinander ausgeführte Halbierungen einer Saite, wobei er auch die Skizze von Descartes übernimmt (Abbildung 37)[290]. Auf entsprechende Hinweise von Leibniz geht er nicht ein, weil er die Identität der Basiskonsonanzen als unumstritten ansieht und für seine Zwecke eine Plausibilitätsbetrachtung ausreicht.

Obwohl Henfling sich auch beim natürlichen System sprachlich ausschließlich im additiven Treppenmodell bewegt, arbeitet er rechnerisch nur mit der Multiplikation und Division von Brüchen im Saitenlängenmodell. Das erschwert für moderne Leser zweifellos die Lektüre seines Aufsatzes. So schreibt er sogar $\frac{4}{3} + \frac{3}{2} = \frac{2}{1}$, wenn $\frac{4}{3} \cdot \frac{3}{2} = \frac{2}{1}$ oder $\log_b\left(\frac{4}{3}\right) + \log_b\left(\frac{3}{2}\right) = \log_b\left(\frac{2}{1}\right)$ gemeint ist.

Um den Rechenweg nachvollziehbar zu machen, der ausgehend von diesen Grundkonsonanzen zum jeweiligen natürlichen Intervall führt, ersetzt Henfling die bei den Basisproportionen auftretenden Grundzahlen durch Buchstaben. Jedes natürliche Intervall erscheint bei ihm als algebraischer Term, aus dessen Exponenten oder Koeffizienten die Entstehung der Stufe aus den Basiskonsonanzen abgelesen werden kann. Er will sich damit von der unübersichtlichen Darstellung durch Ziffernfolgen befreien. Dieser fruchtbare Gedanke liegt ja letztlich auch der übersichtlichen Darstellungsform $N(x;y)$ für ein Intervall der natürlichen Basisoktave $\mathcal{N}$ aus V. 3 zugrunde.

---

290 Henfling 1710, § 3, S. 267. Die archaisierenden Bezeichnungen (z. B. Dia-pason) sind wohl von John Wallis übernommen worden. Leibniz äußert seine Kritik im Brief vom 30.9.1706, Haase 1982, Nr.10, S. 86.

Henfling führt jedoch nicht zwei oder drei, sondern sechs Buchstaben ein, die außerdem keine variablen Größen beschreiben, sondern seltsamerweise sechs konstante natürliche Zahlen:

$\frac{1}{2} = \frac{n}{m}$ (also $n = 1$ und $m = 2$),

$\frac{2}{3} = \frac{d}{b}$ (also $d = 2$ und $b = 3$) und

$\frac{4}{5} = \frac{q}{p}$ (also $q = 4$ und $p = 5$).

Eine beliebige natürliche Stufe erscheint daher bei Henfling in der Form $\left(\frac{n}{m}\right)^k \cdot \left(\frac{d}{b}\right)^x \cdot \left(\frac{q}{p}\right)^y$, wobei er allerdings weder Klammern noch negative Exponenten verwendet. Das syntonische Komma $K_S = N(4;-1)$ erscheint deshalb bei ihm in der Gestalt $\frac{m^2 d^4 p}{n^2 b^4 q}$. Nicht nur aus heutiger Sicht ist diese Schreibweise extrem redundant, denn abgesehen von der ständig mitgeschleppten Einheit n gilt ja sogar die Duplizität $d = m$, und man könnte q in allen Formeln gemäß $q = d^2 = m^2$ ersetzen. Jeder von 0 und 1 verschiedene Exponent muss außerdem zweimal geschrieben werden. Wenn man dann noch die Oktavreduktion benutzt, sind vier Symbole überflüssig. Zusätzlich erschweren die gewählten Symbolpaare wegen ihrer grafischen Ähnlichkeit das Lesen und machen Lese- und Druckfehler fast unvermeidlich. Henflings Darstellung der Intervalle aus der natürlichen Basisoktave $\mathcal{N}$ ist daher sehr viel unübersichtlicher als die moderne Darstellung, die wir im Treppenmodell bzw. im zweidimensionalen Gitter $\mathbb{Z}^2$ entwickelt haben (vgl. V.3.b).

Der besseren Verständlichkeit wegen leisten wir uns die Vereinfachung und verzichten im Folgenden auf die Angabe von Henflings komplizierten Bruchtermen. Henflings Angaben für natürliche Intervalle aus der Basisoktave $\mathcal{N}$ können formal recht einfach in die Schreibweise $N(x;y)$ umgewandelt werden. Bei seinen Bruchtermen muss man sich nur auf die Potenzen mit den Basen $b = 3$ und $p = 5$ konzentrieren, deren Exponenten die Beträge von x und y angeben, welche die natürliche Stufe nach IV.3.b festlegen. Das Vorzeichen von x und y hängt davon ab, ob die entsprechende Potenz im Nenner (Vorzeichen $+$) oder im Zähler (Vorzeichen $-$) steht.

b) Die numerische Erfassung der natürlichen Stufen in der Kommadarstellung

Im Paragraphen 41 seiner *Epistola* bestimmt Henfling ebenso wie Newton und Leibniz – aber wieder mit größerer numerischer Genauigkeit – die Abweichung der Stufen des gleichmäßigen Zwölfersystems von einigen natürlichen Stufen. Hierbei nimmt er wieder den fruchtbaren Gedanken der Loslösung von numerischen Ziffernfolgen auf und führt Symbole für zwei wichtige irrationale Zahlen mit ihren unübersichtlichen dezimalen Näherungswerten ein. Der Buchstabe C symbolisiert für ihn das syntonische Komma K_S, während p ein noch kleineres Intervall repräsentiert, das er als „*particula*" bezeichnet[291]. p erweist sich als der zwölfte Teil des pythagoreischen Kommas[292]: „*Dabei muss man beachten, dass eine zwölfmal wiederholte Quinte die Oktave um die Größe*

$$\tfrac{m^7 d^{12}}{n^7 b^{12}} = \left[= \tfrac{2^{19}}{3^{17}} \right] = 0,986540369 \quad \text{überschreitet, welche ein wenig größer ist als das}$$

[syntonische] Komma $\left[\tfrac{80}{81} \right] = 0,987654321$. *Aber der zwölfte Teil davon*

$$= \tfrac{d}{b} \sqrt[12]{\tfrac{m^7}{n^7}} \left[= \sqrt[12]{\tfrac{2^{19}}{3^{12}}} \right] = 0,998871385, \text{ der von den [reinen] Quinten subtrahiert wird,}$$

ist so winzig, dass er kleiner ist als der elfte Teil $= \left[\sqrt[11]{\tfrac{80}{81}} = \right] 0,998871317$ *des [syntonischen] Kommas.*" Man muss bei diesen korrekten Rechnungen beachten, dass Henfling im Treppenmodell spricht, aber im Saitenlängenmodell rechnet.

Meckenheuser hat schon um 1696 gezeigt, dass p nicht das Zwölftel des syntonischen Kommas sein kann, wie Werckmeister in seinen Texten suggeriert[293]. Johann Heinrich Lambert wird 1774 das *particula p* – die Zahl, welche von der reinen Quinte subtrahiert wird, um die gleichmäßige Quinte zu bekommen – anschaulicher als Quintexzess bezeichnen[294], denn in Übereinstimmung mit V.3 und wegen $A = 12$ gilt ja $\lambda\left(\tfrac{3}{2}\right) = 7 + p$. Weil andererseits der pythagoreische Ditonus durch $P(4) = \omega\left(4 \cdot (7 + p)\right) = 4 + 4p$ gegeben ist und weil das syntonische Komma C dessen Differenz zur reinen großen Terz angibt, gilt für die reine Terz mit Henflings neuen Symbolen $\lambda\left(\tfrac{5}{4}\right) = 4 + 4p - C$.

---

291 Henfling 1710, § 41, S. 292: „Ponitur autem in dicto Schem. V. c = Commati, & p = particulae modò descriptae."

292 Henfling 1710, § 41, S. 292: „Ubi expendendum est, Hypaten duodecies repetitam Dia-pason excedere quantitate $\tfrac{m^7 d^{12}}{n^7 b^{12}} = 0986549369$, quae quidem Commate = 0987654321 paulo major est; sed ejus pars duodecima $= \tfrac{d}{b} \sqrt[12]{\tfrac{m^7}{n^7}} = 0998871385$, quae ab Hypatis subtrahitur, tam exigua est, ut undecima Commatis parte = 0998871313 , minor sit." In der Übersetzung werden offensichtliche Schreib- oder Druckfehler korrigiert, die eigentliche Rechnung kenntlich gemacht und die Dezimalzahlen modern geschrieben.

293 Meckenheuser 1727, § 75, S. 53 und §§ 80-81, S. 55-56. Mattheson versucht, dem „gewissen Manne" Meckenheuser die Priorität zugunsten Henflings abzusprechen (Mattheson 1731, Ober-Klasse § 28, S. 461-462).

294 Lambert 1774, S. 58 und Lambert 1778, § 9, S. 427.

Insgesamt kann Henfling jedes natürliche Intervall der Basisoktave gemäß
$N(x;y) = \omega\left(x \cdot \lambda\left(\tfrac{3}{2}\right) + y \cdot \lambda\left(\tfrac{5}{4}\right)\right) = \omega\left(\langle 7x + 4y\rangle + (x + 4y) \cdot p - y \cdot C\right)$ mit seinen
Symbolen exakt angeben. In Übereinstimmung mit V.3 kann man von der
Kommadarstellung der natürlichen Basisoktave sprechen, wobei man die Verwendung der Symbole C und c sowie die Normierung $A = 12$ beachten muss.
Die Besonderheit der Kommadarstellung besteht darin, dass einem natürlichen
Intervall $N(x;y)$ zunächst in Gestalt der ganzen Zahl $g = \langle 7x + 4y\rangle$ ein genau
bestimmtes Intervall des gleichmäßigen Zwölfersystems zugeordnet wird. Die
spitzen Klammern symbolisieren dabei die Restbildung modulo 12. Die Differenz zwischen $N(x;y)$ und diesem gleichmäßigen Intervall $\langle 7x + 4y\rangle$ wird
durch Henflings Formel $d(x,y) = (x + 4y) \cdot p - y \cdot C$ bis auf eine mögliche Oktavreduktion exakt angegeben. Der Teilausdruck $-y \cdot C$ wiederum gibt die exakte Differenz zur zugeordneten pythagoreischen Stufe $P(r)$ mit $r = x + 4y$ an
(vgl. V.3.b).

Henflings Schema V

Differenz	glm.	Nat. Stufe	Ab.	Auf.	Klasse	Klasse	Ab.	Auf.	Nat. Stufe	glm.	Differenz
0	0	$N(0\,;0)$	E	F	I	VIII	E	F	$N(0\,;0)$	12	0
$+2C - 7p$	1	$N(-1\,;2)$		F♯	I♯	VIII♭	E♭		$N(1\,;-2)$	11	$-2C + 7p$
$-C + 5p$	1	$N(-1\,;-1)$	F	G♭	II−	VII+	D♯	E	$N(1\,;1)$	11	$+C - 5p$
$-2p$	2	$N(2\,;0)$	F♯	G	II+	VII−	D	E♭	$N(-2\,;0)$	10	$+2p$
$-C + 3p$	3	$N(1\,;-1)$	G	A♭	III−	VI+	C♯	D	$N(-1\,;1)$	9	$+C - 3p$
$+C - 4p$	4	$N(0\,;1)$	G♯	A	III+	VI−	C	D♭	$N(0\,;-1)$	8	$-C + 4p$
$-2C + 8p$	4	$N(0\,;-2)$	A♭		IV♭	V♯		C♯	$N(0\,;2)$	8	$+2C - 8p$
$+p$	5	$N(-1\,;0)$	A	H♭	IV	V	B♯	C	$N(1\,;0)$	7	$-p$
$+C - 6p$	6	$N(2\,;1)$		B♯	IV♯	V♭	H♭		$N(-2\,;-1)$	6	$-C + 6p$

Abbildung 92

Diese Abstandsfunktion $d(x,y)$ verwendet Henfling im Schema V der
Epistola (Abbildung 92). Er listet darin 17 natürliche Intervalle auf, die er unter
Beachtung der Symmetrie aus den 17 Intervallklassen mit einem Index von -8
bis $+8$ aus der Abbildung 101 (Figur 66) auswählt. Für jedes natürliche Inter-
vall gibt er den Term $-d(x,y)$ an, wobei die Intervalle nach den gleichmäßigen
Stufen angeordnet sind.

Das Schema V weist im Original Mängel auf. Fast überall in seiner Abhandlung schreibt Henfling das einfache Vorzeichen? mittels vorgesetzter Exponenten in der Gestalt ^1G. Hier schreibt er plötzlich $^\circ G$, und für $G♯$ schreibt er G^H.

und nicht wie sonst G^1. Im Berliner Druck erscheint schließlich $G\square$ statt G^H, und bei Henflings Intervallklassen, die in VI.3.d erläutert werden, finden sich weitere Inkonsequenzen und Druckfehler. Es werden zweimal die verwirrenden Punkte falsch gesetzt, was man dem Drucker nicht übel nehmen kann. Wir verwenden deshalb in Abbildung 92 nur die modernisierte Schreibweise.

Für die gleichmäßigen Intervallklassen 1, 4, 6, 8 und 11 sind jeweils zwei natürliche Intervalle angegeben. Da nach Henfling $C \approx 11p$ gilt, sind im Fall 1, 4, 8 und 11 die Abstände mit dem doppelten Komma dem Betrage nach jeweils größer als die Abstände mit dem einfachen Komma. Lässt man die Stufen mit dem doppelten Komma weg, so erhält man die Skala χ von Newton, wenn man zusätzlich für die Klasse 6, den Tritonus, die Stufe $N(2;1)$ wählt. Die Wahl von $N(-2;-1)$ führt dagegen auf die Skala γ^* von Leibniz.

Henflings Schema V (Abbildung 92) entspricht daher der Abbildung 54 bei Newton und der Abbildung 80 bei Leibniz. Der Vergleich zeigt die von Henfling erreichte formale Abstraktion. Die Auswahlstimmungen von Newton und Leibniz, die er selbst ja gar nicht kennt, erweisen sich auch in seiner Theorie als brauchbare und einfache Approximationen an das gleichmäßige Zwölfersystem. Aus formaler Sicht kommen beide jedoch nicht an die extrem gute Qualität der Approximation durch die Lambert-Stufen $L(k)$ heran (vgl. VI.2.c).

Die numerisch richtige Entdeckung Henflings, dass p etwas kleiner ist als $\frac{1}{11}C$, kann man – über ihn hinausgehend – auch in der Form $C = 11p + \varepsilon$ schreiben, wobei ε eine sehr kleine positive Zahl sein muss. Wenn man C durch ε und p ersetzt, entsteht aus der Abstandsformel Henflings die Formel $d(x,y) = (x - 7y) \cdot p - y \cdot \varepsilon$, die der Sache nach bei Lambert vorkommt. Die numerischen Angaben Henflings entsprechen dabei im Treppenmodell den dezimalen Näherungen $p \approx 1{,}955001\cent$ und $\varepsilon \approx 0{,}00125\cent = \frac{1}{800}\cent$, woraus man die Abschätzung $p \approx 1564 \cdot \varepsilon$ gewinnt.

Lambert, der die Rechengenauigkeit noch einmal dramatisch steigert, bestimmt mit $p \approx 1527 \cdot \varepsilon$ und $\varepsilon \approx 0{,}00128\cent$ einen genaueren numerischen Wert[295]. In dieser lambertschen Abstandsformel $d(x,y) = (x - 7y) \cdot p - y \cdot \varepsilon$

---

295 Lambert 1778, § 11, S. 429: „Ich werde den Exceß einer Quinte mit der Einheit bezeichnen, und der Defect einer großen Terz wird alsdann sehr nahe seyn = –7. Man könnte nach aller Strenge diesen Defect zu = –7–y machen, um die kleine Größe y, welche nicht mehr als $\frac{1}{1527}$ der von mir zum Grunde gelegten Einheit ausmacht, mit in Anschlag zu bringen." Die in unserem Text benutzte Abstandsformel $d(x,y) \approx (x - 7y)\,p$ wird von Lambert im § 12 an derselben Stelle mit $x = n$ und $y = p$ in der Gestalt $+n - 7p = \Delta\alpha$ angegeben.

können im musiktheoretischen Zusammenhang die Vielfachen der Fehlergröße ε in aller Regel ignoriert werden, und es gilt mit extrem großer Genauigkeit die Abschätzung $d(x,y) \approx (x-7y) \cdot p$.

Kl.	Wichtige Intervalle und Kennzahlen im natürlichen System		Darstellung im ... Saitenlängen- bzw. Frequenzmodell	Treppenmodell Henfling / Lambert: ($p \approx 0{,}01955$ und $\varepsilon \approx 0{,}0000128$)		Größe in Cent	Benennungen nach Riemanns Musiklexikon
12	**Oktave**	P	(2 : 1)	12	$\sim N(0;0)$	1200,00	Oktave
11	Große Septime	Chrom. *	(48 : 25)	$11+15p+2\varepsilon$	$=N(1;-2)$	1129,33	(Größere) verm. Okt.
11	Große Septime	P *	(243 : 128)	$11+5p$	$=N(5;0)$	1109,78	Pyth. große Septime
11	Große Septime	Sek. *	(256 : 135)	$11+4p+\varepsilon$	$=N(-3;-1)$	1107,82	(Kleinere) verm. Okt.
11	Große Septime	Diat. *	(15 : 8)	$11-6p-\varepsilon$	$=N(1;1)$	1088,27	Große Septime
11	Große Septime	P *	(4096 : 2187)	$11-7p$	$=N(-7;0)$	1086,31	Pyth. verm. Oktave
10	Kleine Septime	Sek. *	(9 : 5)	$10+9p+\varepsilon$	$=N(2;-1)$	1017,60	Kleine Septime
10	Kleine Septime	Diat. P *	(16 : 9)	$10-2p$	$=N(2;0)$	996,09	Pyth. kleine Septime
9	Große Sexte	Sek. P *	(27 : 16)	$9+3p$	$=N(3;0)$	905,87	Pyth. große Sexte
9	Große Sexte	Diat. *	(5 : 3)	$9-8p-\varepsilon$	$=N(-1;1)$	884,36	Nat. große Sexte
8	Kleine Sexte	Diat. *	(8 : 5)	$8+7p+\varepsilon$	$=N(0;-1)$	813,69	Nat. kleine Sexte
8	Kleine Sexte	Sek. P *	(128 : 81)	$8-4p$	$=N(-4;0)$	792,18	Pyth. kleine Sexte
7	Quinte	P	(3 : 2)	$7+p$	$=N(1;0)$	701,96	Quinte
6	Tritonus	Diat.	(45 : 32)	$6-5p-\varepsilon$	$=N(2;1)$	590,22	Übermäßige Quarte
6	Tritonus	Sek. P	(729 : 512)	$6+6p$	$=N(6;0)$	611,73	Pyth. überm. Quarte
6	Tritonus	Sek.(b) P *	(1024 : 729)	$6-6p$	$=N(-6;0)$	588,27	Pyth. verm. Quinte
6	Tritonus	Diat.(b) *	(64 : 45)	$6+5p+\varepsilon$	$=N(-2;-1)$	609,78	Verminderte Quinte
5	Quarte	P	(4 : 3)	$5-p$	$=N(-1;0)$	498,04	Quarte
4	Große Terz	Ditonus P	(81 : 64)	$4+4p$	$=N(4;0)$	407,82	Pyth. große Terz
4	Große Terz	Diat.	(5 : 4)	$4-7p-\varepsilon$	$=N(0;1)$	386,31	Nat. große Terz
3	Kleine Terz	Diat.	(6 : 5)	$3+8p+\varepsilon$	$=N(1;-1)$	315,64	Nat. kleine Terz
3	Kleine Terz	Sek. P	(32 : 27)	$3-3p$	$=N(-3;0)$	294,13	Pyth. kleine Terz
2	Ganzton	Diat. P	(9 : 8)	$2+2p$	$=N(2;0)$	203,91	Großer Ganzton
2	Ganzton	Sek.	(10 : 9)	$2-9p-\varepsilon$	$=N(-2;1)$	182,40	Kleiner Ganzton
1	Halbton	P+	(2187 : 2048)	$1+7p$	$=N(7;0)$	113,69	Pyth. Apotome
1	Halbton	Diat.	(16 : 15)	$1+6p+\varepsilon$	$=N(-1;-1)$	111,73	Diat. Halbton
1	Halbton	Sek.	(135 : 128)	$1-4p-\varepsilon$	$=N(3;1)$	92,18	Großes Chroma
1	Halbton	P+	(256 : 243)	$1-5p$	$=N(-5;0)$	90,22	Pyth. Limma
1	Halbton	Chrom.	(25 : 24)	$1-15p-2\varepsilon$	$=N(-1;2)$	70,67	Kleines Chroma
Kennzahlen	Terzendiesis		(128 : 125)	$21p+3\varepsilon$	$=N(0;-3)$	41,06	Kleine Diesis
Kennzahlen	(Henfl.) Hyperoche		(3125 : 3072)	$1-36p-5\varepsilon$	$=N(-1;5)$	29,61	--
Kennzahlen	Quintenkomma		(531441 : 524288)	$12p$	$=N(12;0)$	23,46	Pyth. (ditonisches) Komma K_P
Kennzahlen	Terzenkomma		(81 : 80)	$11p+\varepsilon$	$=N(4;-1)$	21,51	Synt. Komma K_S
Kennzahlen	Halbtondifferenz		(2048 : 2025)	$10p+2\varepsilon$	$=N(-4;-2)$	19,55	Diaschisma
Kennzahlen	(Henfl.) Eschaton		(393216 : 390625)	$-1+57p+8\varepsilon$	$=N(1;-8)$	11,45	--
Kennzahlen	Schisma		(32805 : 32768)	$p-\varepsilon$	$=N(8;1)$	1,95	Schisma

* *als Komplementärintervall bestimmt, + Ergänzung, P pythagoreisches Intervall.*

Abbildung 93

Damit erhält man aus dem diatonischen Algorithmus (Abbildung 88) eine übersichtliche Darstellung der wichtigsten natürlichen Intervalle im Treppenmodell, welche den Zusammenhang mit dem gleichmäßigen Zwölfersystem sehr gut verdeutlicht (Abbildung 93). Man erkennt, dass im natürlichen System die bisher verwendeten Kennzahlen stets positive Werte annehmen: sie sind ursprünglich als Mikrointervalle oder Subsemitonien des natürlichen Systems bestimmt worden.

c) Natürliches Schisma und Quintexzess

Das natürliche Schisma $S = N(8;1) = \lambda\left(\frac{32805}{32768}\right)$ ist definiert als die Differenz $N(12;0) - N(4;-1)$ zwischen pythagoreischem und syntonischem Komma. Nach der Abstandsformel Lamberts gilt $S = p - \varepsilon \approx p$. Henflings Quintexzess p ist nur unwesentlich größer als das natürliche Schisma S, und die lambertsche Abstandsformel lässt sich auch in der Gestalt $d(x,y) = (x - 7y) \cdot S + (x - 8y) \cdot \varepsilon$ angeben.

Der Sachverhalt $S \approx p$ ist der Ausgangspunkt für Neidhardts korrigierte Theorie der Stimmungen von 1724. Neidhardt findet ihn jedoch auf einem völlig anderen Weg. Er teilt nämlich die Proportion $(531441:524288)$ des pythagoreischen Kommas nicht mehr nur (nach dem Vorbild Werckmeisters) arithmetisch in zwölf Teile, sondern auch geometrisch, wobei die letztere Teilungsart sachlich notwendig ist. Bei der arithmetischen Teilung erhält er für das letzte Glied vor 524288 die Zahl $524884\frac{1}{12}$, während die geometrische Teilung auf die Zahl 524880 führt. Leider ist nicht klar, auf welchem Wege Neidhardt diesen guten Näherungswert für die irrationale Zahl 524880,388... berechnet hat. Da aber die beiden natürlichen Zahlen 524880 und 524288 durch 16 teilbar sind, kann er schreiben[296]: *„Hierbey wird / nicht ohne Vergnügen / wahrgenommen / daß das letzte Geometrische Zwölfftheil* 524880:524288 = 32805:32768.*"* Das ist der Grund, warum 1724 auch Neidhardt das Schisma S mit dem Quintexzess p identifiziert.

Aus der lambertschen Abstandsformel folgt, dass sich die natürlichen Stufen $L(k) = N(-7 \cdot k; -k)$ für $-6 < k \leq 6$ nur um $d_k = k \cdot \varepsilon$ von den gleichmäßigen Stufen $\langle 7k \rangle$ unterscheiden und insofern optimale natürliche Approximationen an das gleichmäßige Zwölfersystem darstellen. Die spitze Klammer bezeichnet wieder den Rest bei der Division durch 12. Es ist allerdings fraglich, ob Inter-

---

296   Neidhardt 1724, S. 9-11.

valle wie z.b. $L(6) = \lambda \left(\frac{2417851639229258349412352}{1709671705179880612640625} \right)$ noch von jedermann als natürlich empfunden werden.

Bei der lambertschen Quinte $L(1) = \lambda \left(\frac{16384}{10935} \right) = 7 + \varepsilon$ ist das vielleicht noch weniger problematisch. Wegen $(x - 7y) \begin{pmatrix} 8 \\ 1 \end{pmatrix} + (x - 8y) \begin{pmatrix} -7 \\ -1 \end{pmatrix} = \begin{pmatrix} x \\ y \end{pmatrix}$ lässt sich jede natürliche Stufe $N(x; y)$ aus der Basisoktave $\mathcal{N}$ als Linearkombination der lambertschen Quinte $L(1)$ und des natürlichen Schismas S darstellen: es gilt $N(x; y) = \omega((x - 8y) \cdot L(1) + (x - 7y) \cdot S)$. Wegen $\langle 7 \cdot (x - 8y) \rangle = \langle 7x + 4y \rangle$ ist dies äquivalent zur Formel $N(x; y) = \omega(\langle 7x + 4y \rangle + (x - 7y) \cdot S + (x - 8y) \cdot \varepsilon)$.

3. Die Analyse der Basisoktave des natürlichen Systems

a) Zum Aufbau der Epistola

Henflings *Epistola* zerfällt in drei deutlich getrennte Teile unterschiedlichen Umfangs und unterschiedlicher Schwierigkeit. Vor einer Theorie der Temperaturen (§22 - §36), einem Exkurs zur Solmisation (§ 37 – 40) und der bereits besprochenen numerischen Analyse der Beziehung zwischen dem gleichmäßigen Zwölfersystem und den natürlichen Grundstufen (§41 - §45) findet man eine umfangreiche und schwer verständliche, aber auch äußerst detaillierte und sehr originelle Erschließung der Basisoktave des natürlichen Systems (§1 - §21).

Wenn man die Hypothese akzeptiert, dass das natürliche System in der Musik real zur Anwendung kommen würde, dann muss man die Frage beantworten, welche der unendlich vielen natürlichen Stufen aus der natürlichen Basisoktave $\mathcal{N}$ in der musikalischen Realität tatsächlich benötigt werden. Henfling geht bei der Beantwortung dieser Frage zunächst von Mersennes Zahlenangaben aus. Aber nach Henflings Ansicht erfasst weder Salinas mit 24 Intervallen noch Mersenne mit 31 Intervallen tatsächlich alle natürlichen Intervalle, die in der notierten Musik innerhalb einer Oktave vorkommen können.[297] Er selbst kommt

---

297 Henfling 1710, § 2, S. 266: „Inter recentiores quidem Athanasius Kircherus, in vasto Musurgiae, vel potius Musurgicae opere non eò usque progressus est, quò pertigit Marin. Mersennus, qui in Commentar. sive Quaestionibus in Genesin. Cap. IV. ut & in Harmon. Vnivers. Libri. III Prop. 9 velut Coronidis loco Diagramma, ubi Dia-pason in 24. diversas partes dividitur, exhibuit, sub hâc Epigraphe: Totius Harmoniae vis hoc

am Ende seiner Untersuchung zur stattlichen Auswahl von 81 natürlichen Stufen aus der Basisoktave $\mathcal{N}$.

Ausgangspunkt für die Auswahl, Eingrenzung und musikalische Identifikation der 81 natürlichen Stufen sind für Henfling die Notenbezeichnungen im Liniensystem, die in der Musikliteratur seiner Zeit vorkommen. Er will zuerst die Frage klären, welche Noten insgesamt zu berücksichtigen sind. Erst in einem zweiten Schritt wird danach gefragt, welche natürlichen Stufen den derart ermittelten Notenbezeichnungen entsprechen. Mit diesem Ansatz unterscheidet sich Henfling erheblich von dem, was andere und auch prominentere Musiktheoretiker jemals bei der Untersuchung des natürlichen Systems in Angriff genommen haben.

Henfling will alle natürlichen Stufen berücksichtigen, die mit bis zu zwei Vorzeichen geschrieben werden[298], und beginnt mit einer Untersuchung der vorzeichenbehafteten Notation im Liniensystem, wie wir sie in I.2.c für das pythagoreische System skizziert haben. Leider entscheidet er sich für eine ziemlich unorthodoxe Darstellung und verändert dabei bedauerlicherweise auch fest eingebürgerte Bezeichnungen. Auch wenn sein Vorgehen eine beeindruckende Folgerichtigkeit aufweist, haben seine teils umdefinierten, teils neu eingeführten Begriffe und Symbole letztlich der Lesbarkeit und Verständlichkeit seiner Arbeit mehr geschadet als genützt.

Diagrammate fulget/ Cui nihil omnino jungi adimique potest. Verùm jungi plurima, aut adimi debent, ut Diagramma istud justo stet talo. …Simile judicium erit de ipsius palmulis 32, quas alibi habet. ”

„Unter den Neueren ist Athanasius Kircher in seiner weitschweifigen Musurgia oder besser musurgischen Mühe nicht bis an den Punkt gekommen, den Marin Mersenne erreicht hat. Dieser stellt in seinem Kommentar zur Genesis Kap. 4 und im dritten Buch der Harmonie universelle Satz 9 gleichsam am Platz der Koronis ein Diagramm vor, wo die Oktave in 24 verschiedene Teile geteilt wird. Die Überschrift lautet: Die Kraft der ganzen Harmonie strahlt aus diesem Diagramm, dem überhaupt nichts hinzugefügt oder weggenommen werden kann. In Wahrheit muss sehr viel hinzugefügt oder weggenommen werden, wenn dieses Diagramm einem solchen Anspruch entsprechen sollte. … Die Beurteilung seiner 32 *palmulae*, die er an anderer Stelle bringt, wird ähnlich ausfallen müssen.”

298   Das deutet er bei der Einführung der Bezeichnungen für seine feineren diatonischen Intervallklassen an (Henfling 1710, § 6, S. 271): „Quae verò uno aut duobus Chromatibus augentur vel minuuntur, majora aut maxima, vel minora aut minima appello.“ Chroma ist für ihn der chromatische Halbton N(–1 ; 2) mit der Proportion (25:24).

b) Henflings Tastatur und die Notation mit Vorzeichen

Henflings eigenwillige Betrachtungsweise zeigt sich schon bei den Notenbuchstaben im gewöhnlichen Liniensystem. Musikalische Vorzeichen schreibt Henfling mit vor– und nachgesetzten Hochzahlen nach dem Muster $H\flat\flat = {}^2H$ und $B\sharp\sharp = B^2$, was nach einer gewissen Gewöhnung nicht schwer zu lesen ist. Nach einigem Zögern entscheidet er sich für die traditionellen Buchstaben einschließlich B und H. Dann setzt er jedoch hinzu[299]: *„Bei den Buchstaben B und H hat man etwas verändern müssen; …[sie] dürfen niemals ohne ein chromatisches Vorzeichen geschrieben werden. Demzufolge bezeichne ich die Stufe B mit H♭ und die Stufe H mit B♯.“* An den Positionen für H im Liniensystem muss für Henfling immer ein Vorzeichen stehen, entweder ein $\flat$ (dann ist die Bezeichnung $H\flat$) oder ein $\sharp$ (dann ist die Notenbezeichnung $B\sharp$). Vorzeichenfreie diatonische Skalen gibt es damit bei Henfling nicht mehr. Unsere Taste H ist für Henfling ebenso wie unsere Taste B keine weiße, sondern eine schwarze Taste, und es gibt daher sechs weiße und sechs schwarze Tasten.

Konsequenterweise propagiert er eine neue Tastatur, die allerdings in der gedruckten Fassung nur angekündigt, aber nicht abgebildet wird[300]: *„…es wäre wünschenswert, dass auch die Tastaturen besser eingerichtet würden, als man es bis heute gewöhnlich macht. Zwar wollen sie [die gewöhnlichen Tastaturen] die vox naturalis von der artificialis durch Tasten unterschiedlicher Farbe unterscheiden, machen jedoch diese Unterscheidung nicht konsequent, ganz zu schweigen davon, dass auf diesen Tastaturen es tatsächlich geschieht, dass dieselben Intervalle, die, wie wir gesehen haben, sich völlig unveränderlich einer festen Größe erfreuen, mit unterschiedlichen Fingerabständen gegriffen werden müssen.“* Er zieht daraus die Konsequenz[301], *„auf meinen kleinen Orgeln … die Tastatur so anzuordnen, dass die vox naturalis vollkommen von der vox artificialis unterschieden werden kann“.*

---

299 Henfling 1710, § 16, S. 276: „In Literis B & H aliquid mutandum fuit,… ideo sine Signo Chromatico scribi nunquam debent. Adeoque Clavem B per ¹H & ipsam H per B¹ designo."

300 Henfling 1710, § 43, S. 292-293: „ … optandum esset, ut enim Claviaria meliùs instituerentur, quàm hactenus fieri solet. Ubi quidem per diversorum colorum Palmulas, vocem Naturalem ab Artificiali distinguere volunt, sed tamen nun ubique distinguunt; ut alia taceam, quibus nimirum fit, ut eadem Intervalla, quae, ut vidimus, certis quantitatibus constantissimè gaudent, tamen diversis digitorum distantiis sumenda sint."

301 Henfling 1710, § 44, S. 293: „ … in Organis meis minoribus … eo modo ordinavi, ut vox Naturalis ab Artificiali perfectè discernatur; …"

Diese neue Tastatur ist ebenso wie die Normaltastatur für zwölf Halbton-schritte je Oktave konzipiert und ist in gleicher Weise für die gleichschwebende Temperatur geeignet. Das Layout ist nur im Briefwechsel mit Leibniz erhalten geblieben[302]. Dort ist sie aber im Vergleich zum Text der Epistola noch nicht völlig konsequent beschriftet, denn es wird noch *H* statt *B♯* und *B* statt *H♭* ge-schrieben. Sie besteht aus zwei versetzt hintereinander angeordneten Ganzton-reihen, wobei jede Ganztonreihe innerhalb einer Oktave aus drei weißen und drei schwarzen Tasten gebildet wird (Abbildung 94). Die weißen Tasten *CDEFGA*, deren Stufen auch Henfling ohne Vorzeichen im Liniensystem notie-ren kann, bilden die „*vox naturalis*", das traditionelle „*hexachordum naturale*" (Abbildung 10). Der Begriff dürfte von Descartes übernommen worden sein, denn dieser bezeichnet das Hexachord auf *C* als „*vox naturalis*", parallel zu den Bezeichnungen „*vox ♭ mollis*" und „*vox ♮*" für die Hexachorde auf *F* und *G*. Die sechs schwarzen Tasten bilden für Henfling die „*vox artificialis*"[303]. In bei-den Hexachorden ist der Halbtonschritt als Sprung zur anderen Tastenreihe deut-lich hervorgehoben, während die Ganztonschritte in der Tastenreihe verbleiben.

Henflings Claviarium
nach der Beilage zum Brief Henflings an Leibniz vom 17. April 1708

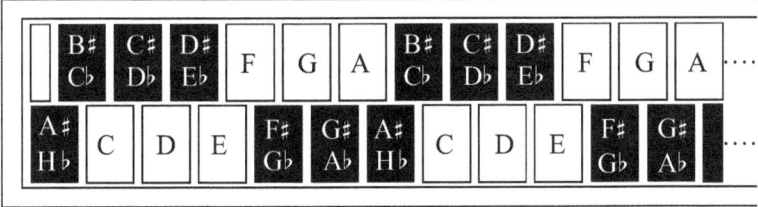

Abbildung 94

Henfling realisiert diese Tastatur auf seinen Kleinorgeln oder Positiven. Sie hat grifftechnisch gewisse Vorzüge, denn gleichartige Intervalle können von jeder Taste aus mit gleicher Fingerspreizung erzeugt werden[304]. Aber wie alle alternativen Tastaturen jener Zeit hat sich auch die Tastatur Henflings in der Praxis nicht gegen die vertraute Standardtastatur durchsetzen können.

---

302   Haase 1982, Nr. 18, S. 131 (LBr 390, Bl. 18 und 19).

303   Auch dieser Begriff taucht schon bei Descartes auf (Descartes 1656, S. 40 – 42).

304   Ein kurzer Bericht Bümlers über die Vorzüge von Henflings Tastatur ist in Mattheson 1722, Teil II, S. 51-52 zu finden. Hier wird auch angedeutet, dass die Tastatur nicht wie geplant im Druck erscheinen konnte, weil die Erlaubnis „hinterlassener Freunde" nicht vorlag.

Angesichts dieses Tastaturlayouts ist es nicht verwunderlich, dass Henfling bei aller Ehrerbietung gegenüber Leibniz dessen Oktavsolmisation nicht akzeptiert, sondern in den Paragraphen 37 bis 40 der *Epistola* ebenso wie Descartes für die Beibehaltung der traditionellen Hexachord-Solmisation plädiert.

c) Auf- und absteigende Skala in der natürlichen Basisoktave

Wir sind es gewohnt, die diatonische Skala von der Taste oder Stufe C aus aufzubauen. Henfling ist dagegen der Meinung, F sei *„die Taste, die als Fundament verwendet werden müsste."*[305] Er hat nämlich bemerkt, dass die Ganz- und Halbtonfolgen der diatonischen Skalen auf den Grundtönen F und E in gewisser Weise symmetrisch sind. Durch Spiegelung der sT-Folge von F aus mit $B = H\flat$ entsteht die Folge von E aus mit $H = B\sharp$, und aus der Folge von F mit $H = B\sharp$ entsteht die Folge von E mit $B = H\flat$.

Wenn man mit Henfling die F-Skala als „aufsteigende" Skala bezeichnet, dann ist zumindest nachvollziehbar, warum er die E-Skala als „absteigend" bezeichnet. Beide Begriffsbildungen sind jedoch unglücklich. Vielleicht wäre es besser, die F-Skala als Normalskala und die E-Skala als gespiegelte Skala zu bezeichnen. Der gemeinte Sachverhalt kann vielleicht in einer Variation des Diagramms von Puteanus nachvollzogen werden (Abbildung 95), wobei wir den Unterschied zwischen großem und kleinem Ganzton zunächst ignorieren dürfen, weil wir uns ja im Zusammenhang mit Notenbezeichnungen gedanklich nur im pythagoreischen System bewegen.

Die beiden steigenden Skalen von E aus sind identisch mit den fallenden Skalen von F, jedoch vertauscht nach $\natural$ und $\flat$. Henfling ist sich jedenfalls darüber klar, dass er mit der Erweiterung der Grundskala auf F durch die E-Skala und deren Kopplung zu einem Skalenpaar einen völlig neuen Gedanken in die Theorie einbringt[306]: *„Diese absteigende Skala ist zwar den Musikern gewöhnlich unbekannt, aber sie war dennoch durchaus notwendig, damit alle Teile des Monochords angefüllt werden."* Die Neuerung dient also der symmetrischen Aufteilung des am Ende zu erstellenden Monochords. Wie man in der Solmisation durch Überlagerung der drei Hexachorde, die alle sechs gleichnamige Stufen besitzen, letztlich die diatonische Skala als Ganzes beschreiben kann, so will

---

305 Henfling 1710, § 17, S. 276: „ … illa Clavis, quae pro Fundamento poni debeat,…".
     Descartes geht ebenfalls immer von F aus.
306 Henfling 1710, § 9, S. 272: "… Haec quidem Descendens Scala Musicis ignota esse
     solet, sed tamen omnino necessaria erat, ut implerentur omnes Canonii partes …"

Henfling mit der ungewöhnlichen Überlagerung seiner beiden Skalen letztlich die eine wirkliche und symmetrische Skala erfassen.

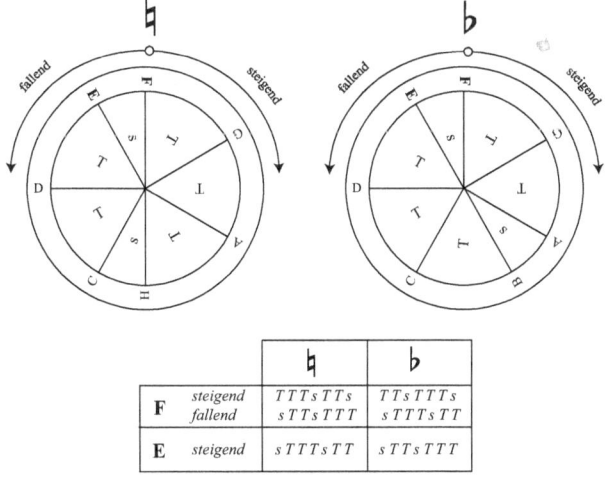

		♮	♭
F	steigend	*TTTsTTs*	*TTsTTTs*
	fallend	*sTTsTTT*	*sTTTsTT*
E	steigend	*sTTTsTT*	*sTTTsTT*

Abbildung 95

d) Quintenketten und Intervallklassen im natürlichen System

Sowohl die *F*- wie die *E*-Skala kann mittels Vorzeichen – also Erhöhung und Erniedrigung um einen oder zwei chromatische Halbtöne – zu einer feineren Skala oder Folge von Notenbezeichnungen ausgebaut werden. Dabei lässt Henfling maximal zwei Vorzeichen zu. Die Konstruktion der Notenbezeichnungen kann nach dem in den Abschnitten I.2.c und I.5 erläuterten Prinzip der Quintenspirale nur über geeignete Quintenketten erfolgen, die der Quintenspirale des pythagoreischen Systems entsprechen (Abbildung 25) . Henfling gibt seiner Methode mit der simultanen Behandlung zweier Skalen in Quintenketten eine eigene Bezeichnung[307]: *„[Mit der] prosthaphaeretischen Methode (nämlich durch Addition einer Quinte [Hypate] für die aufsteigende Skala und durch Subtraktion derselben für die absteigende Skala) wird schon bald eine vorteilhaftere Möglichkeit des Findens gegeben sein. "*

---

307 Henfling 1710, § 3, S. 268: „... prosthaphaeretice (nimirum addendo Hypates pro Scala ascendente & subtrahendo easdem pro Scala descendente) inveniendi jam statim opportunior dabitur occasio."

Als *Prosthaphaeresis* wird im mathematischen Bereich ursprünglich ein Verfahren zur Vereinfachung numerischer Rechnungen bezeichnet, das in der Zeit vor den Logarithmen hauptsächlich in der Astronomie benutzt worden ist. Zu Henflings Zeiten war das Verfahren schon recht unmodern. Deshalb will Henfling mit diesem Wort möglicherweise nur die eigenartige Abfolge von bestimmten Subtraktionen und Additionen charakterisieren, die in seinen eigenwilligen Quintenketten auftreten.

Diese raffinierte Art der Quintfortschreitung wird in Abbildung 96 dargestellt. In beiden Skalen können nach Henflings Auffassung nur die sechs Stufen *FCGDAE* ohne Vorzeichen notiert werden. Außerhalb dieses zentralen Bereiches muss man jedoch wie schon in Abbildung 25 jeweils Siebenerfolgen verwenden, um eine korrekte Darstellung mit Vorzeichen zu erhalten. In Richtung der Erhöhungen erhält Henfling aus *FCGDAE* durch Voranstellen von *B* die Siebenerfolge *B·FCGDAE*, die fortlaufend nach oben abgetragen und jeweils mit einem weiteren ♯ ergänzt wird. Für die Erniedrigungen entsteht aus *FCGDAE* durch Anhängen von *H* die Siebenerfolge *FCGDAE·H*. Diese Siebenerfolge wird fortlaufend nach unten abgetragen, wobei in jeder Periode ein weiteres ♭ hinzugefügt wird.

Während Henfling die Vorzeichen mit vor- und nachgesetzten Hochzahlen notiert, hängen wir die Vorzeichen einfach an den Notenbuchstaben an. Die aufsteigende *F*-Skala ist in Abbildung 96 zusätzlich auch als Quintenspirale dargestellt, damit Henflings eigenwilliger Prozess leichter mit Abbildung 25 verglichen werden kann.

Durch dieses Verfahren wird jedem pythagoreischen oder regulären Index in jeder der beiden Skalen eine Notenbezeichnung zugeordnet. Henfling kommt nun auf den unorthodoxen Gedanken, dass die beiden Notenbezeichnungen, die den gleichen pythagoreischen Index besitzen, zu einer Intervallklasse zusammengefasst werden können. Diese Intervallklassen sind im rechten Rand der Abbildung 96 neben den beiden Skalen aufgeführt und werden ebenfalls mit Hilfe von Vorzeichen symbolisiert.

Henfling geht dabei von den traditionellen Intervallklassen aus, wie sie in Abbildung 7 zu finden sind. Der pythagoreische Index 0 fixiert dabei Einklang I und Oktave VIII. Die elf Intervallklassen ohne den Tritonus mit den Klassen IV+ und V− (mit der gleichmäßigen Nummer 6) bilden daher den mittleren Indexbereich −5 bis +5 in der Quintenkette der neuen Intervallklassen, der die vorzeichenlosen Bereiche der beiden Einzelskalen umschließt. Die zum Index *r* zwischen −5 und +5 gehörende Intervallklasse ist durch die gleichmäßige Nummer $\langle 7r \rangle$ aus Abbildung 7 festgelegt.

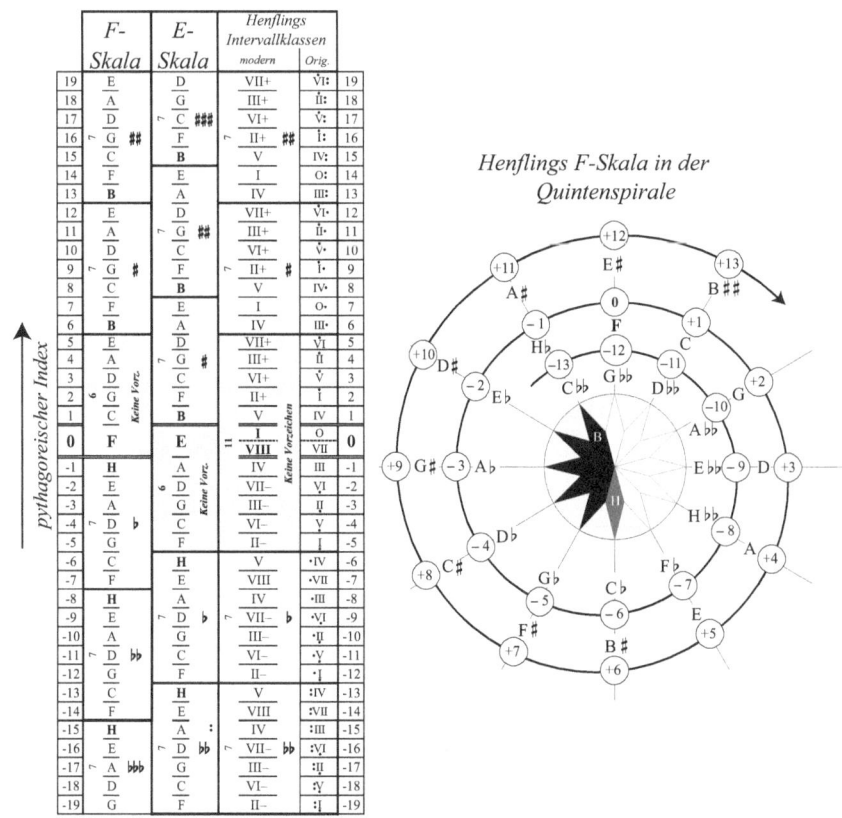

Abbildung 96

Außerhalb dieses zentralen Bereiches muss Henfling für die Skalen und für die Intervallklassen Siebenerfolgen verwenden, um eine Darstellung mit Vorzeichen zu erhalten, welche der Logik der Quintenketten entspricht. In Richtung der Erhöhungen orientiert sich Henfling dabei an der aufsteigenden *F*-Skala und verwendet die Siebenerfolge IV I V II + VI + III + VII +, in der nur die „großen" Intervallvarianten (+) auftreten. Diese Folge wird sukzessive nach oben abgetragen, und in jeder Siebener-Periode wird ein weiteres ♯ hinzugefügt. Mit der Folge II – VI – III – VII – IV VIII V, in der nur die „kleinen" Intervallvarianten (–) vorkommen, orientiert sich Henfling im Falle der Erniedrigung entsprechend an der absteigenden *E*-Skala. Diese Siebenerfolge wird nach unten abgetragen, wobei in jeder Periode ein ♭ hinzugefügt wird.

Aus Gründen, die noch zu klären sind, beschränkt sich Henfling auf den Bereich $-18 \leq r \leq +18$ für den pythagoreischen Index r. Die Intervallklassen VII + ♯♯ und II − ♭♭ mit den Indizes −19 und +19 werden von Henfling bewusst aus der Untersuchung ausgeschlossen. Da I und VIII gemeinsam dem Index $r = 0$ zugeordnet sind, gibt es daher insgesamt genau 38 vorzeichenbehaftete Intervallklassen, zu denen jeweils ein oder zwei über den Index x eindeutig bestimmte Notenbezeichnungen gehören. Die Klasse III+♯ (mit $x = 11$) enthält z. B. die Note A♯ aus der F- und die Note G♯♯ aus der E-Skala.

Henflings Intervallklassen

		I	II	III	IV	V	VI	VII	VIII
0	**I**	I	II−♭						
1	**II−**	I♯	**II−**	III−♭♭					
2	**II+**	I♯♯	**II+**	III−♭					
3	**III−**		II+♯	**III−**	IV♭♭				
4	**III+**		II+♯♯	**III+**	IV♭				
5	**IV**		III+♯	**IV**	V♭♭				
6	*Tritonus*		III+♯♯	IV♯	V♭	VI−♭♭			
7	**V**			IV♯♯	**V**	VI−♭			
8	**VI−**				V♯	**VI−**	VII−♭♭		
9	**VI+**				V♯♯	**VI+**	VII−♭		
10	**VII−**					VI+♯	**VII−**	VIII♭♭	
11	**VII+**					VI+♯♯	**VII+**	VIII♭	
12	**VIII**						VII+♯	**VIII**	

Abbildung 97

Diese vorzeichenbehafteten Intervallklassen müssen sich aber wieder auf die 13 allgemeinen diatonischen Intervallklassen aus Abbildung 7 verteilen lassen. Das geschieht in Abbildung 97. Man kann erkennen, dass Henflings Klasse III+♯ zur diatonischen Klasse IV gehört, und dass der Tritonus, dem Henfling selbst kein eigenes Klassensymbol zugeordnet hat, sich sogar aus vier Henflingklassen zusammensetzt. Zu jeder römischen Ziffer, also zu jeder abstrakten Position im Liniensystem, erscheinen in der Regel zwei Vorzeichen, denn Oktave und Prim teilen sich eine Position.

Unglücklicherweise verwendet Henfling im Original für seine neuen Klassen eine äußerst kryptische Symbolik. Die naiven Intervallklassen gemäß Abbildung 7 gibt er zwar auch mit römisch geschriebenen Zahlen an, aber nicht wie üblich mit den Zahlen von I bis VIII, sondern von O bis VII. Den Zeichenvorrat für römische Zahlen erweitert er damit einfach durch das Zeichen O und nennt die zugehörige Intervallklasse „*nulla*". Alle anderen Intervallklassen tragen unglücklicherweise die traditionellen Namen in einer neuen Bedeutung, so dass es beim flüchtigen Lesen ständig zu Irritationen kommen muss, weil selbst der fundamentale Begriff der Oktave bei Henfling seine Bedeutung verloren hat. Er spricht von einer Septime, wenn eine Oktave gemeint ist, und von einer Sekunde, wenn er an eine Terz denkt. Wir werden deshalb auch bei der Darstellung seiner eigenen Gedanken und Ideen in der Regel weiterhin Henflings Begriffe und Kurzbezeichnungen für Intervallklassen vermeiden und geben in der Regel die heutige Umschreibung an, weil wir so eine bessere Verständlichkeit für den Leser zu erreichen hoffen.

Den Halbtonunterschied zwischen großer und kleiner Intervallklasse, den wir hier durch + und – andeuten, markiert Henfling im Original durch einen oben oder unten an die römische Zahl angefügten Punkt •. Die Vorzeichen, die für seine Klassenbezeichnungen notwendig sind und einem Halbtonschritt entsprechen, werden von ihm ebenfalls durch solche Punkte • notiert, und zwar links von der Intervallklasse bei Verminderung, rechts bei Erhöhung[308]. Die Vielzahl von Punkten ist schwer lesbar und induziert viele Druckfehler.

In seinem Schema I (Abbildung 98) stellt Henfling die vorzeichenbehafteten Intervallklassen zusammen mit den zugehörigen Notenbezeichnungen der *F*- und *E*-Skala dar. In Abbildung 98 sind offensichtliche Druckfehler berichtigt worden. Henflings eigene Symbole werden jeweils durch die modernisierte Schreibweise erläutert, wobei seine eigenwilligen verbalen lateinischen Intervallklassenbezeichnungen ganz weggelassen werden. In jeder Skala treten letztlich 31 verschiedene Notenbezeichnungen auf, wenn man die reine Oktave mit dem Einklang identifiziert. Jeder freie Platz in den Skalen ist entweder damit begründet, dass nur traditionelle Klassennummern zwischen 0 und 12 auftreten können, oder dass eben höchstens zwei Vorzeichen verwendet werden dürfen.

Damit hat man das Verzeichnis aller 38 Unterklassen, wobei jeder Klasse maximal zwei verschiedene Notenbezeichnungen zugeordnet sind. Für jede dieser 62 Notenbezeichnungen müssen im nächsten Schritt eine oder mehrere dazu passende konkrete natürliche Stufen angegeben werden, die jeweils dieselbe Notenbezeichnung besitzen.

---

308   Haase nimmt irrtümlich an, die seitlichen Punkte würden Kommata signalisieren (Haase 1982, S. 9).

Skala aufsteig. *H.*	*Skala* aufsteig.	*Skala* absteig. *H.*	*Skala* absteig.	*Intervall-klassen H.*	*Intervall-klassen*	Nr.	Nr.	*Intervall-klassen*	*Intervall-klassen H.*	*Skala* absteig.	*Skala* absteig. *H.*	*Skala* aufsteig.	*Skala* aufsteig. *H.*
F	F	E	E	O	I	0	12	VIII	VII	E	E	F	F
F^1	F♯	E^1	E♯	O·	I♯	1	11	VIII♭	·VII	E♭	^1E	F♭	^1F
F^2	F♯♯			O:	I♯♯	2	10	VIII♭♭	:VII	E♭♭	^2E		
^2G	G♭♭	^1F	F♭	·I	II−♭	0	12	VII+♯	V̇I·	D♯♯	D^2	E♯	E^1
^1G	G♭	F	F	I	II−	1	11	VII+	V̇I	D♯	D^1	E	E
G	G	F^1	F♯	İ	II+	2	10	VII−	V̇I	D	D	E♭	^1E
G^1	G♯	F^2	F♯♯	İ·	II+♯	3	9	VII−♭	·V̇I	D♭	^1D	E♭♭	^2E
G^2	G♯♯			İ:	II+♯♯	4	8	VII−♭♭	:V̇I	D♭♭	^2D		
		^2G	G♭♭	:II	III−♭♭	1	11	VI+♯♯	V̇:			D♯♯	D^2
^2A	A♭♭	G	G♭	·II	III−♭	2	10	VI+♯	V̇·	C♯♯	C^2	D♯	D^1
^1A	A♭	G	G	II	III−	3	9	VI+	V̇	C♯	C^1	D	D
A	A	G^1	G♯	İI	III+	4	8	VI−	V	C	C	D♭	^1D
A^1	A♯	G^2	G♯♯	İI·	III+♯	5	7	VI−♭	·V	C♭	^1C	D♭♭	^2D
A^2	A♯♯			İI:	III+♯♯	6	6	VI−♭♭	:V	C♭♭	^2C		
		^2A	A♭♭	:III	IV♭♭	3	9	V♯♯	IV:			C♯♯	C^2
^2H	H♭♭	^1A	A♭	·III	IV♭	4	8	V♯	IV·	B♯♯	B^2	C♯	C^1
^1H	H♭	A	A	III	IV	5	7	V	IV	B♯	B^1	C	C
B^1	B♯	A^1	A♯	III·	IV♯	6	6	V♭	·IV	H♭	^1H	C♭	^1C
B^2	B♯♯			III:	IV♯♯	7	5	V♭♭	:IV	H♭♭	^2H		

H. = Originalspalten in Schema I. Die lateinischen Intervallklassenbezeichnungen sind weggelassen.

Abbildung 98

Wie wichtig der Gedanke der Symmetrie für Henfling ist, zeigt sich nicht nur in der Verwendung des Skalenpaars von auf- und absteigender Skala. Komplementäre Intervallklassen erscheinen in Schema I oder in Abbildung 98 konsequent in einer Zeile. Man kann auch sehen, dass tatsächlich für alle vorzeichenbehaftete Klassen mindestens eine Notenbezeichnung aus einer der beiden Skalen existiert, die nicht mehr als zwei Vorzeichen benötigt, und dass die Stufen *B* und *H* in beiden Skalen immer mit den von Henfling gewünschten Vorzeichen auftreten.

e) Kommapaare und ihre Quintenketten

Beim natürlichen System muss man damit rechnen, dass gewisse Notenbezeichnungen nicht einer einzelnen Stufe zugeordnet sind, sondern vielmehr einem Kommapaar, also zwei natürlichen Stufen, die sich um ein syntonisches Komma unterscheiden (vgl. z. B. Abbildung 40). Henfling macht dies in seiner Theorie zum Regelfall: *jede* Notenbezeichnung entspricht bei ihm im natürlichen System grundsätzlich einem Kommapaar.[309]

Die Konstruktion, die für die Notenbezeichnungen verwendet worden ist, kann auf natürliche Kommapaare übertragen werden. Sie erfolgt über geeignete Quintenketten innerhalb des natürlichen Systems, die mit der Quintenspirale des pythagoreischen Systems assoziiert sein müssen. Jeder Stufe $P(r)$ aus der Basisoktave des pythagoreischen Systems entspricht eine eindeutige Bezeichnung, die nur von ihrem Index r abhängt. Für die Darstellung von natürlichen Stufen bietet sich Henflings Formel $N(x;y) = \omega(P(r) + z \cdot C) = N(r + 4z; -z)$ aus V.3.a an. $r = x + 4y$ gibt darin den regulären oder pythagoreischen Index von $N(x;y)$ an und die Zahl $z = -y$ die Anzahl der syntonischen Kommata C, um die sich $N(x;y)$ von $P(r)$ unterscheidet. Wenn klar ist, von welchem pythagoreischen Index r gerade die Rede ist, genügt für die Festlegung einer natürlichen Stufe die Kenntnis dieser ganzen Zahl z. Bei Kommapaaren muss der r-Wert übereinstimmen, während die z-Werte zwei benachbarte ganze Zahlen sein müssen.

Die Folge $P(r) = \omega\left(r \cdot \lambda\left(\frac{3}{2}\right)\right)$ stellt die spezielle Quintenkette dar, die nur aus reinen Quinten $P(1)$ besteht und durch die z-Folge $...0\,0\,0\,0\quad 0\,0\,0\,0\quad 0...$ veranschaulicht werden kann. Da diese Quintenkette im pythagoreischen System bleibt, muss man für das natürliche System auch Ketten mit unreinen Quinten verwenden. Dabei kommen nur solche unreine Quinten in Frage, die sich um ein oder höchstens um zwei syntonische Kommata von der reinen Quinte unterscheiden.

Henfling stellt für seine Quintenketten die Forderung auf, dass jeder zusammenhängende Abschnitt von vier Quinten aus einer solchen Kette oktavreduziert die reine große Terz $\lambda\left(\frac{3}{2}\right)$ ergeben muss. Jeder Viererabschnitt in einer

---

309   Henfling schreibt dazu (Henfling 1710, §2 , S. 268): „Ipse vero Cartesius in Musices Compendio digito potiùs id quod agendum esset, monstravit, quàm ut ipse rem pertegerit."

210

solchen henflingschen Quintenkette muss daher die Absenkung um ein syntonisches Komma bewirken[310].

Wenn man sich auf die Angabe der Zahl z beschränkt, kann die einfachste derartige Quintenkette I durch die z-Folge $...\underbrace{0\,0\,0-1}_{4}\ \underbrace{0\,0\,0-1...}_{4}$ veranschaulicht werden. Die Zahl 0 signalisiert die reine Quinte $Q = \lambda\left(\tfrac{3}{2}\right)$ und die Zahl -1 die unreine Quinte $\underline{Q} = Q - C = N\left(-3;1\right) = \lambda\left(\tfrac{40}{27}\right) \approx 680{,}4\,\cent$. Henfling verwendet dazu noch die Ausweichfolge A mit der z-Folge $...\underbrace{0-2\,0\,1}_{4}\ \underbrace{0-2\,0\,1...}_{4}$. Sie enthält die unreinen Quinten $\underline{Q} = Q - 2\cdot K_S = N\left(-7;2\right) = \lambda\left(\tfrac{3200}{2187}\right) \approx 658{,}9\,\cent$ und $\overline{Q} = Q + K_S = N\left(5;-1\right) = \lambda\left(\tfrac{243}{160}\right) \approx 723{,}5\,\cent$. Auch in dieser Kette A erfolgt in jedem Viererabschnitt eine Absenkung um ein syntonisches Komma.

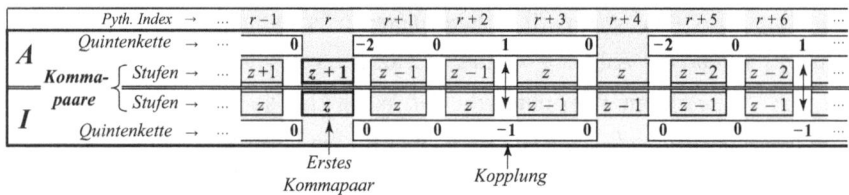

Abbildung 99

Henfling verbindet die Ausweichfolge A fest mit der Folge I, indem er die Quintschritte aus A mit $z = 1$ an die Quintschritte aus I mit $z = -1$ ankoppelt. Wenn man bei einem beliebigen Index r mit einem ersten Kommapaar beginnt, dann erzeugen I und A unter diesen Anfangsbedingungen eine Quintenkette von Kommapaaren (Abbildung 99). Denn die natürlichen Stufen, die auf diese Weise in den beiden Folgen gebildeten werden, besitzen z-Werte, die sich genau um 1 unterscheiden, und zwar unabhängig von ihrem gemeinsamen pythagoreischen Index.

Eine derartige Doppelkette, die Kommapaare erzeugt, konstruiert Henfling sowohl für die F- wie für die E-Skala und erhält damit insgesamt vier verschiedene Quintenketten A_F, I_F, I_E und A_E.

---

310 Auch P. Bailhache bemerkt, dass Henfling Quintenketten verwendet (Bailhache 1992, S. 10). Jedoch geht er fälschlich davon aus, dass Henfling nur die im Folgenden genauer untersuchte Kette I verwenden würde. Das kann vielleicht damit zusammenhängen, dass er auf die vollständige Klärung des Benennungssystems mit Tonbuchstaben und Vorzeichen verzichten zu können glaubt.

Die Startwerte legt er für die F-Skala durch $r = 0$ und für die E-Skala durch $r = -1$ fest (Abbildung 100). Im Indexbereich $-12 \leq r \leq 12$, wo beide Skalen sich überlappen, führt die geschickte Wahl der Startwerte dazu, dass die zu einem Index gehörenden Kommapaare aus den beiden Skalen sogar numerisch übereinstimmen, wenn der Index r nicht durch 4 teilbar ist. Ist r durch 4 teilbar, dann haben die beide Kommapaare immer noch eine gemeinsame Stufe, sodass für einen solchen Index r in beiden Skalen insgesamt nur drei verschiedene natürliche Stufen vorkommen können.

Pyth. Index r	-19	-18	-17	-16	-15	-14	-13	-12	-11	-10	-9	-8	-7	-6	-5	-4	-3	-2	-1	0
F (aufst.) A_F — Quintenkette →		0	-2	0		0		-2	0		0		-2	0		0		-2	0	-2
Komma- ⎰	4	4	2	2	3	3	1	1	2	2	0	0	1							1
paare ⎱	3	3	3	3	2	2	2	2	1	1	1	1	0							0
I_F — Quintenkette →		0	0	0	-1	0	0	0	-1	0	0	0	-1	0	0					0
E (abst.) A_E		1	0	-2	0	1	0	-2	0	1	0	-2	0	1	0	-2	0		1	-1
	4	5	5	3	3	4	4	2	2	3	3	1	1	2	2	0	0		1	
I_E	5	4	4	4	3	3	3	3	2	2	2	2	1	1	1	1	0		0	0
	-1	0	0	0	-1	0	0	0	-1	0	0	0	-1	0	0	0	-1		0	0
Anzahl der versch. Stufen	2	2	2	2	2			3	2	2	2	3	2	2	2	3	2	2	2	3

Pyth. Index r	-1	0	1	2	3	4	5	6	7	8	9	10	11	12	13	14	15	16	17	18	19
F (aufst.) A_F — Quintenkette		0	-2	0		0	-2	0		0	-2	0		0	-2	0		0	-2	0	
	1	1	-1	-1	0	0	-2	-1	-1	-3	-3	-2	-2	-4	-4	-3	-3	-5	-5	-4	
I_F		0	0	0	-1	0	0	0	-1	0	0	0	-1	0	0	0	-1	0	0	0	-5
	-1	0	0	0	-1	0	0	0	-1	0	0	0	-1	0	0	0	-1				-1
E (abst.) A_E		0	-2	0		0	-2	0		0	-2	0		0	-2	0					
	1	1	-1	-1	0	0	-2	-2	-1	-1	-3	-3	-2	-2	-4	-4	Komma-				
I_E	0	0	0	0	-1	-1	-1	-2	-2	-2	-3	-3	-3	-3	-3	paare					
		0	0	0	-1	0	0	0	-1	0	0	0	-1	0	0	0					
Anzahl der versch. Stufen (s. o.)		2	2	2	3	2	2	2	3	2	2	2	3	2	2	2	2	2	2	2	

Abbildung 100

Im Indexbereich $-12 \leq r \leq 12$ kommen daher nur noch 7 neue Intervalle aus der E-Skala zu den 50 verschiedenen natürlichen Intervallen der F-Skala hinzu, nämlich jeweils bei den durch vier teilbaren Indizes. Weil Henfling in den Indexabschnitten $-18 \leq r < -12$ und $12 < r \leq 18$ nur jeweils eine der beiden Skalen heranzieht, kommen aus diesem Bereich 12 weitere Kommapaare oder 24 natürliche Stufen hinzu, so dass insgesamt 81 verschiedene natürliche Stufen durch Henflings *Prosthaphairesis* erfasst werden, welche sich auf die 62 Notenbezeichnungen (für die beiden Skalen) und auf die 38 henflingschen Intervallklassen aus Schema I (Abbildung 98) verteilen.

f) Henflings Auswahl von 81 natürlichen Stufen

Aus dem Index r und aus den Zahlen $z_{IF}(r)$, $z_{AF}(r)$, $z_{IE}(r)$ und $z_{AE}(r)$ für die Kommapaare der Abbildung 100 lassen sich heute gemäß der Beziehung $N(x;y) = N(r+4z;-z)$ nach V.3.c die 81 natürlichen Stufen schnell konkret bestimmen. Das Ergebnis ist in Abbildung 101 wiedergegeben. Für jede Noten-bezeichnung in den beiden Skalen wird darin das zugehörige natürliche Stufen-paar angegeben, wobei die beiden Kommapaare, die zu einer henflingschen In-tervallklasse gehören, in gleicher Höhe stehen.

Henfling selbst stellt den Prozess der Prosthaphairesis, bei dem diese 81 verschiedenen natürlichen Intervalle entstehen, in seiner Figur 66 dar[311]. Die hier mit Hilfe von Abbildung 100 gewonnenen Angaben für die natürlichen In-tervalle $N(x;y)$ stimmen mit Henflings Angaben in Figur 66 überein.

Die im Begriff der auf- und absteigenden Skala enthaltene Symmetrievor-stellung Henflings wird schon in den ganzen Zahlen $z_{IF}(r)$, $z_{AF}(r)$, $z_{IE}(r)$ und $z_{AE}(r)$ der Abbildung 100 sichtbar. Es gilt im dargestellten Bereich nämlich $z_{IF}(-r) = -z_{IE}(r)$ und $z_{AF}(-r) = -z_{AE}(r)$. In Abbildung 101 zeigt sich die Symmetrie der Stufen $N(x;y)$ in den Spalten II und IV bzw. III und V deutlich in den Werten von x und y.

Henflings Prosthaphairesis kann man außerdem zur Kontrolle auch in grafi-scher Gestalt durchführen, wenn man die Isomorphie der natürlichen Basisokta-ve zum Gitter $\mathbb{Z}^2$ ausnutzt. Die 81 natürlichen Stufen erscheinen als eine Punktmenge, die punktsymmetrisch zum Ursprung ist (Abbildung 102a). Zur Orientierung ist jeweils der zugehörige Index r zwischen -18 und $+18$ angege-ben, und die 19 natürlichen Stufen, die ausschließlich in der E-Skala vorkom-men, sind grau unterlegt. Die Lage bestimmt auch die relative Position einer Stufe in einem Kommapaar: eine Stufe $N(x;y)$ mit kleinerem x-Wert hat einen kleineren Centwert als die zur gleichen Intervallklasse gehörende Stufe mit grö-ßerem x-Wert.

---

311 Bailhache bemerkt zu dieser Figur 66 (Bailhache 1992, S. 11): „On la comprend avec moins de difficulté qu'il y paraît." Danach macht er aber völlig unbegründete Aussa-gen, die man nicht nur an unserer Abbildung 101, sondern auch anhand der originalen Figur 66 schnell mit Gegenbeispielen widerlegen kann: „La ligne III ne porte pas que les rapports de la ligne II divisés par 81/80 ... la ligne IV quant à elle porte aussi les rapports de la ligne II, mais multipliés par 2, donc des degrés abaissés d'une octave ... la ligne V, enfin, contient de même les rapports de la ligne IV multipliés par 81/80."

Henflings Figur 66

	Aufsteigende Skala (F) Kommapaare Natürliche Stufen		Notation	Intervall–klassen	Absteigende Skala (E) Kommapaare Natürliche Stufen * in der aufsteigenden Skala nicht enthalten		Notation
Index der Intervallklasse	II	III	VI	I	IV	V	VII
+18	N(2;4)	N(−2;5)	A♯♯	III+ ♯♯			
+17	N(1;4)	N(−3;5)	D♯♯	VI+ ♯♯			
+16	N(0;4)	N(4;3)	G♯♯	II+ ♯♯			
+15	N(−1;4)	N(3;3)	C♯♯	V ♯♯			
+14	N(2;3)	N(−2;4)	F♯♯	I ♯♯			
+13	N(1;3)	N(−3;4)	B♯♯	IV ♯♯			
+12	N(0;3)	N(4;2)	E♯	VII+ ♯	N(0;3)	N(−4;4) *	D♯♯
+11	N(−1;3)	N(3;2)	A♯	III+ ♯	N(−1;3)	N(3;2)	G♯♯
+10	N(2;2)	N(−2;3)	D♯	VI+ ♯	N(−2;3)	N(2;2)	C♯♯
+9	N(1;2)	N(−3;3)	G♯	II+ ♯	N(1;2)	N(−3;3)	F♯♯
+8	N(0;2)	N(4;1)	C♯	V ♯	N(0;2)	N(−4;3) *	B♯♯
+7	N(−1;2)	N(3;1)	F♯	I ♯	N(−1;2)	N(3;1)	E♯
+6	N(2;1)	N(−2;2)	H = B♯	IV ♯	N(−2;2)	N(2;1)	A♯
+5	N(1;1)	N(−3;2)	E	VII+	N(1;1)	N(−3;2)	D♯
+4	N(0;1)	N(4;0)	A	III+	N(0;1)	N(−4;2) *	G♯
+3	N(−1;1)	N(3;0)	D	VI+	N(−1;1)	N(3;0)	C♯
+2	N(2;0)	N(−2;1)	G	II+	N(−2;1)	N(2;0)	F♯
+1	N(1;0)	N(−3;1)	C	V	N(1;0)	N(−3;1)	H = B♯
0	N(0;0)	N(4;−1)	F	I / VIII	N(0;0)	N(−4;1) *	E
−1	N(−1;0)	N(3;−1)	B = H♭	IV	N(−1;0)	N(3;−1)	A
−2	N(2;−1)	N(−2;0)	E♭	VII−	N(−2;0)	N(2;−1)	D
−3	N(1;−1)	N(−3;0)	A♭	III−	N(1;−1)	N(−3;0)	G
−4	N(0;−1)	N(4;−2)	D♭	VI−	N(0;−1)	N(−4;0) *	C
−5	N(−1;−1)	N(3;−2)	G♭	II−	N(−1;−1)	N(3;−2)	F
−6	N(2;−2)	N(−2;−1)	C♭	V ♭	N(−2;−1)	N(2;−1)	B = H♭
−7	N(1;−2)	N(−3;−1)	F♭	VIII ♭	N(1;−2)	N(−3;−1)	E♭
−8	N(0;−2)	N(4;−3)	H♭♭	IV ♭	N(0;−2)	N(−4;−1) *	A♭
−9	N(−1;−2)	N(3;−3)	E♭♭	VII− ♭	N(−1;−2)	N(3;−3)	D♭
−10	N(2;−3)	N(−2;−2)	A♭♭	III− ♭	N(−2;−2)	N(2;−3)	G♭
−11	N(1;−3)	N(−3;−2)	D♭♭	VI− ♭	N(1;−3)	N(−3;−2)	C♭
−12	N(0;−3)	N(4;−4)	G♭♭	II− ♭	N(0;−3)	N(−4;−2) *	F♭
−13	II	III	VI	V ♭♭	N(−1;−3) *	N(3;−4) *	H♭♭
−14				VIII ♭♭	N(−2;−3) *	N(2;−4) *	E♭♭
−15	Schattiert: Stufe hat kleineren Centwert als die Partnerstufe.			IV ♭♭	N(1;−4) *	N(−3;−3) *	A♭♭
−16				VII− ♭♭	N(0;−4) *	N(−4;−3) *	D♭♭
−17				III− ♭♭	N(−1;−4) *	N(3;−5) *	G♭♭
−18				VI− ♭♭	N(−2;−4) *	N(2;−5) *	C♭♭
				I	IV	V	VII

Die in den Spaltenüberschriften angegebenen römischen Zahlen I - VII entsprechen der Originalzeichnung von Henfling.

Abbildung 101

214

Henfling schreibt zusammenfassend[312]: „*Schließlich enthält die Oktave 81 verschiedene Teile, wobei die Kommapaare eingeschlossen sind, die aus den 38 Intervallklassen entstehen.*" Die Kehrwerte der Verhältniszahlen von allen 81 natürlichen Stufen wandelt er in Dezimalzahlen um und trägt diese in die Spalte I der Figur 67 ein, welche das zugehörige halbe Monochord zeigt.

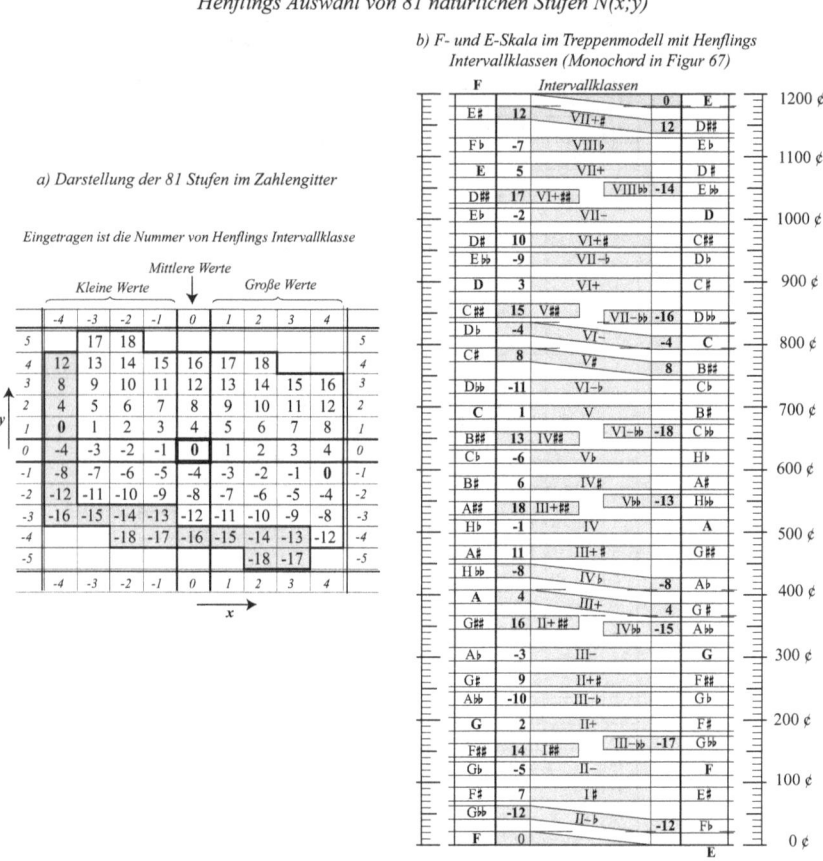

Abbildung 102

---

312 Henfling 1710, § 22, S. 280: „Jam vero unam & octoginta diversas partes (comprehensis iis quae ex triginta octo Commatibus oriuntur) Dia-pason continet,…". Wie wir gesehen haben, enthalten Henflings Intervallklassen immer zwei oder drei natürliche Intervalle, die sich jeweils um ein Komma unterscheiden. Das bringt ihn unglücklicherweise dazu, das Wort *Comma* auch für seine Intervallklassen selbst zu verwenden.

Dessen Struktur ist in der rechten Hälfte der Abbildung 102 wiedergegeben. Dabei ist aber anders als im Original der Lesbarkeit halber die Darstellung im Treppenmodell mit Cent-Angaben gewählt worden. Der rechte Teil der Abbildung 103 zeigt den Anfang dieses im Original außerordentlich sorgfältig gearbeiteten Monochords in vergrößerter Form, jedoch wie das Original im Saitenlängenmodell, wobei in Abbildung 103 der Steg unten liegt.

Die mit Notenbezeichnungen gefüllten Rechtecke in den beiden Skalen von Abbildung 102b) machen die Kommapaare sichtbar, deren obere und untere Seiten die beiden zugehörigen natürlichen Stufen markieren. Diese Komma-Rechtecke überlappen sich an keiner Stelle, wenn man beide Skalen für sich betrachtet. Mit Hilfe der Nummern der Intervallklassen, die zwischen den beiden Skalen sichtbar gemacht sind, kann man nicht nur mit Abbildung 101, sondern auch mit Abbildung 102a) die beiden natürlichen Stufen $N(x;y)$ bestimmen, welche das Kommapaar bilden. Wie schon in der quinterzeugten Abbildung 101 zu sehen, bilden auch in Abbildung 102b) die Kommapaare A (in der F-Skala) und $G\sharp$ (in der der E-Skala) die Henflingklasse III+ mit der Nummer 4, während die Henflingklasse I$\sharp\sharp$ nur das Kommapaar $F\sharp\sharp$ aus der F-Skala enthält.

Wie Henfling in § 20 richtig erläutert, wären die Rechtecke innerhalb einer Skala nicht mehr getrennt, wenn man die von ihm gewählten Indexgrenzen für die Intervallklassen überschreiten würde.

$$Index+19(F-Skala): \left.\begin{array}{c}N(3;4)\\N(-1;5)\end{array}\right\}E_{\sharp\sharp} \; aus \; VII+_{\sharp\sharp}\left(\dot{VI}:\right) \quad konfligiert \; mit \; \left.\begin{array}{c}N(0;-3)\\N(4;-4)\end{array}\right\}G_{\flat\flat} \; aus \; II-_{\flat}\left(\cdot I\right)$$

$$Index-13(F-Skala): \left.\begin{array}{c}N(3;-4)\\N(-1;-3)\end{array}\right\}C_{\flat\flat} \; aus \; V_{\flat\flat}(:IV) \quad konfligiert \; mit \; \left.\begin{array}{c}N(2;4)\\N(-2;5)\end{array}\right\}A_{\sharp\sharp} \; aus \; III+_{\sharp\sharp}\left(\dot{II}:\right)$$

$$Index+13(E-Skala): \left.\begin{array}{c}N(-3;4)\\N(1;3)\end{array}\right\}A_{\sharp\sharp} \; aus \; IV_{\sharp\sharp}(III:) \quad konfligiert \; mit \; \left.\begin{array}{c}N(-2;-4)\\N(2;-5)\end{array}\right\}C_{\flat\flat} \; aus \; VI-_{\flat\flat}\left(:V\right)$$

$$Index-19(E-Skala): \left.\begin{array}{c}N(-3;-4)\\N(1;-5)\end{array}\right\}F_{\flat\flat} \; aus \; II-_{\flat\flat}\left(:I\right) \quad konfligiert \; mit \; \left.\begin{array}{c}N(0;3)\\N(-4;4)\end{array}\right\}D_{\sharp\sharp} \; aus \; VII+_{\sharp}\left(\dot{VI}\cdot\right)$$

In der Spalte I der Originalfigur 67 sind an den entsprechenden Stellen runde Klammern zu finden.

Während sich die Kommapaare innerhalb einer einzelnen Skala nicht überlappen, gibt es jedoch sechs Überschneidungen zwischen den Intervallklassen, die ja Stufen aus beiden Skalen umfassen. Das natürliche Schisma, die Differenz zwischen pythagoreischem und syntonischem Komma, hat die Gestalt $N(8;1)$. Wenn man in Abbildung 102a) zu den sechs Stufen $N(-4;-3),...,N(-4;2)$ am linken Rand, welche die kleinste Stufe der jeweiligen Intervallklasse darstellen, das natürliche Schisma addiert, dann gelangt man zu den sechs Stufen $N(4;-2), ..., N(4;3)$ des rechten Randes, also zu den größten Stufen der jeweiligen Intervallklassen. Daher ist die kleinste Stufe der Intervallklassen -4, 0, 4, 8, 12, 16 um ein natürliches Schisma kleiner als die größte Stufe der Intervallklassen -16, -12, -8, -4, 0, 4, wie es auch in Abbildung 102b) sichtbar gemacht wird. Henflings halbes Monochord zeigt im Ergebnis eine feine, aber keineswegs gleichmäßige Teilung der Oktave mit 81 Stufen, die erwartungsgemäß symmetrisch ist. Die grafische Qualität des originalen Monochords der Figur 67 wird daran deutlich, dass die sechs Schismata gut erkennbar sind.

Henfling notiert im originalen Monochord nur bei einigen Stufen ihre tatsächliche Größe, nämlich bei den 32 Stufen $I_F(x)$ aus der Spalte II von Abbildung 101 (Indexbereich von -12 bis 12) und bei den sechs Stufen $I_E(x)$ aus Spalte IV für Indizes unterhalb von -12. Zusätzlich zur zeichnerischen Einteilung in 81 Stufen sind daher in der Spalte I der Figur 67 bei Henfling nur 38 explizite Größenangaben zu finden[313]. Im Ausschnitt der Abbildung 103 werden Henflings eigene Angaben durch Einrahmungen hervorgehoben.

g) Die Henfling-Kettendifferenz

Auf dem Blatt LBr 390, Bl. 72r (Abbildung 73) sind viele Aussagen über natürliche Intervalle zusammengestellt. Nach der Lektüre der *Epistola* notiert Leibniz am linken Rand auch gewisse eigentümliche Intervallbezeichnungen

---

313 Das ist wohl der Grund für die merkwürdige „*Table des intervalles de Henfling classés selon leur hauteur*" in Bailhache 1992, S. 14. Sie enthält die oben genannten 38 natürlichen Intervallproportionen aus der Spalte I der Figur 67. Bailhache übersetzt zwar auf S. 86 korrekt den in der vorigen Fußnote zitierten Hinweis Henflings auf die Gesamtzahl 81 und er verifiziert auch im Anhang IV auf S. 68 die entsprechende grafische Einteilung der Sp. I von Fig. 67, aber dennoch geht er im Text auf S. 13 und in der genannten Tabelle fälschlich davon aus, dass Henfling sich bei der Betrachtung des natürlichen Systems auf diese 38 Intervalle beschränken würde. Durch diesen Irrtum wird die auf S. 15 vorgebrachte Klage gegenstandslos, dass in dieser Liste viele wichtige natürliche Intervalle fehlen würden. In Wirklichkeit hat Henfling auch die vermissten natürlichen Intervalle allesamt berücksichtigt. Mit der auf derselben Seite vorgebrachten Klage, dass in der Liste auch natürliche Intervalle vorkommen, „*qui ne répondent à rien de réel*", rennt er bei Henfling offene Türen ein, der ja letztlich das gleichmäßige Zwölfersystem befürwortet. Henfling glaubt ja gerade nicht, dass unter musikalischen Intervallen nur natürliche Intervalle verstanden werden dürfen, und behandelt das natürliche System hier nur als abstraktes System. Der Begriff „*intervalle inexistant*", den Bailhache in der Tabelle im Annexe III (S. 64-66) für manche natürlichen Intervalle Henflings verwendet, geht deshalb ebenfalls an der Sache vorbei.

Henflings, Hyperoche und Eschaton, weil deren Definitionen in einem sachlichen Zusammenhang mit den übrigen Aussagen des Blattes zu stehen scheinen[314]. Dieselben Intervalle ergänzt er auf dem Blatt LBr 390, Bl. 81r (Abbildung 82 in IV.5.c). Deshalb haben wir sie bereits im diatonischen Algorithmus von Abbildung 88 als Kennzahlen eingeführt, denn schon Leibniz erkennt den Zusammenhang mit den harmonischen Gleichungen.

In der *Epistola* definiert Henfling diese Intervalle zunächst nur im natürlichen System, und zwar an dem Monochord der Figur 67 aus Abbildung 102a), von dem die Abbildung 103 einen vergrößerten Ausschnitt bietet[315]: *„Auf diesem Monochord wird der [kleine] Ganzton in fünf verschiedene Teile aufgeteilt, wobei ich freilich jene übergehe, die in vielfältiger Weise von den Kommata stammen. In Schema II werden diese Teile im Zusammenhang gezeigt und ihre Differenzen nach ein und derselben Methode dargestellt. Von diesen Teilen sind die drei ersten schon bekannt und als Diatonus, Chroma und Harmonia bezeichnet worden. Den beiden letzten habe ich die Namen Hyperoche und Eschaton beigelegt: bei der ersten, weil sie den Unterschied zwischen Chroma und Harmonia ausschöpft, und bei der zweiten, weil sie von allen Intervallen das kleinste und daher letzte Intervall ist.“*

Abbildung 103 zeigt im rechten Teil den im Zitat erwähnten Ausschnitt für den großen Ganzton aus dem Monochord in Spalte I von Figur 67 (Abbildung 102b), genauer der Abschnitt zwischen F und G bzw. E und $F_\sharp$. Auf der linken Seite werden die im Zitat genannten Intervalle sichtbar gemacht. Henfling schreibt in gewisse Monochord-Freiräume die beiden Ausdrücke *Har.-C* und *Hyp.-C.* Nimmt man zu *Hyp.-C.* ein grau unterlegtes Komma hinzu, so hat man eine Hyperoche, *Har.-C.* ergibt mit einem anliegenden Komma die Harmonia.

---

314   LBr 390, Bl. 72r (gesperrter Druck signalisiert die Unterstreichungen von Leibniz): „phthongi et chordae: Graecis: m e s e 1:2 Hypate 2:3 D i a t o n u s … quod vulgo semitonium majus 15:16. C h r o m a semitonium minus 24:25. D i e s i s E n a r m o n i c a seu H a r m o n i a 125:128 est differentia inter Diatonum et Chroma, stylo Dn. Henfling, si bene ipsum intelligo. si est paulum infra duplum Comma H y p e r o c h e differentia inter Chroma et Harmoniam est $3 \cdot 2^{10}$: 5^5. … E s c h a t o n eidem differentia inter Harmonia et Hyperoches 5^8 ,:,$3 \cdot 2^{16}$. Haec posteriora nomina Hyperoches et Eschati dn. Henfling à se inventa scribet."

315   Henfling 1710, § 21, S. 279-280: „In hoc Canonio, Tonus in diversas quinque partes (ut jam eas praeteream, quae à Commatibus multifariam gignuntur) distribuitur, quae quidem simul monstrantur, & una eademque opera ipsarum differentiae ostenduntur in Schem. II. Harum partium tres priores jam notae, & Diatonum, Chroma atque Harmonia dictae fuerunt; Duabus autem posterioribus nomina Hyperoches & Eschati imposui; illi quidem, quia Chromatis atque Harmoniae differentiam exhibet …; huic vero, … quia omnium minima, atque adeo ultima est."

218

Für die Hyperoche ergibt sich $N(-1;5) = \lambda\left(\frac{3125}{3072}\right)$ und für das Eschaton $N(1;-8) = \lambda\left(\frac{393216}{390625}\right)$.

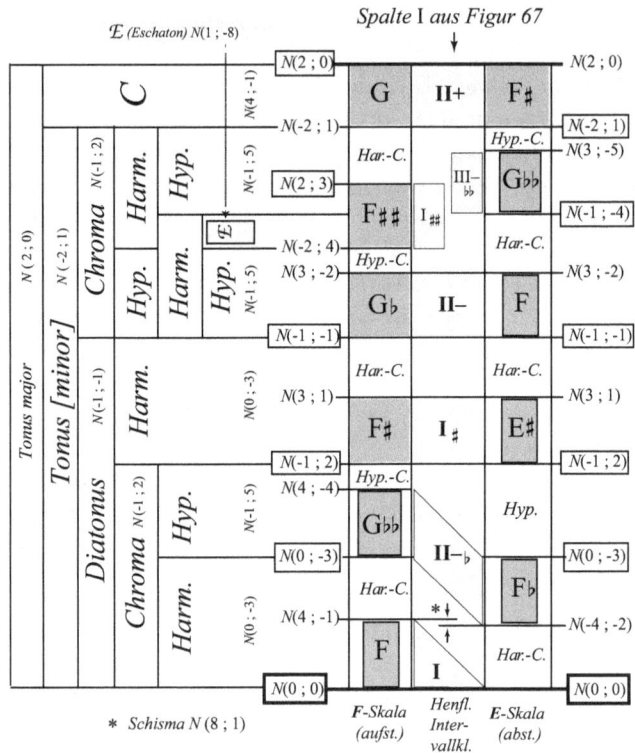

Abbildung 103

Aus Abbildung 103 kann man in der Tat ablesen, wie sich die Schrittintervalle *Tonus major (T)*, *Tonus minor (t)* und *Diatonus (s)* aus syntonischem Komma (C), Hyperoche (Y) und Eschaton (E) zusammensetzen. Denn setzt man $H = N(0;-3)$ für die Harmonia, so erkennt man $t = 3H + 2Y$ sowie $H = Y + E$. Es gilt daher

$$t = 5Y + 3E$$

$$T = t + C = 5Y + 3E + C.$$

$$s = 2H + Y = 3Y + 2E$$

Dieses Gleichungssystem lässt sich äquivalent umformen.

$$C = T - t$$

$$Y = 2t - 3s$$

$$E = 5s - 3t$$

Alle natürlichen Intervalle lassen sich nach diesen Überlegungen über die $(T;t;s)$-Darstellung aus den Größen C, Y und E zusammensetzen, wie wir es bereits in Abbildung 45 aus II.6 angewendet haben. Henfling hat in diesen Größen über die Kommadarstellung hinaus eine neue Basis für die integrierende oder synthetische Darstellung von natürlichen Intervallen gefunden. Die Besonderheit dieser Basis besteht darin, dass bei der Darstellung von *allen natürlichen* Intervallen, die in den harmonischen Gleichungen oder im diatonischen Algorithmus vorkommen, in der $(Y;E;C)$-Darstellung keine negativen Vorzeichen bei C, Y und E auftreten. Insofern sind C, Y und E intuitiv wirklich die elementaren Intervalle des natürlichen Systems. Mit den Bezeichnungen aus Abbildung 88 gilt für die Basiskonsonanzen in der differenzierenden oder analytischen Betrachtungsweise:

$$A = 31Y + 19E + 3C$$

$$B = 18Y + 11E + 2C$$

$$C = 10Y + 6E + C$$

Wie in dem Zitat angekündigt, entdeckt Henfling darüber hinaus, dass die fünf genannten Teilintervalle des natürlichen kleinen Ganztons eine Kettendifferenz bilden, die er in Schema II anschaulich wiedergibt (Abbildung 104). Auch hier bevorzugen wir die Wiedergabe in modernisierter Gestalt.

Ton. Min.   *Diatono.*
  | |
$N(-2;1) - N(-1;-1) = N(-1;2)$ *Chromati.*

$N(-1;-1) - N(-1;2) = N(0;-3)$ *Harmoniae.*

$N(-1;2) - N(0;-3) = N(-1;5)$ *Hyperochae*

$N(0;-3) - N(-1;5) = N(1;-8)$ *Eschato.*

Abbildung 104

Diese Kettendifferenz entspricht vollkommen den allgemeinen harmonischen Gleichungen, wie man auch an der Folge der entsprechenden Intervallgrößen aus Abbildung 88 ablesen kann.

In Abbildung 45 ist diese Kettendifferenz an mehreren Oktavteilungen numerisch gut zu abzulesen. Das gesamte System der harmonischen Gleichungen in Abbildung 88 lässt sich im Übrigen auch als eine Kopplung von mehreren Kettendifferenzen darstellen, zu denen auch Henflings Kettendifferenz gehört.

Dieser Umstand kann neben dem gemeinsamen Eintreten für das gleichmäßige Zwölfersystem in der Praxis ein weiterer Grund dafür sein, warum Leibniz es für sinnvoll hält, die Publikation der *Epistola* zu unterstützen, obwohl es sich um eine schwierige Theorie handelt, und obwohl auch er nicht mit allen Aspekten von Henflings Theorie und Darstellungsweise einverstanden ist.

4. Henflings Temperaturvorschläge

Für Henfling ist es klar, dass die 81 natürlichen Intervalle nicht auf Musikinstrumenten dargestellt werden können[316]: *„Deshalb muss man sich nach Anpassungsmethoden umsehen, durch die Stufen derart temperiert werden, dass ein und dieselbe Stufe die Aufgaben von mehreren übernehmen und dennoch den Ohren angenehm sein kann."* In einem ersten Schritt ersetzt er jedes Kommapaar aus Abbildung 102b durch den jeweiligen Mittelwert (Spalte II in Figur 67). *„Da man aber auch hier etwas zu viele Teile erhält, teilen wir auch diese gleichmäßig auf und erstellen so die Spalte III in Figur 67. In dieser Spalte werden schließlich nur zwölf Teile übrig bleiben, wenn wir die Halbierungen [in Spalte II], weglassen, die mit Hyperoche beschrieben sind, und wenn die Kommata geteilt werden, die am Anfang und Ende auf die enharmonische Diesis treffen."*[317]

Damit ist endlich der Weg frei für das gleichmäßige Zwölfersystem (Spalte IV in Figur 67), deren Zahlenwerte im Saitenlängenmodell er mit großer Genauigkeit berechnet[318]: *„Deshalb teile ich die ganze Oktave in 12 gleiche Teile ... Von diesen Teilen bilden zwei den Ganzton, einer den diatonischen und ebenso den chromatischen Halbton, von dem man an dieser Stelle glaubt, er sei dem ersteren gleich. ... Dadurch wird selbstverständlich die enharmonische Diesis gänzlich vernachlässigt oder = 0 gesetzt."*

Im Zusammenwirken mit Henflings Kettendifferenz entsteht aus dem Zwölfersystem eine verblüffend einfache Konstruktionsmethode für drei weitere Ok-

---

316 Henfling 1710, § 22, S. 280: „Idcirco de moderaminibus dispiciendum est, quibus ita Soni temperentur, ut unus idemque vice plurium fungi, & tamen auribus non ingratus esse queat."

317 Henfling 1710, § 24, S. 280-281: „Sed quia & hic plusculae habentur partes, ideo etiam has aequaliter dividendo, Column. 3, Fig 67. sistimus, in quâ sane, lineolis dimidiatis inscriptae Hyperochoe seponantur, & Commata cum Diesi Enarmonia circa initium & finem occurrente dividantur, tantum duodecim remanebunt partes."

318 Henfling 1710, § 25, S. 281: „Ideo integrum Dia-pason in duodecim aequales partes divido ... Harum partium duae Tonum constituunt, una Diatonum atque item Chroma, quod hoc loco isti aequale esse fingitur, ... ut nimirum Diesis Enarmonia plane negligatur, sive =0 ponatur."

221

tavteilungen. Während für die 12er-Teilung anfänglich die beiden Halbtöne Chroma und Diatonus zugleich auf 1 gesetzt werden, muss man zu Beginn für die 19er-Teilung Harmonia und Chroma, für die 31er-Teilung Hyperoche und Harmonia und schließlich für die 50er-Teilung Eschaton und Hyperoche auf 1 setzen (Schema III in Abbildung 105). Die größeren Intervalle bis zur kleinen Terz können in Henflings Kettendifferenz leicht bestimmt werden. Bei diesen vier Fällen ergibt sich ausgehend von der Folge 1-1-2 in jeder dieser vier Teilungen ein Ausschnitt aus der Fibonacci-Folge, und die Ordnungen der Teilungen selbst bilden wiederum eine eigene Kettendifferenz 12-19-31-50. Dies kann in Abbildung 45 gut nachvollzogen werden, zusammen mit einigen anderen Teilungen Henflings im Vergleich mit den späten Temperaturvorschlägen Sauveurs. Henfling stellt diese vier Oktavteilungen aus Schema III mit sehr großer Genauigkeit zusätzlich auch in den Spalten IV, V, VI und VII für das Monochord der originalen Figur 67 dar, so dass man sie dort gut mit seinen 81 natürlichen Stufen in Spalte I vergleichen kann.

Schema III (§ 29)

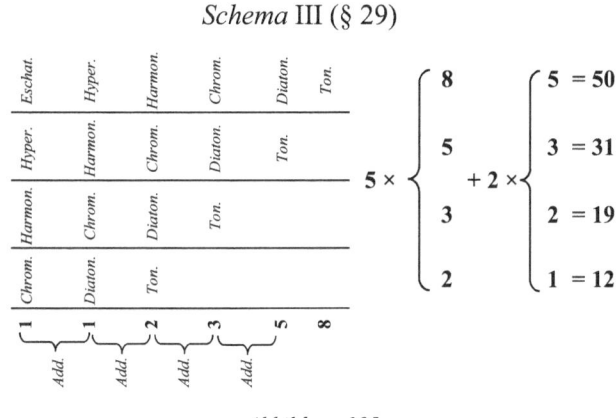

Abbildung 105

Leibniz empfiehlt Henfling seine 60er-Teilung, weil darin das Komma nicht verschwindet und so die bireguläre Struktur auch in der Temperatur sichtbar wird. Das akzeptiert Henfling, aber in seinen Augen bleibt die natürliche Kommateilung mit 53 gleichgroßen Intervallen pro Oktave für C = 1 in dieser Hinsicht die bessere Alternative (Abbildung 45). Die übrigen Oktavteilungen, die Henfling anspricht, haben wir schon ausführlich zusammen mit den Oktavteilungen von Sauveur (Abbildung 45) und von Leibniz vorgestellt (Abbildung 90).

VII. Leonhard Euler

1. Eulers Schriften zur Musiktheorie

Aufsätze zur Mathematik und Physik und deren Anwendungen machen 99% des gewaltigen Werkes von Leonhard Euler aus[319]. Das restliche Prozent umfasst neben einzelnen Arbeiten zur Philosophie und Theologie auch fünf Veröffentlichungen zur Musiktheorie, wenn man die zahlreichen Aufsätze zu akustischen Problemen außer Acht lässt. Diese umfangreichen Beiträge zur Akustik können hier nicht dargestellt werden und verdienen eine gesonderte Betrachtung[320].

Erste Notizen zur Musik finden sich bereits im Notizbuch von 1725-1727. 1739 wird in Sankt Petersburg der vermutlich bereits 1731 entstandene lateinische „Versuch einer neuen Musiktheorie" gedruckt, das umfangreiche „*Tentamen novae theoriae*". Lorenz Mizler hat daraus in den Jahren zwischen 1746 und 1754 die Kapitel I bis IV in deutscher Sprache mit ausführlichen kritischen Kommentaren in seiner „*Musikalischen Bibliothek*" veröffentlicht[321].

Kurz vor der zweiten Übersiedlung nach Sankt Petersburg im Jahre 1766 trägt Euler der Berliner Akademie noch zwei Aufsätze zur Musiktheorie vor, welche beide 1766 in Berlin publiziert werden[322]. Neben einer weiteren Einzelveröffentlichung[323] 1773 in der Petersburger Akademie erscheint dort 1769 das dreibändige Werk[324] „*Briefe an eine deutsche Prinzessin*", welches in ganz Europa über das akademische Publikum hinaus eine große Popularität gewinnt, weil es einen leicht verständlichen Überblick über die wichtigsten physikalischen Kenntnisse der damaligen Zeit bietet. Die Briefe drei bis acht aus dem ersten Teil dieser Sammlung enthalten eine Kurzfassung von Eulers Musiktheorie.

---

319 Emil A. Fellmann, *Leonhard Euler*, Hamburg 1995, S. 121 ff. Auf den Seiten 48 – 54 findet sich eine konzise Zusammenfassung der Versuche Eulers in der Musiktheorie.
320 Einen Eindruck von der Thematik kann man in dem Aufsatz Dostrovsky/Cannon 1987 gewinnen.
321 Lorenz Mizler, *Eulers Versuch einer neuen Theorie der Musik aus den richtigsten Gründen etc.*; 1. Kap.: Musikalische Bibliothek, 1746, Band III, Teil 1, S. 61 - 136; 2. Kap.: Musikalische Bibliothek, 1746, Band III, Teil 2, S. 305 - 346; 3. Kap.: Musikalische Bibliothek, 1747, Band III, Teil 3, S. 539 - 558; 4. Kap.: Neu eröffnete musikalische Bibliothek, 1754, Band IV, Teil 1, S. 69 - 103.
322 Es handelt sich um Euler 1766a und 1766b.
323 Euler 1774.
324 Euler 1768 und 1773.

In diesem frühen populärwissenschaftlichen Werk, das in einer nüchternen und klaren Sprache geschrieben ist, behandelt Euler in erster Linie physikalische, mathematische und logische Fragen. Aber auf der Basis seines christlichen Glaubens, seiner philosophischen Überzeugungen und seines Selbstverständnisses als Naturwissenschaftler und Mathematiker kritisiert er darin auch die Philosophie seiner Zeit, und zwar sowohl die materialistische Strömung französischer Provenienz, wie sie am Hofe Friedrichs des Großen gepflegt wird, als auch die Lehre von den Monaden, die auf Leibniz zurückgeht und in der Wolff'schen Ausgestaltung die deutsche Universitätsphilosophie jener Zeit dominiert. Einen guten Einblick in Eulers Gedankenwelt kann man in dem Buch von Fellmann gewinnen[325].

Der Kampf Eulers gegen die Philosophie Wolffs beginnt schon in den frühen Petersburger Jahren. Aber dennoch kennt und achtet er die wissenschaftlichen Leistungen von Leibniz. Er arbeitet in Sankt Petersburg mit Christian Goldbach zusammen und pflegt auch später einen ausgedehnten Schriftwechsel mit ihm, wobei die Zahlentheorie einen großen Stellenwert einnimmt. Schon ihm *Tentamen* finden sich daher Zitate[326], die auf den Brief zurückgehen, den Leibniz am 17. April 1712 an Goldbach geschrieben hat. Wie wir in IV.3 gesehen haben, erläutert darin Leibniz die Substitutionstheorie als Antwort auf eine direkte Frage von Goldbach. Euler kennt also in groben Zügen die musiktheoretischen Vorstellungen von Leibniz.

Im zweiten Band der Prinzessinenbriefe geht Euler auch auf die Sinneswahrnehmung ein. Alle Sinnesorgane erzeugen in ihren Nerven permanent gewisse Eindrücke, die an das Nervenende im Gehirn transportiert werden, und dort von der Seele als Ideen identifiziert werden. *„Die Seele ist also nur mit diesen äußersten Enden der Nerven vereinigt, auf welche sie nicht allein das Vermögen zu wirken hat, sondern wo sie auch als in einem Spiegel alles gewahr werden kann, was auf die sinnlichen Werkzeuge ihres Körpers einen Eindruck macht. Wie wunderbar aber ist diese Geschicklichkeit, aus solchen leichten Veränderungen, die in den äußersten Spitzen der Nerven vorgehn, dasjenige schließen zu können, was sie außer dem Körper veranlasset hat."*[327] Ähnlich wie für Descartes besteht auch für ihn die Welt aus zwei völlig verschiedenen Arten von Wesen, nämlich aus körperlichen oder materiellen Wesen und aus immateriellen Wesen oder Geistern. *„Es leidet gar keinen Zweifel, daß die Geister der vornehmste Theil der Welt sind, und daß die Körper bloß zu ihrem Dienste darin*

---

325   Fellmann 1995; dort findet man auch sehr instruktive Ausführungen zur Musiktheorie (S. 48-54).
326   Euler 1739, Cap.X, § 19, S. 163.
327   Euler 1773, II, Brief 81, S. 7.

sind eingeführet worden. Die Seelen haben nicht allein von allen den Eindrücken, welche ihre Körper leiden, Empfindung, sondern sie haben auch ein Vermögen auf ihre Körper zu wirken, und darinn Veränderungen hervorzubringen, die dieser Wirkung gemäß sind; hiedurch geschieht ihre thätige Einwirkung auf die übrige Welt. Aber die Art dieser Vereinigung, worinn jede Seele mit ihrem Körper steht, ist ohne Zweifel und wird beständig das größte Geheimniß der göttlichen Allmacht bleiben, das wir niemals werden ergründen können.[328] Deshalb muss auch im musikalischen Bereich die physikalische Signalübertragung durch Schallwellen von der physiologischen Signalübertragung in den Gehörnerven und schließlich von der wahrgenommenen Tonhöhe grundsätzlich unterschieden werden.

Aber es überrascht nicht, dass Euler sich besonders für den Schall interessiert. Über die akustischen Fachfragen hinaus wird für Euler die Ausbreitung des Schalls – nach der Einführung des Äthers in die physikalische Theorie – zum zentralen didaktischen Modell für seine eigene Wellentheorie des Lichts, die er in seinen späteren Jahren anstelle der Korpuskulartheorie Newtons favorisiert. *„Es scheint demnach sehr gewiß, daß das Licht in Ansehung des Aethers eben das ist, was der Schall in Ansehung der Luft; und daß die Lichtstralen nichts anders sind, als die durch den Aether fortgepflanzten Schwingungen oder Erschütterungen; gerade so, wie der Schall in den Erschütterungen oder Schwingungen besteht, die durch die Luft fortgepflanzt werden.“*[329] Die Entstehung von Licht ist an das Vorhandensein schwingungsfähiger Teilchen gebunden, welche den klingenden Körpern entsprechen: *„Die leuchtenden Körper müssen mit musikalischen Instrumenten verglichen werden, die man spielt, oder die jetzo wirklich einen Ton geben: ... Die dunklen Körper hingegen, so lange sie nicht erleuchtet sind, müssen mit musikalischen Instrumenten, die nicht gespielt werden, oder mit gespannten Saiten verglichen werden, die in Ruhe sind, und also jetzt nicht klingen.“*[330] Beim Licht müssen die Frequenzen allerdings weitaus größere Werte besitzen als beim Schall, und die Oszillatoren müssen im Vergleich mit einer schwingenden Saite äußerst klein sein: *„Eine so schnelle Bewegung kann nur in den kleinsten Theilen der Körper Statt finden, die ihrer Kleinheit wegen unsern Sinnen entgehen.“*[331]

---

328   Euler 1773, II, Brief 81, S. 7.
329   Euler 1773, I, Brief 19, S. 63. Auf diesen Themenkomplex hat mich freundlicherweise Dieter Suisky aufmerksam gemacht.
330   Euler 1773, I, Brief 26, S. 86:.
331   Euler 1773, I, Brief 22, S. 72-73; Euler 1768, I, Lettre XXII, S. 86: „Une agitation si rapide ne sauroit avoir lieu que dans les plus petites particules des corps qui, par leur imperceptibilité, échappent à nos sens.“

Damit ist auch eine neue, weit in die Zukunft weisende Erklärung für die Entstehung der Farben von Körpern gefunden, die wie bei Newton mit musikalischen Assoziationen verbunden ist. *„Die kleinsten Theilchen, die das Gewebe ihrer Oberfläche ausmachen, können als gespannte Saiten betrachtet werden, in so ferne sie in einem gewissen Grade mit Federkraft und Masse versehen sind; so daß, wenn sie gehörig angeschlagen werden, sie in Schwingungen gerathen, deren sie eine gewisse Anzahl in der Secunde vollbringen; von welcher Anzahl denn auch die Farbe abhängt, die wir diesem Körper zuschreiben.*"[332] Das bedeutet in anderen Worten, dass *„in Ansehung des Gesichts die Farben eben das sind, was die hohen und tiefen Töne in Ansehung des Gehörs.*"[333] Auf der Ebene der physikalischen Signalübertragung wird jede Farbe ebenso wie jede musikalische Tonhöhe quantitativ durch die Angabe ihrer Frequenz erfasst.

2. Die Rückwendung zur Koinzidenztheorie

Für Euler ist es wie für Leibniz selbstverständlich, dass in der praktischen Musik zwölfstufige Oktavskalen im Vordergrund stehen. Er gebraucht durchgehend die zwölf Tastenbezeichnungen der deutschen Orgeltabulatur, wobei er für die fünf schwarzen Tasten *Cs, Fs, Gs, Ds* und *B* schreibt. Bereits im frühen Tagebuch Eulers aus den Jahren 1725 – 1728 finden sich diese Bezeichnungen im Zusammenhang mit einer numerischen Darstellung des gleichmäßigen Zwölfersystems im Saitenlängenmodell[334] (Abbildung 106). Die Glieder der Progression $(10.000: \ldots : 5.000)$ werden als vierstellige natürliche Zahlen im Rahmen der Rundung exakt bestimmt. Am linken Rande berechnet Euler einfachere rationale Näherungsbrüche für die Stufenintervalle, wobei er sich meist mit den bekannten zugehörigen natürlichen Werten zufrieden gibt, aber auch genauere Varianten angibt, die nicht mehr zu den $\mathbb{N}\{5\}$-Proportionen gehören.

Neben den Skizzen für ein umfangreiches musiktheoretisches Werk[335] finden sich in den Tagebüchern auch mehrere Akkordfolgen, die in einer eigentümlichen Zahlennotation geschrieben sind[336]. Wie in der Generalbassnotation jener

---

332   Euler 1773, II, Brief 135, S. 227.

333   Euler 1773, I, Brief 27, S.92.

334   Faksimiles der Tagebuchseiten aus den *Adversaria mathematica*, welche die Musiktheorie betreffen, sind abgedruckt in: Horst Bredekamp und Wladimir Velminski (Hrsg.), *Mathesis & Graphé – Leonhard Euler und die Entfaltung der Wissenssysteme*, Berlin 2010. Die Abbildung von Bl. 45r (S. 87) befindet sich dort auf S. 53. Busch geht auf dieses Blatt nicht ein.

335   Busch 1970, S. 7-9.

336   Busch 1970, S. 9-12.

226

Zeit üblich, werden Intervalle durch natürliche Zahlen wiedergegeben, welche die naiven diatonischen Intervalle Prime, Sekunde usw. angeben. So steht 1 für die Prime oder auch für die Stufe *C*, während 4 eine Quarte oder die Stufe *F* angibt. Euler verwendet nur die Ziffern von 1 bis 7 und ergänzt diese Ziffern nur durch die gewöhnlichen Akzidenzien ♯, ♭ und ♮ für Halbtonerhöhung und Halbtonerniedrigung.

Si Longitudo chordae sonum C edens fuerit partium

		10000	*erit longitudo chordae.*
edens sonum	**Cs**	**9439**	
	D	**8909**	
	Ds	**8409**	*Quinta remissa est ubi sonus acutior*
Rationes intervallorum	**E**	**7937**	*ad graviorem minorem*
18:17	**F**	**7492**	*habet rationem quam sesqui-*
C:Cs = 17:16=53:50=107:101	**Fs**	**7071**	*altera*
C:D = 9:8 = 46:41			*Quinta intensa contrarium*
C:Ds = 6:5 = 25:21			*C:F. Quinta remissa*
C:E = 5:4 =14:11	**G**	**6674**	*H:E: quinta remissa*
C:F = 4:3	**Gs**	**6300**	
7:5	**A**	**5946**	
C:F[s] =10:7 = 17:12	**B**	**5612**	
C:G = 3:2	**H**	**5297**	
C:Gs = 8:5	**C**	**5000**	
C:A = 5:3 = 42:25			
C:B = 16:9 =82:46			
C:H = 100:53 = 17:9			*Quelle: Adversaria mathematica Bl. 45r (S. 87)*

Abbildung 106

Aus dem Tagebuch wird insgesamt deutlich, dass der junge Euler mit den diatonischen Skalen im Kontext der zwölfstufigen chromatischen Skala mindestens so gut umgehen kann, wie man es im Musikunterricht jener Zeit lernt. Während er an der Zwölfstufigkeit und an den zugehörigen zwölf Tastenbezeichnungen in fast allen seinen späteren Werken festhält, wird das gleichmäßige Zwölfersystem später nur noch gelegentlich angesprochen. Wir kommen darauf in Abschnitt VII.6 zurück.

Euler will jedoch musikalische Aussagen aus den sichersten Prinzipien der Harmonie[337] ableiten, nämlich aus der physikalischen und psychologischen Er-

---

337 Der volle Titel von Euler 1739 lautet: „Versuch einer neuen Musiktheorie, die von dem Autor Leonhard Euler einleuchtend aus den sichersten Grundlagen der Harmonie abgeleitet wird." („Tentamen novae theoriae mvsicae ex certissimis harmoniae principiis dilvcide expositae avctore Leonardo Evlero").

forschung des Schalls oder Klangs. Obwohl seine eigene Theorie der Sinneswahrnehmung auch andere Entwicklungsansätze eröffnet, wird er zum späten Vertreter einer radikalen Form der Koinzidenztheorie. Bereits 1739 stellt er in seinem musikalischen Hauptwerk, dem *Tentamen*, im ersten Kapitel zunächst den Stand der akustischen Forschung seiner Zeit vor und deduziert daraus seine eigene Variante der Theorie. Euler hält auf musikalischem Gebiete lebenslang an dieser eigentümlich konservativen Position fest, auch wenn er sich in den späteren Jahren sogar mit der Substitutionstheorie, der Theorie des Zurechthörens beschäftigt (vgl. IV.3 und VII.7). Unter Harmonik versteht er letztlich die Lehre von den musikalischen Intervallen, welche durch ganzzahlige Proportionen dargestellt werden. Daher verwendet er im musikalischen Kontext gerne jene Koinzidenzdiagramme, die wir bereits in I.6 kennen gelernt haben. Man findet sie im frühen Tagebuch[338] (Abbildung 107) und im Tentamen[339], aber auch noch in den späten Prinzessinenbriefen[340].

Die Koinzidenzdiagramme stellen bei Euler allerdings nicht die Schallausbreitung als solche dar, sondern das Erregungsmuster, welches vom Ohr aus den Schallwellen erzeugt wird, und welches von der Seele oder vom Geist als musikalischer Eindruck wahrgenommen wird. Euler geht davon aus, dass die Wahrnehmung eines einfachen Klanges „... *dem Anblick einer solchen Folge von gleichweit entfernten Punkten ähnlich oder analog ist. Durch dieses Mittel kann man den Augen dieselbe Sache darstellen, welche die Ohren empfinden, wenn sie einen Klang hören*[341]." Stärker als seine Vorgänger stützt er sich auf die visuelle Plausibilität solcher Diagramme. Schon im Tagebuch stellen sie die Wahrnehmung (*perceptio*) von zwei und drei Intervallen dar (Abbildung 107). Wie Busch schreibt, hält Euler diese visuelle Intervalldarstellung für völlig der Sache entsprechend, „... *ohne die mannigfaltigen physikalischen und psychologischen Nebenbedingungen der Intervallperzeption zu berücksichtigen oder zu erklären, welche Zustände der schwingenden Körper oder des affizierten Gehörs eigentlich mit den Punkten gemeint sind*[342]."

Adversaria mathematica, Bl. 40r (S. 77).
339 Euler 1739, Cap. II, § 21, Tab. 1 zu S. 36.
340 Euler 1768, IV., S. 13 – 15 und Euler 1773, IV., S. 11 – 12.
341 Euler 1768, IV., S. 12: „... semblable ou analogue à la vüe d'une telle suite de points également éloignés entre-eux ; & par ce moyen on peut representer aux yeux la même chose que les oreilles sentent en entendant un son."
342 Busch 1970, S. 35.

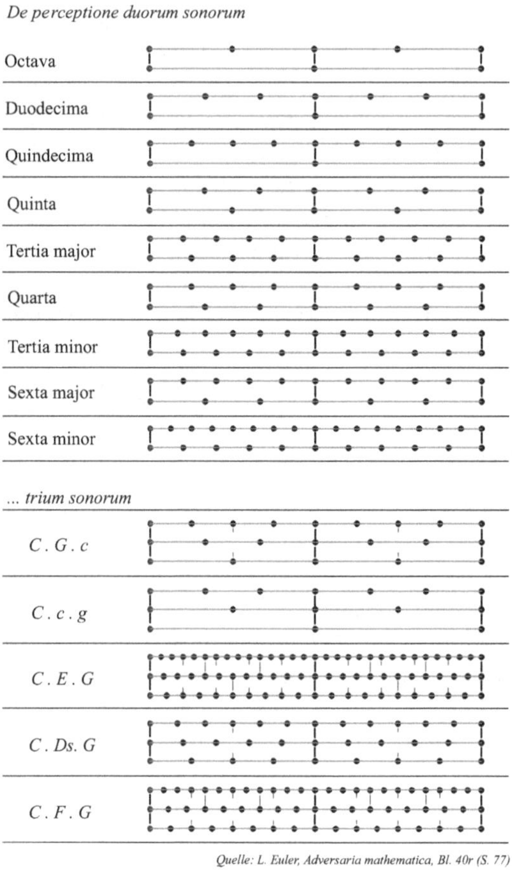

228

De perceptione duorum sonorum

Octava
Duodecima
Quindecima
Quinta
Tertia major
Quarta
Tertia minor
Sexta major
Sexta minor

... trium sonorum

C . G . c
C . c . g
C . E . G
C . Ds. G
C . F . G

Quelle: L. Euler, Adversaria mathematica, Bl. 40r (S. 77)

Abbildung 107

Euler ist sich stets bewusst, dass die Lehre von der Intervallwahrnehmung nicht rein naturwissenschaftlich begründet werden kann. Wie aber schon angedeutet worden ist, hält sich Euler anders als viele Freunde und Kollegen durchaus für fähig und berechtigt, auch auf dem fremden Terrain der Metaphysik seine Gedanken zu äußern und sie ebenso apodiktisch zu formulieren wie Aussagen im heimischen Bereich der Mathematik und Physik. Im Blick auf das, was wahrgenommen wird, also auf den Gegenstand der Wahrnehmung oder die gehörten Intervalle, beruft er sich im *Tentamen*, vielleicht etwas ironisch, auf den

Satz des zureichenden Grundes von Leibniz[343]: *„Denn da zu unsern Zeiten von den allermeisten als ein Grundsatz angenommen wird, daß nichts ohne zureichenden Grund in der Welt geschähe, so ist auch nicht daran zu zweifeln, daß Ursachen in den Dingen, die uns gefallen, vorhanden sind. Wenn man dieses zugestanden, so fällt auch derjenigen Meynung übern Haufen, welche glauben, die Musik hange nur von der Willkühr der Menschen ab, und unsere Musik gefalle uns nur aus Gewohnheit ...".*

Dabei darf man aber den Grund, warum uns etwas gefällt, nicht nur im Gegenstand des Hörens suchen, sondern man muss – worauf Kepler, Newton und Leibniz ja auch schon hingewiesen haben – auf die Sinne achten[344], *„durch die ein Bild des Gegenstandes dem Geist [mens] dargeboten wird, und vor allem auf das Urteil, das der Geist selbst aus dem empfangenen Bilde erzeugt."* Darin liegt der Grund, warum die im gehörten Objekt vorhandene Schönheit nicht von allen Menschen einheitlich wahrgenommen wird.

Auf dem Umweg über einen verblüffenden Vergleich mit der Architektur befreit sich Euler allerdings sogleich wieder von der gerade noch als notwendig erkannten Rücksichtnahme auf subjektive Faktoren[345]: *„ ... Der Geschmack verschiedener Völker ist, wie in der Musik, so auch in der Baukunst, verschieden, so daß, was einigen gefällt, andere verwerfen. Derowegen muß man, wie bey allen andern Dingen, so auch in der Musik nur denjenigen folgen, deren Geschmack vollkommen ist, und die von sinnlichen Dingen richtig urtheilen; und dergleichen sind die, welche nicht nur von Natur ein scharfes und reines Gehör haben, sondern auch alles, was ins Gehör fällt, sehr deutlich vernehmen, gegen einander halten und davon ein gesundes Urtheil fällen können."*

---

343 Euler 1739, Cap. II, § 1, S. 26: „Cum enim hoc tempore a plerisque tanquam axioma admittatur, nihil sine sufficiente ratione in mundo fieri: neque de hoc erit dubitandum, an eorum, quae placent, detur aliqua ratio. Hoc igitur concesso, etiam eorum opinio evanescit, qui musicam a solo hominum arbitrio pendere existimant, atque sola consuetudine nostram nobis musicam placere ... ." (Übersetzung von Mizler; s. Fußnote 321, Cap. II, S. 305.)

344 Euler 1739, Cap. II, § 2, S. 26: „...[sed ad sensus], per quos obiecti imago menti repraesentatur[, quoque est respiciendum;] atque praeterea ad iudicium potissimum, quod ipsa mens de oblata imagine format ."

345 Euler 1739, Cap. II, § 4, S. 27 – 28 : „Nam ut in Musica ita etiam in architectura tam diversus est diversarum gentium gustus, ut quae aliis placeant, alii eadem reiiciant. Hanc ob rem ut in omnibus aliis rebus ita etiam in Musica, eos potissimum sequi oportet, quorum gustus est perfectus, et iudicium de rebus sensu perceptis ab omni vitio liberum. Huismodi sunt ii, qui non solum a natura auditum acceperunt acutum et purum, sed qui etiam omnia, quae in auditus organo repraesentantur, exacte percipiunt, eaque inter se conferentes integrum de iis iudicium ferunt ." (Übersetzung von Mizler; s. Fußnote 321, Cap. II, S. 307.)

Eulers ideale Zuhörer oder ideale Musikexperten „*müssen ein so scharfes Gehöre haben, welches alles und jedes deutlich vernimmt, und so viel Verstand [intellectus] besitzen, daß sie die Ordnung, nach welcher die Schläge der Lufttheilgen das Gehör rühren, begreifen [percipere] und davon urtheilen können*[346]." Die kühne Annahme der Existenz solcher Experten, die sogar – im Widerspruch zu Leibniz – nicht im Unbewussten, sondern in ihrem *intellectus* zählen können, und deren Wahrnehmung von Schönheit nicht mehr subjektiv beeinflussbar sein soll, erlaubt es Euler, im weiteren Fortgang der Untersuchung die subjektive Seite der Wahrnehmung zu ignorieren und sich wieder auf die Hypothese zu konzentrieren, dass in den hörbaren Intervallen eine objektive, messbare Schönheit vorhanden ist, die über die Koinzidenztheorie verstanden werden kann.

Euler stellt den Entwurf seines *Tentamen* schon 1731 in einem Brief[347] seinem väterlichen Freund und Mentor Johann I Bernoulli vor, der schon mit Leibniz einen intensiven wissenschaftlichen Austausch gepflegt hat. Selbst der wohlwollende Bernoulli kann sich allerdings einen solchen eulerschen Musikexperten in der Wirklichkeit höchstens am Schreibtisch vorstellen[348]: „*Dieses lasse ich gelten für einen Meister, der mehr auf die Accuratesse eines Musicstückes Achtung gibt als auf den Effect, den es auf den Zuhörer thut; ein Solcher wird sich ohne Zweifel daran ergötzen und belustigen, wenn er es nur auf dem Papier geschrieben siehet und examinirt, und befindet, dass es nach den Grundregeln wohl componirt ist; aber da ein Musicstück meistens gespielet wird vor unverständigen Ohren, welche die rationem intervallorum pulsuum [das Verhältnis der Impulse der Intervalle] der Saiten nicht einsehen, viel weniger zählen können, so wird, glaube ich, dergleichen Ohren das Musicstück entweder gefallen oder missfallen, je nachdem sie an diese oder jene Gattung der Music gewöhnt sind.*" Aber abschließend billigt er doch den allgemeinen Ansatz Eulers mit folgenden Worten, die von dem großen Selbstbewusstsein mancher Mathe-

---

346 Euler 1739, Cap.II, § 5, S. 28 : „Huiusmodi igitur requiruntur auditores ad iudicium de rebus musicis serendum, qui et auditus sensu acuto et singula quaeque percipiente sint praediti, et tantum intellectus gradum possideant, ut ordinem, quo ictus aërearum particularum auditus organa percutiunt, percipere, de eoque iudicare possint." (Übersetzung von Mizler; s. Fußnote 321, Cap. II, S. 307.)

347 Brief Nr. 10 an J. Bernoulli vom 25.5.1731, Eneström 1903, S. 383, Auszüge bei Fellmann 1995, S. 49-50.

348 Brief Nr. 11 an Euler vom 11.8.1731, Eneström 1903, S. 387. Aus diesem Brief wird auch in Fellmann 1995, S. 50 zitiert. Dort sind zusätzlich auf den Seiten 50-52 entsprechende Zitate aus dem Briefwechsel mit Daniel I Bernoulli zu finden, der Eulers Ansatz mit deutlicher Skepsis gegenüber steht und die Eignung des gleichmäßigen Zwölfersystems für die Praxis betont.

matiker des rationalistischen Zeitalters zeugen[349]: *„Im übrigen gefällt mir sein dessein ganz wohl, weilen aufswenigste die Theoria musices dadurch perfectionniret und gewiesen wird, dass ein Mathematicus schier alle Wissenschaften auszuführen im Stande ist, dahingegen andere Meister, die nur Practici seind von ihrer eignen Kunst nicht anderst schreiben als wie ein Blinder von der Farb."*

Ganz im Geist des Rationalismus geht Euler von einem allgemeinen Zusammenhang zwischen den Begriffen Wohlgefallen, Ordnung und Vollkommenheit aus[350]: *„Je leichter wir die Ordnung in einer vorgegebenen Sache empfinden, je einfacher und vollkommener glauben wir, daß sie sey, und werden dahero vergnügt und frölich darüber."* Das bedeutet im Falle der Musik, dass ein Intervall der Seele oder dem Geist umso angenehmer erscheinen muss, je einfacher dessen Frequenzverhältnis als Verhältnis von ganzen Zahlen ist. Unter dem Datum vom 3. Mai 1760 schreibt Euler im fünften Prinzessinnenbrief[351]: *„Nun wird Ew. H. [Eure Hoheit] leicht begreifen, je einfacher ein Verhältniß, oder durch je kleinere Zahlen es ausgedrückt ist, desto deutlicher stellt es sich dem Verstande dar, und desto mehr Gefühl von Vergnügen erweckt es."* Damit ist wieder das Niveau erreicht, auf dem Descartes Musiktheorie betrieben hat.

Euler nimmt zwar die historische Tatsache zur Kenntnis, dass in der Musiktheorie seiner Zeit nur $\mathbb{N}\{5\}$-Proportionen thematisiert werden, aber er unternimmt immer wieder Versuche, den Musikern den Übergang zu den noch vielfältigeren $\mathbb{N}\{7\}$-Proportionen schmackhaft zu machen. Daher nimmt er am Anfang seiner Theoriebildung keine Beschränkung vor und konzipiert er seine Theorie im Grundsatz für alle $\mathbb{N}$-Proportionen.

---

349 Brief Nr. 11 an Euler vom 11.8.1731, Eneström 1903, S. 387.
350 Euler 1739, Cap.II, § 13, S. 32 : „Quo facilius ordinem, qui in re proposita inest, peripimus, eo simpliciorem ac perfectiorem eum existimamus, ideoque gaudio et laetitia quadam afficimur." (Übersetzung von Mizler; s. Fußnote 321, Cap. II, S. 314). In Euler 1739, Cap.II, § 7, S. 29 beruft er sich für diese These ausdrücklich auf die Metaphysik: „Metaphysicos autem, ad quos haec inquisitio proprie pertinet, consulentes ..."
351 Euler 1773, V., S. 14; Euler 1768, V., S. 17: „V. A. comprendra donc aisément, que plus une proportion est simple , ou exprimée par de petits nombres, plus elle se présente distinctement à l'entendement, & plus elle y excite un sentiment de plaisir."

3. Der Annehmlichkeitsgrad von Progressionen

a) Einfachheit und Kompliziertheit einer natürlichen Zahl

In Abschnitt I.6 haben wir schon erwähnt, wie im Rahmen der Koinzidenztheorie die Gesamtperiode $G = E(\pi)$ als Maßzahl für die Einfachheit und Konsonanz von Intervallen und Skalen verwendet werden kann. Eulers eigener Beitrag zur Messung der Konsonanz besteht darin, auf diese relativ einfache Kenngröße $E(\pi)$ eine neue zahlentheoretische Funktion κ anzuwenden und durch $\Gamma(\pi) = \kappa(E(\pi))$ insgesamt eine Gradus-Funktion Γ zu definieren, die jeder ganzzahligen Progression π eine natürliche Maßzahl $\Gamma(\pi)$ zuordnet, den Annehmlichkeitsgrad oder *gradus suavitatis* von π. Jene Intervalle und Skalen, die sich durch eine ganzzahlige Progression π beschreiben lassen, müssen nach Eulers Ansicht mit Hilfe von $\Gamma(\pi)$ hierarchisch angeordnet werden.

Die von Euler neu ins Spiel gebrachte Funktion κ soll die Einfachheit oder Kompliziertheit einer beliebigen natürlichen Zahl n im „Kompliziertheitsgrad" $\kappa(n)$ numerisch eindeutig erfassen. Im Tentamen definiert er diese Funktion – im Anschluss an seine Koinzidenzdiagramme – nicht explizit als eigenständige Funktion für natürliche Zahlen n mit einer eigenen Bezeichnung, sondern indirekt als *gradus suavitatis* der speziellen Proportionen (1: n) im Saitenlängenmodell[352]. Euler selbst geht auf diese Zweistufigkeit der Begriffsbildung bei der Einführung des Begriffes Exponent ein[353]: *„Im Folgenden werden wir dieses kleinste gemeinsame Vielfache der einfachen Klänge als Kennzahl des Zusammenklangs [exponens consonantiae] bezeichnen, welcher die Konsonanz der Komponenten erfasst. Wie aber der gradus suavitatis aus einem derart gegebenen Exponenten bestimmt werden muss, wird auf diese Art erklärt ... "*

---

352   Euler 1739 (Cap. II, §§ 23 - 30). Busch bezeichnet deshalb unseren Kompliziertheitsgrad als Gradusfunktion $\Gamma(a)$, die für natürliche Zahlen a definiert sei (Busch 1970, S. 33). Auf derselben Seite sagt er aber auch, dass Γ eine Funktion sei, „durch welche die Menge S aller dieser Systeme auf die Menge $\mathbb{N}$ aller natürlichen Zahlen abgebildet wird." Unsere Aufspaltung der Gradusfunktion Γ in die Funktionen E und κ soll diese Mehrdeutigkeit vermeiden. Siehe auch Dostrovsky / Cannon 1987, S. 71-73.

353   Euler 1739, Cap. IV, § 6, S. 58: „Vocabimus autem in posterum minimum hunc communem diuiduum sonorum simplicium, consonantiam componentium exponentem consonantiae, hoc enim cognito simul ipsius consonantiae natura perspicitur. Quomodo autem ex dato hoc exponente gradus suauitatis inueniri debeat ... docetur hoc modo..."

Um natürliche Zahlen hinsichtlich ihrer Einfachheit oder Kompliziertheit vergleichen zu können, bringt Euler ihre Primfaktorzerlegung ins Spiel. Jede natürliche Zahl n lässt sich gemäß $n = 2^{a_2} \cdot 3^{a_3} \cdot 5^{a_5} \cdots q^{a_q} = \prod\limits_{\substack{p=2, \\ p\ prim.}}^{q} p^{a_p}$ in Primfaktoren zerlegen, wobei $a_p \geq 0$ gelten muss. Wenn $a_q > 0$ gilt, wird q der maximale Primfaktor von n genannt. Für jede natürliche Zahl n ist dieser maximale Primfaktor q eindeutig bestimmt. In Abschnitt I.1 und I.2 haben wir bereits von $\mathbb{N}\{3\}$- und $\mathbb{N}\{5\}$- Proportionen gesprochen, wobei für jede beliebige Primzahl q unter $\mathbb{N}\{q\}$ die Menge all der natürlichen Zahlen verstanden wird, deren maximaler Primfaktor q nicht überschreitet.

Betrachtet man nun die drei Zahlen $n_1 = 2^3 \cdot 5^3 \cdot 7^2$, $n_2 = 2^3 \cdot 5^3 \cdot 13^2$ und $n_3 = 2^3 \cdot 5^4 \cdot 13^2$ aus $\mathbb{N}\{13\}$, dann ist für Euler die Zahl n_2 komplizierter als n_1, weil in n_2 der größere Primfaktor 13 auftritt, und n_3 komplizierter als n_2, weil die Primzahl 5 in einer höheren Potenz auftritt.

Für Euler ist eine natürliche Zahl umso weniger einfach oder umso komplizierter, je mehr und je größere Primfaktoren in ihrer Zerlegung auftreten. Um die Kompliziertheit $\kappa^*(n)$ der natürlichen Zahl n zu erfassen, bildet er deshalb die Summe der Produkte aus den jeweils um eins verminderten Primzahlen mit ihren Exponenten,. Die Zahl $n = 1$ weist keine Schwierigkeiten auf und es gilt daher $\kappa^*(1) = 0$. Weil jede Primzahl um eins vermindert wird, bevor sie in die Summe eingeht, erhält man die Werte $\kappa^*(2) = \kappa^*\left(2^1\right) = 1 \cdot (2-1) = 1$ und $\kappa^*(3) = \kappa^*\left(3^1\right) = 1 \cdot (3-1) = 2$. Für n aus $\mathbb{N}\{q\}$ mit $n > 1$ gilt jedenfalls

$$\kappa^*(n) = a_2 \cdot (2-1) + a_3 \cdot (3-1) + \cdots + a_q \cdot (q-1) = \sum\limits_{\substack{p=2, \\ p\ prim.}}^{q} a_p \cdot (p-1).$$

$\kappa^*(n)$ stellt wegen $\kappa^*(n \cdot m) = \kappa^*(n) + \kappa^*(m)$ und $\kappa^*\left(n^a\right) = a \cdot \kappa^*(n)$ ein quasi-logarithmisches Maß für natürliche Zahlen dar. Euler verwendet allerdings am Ende als Grad der Kompliziertheit nicht $\kappa^*(n)$ selbst, sondern die Variante $\kappa(n) = 1 + \kappa^*(n)$, weil er der Zahl $n = 1$ nicht den Kompliziertheitsgrad 0, sondern vielmehr den Grad 1 zuweisen möchte. Für $n = 2^{a_2} \cdot 3^{a_3} \cdot 5^{a_5} \cdots q^{a_q}$ gilt damit $\kappa(n) = 1 + \sum\limits_{\substack{p=2, \\ p\ prim.}}^{q} a_p \cdot (p-1)$, wobei gilt $\kappa(n \cdot m) = \kappa(n) + \kappa(m) - 1$ und

234

$$\kappa\left(\prod_{i=1}^{s} n_i\right) = 1 - s + \sum_{i=1}^{s} \kappa(n_i).$$ κ ist aber keine monotone Funktion; wegen $\kappa(12) = \kappa(2^2 \cdot 3^1) = 1 + 2 + 2 = 5$ und $\kappa(10) = \kappa(2^1 \cdot 5^1) = 1 + 1 + 4 = 6$ gilt zum Beispiel $\kappa(12) < \kappa(10)$.

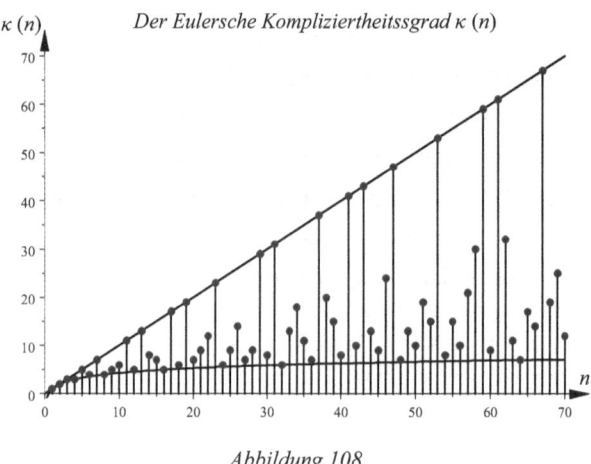

Abbildung 108

Man kann heute zeigen, dass $\kappa(n)$ immer die Ungleichung $1 + \mathrm{ld}\, n \le \kappa(n) \le n$ erfüllt, wobei $\mathrm{ld}\, x = \frac{1}{\lg 2} \lg x$ den dualen oder binären Logarithmus zur Basis 2 bezeichnet (Abbildung 108). Die obere Grenze n wird genau dann erreicht, wenn n selbst eine Primzahl ist, während die untere Grenze $1 + \mathrm{ld}\, n$ nur bei Zweierpotenzen $n = 2^k$ mit $\kappa(n) = 1 + k = 1 + \mathrm{ld}\left(2^k\right)$ erreicht wird. Der Wertebereich von κ ist demnach nicht nach oben beschränkt.

Eine natürliche Zahl n ist nun nach Eulers Meinung jedenfalls umso komplizierter, je größer diese Zahl $\kappa(n)$ ist. Sie ist umso einfacher, je kleiner $\kappa(n)$ ist. Es bleibt aber die Frage bestehen, ob dieses – für einen Zahlentheoretiker durchaus interessante – Maß tatsächlich die Kompliziertheit oder Einfachheit einer natürlichen Zahl so wiedergibt, wie es unserer subjektiven Intuition entspricht. Man betrachte zum Beispiel die sechs Zahlen 5, 6, 9, 10, 12 und 16 hinsichtlich ihrer Einfachheit. Welche ist davon die einfachste, welche die schwierigste? Nach Eulers Theorie besitzen die vier Zahlen 5, 9, 12 und 16 den gleichen Kompliziertheitsgrad 5; sie sind damit alle von gleicher Einfachheit. Die

Zahl 10 hat dagegen den Grad 6 und ist damit die schwierigste Zahl von den sechs vorgegebenen Zahlen, während die Zahl 6 wegen $\kappa(6)=4$ die einfachste ist. Der Leser mag selbst entscheiden, ob dieses Ergebnis mit seiner eigenen Einschätzung übereinstimmt. Man wird aber die Aussage wagen können, dass Eulers Funktion im Ergebnis nur selten der subjektiven Intuition entsprechen wird. Näheren Aufschluss könnte man nur durch systematische Befragungen erhalten.

b) Exponent und Gradus-Funktion

Euler definiert die Zahl $E(\pi)$ nicht als Gesamtperiode im Sinne von I.4. Vielmehr arbeitet er seinen *exponens consonantiae* bei dem Versuch heraus, den *gradus suavitatis* $\Gamma(\pi)$ einer ganzzahligen Progression $\pi = (a_0 : a_1 : \ldots : a_k)$ direkt zu berechnen. Er bestimmt zu jeder Primzahl p, die in einem Glied von π vorkommt, die maximale Primzahlpotenz p^{M_p} aus allen Gliedern von π. Dann bildet er den zugehörigen Kompliziertheitsgrad $\kappa^*(p^{M_p})$ und addiert die Ergebnisse für alle vorkommenden Primfaktoren zu einer Maßzahl $\Gamma^*(\pi)$ mit

$$\Gamma^*(\pi) = \kappa^*(2^{M_2}) + \kappa^*(3^{M_3}) + \cdots + \kappa^*(q^{M_q}),$$ die gemäß $\Gamma^*(\pi) = \Gamma(\pi) - 1$ den

gradus suavitatis $\Gamma(\pi)$ der Progression erfassen soll. Weil κ^* eine quasilogarithmische Maßfunktion darstellt, gilt $\Gamma^*(\pi) = \kappa^*(2^{M_2} \cdot 3^{M_3} \cdots \cdot q^{M_q})$. Der Ausdruck $2^{M_2} \cdot 3^{M_3} \cdots \cdot q^{M_q}$ ist das kleinste gemeinsame Vielfache aller Glieder der Progression, und Eulers Ansatz führt daher im ersten Anlauf auf $\Gamma^*(\pi) = \kappa^*(kgV(\pi))$.

Nun muss man berücksichtigen, dass die musikalische Skala, deren Kompliziertheit wir erfassen wollen, nicht nur durch die Progression π, sondern auch durch jede andere vielfache Progression dargestellt werden kann, etwa durch $f \cdot \pi = (f \cdot a_0 : f \cdot a_1 : \ldots : f \cdot a_k)$. Es gilt dann $kgV(f \cdot \pi) = f \cdot kgV(\pi)$ und damit $\Gamma^*(f \cdot \pi) = \Gamma^*(\pi) + \kappa^*(f)$. Die beiden Maßzahlen $\Gamma^*(f \cdot \pi)$ und $\Gamma^*(\pi)$ stimmen also nur überein, wenn $\kappa^*(f) = 0$ oder $f = 1$ erfüllt ist, sonst gilt $\Gamma^*(f \cdot \pi) > \Gamma^*(\pi)$, obwohl π und $f \cdot \pi$ ein und dieselbe musikalische Skala darstellen.

Als Ausweg bietet es sich natürlich an, dass man nicht $kgV(\pi)$ selbst verwendet, sondern die Zahl $E(\pi) = kgV(\pi')$, das kleinste gemeinsame Vielfache der vollständig gekürzten Progression π'. Mit $E(\pi) = \frac{kgV(\pi)}{ggT(\pi)}$ gilt schließlich $\Gamma^*(\pi) = \kappa^*(E(\pi)) = \kappa(E(\pi)) - 1$ oder $\Gamma(\pi) = \kappa(E(\pi))$.

In Abschnitt I.4 haben wir gesehen, dass diese natürliche Zahl $E(\pi) = \frac{kgV(\pi)}{ggT(\pi)}$ im Kontext der Koinzidenztheorie auch als Gesamtperiode für die in der Progression π enthaltenen Klänge gedeutet werden kann. Allen untereinander kongruenten Progressionen wird derselbe Zahlenwert $E(\pi)$ zugeordnet, und für die äquivalente inverse Darstellung π^* gilt ebenfalls $E(\pi) = E(\pi^*)$. Die Zahl $E(\pi)$ ist also für jede musikalische Skala unabhängig von der Darstellungsart der zugehörigen Progression eindeutig bestimmt, falls sich diese überhaupt als ganzzahlige Progression darstellen lässt. Für Euler besitzt die musikalische Skala, die durch eine Progression π angegeben wird, jedenfalls denselben Kompliziertheitsgrad wie diese natürliche Zahl $E(\pi)$, und er definiert den *gradus suavitatis* oder der Annehmlichkeitsgrad der Skala als deren Kompliziertheitsgrad: $\Gamma(\pi) = \kappa(E(\pi))$.

Der besseren Lesbarkeit willen sparen wir ein Klammerpaar[354] und schreiben $\Gamma(a_0 : a_1 : ... : a_k)$ statt $\Gamma((a_0 : a_1 : ... : a_k))$. Geben wir etwa die Progression $\pi = (42{:}28{:}21{:}14{:}7)$ vor, dann müssen wir wegen $ggT(\pi) = 7$ zuerst die gekürzte Progression $\pi' = (6{:}4{:}3{:}2{:}1)$ bilden. Der „Exponent" von π ist damit $E(\pi) = 12 = 2^2 \cdot 3^1$, und daraus erhält man den Annehmlichkeitsgrad $\Gamma(\pi) = \kappa(E(\pi)) = \kappa(2^2 \cdot 3^1) = 1 + 2 \cdot 1 + 1 \cdot 2 = 5$. Es gilt insgesamt also $\Gamma(42{:}28{:}21{:}14{:}7) = 5$.

c) Gradus-Funktion und Rangfolge der Intervalle

Mit der Gradus-Funktion Γ unternimmt Euler einen neuen Versuch, den subjektiven Eindruck der *suavitas* oder Annehmlichkeit durch eine objektive Maßzahl zu erfassen. Im Sonderfall der zweistelligen Proportion π geht es um die Annehmlichkeit eines musikalischen Intervalls. Wenig überraschend gilt $\Gamma(1{:}1) = 1$ und $\Gamma(2{:}1) = 2$. Für die reine Quinte hat man $\Gamma(3{:}2) = 4$, für die reine Quarte $\Gamma(4{:}3) = 5$, für die reinen Terzen $\Gamma(5{:}4) = 7$ und $\Gamma(6{:}5) = 8$, und schließlich für die reinen Sexten $\Gamma(8{:}5) = 8$ und $\Gamma(5{:}3) = 7$. Diese Intervalle gelten zu Eulers Zeiten allgemein als Konsonanzen, während der diatonische

---

354 Busch 1970, S. 39 bringt statt $\Gamma(a{:}b)$ noch einfacher $\overline{a{:}b}$.

Ganzton als Prototyp einer Dissonanz gilt. Wie in der naiven Koinzidenztheorie steht die Quarte vor der großen Terz. Nun gilt aber $\Gamma(9{:}8) = 8$: der diatonische Ganzton, eine unumstrittene Dissonanz, hat den gleichen Grad an Annehmlichkeit wie die beiden Konsonanzen der kleinen Terz und der großen Sexte. Während die Anordnung in der naiven Koinzidenztheorie nach Benedettis ursprünglichem Maß $G = E(\pi)$ wenigstens den traditionellen Unterschied zwischen Konsonanzen und Dissonanzen respektiert, ist das bei der Anordnung nach dem Maß $\Gamma(\pi)$ nicht mehr der Fall.

Euler bemerkt selbst, dass seine Theorie in diesem Punkte auf einen Widerspruch führt, den noch nicht einmal sein idealer Musikexperte auflösen könnte[355]. Er wählt deshalb schon im *Tentamen* einen radikalen Ausweg, der ihm dann allerdings vollends das Verständnis der Musiktheoretiker entzieht. Er definiert nämlich den Begriff der Konsonanz einfach um[356]. *„Mehrere einfache zugleich ertönende Klänge bilden einen zusammengesetzten Klang, welchen wir hier Konsonanz nennen werden. Von anderen wird zwar der Begriff Konsonanz in einem engeren Sinne gebraucht, um einen dem Gehör gefallenden und zusammengesetzten Klang zu bezeichnen, der viel Annehmlichkeit in sich hat; und sie unterscheiden diese Konsonanz von der Dissonanz, welcher für sie ein zusammengesetzter Klang ist, der wenig oder gar nichts an Annehmlichkeit enthält. Aber weil es einerseits schwer ist, die Grenzen zwischen den Konsonanzen und Dissonanzen zu bestimmen, und andererseits diese Grenzbestimmung wenig zu unserer Darstellungsart passt, in welcher wir die zusammengesetzten Klänge nach den im Kapitel II dargestellten Annehmlichkeitsgraden beurteilen wollen, werden wir allen Klanggebilden, die aus mehreren gleichzeitig erklingenden einfachen Klängen bestehen, die Bezeichnung Konsonanz zubilligen.“*

Diese Worte zeigen, dass Euler sich im Grunde genommen selbst bewusst ist, dass seine so aufwendig konstruierte Annehmlichkeitsfunktion Γ nicht zu der Auffassung von Annehmlichkeit passt, wie sie aus der alten Koinzidenztheorie hervorgeht, und erst recht nicht zu den Auffassungen von Konsonanz, die in

---

355 Euler 1739, Cap.IV, § 14, 15, S. 62 – 63.

356 Euler 1739, Cap.IV, § 1, S. 56- 57: „Plures soni simplices simul sonantes constituunt sonum compositum, quem hic consonantiam appellabimus. Ab aliis quidem consonantiae vox strictiore sensu accipitur, ut tantum denotet sonum compositum auditui gratum multumque suavitatis in se habentem: hancque consonantiam distinguunt a dissonantia, quae ipsis est sonus compositus parum vel nihil suavitatis complectens. At quia partim difficele est consonantiarum et dissonantiarum limites definire, partim vero haec distinctio cum nostro tractandi modo minus congruit, quo secundum suavitatis gradus Cap. II expositos sonos compositos sumus iudicaturi, omnibus sonitibus, qui ex pluribus sonis simplicibus simul sonantibus constant, consonantiae nomen tribuemus.“

der Musik seiner Zeit herrschen. Es wird daran allerdings nicht nur deutlich, dass ihn im Zweifel musikalische Sachverhalte wenig interessieren, sondern auch dass die eigene Begriffsbildung des Annehmlichkeitsgrades auf schwankendem Grunde steht.

Vollkommen unklar bleibt auch, wie es denn die Seele im schnellen Fluss der Schallwellen schaffen soll, nicht nur ihrem Zählauftrag gemäß die Gesamtperiode zu bestimmen, sondern zusätzlich auch noch den Kompliziertheitsgrad mit seinen Primfaktorzerlegungen zu berechnen. Der Zahlentheoretiker Euler kann in den folgenden Kapiteln des *Tentamen* der Versuchung nicht widerstehen, viele Progressionen in Äquivalenzklassen der Funktion Γ einzuteilen, nicht ohne ihnen gewisse musikalische Begriffe zuzuordnen. Wir verzichten hier auf die Darstellung dieser langwierigen Ausführungen.

Schon Lorenz Mizler, der erste Übersetzer des *Tentamen*, sieht sich an vielen Stellen zu wohlbegründeten und ausführlichen kritischen Kommentaren gezwungen, die an Umfang den übersetzten Text oft übertreffen. An Christian Goldbach, der in Sankt Petersburg von Mizlers Kritik gehört und Euler um eine Stellungnahme gebeten hat, schreibt Euler jedoch am 6. Mai 1747 aus Berlin, wo Mizlers Werk nicht schwer zu erhalten war, nur lapidar zurück[357]: *„Des Hn. Mizlers critique über meine Music habe ich nicht gesehen, ausser was davon in den gelehrten Zeitungen stehet, woraus ich geschlossen, dass dieselbe meistentheils übel gegründet ist, indem der Auctor meine Gedanken nicht genugsam eingesehen."*

4. Eulers natürliche Auswahlstimmungen

a) Vollständige Oktavskalen und *genus musicum*

Für jede ungerade natürliche Zahl $U > 1$ aus $\mathbb{N}\{q\}$ gilt $U = 3^{a_3} \cdot 5^{a_5} \cdots q^{a_q}$ mit $a_q > 0$ und $a_p \geq 0$, wenn $q \geq 3$ ihr größter Primfaktor ist. Jeder Teiler u dieser Zahl U ist wieder eine ungerade Zahl und besitzt damit eine Darstellung $u = 3^{e_3} \cdot 5^{e_5} \cdots q^{e_q}$ mit den Primzahlexponenten $0 \leq e_p \leq a_p$. Wenn man die Zahlen 1 und U selbst ebenfalls als Teiler mitzählt, dann gibt es insgesamt

---

357 P.H. Fuss, *Correspondance mathématique et physique de quelques célèbres géomètres du XVIIIème siècle, Tome I.*, St. Petersburg 1845. Es handelt sich um Brief CIV (Goldbach an Euler vom 15.4.1747), S. 412 und Brief CV (Euler an Goldbach vom 6.5.1747) S. 420.

$k = (a_3 + 1) \cdot (a_5 + 1) \cdot ... \cdot (a_q + 1)$ verschiedene Teiler u von U, die sämtliche wieder ungerade sein müssen.

Zu jeder ungeraden Zahl $U > 1$ kann man genau eine Zweierpotenz 2^x finden mit $2^x < U < 2^{x+1}$, und zu jedem Teiler u von U gibt es in gleicher Weise eine eindeutig bestimmte ganze Zahl $z_u \geq 0$, so dass für $\bar{u} = 2^{z_u} \cdot u$ gilt $2^x \leq \bar{u} < 2^{x+1}$. Die Zahlen $\bar{u}$ definieren zusammen mit 2^x und 2^{x+1} eine ganzzahlige steigende Progression $\varphi^*(U) = (2^x : ... : U : ... : 2^{x+1})$, welche eine Teilung der Oktave $(2^x : 2^{x+1}) = (1 : 2)$ in genau k Teilintervalle repräsentiert.

Die Konstruktion garantiert, dass diese Oktavprogression den Exponenten $E(\varphi^*(U)) = 2^{x+1} \cdot U$ besitzt. Da die zugehörige fallende Monochord-Progression über die Division von $2^{x+1} \cdot U$ durch die Folgenglieder von $\varphi^*(U)$ bestimmt wird, gilt immer $\varphi(U) = (2 \cdot U : ... : U)$.

Aus $\varphi^*(U)$ kann man Varianten $\pi^* = (\bar{u} : ... : 2 \cdot \bar{u})$ mit gleicher Intervallfolge, aber anderer Ausgangsstufe $\bar{u} \leq U$ bilden, weil ja die nächste Oktave mit verdoppelten Gliedern unmittelbar an die Oktave $\varphi^*(U) = (2^x : ... : 2^{x+1})$ anschließt. Im Exponenten $E(\pi^*) = 2^m \cdot U$ einer solchen Variante ändert sich gegenüber $E(\varphi^*(U))$ nur die Zweierpotenz.

Euler bezeichnet die Oktavprogression $\varphi^*(U)$ oder eine der genannten Varianten als eine vollständige Oktavprogression zu $Z = 2^m \cdot U$, weil im Exponenten $E(\varphi^*(U)) = 2^{x+1} \cdot A$ bei Einschieben einer beliebigen weiteren Stufe in $\varphi^*(U)$ die ungerade Zahl U größer werden müsste. Die Zahlenangabe $Z = 2^m \cdot U$, welche in diesem Sinne die vollständige Oktavprogression $\varphi^*(U)$ definiert, wird von Euler schließlich als *genus musicum* bezeichnet: „*Eine solche Teilung der Oktave wird von Musikern auch als musikalisches Geschlecht bezeichnet*[358]." Euler gibt diese *genera musica* immer in der Gestalt $2^m \cdot U$ an, wobei U als Produkt konkreter Primzahlpotenzen geschrieben wird.

Für das natürliche System mit seinen $\mathbb{N}\{5\}$-Proportionen kommen nur Genera mit der Zahl $U = 3^{a_3} \cdot 5^{a_5}$ in Frage. Eulers Theorie impliziert zwar keine Beschränkung auf $\mathbb{N}\{5\}$, aber er ist sich dennoch bewusst, dass das natürliche

---

358   Euler 1739, Cap. VIII, § 9, S. 116: „Hujusmodi autem octauae diuisio a musicis genus musicum appelari solet."

240

System das zu seiner Zeit dominierende System ist[359]: *„In der Musik werden bis zum heutigen Tage keine anderen Progressionen [consonantiae] verwendet außer denen, deren Exponenten allein aus den Primzahlen 2, 3 und 5 bestehen."* Aber nach der Untersuchung des traditionellen natürlichen Systems diskutiert er schon im *Tentamen* von 1739 die Erweiterung auf $\mathbb{N}\{7\}$ oder auf Genera der Form $2^m \cdot 3^{a_3} \cdot 5^{a_5} \cdot 7^{a_7}$, womit *„vielleicht irgendwann neue musikalische Gattungen gebildet und auch neue und bisher ungehörte musikalische Werke geschaffen werden können."*[360]

b) Das *genus diatonico-chromaticum*

Euler geht davon aus, dass die praktische Musik seiner Zeit auf Oktavskalen mit 12 Halbtonschritten beruht. Für eine derartige natürliche Oktavskala oder Auswahlstimmung muss daher $(a_3+1)\cdot(a_5+1)=12$ gelten, wenn ihr Genus $2^m \cdot 3^{a_3} \cdot 5^{a_5}$ vollständig sein soll. Von den sechs möglichen Kombinationen erhält man für $a_3 = 3$ und $a_5 = 2$ den kleinsten Wert $U = 675$. Das zugehörige Genus $2^m \cdot 3^3 \cdot 5^2$ bezeichnet Euler als *genus diatonico-chromaticum* und versieht es in seiner Systematik mit der Nummer 18.

Der zu diesem Genus gehörenden vollständigen Oktavprogression[361]

$$\varphi^* = \varphi^*\left(675\right) = \left(\underset{\substack{F \quad Fs \quad G \quad Gs \quad A \quad B \quad H \quad c \quad cs \quad d \quad ds \quad e \quad f}}{512{:}540{:}576{:}600{:}640{:}675{:}720{:}768{:}800{:}864{:}900{:}960{:}1024}\right)$$

ordnet er die Oktave $F - f$ zu. Daraus gewinnt er schließlich die Oktavprogression[362] $\pi^* = \left(\underset{\substack{C \quad Cs \quad D \quad Ds \quad E \quad F \quad Fs \quad G \quad Gs \quad A \quad B \quad H \quad c}}{384{:}400{:}432{:}450{:}480{:}512{:}540{:}576{:}600{:}640{:}675{:}720{:}768}\right)$ als Variante für die Oktave $C - c$.

Euler betrachtet die Skala π^* als diejenige Auswahlstimmung aus $\mathfrak{N}$, in der man alle Musikinstrumente stimmen sollte. Er behandelt sie nicht nur 1739 im *Tentamen*, sondern stellt sie auch fast dreißig Jahre später im siebten Brief[363] an eine deutsche Prinzessin als einzige Skala einer breiten Öffentlichkeit vor.

---

359 Euler 1739, Cap. VIII, § 15, S. 118: „In Musica ad hunc usque diem aliae consonantiae non sunt receptae, nisi quarum exponentes constent numeris primis solis 2, 3 et 5." In Cap. X, § 19, S. 163 wiederholt er diese Bemerkung, wobei er Leibniz zitiert.

360 Euler 1739, Cap. VIII, § 15, S. 118: „... unde forte aliquando nova musicae genera formari, novaque adhuc atque inaudita opera musica confici poterunt." In Cap. X, § 20, S. 164 stellt er eine Skala vor, die auch mit der Primzahl 7 gebildet ist.

361 Euler 1739, Cap. IX, §§ 2-3, S. 132-133.

362 Euler 1739, Cap. IX, § 7, S. 135.

363 Euler 1768, VII., S. 27.

$\pi *$ wurde so weit über den Kreis der Mathematiker hinaus als Eulers Stimmung oder Eulers Temperatur bekannt. Am Ende des siebten Briefs schreibt er[364]: *„Das ist also der wahre Ursprung der Töne, die heut zu Tage im Gebrauch sind, und die aus den Zahlen 2, 3 und 5 hergenommen sind. Wollte man noch die Zahl 7 einführen, so würde die Anzahl der Töne in einer Octave größer, und die ganze Musik dadurch zu einem höhern Grad von Vollkommenheit gebracht werden. Aber hier überläßt die Mathematik die Harmonie der Musik."*

Wie Leibniz bevorzugt auch Euler die Darstellungsform einer Progression, bei der die steigenden Zahlen mit der Frequenz der Tonhöhen assoziieren werden können. Mit fallenden Zahlen, die als Saitenlängen interpretiert werden können, hat Eulers Auswahlstimmung die Gestalt

$$\pi = \left(900{:}864{:}800{:}768{:}720{:}675{:}640{:}600{:}576{:}540{:}512{:}480{:}450\right).$$

Im *Tentamen* berechnet Euler die Intervallumgebung von $\pi *$ und listet die darin zusätzlich auftretenden natürlichen Intervalle ausführlich nach ihren Namen und Klassen auf[365]. Er bezieht sich beim Verfahren und weitgehend auch bei der Intervallbenennung auf Mattheson[366] und erspart sich damit eine eigene Auseinandersetzung mit der musikalischen Nomenklatur und Notation. Die Intervallumgebung von Matthesons Auswahlstimmung μ, die im nächsten Abschnitt genauer besprochen wird, enthält innerhalb der Oktave 38 verschiedene Intervalle, von denen 34 auch bei den 36 Intervallen der Umgebung von $\pi *$ auftreten. Bei der Benennung fällt auf, dass Euler im Gegensatz zu Mattheson konsequent den Tritonus als Intervallklasse verwendet, und Septimen über ihre Distanz zur Oktave zu benennen versucht.

5. Musikalischer Spiegel und Euler-Gitter

Wenn man die natürlichen Intervalle, die durch $\pi *$ definiert werden, in der aus V.3 bekannten Form $N(x;y)$ angibt, dann kann man die Notennamen in das zweidimensionale Gitter $\mathbb{Z}^2$ – das oft auch als Euler-Gitter oder Euler-Netz bezeichnet wird – eintragen und erhält so das linke Bild in Abbildung 109, ein

---

364   Euler 1773, VII., S. 24; Euler 1768, VII., S. 29: „ Telle est donc la véritable origine des tons à-présent en usage , tirés des nombres 2, 3 , & 5. Si l'on vouloit encore introduire le nombre 7, celui des tons d'une octave deviendroit plus grand, & la musique seroit portée à un dégré supérieur. Mais c'est ici que la mathématique cède l'harmonie à la musique."

365   Euler 1739, Cap. IX, § 8 - 9, S. 135 - 145.

366   Mattheson 1731, Vorbereitung § 226, S. 133-140. Eine Zusammenfassung der 38 Intervallbezeichnungen findet man in § 221, S. 130-131.

4×3-Rechteck. Die dicke Umrandung deutet die Lage von $N(0;0)$ an. Euler beschäftigt sich in seinem letzten musiktheoretischen Aufsatz von 1744 ausführlich[367] mit diesem 4×3-Rechteck, welches er als „musikalischen Spiegel", als *speculum musicum* bezeichnet. Im Original ist das Rechteck jedoch an der horizontalen Symmetrieachse gespiegelt, da Euler einen Großterzschritt vertikal in umgekehrter Richtung ausführt.

Eulers natürliche Stufen aus π* im zweidimensionalen Gitter

Lage und Bezeichnung						*Werte von Γ für die jeweilige Stufe*				
	Cs	Gs	Ds	B			14	13	17	20
	A	E	H	Fs			7	7	10	14
	F	C	G	D			5	1	4	8

Abbildung 109

Das 4×3-Rechteck des musikalischen Spiegels stellt den frühesten Vorstoß in Richtung auf die Darstellung der natürlichen Basisoktave $\mathcal{K}$ im zweidimensionalen Zahlengitter $\mathbb{Z}^2$ dar. Deshalb spricht man auch oft vom Euler-Gitter. Diesen Sachverhalt haben wir bereits in moderner Gestalt erläutert (vgl. V.3). Euler ist auf den musikalischen Spiegel gestoßen, als er versucht hat, für seine Stimmung $\pi*$ eine anschauliche Stimmanweisung (*processus temperationis*) über reine große Terzen und reine Quinten anzugeben, die sein idealer Musikexperte nach dem Gehör realisieren könnte. Diese Anweisung wird schon im Tentamen sehr übersichtlich dargestellt[368] (Abbildung 110), aber eben noch nicht so durchsichtig wie im 4×3-Rechteck gemäß Abbildung 109.

Euler ist sich bewusst, dass es auch andere natürliche Auswahlstimmungen gibt. Er stützt sich bei seiner Nomenklatur der gewöhnlichen natürlichen Stufen auf Matthesons *Große General-Baß-Schule*. Dort findet er $\mu = (900:864:800:768:720:675:640:600:576:540:500:480:450)$ als Auswahlstimmung[369], die sich von π nur in einem einzigen Glied unterscheidet. Matthesons Auswahlstimmung μ besitzt jedoch den Exponenten $E(\mu) = 2^8 3^3 5^3$ und gehört daher nicht zum diatonisch-chromatischen Geschlecht $2^m \cdot 3^3 \cdot 5^2$ Eu-

---

367 Euler 1774, § 29, S. 350.
368 Euler 1739, Cap. IX, § 13, S. 147.
369 Mattheson 1731, Vorbereitung § 226, S. 133. Mattheson erweitert die Progression mit dem Faktor 4. Euler skizziert sie im Tentamen. (Euler 1739, Cap. IX, § 4, S. 133).

lers. Sie lässt sich – wie auch die Auswahlstimmungen χ und γ^* von Newton und Leibniz – im Gitter $\mathbb{Z}^2$ nicht in ein 4×3-Rechteck einpassen (vgl. Abbildung 61). Dagegen wird jede Variante von $\varphi^* = \varphi^*(675)$ aus Eulers *genus diatonico-chromaticum* durch ein solches 4×3-Rechteck wiedergegeben, welches den Ursprung enthält.

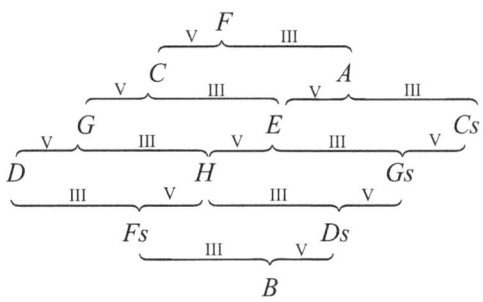

Abbildung 110

Gibt man ein Intervall aus der natürlichen Basisoktave $\mathcal{N}$ nicht als Proportion $(a{:}b)$, sondern in der Form $N(x;y)$ an, dann muss sich $\Gamma(a{:}b)$ gemäß $\Gamma(a{:}b) = \gamma(x,y)$ über eine nur von x und y abhängige Funktion $\gamma(x,y)$ berechnen lassen. Diese Funktion lässt sich mit Hilfe der Gaußklammer gemäß $\gamma(x,y) = 1 + 2 \cdot |x| + 4 \cdot |y| + \big[|-x \cdot \mathrm{ld}\,3 - y \cdot \mathrm{ld}\,5|\big]$ geschlossen darstellen, wobei $\mathrm{ld}\,x$ wieder den Logarithmus zur Basis 2 bezeichnet. Wenn man statt der Bezeichnungen der Stufen $N(x;y)$ aus π^* die Graduswerte $\gamma(x,y)$ in das Gitter $\mathbb{Z}^2$ einträgt, dann erhält man das rechte Bild in Abbildung 109.

Wenn man das rechte Bild von Abbildung 109 betrachtet, dann stellt man fest, dass Eulers Auswahl π^* für die Stufen Cs, Gs, Ds und B relativ schlechte Annehmlichkeitsgrade Γ aufweist. Man hätte erwarten können, dass Euler eine Variante von $\varphi^*(675)$ auswählt, deren Annehmlichkeitsgrad möglichst klein ist. Durch Verschiebung um eine Zeile nach unten erhält man in Abbildung 111 eine Variante ψ^* von $\varphi^* = \varphi^*(675)$, die bessere Annehmlichkeitsgrade als π^* aufweist und doch zum *genus diatonico-chromaticum* gehört. Es gilt $\psi^* = (480{:}512{:}540{:}576{:}600{:}640{:}675{:}720{:}768{:}800{:}864{:}900{:}960)$.

Natürliche Stufen aus ψ* im zweidimensionalen Gitter

Lage und Bezeichnung						*Werte von Γ für die jeweilige Stufe*			
Cs	Gs	Ds	B			7	7	10	14
A	E	H	Fs			5	1	4	8
F	C	G	D			11	8	8	9

Abbildung 111

Der musikalische Spiegel im Gitter $\mathbb{Z}^2$ bildet auch den Ausgangspunkt für ein geometrisches Modell, in welchem man heute allgemeine Stimmungen und ihre Parameter so darstellen kann, dass die Auswirkung der jeweiligen Stimmung auf die musikalisch wichtigen Dreiklänge und auf die Dur- und Moll-Skalen schnell erkannt werden kann. Euler entdeckt nämlich bei der Untersuchung des musikalischen Spiegels einfache geometrische Entsprechungen für Dreiklänge, die in Abbildung 112 zusammengestellt sind. Wenn man Eulers 4×3-Rechteck am unteren sowie am linken und rechten Rand zu einem 6×5-Rechteck erweitert, indem man horizontal nach Quinten und vertikal nach großen Terzen weitergeht (oberer Bereich von Abbildung 112), dann können in einem solchen Schema alle 24 Dur- oder Moll-Dreiklänge durch je ein Dreieck geometrisch dargestellt werden.

Bei Euler selbst fehlen die kleinen Terzen; daher spricht er nicht von Dreiecken, sondern von den beiden Gnomonen[370] $\ulcorner$ und $\lrcorner$. Bei einer konkreten Stimmung ersetzt man heute die Pfeile für Quinten und Terzen durch Parameterwerte des betreffenden Intervalls, welche die Abweichung von den reinen Intervallen angeben. Für jeden Dreiklang kann man so mit einem Blick ermitteln, wie sich die gewählte Stimmung auf ihn auswirkt. Der untere Bereich von Abbildung 112 zeigt, wie man heute diese Informationen auf beliebige diatonische Skalen mit jedem beliebigen Grundton (Tonika) übertragen kann.

In Abbildung 113 wird Eulers Stimmung $\pi*$ in diesem Euler-Diagramm dargestellt, wobei zum besseren Vergleich auch die tabellarische Darstellung beigefügt ist, wie sie in der Tradition von Werckmeister, Neidhardt und Türk üblich ist, und zwar im Vergleich mit dem gleichmäßigen Zwölfersystem, der ¼-Komma-Temperatur und der pythagoreischen Stimmung[371].

---

370 Euler 1774, § 30, S. 351.
371 Einen ähnlichen Vergleich in grafischer Gestalt, bei der die Dur- und Moll-Dreiecke im Kreise angeordnet sind und die Einheit Cent verwendet wird, findet sich bei Fellmann 1995, S. 53.

Dur- und Moll-Dreiklänge bei Stimmungen im Euler-Diagramm

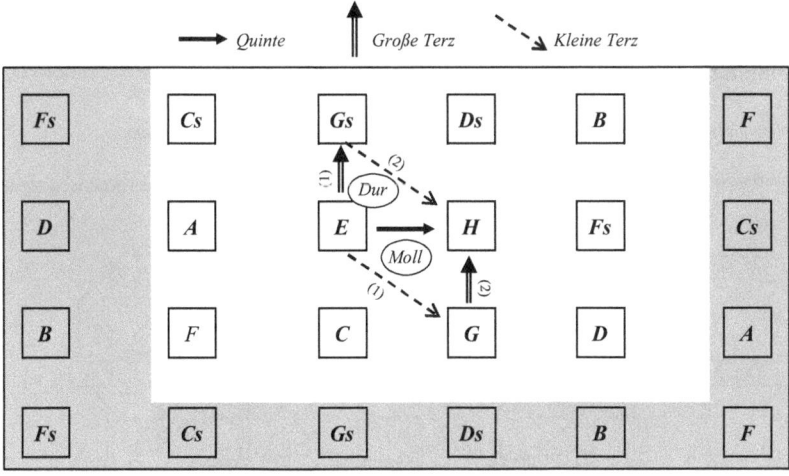

Ein $\left\{\begin{array}{c}\text{Dur-}\\\text{Moll-}\end{array}\right\}$ Dreieck $\left\{\begin{array}{c}\text{steht über}\\\text{hängt unter}\end{array}\right\}$ der Quinte auf dem Grundton.

Parallele diatonische Dur- und Moll-Skalen im Euler-Diagramm

I. Die Tonika der Dur-Skala liegt eine kleine Terz über der Tonika der parallelen Moll-Skala. Die Tonika ist jeweils am doppelten Rahmen zu erkennen.

II. Drei quintverkettete Moll-Dreiklänge bilden die heutige diatonische Moll-Skala.

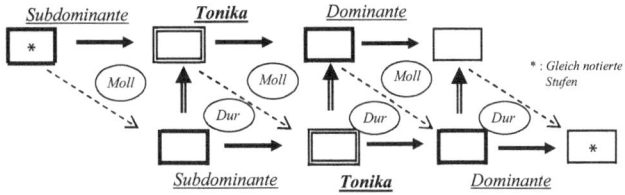

III. Drei quintverkettete Dur-Dreiklänge bilden die heutige diatonische Dur-Skala.

IV. Die drei Dreiklänge bauen auf der Subdominante, der Tonika und der Dominante auf.

Abbildung 112

In Übereinstimmung mit den numerischen Betrachtungen in VI.2.b und Abbildung 93 wird dabei der zwölfte Teil *p* des pythagoreischen Kommas als Maßeinheit verwendet, der für praktische Zwecke ja durch 2 ¢ angenähert werden kann. Es gibt tatsächlich einige vollkommen reine Dreiklänge, aber schon der

Blick auf den *B*-Dur- oder *g*-moll-Dreiklang macht klar, dass Eulers Stimmung für die musikalische Praxis seiner Zeit mit ihrem Drang nach freiem Umherschweifen in den Tonarten nicht geeignet ist. Sie ist keine wohltemperierte Stimmung im Sinne Werckmeisters.

Abweichung von den reinen Intervallen bei der Eulerschen Auswahlstimmung als Vielfache des Quintexzesses p = 1,955 ¢

a) Darstellung der Stimmung im Euler-Diagramm

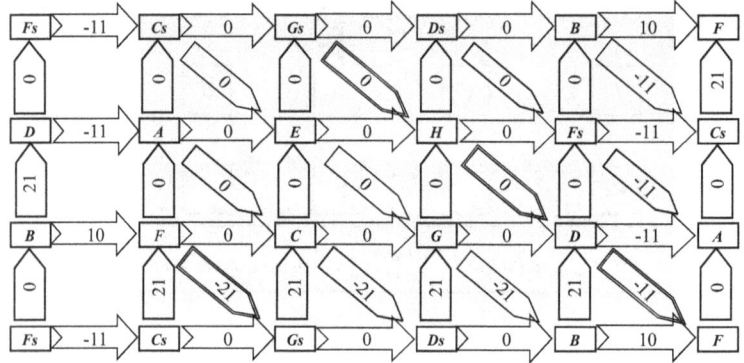

b) Darstellung in der Tabelle nach Neidhardt
   im Vergleich mit der gleichmäßigen, pythagoreischen und mitteltönigen Stimmung
   (¼-Komma-Temperatur; Wolfsquinte Cs-Gs)

Quinten ↓					Große Terzen ↓					Kleine Terzen ↓			
	glm.	*pyth.*	*¼K*	*Eul.*		*glm.*	*pyth.*	*¼K*	*Eul.*		*glm.*	*pyth.*	*¼K*	*Eul.*
C G	−1	0	−2¾	0	C E	+7	+11	0	0	C Ds	−8	−11	−2¾	−21
G D	−1	0	−2¾	0	E Gs	+7	−1	+21	0	Ds Fs	−8	+1	−23¾	0
D A	−1	0	−2¾	−11	Gs C	+7	+11	0	+21	Fs A	−8	−11	−2¾	−11
A E	−1	0	−2¾	0	G H	+7	+11	0	0	A C	−8	−11	−2¾	0
E H	−1	0	−2¾	0	H Ds	+7	−1	+21	0	G B	−8	−11	−2¾	−21
H Fs	−1	0	−2¾	0	Ds G	+7	+11	0	+21	B Cs	−8	+1	−23¾	−11
Fs Cs	−1	0	−2¾	−11	D Fs	+7	+11	0	0	Cs E	−8	−11	−2¾	0
Cs Gs	−1	−12	+18¼	0	Fs B	+7	−1	+21	0	E G	−8	−11	−2¾	0
Gs Ds	−1	0	−2¾	0	B D	+7	+11	0	+21	D F	−8	−11	−2¾	−11
Ds B	−1	0	−2¾	0	A Cs	+7	+11	0	0	F Gs	−8	−11	−2¾	−21
B F	−1	0	−2¾	+10	Cs F	+7	−1	+21	+21	Gs H	−8	+1	−23¾	0
F C	−1	0	−2¾	0	F A	+7	+11	0	0	H D	−8	−11	−2¾	0
		−12					**+21**					**−32**		

(Summe in jedem Zirkel)

Abbildung 113

6. Treppenmodell und gleichmäßiges Zwölfersystem

Den Übergang vom Frequenz- ins Treppenmodell betrachtet Euler im *Tentamen* ohne weitere Begründung als den Übergang von einer Proportion zu ihrem Maß (*mensura*), der über einen Logarithmus stattfinden muss. Angesichts der Oktavperiodizität ist es nach Eulers Ansicht leicht einzusehen[372], dass „... *Intervalle durch das Größenmaß der Proportionen ausgedrückt werden müssen, welche die Klänge bilden. Proportionen werden aber der Größe nach durch die Logarithmen derjenigen Brüche gemessen, deren Zähler die höheren und deren Nenner die tieferen Töne bezeichnen.*" An dieser Stelle verwendet Euler wie die meisten seiner Vorgänger den dekadischen Logarithmus, während er im 9. Kapitel des *Tentamen* zum dualen Logarithmus $\operatorname{ld} x$ mit der Basis 2 übergeht[373].

Das Größenverhältnis von reiner Oktave und reiner Quinte wird in dieser Sichtweise durch das irrationale Verhältnis $\log \frac{2}{1} : \log \frac{3}{2}$ erfasst. Euler entwickelt diese Zahl in einen Kettenbruch[374]:

$$\frac{\log \frac{2}{1}}{\log \frac{3}{2}} = \left[1; 1, 2, 2, 3, 1, 5, 2, 9, \ldots \right] = 1 + \cfrac{1}{1 + \cfrac{1}{2 + \cfrac{1}{2 + \cfrac{1}{3 + \cdots}}}}$$

Damit findet er die Folge $(2{:}1)$, $(3{:}2)$, $(5{:}3)$, $(7{:}4)$, $(12{:}7)$, $(17{:}10)$, $(29{:}17), (41{:}24)$ und $(53{:}31)$ von ganzzahligen Proportionen, die sich immer besser der irrationalen Proportion $\left(\log \frac{2}{1} : \log \frac{3}{2} \right)$ nähern. Dieselbe Proportionenfolge erscheint im 9. Kapitel noch einmal[375].

Euler weist bei dieser Gelegenheit darauf hin, dass man mit diesem Rechenverfahren Oktavteilungen beliebiger Ordnung erzeugen kann[376]: „*Auf ähnliche Weise kann man Intervalle in so viele gleiche Teile zerlegen, wie irgendjemand will, und Klänge zuordnen, die den wahren sehr nahe kommen und um ein Teilintervall dieser Art voneinander entfernt sind.*" Wenn man die Quinte nähe-

---

372 Euler 1739, Cap. IV, § 35, S. 73: „ ... interualla exprimi debere mensuris rationum, quas soni constituunt. Rationes autem mensurantur logarithmis fractionum, quarum numeratores denotent sonos acutiores, denominatores vero grauiores. "

373 Euler 1739, Cap. IX, § 4, S. 103.

374 Euler 1739, Cap. IX, § 7, S. 104.

375 Euler 1739, Cap. IX, § 7, S. 104-105.

376 Euler 1739, Cap. IV, § 39, S. 75: „ Simili quoque modo interualla possunt diuidi in tot quot quis voluerit partes aequales, atque soni veris proximi assignari, qui huiusmodi interuallo partiali a se inuicem distent. "

rungsweise in der Oktave finden will, muss man bei der Wahl von $(53\!:\!31)$ (oder von $(12\!:\!7)$) die Oktave in 53 (oder in 12) Teile einteilen und davon der Quinte 31 (oder 7) Teile zuordnen. Euler gibt hier also eine Kurzbeschreibung zur Herstellung von gewissen brauchbaren regulären Oktavteilungen, allerdings ohne Beachtung der reinen großen Terz und ohne die notwendige musikalische Überprüfung durch die harmonischen Gleichungen.

Im *Tentamen* wird von den Temperaturen nur das gleichmäßige Zwölfersystem etwas ausführlicher betrachtet, welches Euler schon als junger Mann im Saitenlängenmodell mit sehr guten Zahlenwerten dargestellt hat (vgl. Abbildung 106). Er lehnt das System jedoch ab und schreibt nur, dass einige Musiker glauben, *„dass wahre Musik eher in der Gleichheit der Intervalle bestehe als in deren Einfachheit. Um sich selbst mehr zufrieden zu stellen als die Harmonie, haben diese nicht gezögert, das Oktavintervall in zwölf gleiche Teile zu zerschneiden und entsprechend dieser Teilung 12 gewöhnliche Stufen zu bilden*[377]*.‟* Und im Zusammenhang mit seiner Auswahlstimmung $\pi*$ schreibt er an seine Prinzessin[378]: *„Man sieht daraus, daß die Unterschiede zwischen diesen Tönen nicht alle gleich sind, da einige größer, andere kleiner sind, und das erfordert auch die wahre Harmonie. Aber da die Ungleichheit nicht beträchtlich ist, so sieht man gemeiniglich alle diese Unterschiede als gleich an, und nennet den Sprung eines jeden Tons auf den folgenden ein Semitonium; denn man sagt, daß die Octave auf die Art in 12 Semitonia getheilet sey. Viele Tonkünstler machen sie auch in der That gleich, ob dieß gleich den Grundsätzen der Harmonie entgegen*

---

377   Euler 1739, Cap. IX, § 16, S. 148: „ … veram musicam potius in aequalitate intervallorum consistere, quam in eorum simplicitate. Hie igitur ut sibi magis quam harmoniae satisfacerent, non dubitaverunt intervallum diapason in duodecim partes aequales dissecare, atque secundum hanc divisionem sonos 12 consuetos constituere. ‟

378   Euler 1773, VII., S. 23-24; Euler 1768, VII., S. 28 - 29: „ On voit par-là que les diféffnces entre ces tons ne sont pas égales entr'elles , mais qu'il en est de plus grandes & de plus petites; c'est ce qu'éxige la véritable harmonie. Cependant l'inégalité n'étant pas considérable, on regarde communément toutes ces diférences comme égales, en nommant le saut d'un ton à l'autre *semiton*; &, de cette maniére, l'octave elt divisée en 12 *semitons*. Bien des musiciens les font à-présent égaux, quoique cela soit contraire aux principes de l'harmonie, parce qu'aucune quinte ni aucune tierce n'est juste, & que l'effet est le même, que si ces tons n'étoient pas bien accordés. Aussi conviennent-ils, qu'il faut renoncer à la justesse des accords, pour obtenir l'avantage de l'égalité des semitons, ensorte que la transposition d'un ton à un autre, quelconque, ne change rien dans les mélodies. Ils avouent cependant que la même piéce joûée du ton C ou du demi-ton plus haut Cs, change considérablement de nature; il est donc clair, que tous les demi-tons ne sont effectivement pas égaux, quelqu'effort que fassent les musiciens pour les rendre tels, parceque la véritable harmonie s'oppose à l'éxécution d'un dessein qui lui est contraire.‟

ist. Denn auf diese Art ist keine Quinte und keine Terzie vollkommen richtig, und die Wirkung ist eben die, als wenn diese Töne nicht rein gestimmt wären. Sie geben auch zu, daß man dieser genauen Richtigkeit entsagen müsse, um den Vortheil der Gleichheit unter allen Semitonien zu erhalten, so daß die Transposition von einem Ton in den andern, in den Melodien nichts ändere. Unterdessen gestehen sie selbst, daß wenn man ein Stück aus dem C. einen halben Ton höher oder aus dem Cis spielt, dasselbe sehr beträchtlich dadurch geändert wird, woraus klar ist, daß diese Semitonia, ob sich gleich die Tonkünstler bemühen sie gleich zu machen, in der That nicht alle gleich sind; weil die wahre Harmonie sich der Ausführung dieses Vorhabens widersetzt."

Wie Newton, Leibniz und Henfling stellt auch Euler seine Auswahlstimmung $\varphi*(675) = (512{:}540{:}576{:}600{:}640{:}675{:}720{:}768{:}800{:}864{:}900{:}960{:}1024)$, das *genus diatonico-chromaticum* oder hier *genus genuinum*, zum Vergleich mit dem *genus aequabile* mit den Stufen $i \cdot \frac{1}{12}$ für $i = 0,\ldots,12$ tabellarisch im Treppenmodell dar[379] (Abbildung 114).

Soni.	Genus ge-nuinum.	Genus ae-quabile.	Differentiae
F	0,000000	0,000000	0,000000
Fs	0,076815	0,083333	+0,006518
G	0,169924	0,16666	−0,003258
Gs	0,228819	0,250000	+0,021180
A	0,321928	0,333333	+0,011405
B	0,398743	0,416666	+0,017923
H	0,491852	0,500000	+0,008147
c	0,584962	0,58333	−0,001629
cs	0,643856	0,666666	+0,022810
d	0,754886	0,75000	−0,004886
ds	0,813781	0,833333	+0,019552
e	0,906891	0,916666	+0,009775
f	1,000000	1,000000	0,000000

Abbildung 114

Er schreibt hier dazu[380]: „*Zwar unterscheiden sich die Quinten und Quarten ... wenig von den wahren Intervallen, aber desto mehr weichen die großen und*

---

379 Euler 1739, Cap. IX, § 17, S. 149.
380 Euler 1739, Cap. IX, § 17, S. 149: „Quintae quidem et quartae parum a genuis discrepant ... , sed tertiae maiores et minores multomagis aberrant, quibus tamen non minus quam quintis et quartis harmonia constat. Denique ob nullam sonorum rationem rationalem praeter octavas, hoc genus harmoniae maxime contrarium est censendum, etiamsi hebetiores aures discrepantiam vix percipiant."

kleinen Terzen davon ab, aus denen doch nicht weniger als aus Quinten und Quarten die Harmonie besteht. Weil kein Klangverhältnis außer der Oktave rational ist, ist endlich eine solche Art der Harmonie als äußerst ungeeignet [contrarius] zu beurteilen, auch wenn stumpfere Ohren den Unterschied kaum wahrnehmen werden."

Euler lehnt es ab, das gleichmäßige Zwölfersystem in seiner Musiktheorie stärker zu berücksichtigen, obwohl ihm vollkommen klar ist, dass es in der Praxis schon weit verbreitet ist. Den Ausschlag gibt die Irrationalität der Frequenzverhältnisse. Das überrascht nicht, denn Eulers Gradus-Theorie kann ja überhaupt nur bei rationalen Frequenzverhältnissen angewendet werden.

7. Die Substitutionstheorie und die Primzahl 7

a) Eulers Substitutionstheorie

Wie wir bei Leibniz und Goldbach gesehen haben, akzeptiert eine realistische Koinzidenztheorie die Tatsache, dass die Tonhöhe in der musikalischen Realität ein Kontinuum bildet. Intervalle mit irrationalem Frequenzverhältnis können auf dem Weg der stetigen Annäherung, der *appropinquatio continua*[381], einfache rationale Verhältnisse ersetzen und deshalb als Konsonanzen wahrgenommen werden. Das wahrnehmende Subjekt ersetzt oder substituiert das objektiv gehörte Intervall durch das ideale erwartete Intervall.

Obwohl Euler die realistische Koinzidenztheorie von Leibniz und Goldbach schon früh kennengelernt hat, geht er erst in einer späten Schrift von 1766 explizit auf sie ein. Sie trägt den etwas dunklen Titel: *Vermutung über den Grund, warum einige Dissonanzen allgemein in der Musik akzeptiert werden.* Er schreibt nunmehr[382], *„dass man die Proportionen, die unsere Ohren aktuell empfangen, gut von denen unterscheiden muss, welche die Klänge ausgedrückt in Zahlen einschließen. Nichts geschieht häufiger in der Musik, als dass das Ohr eine Proportion fühlt, die ziemlich verschieden ist von der, welche effektiv zwischen den Klängen besteht.*" Intervalle aus dem gleichmäßigen Zwölfersystem werden deshalb von unserem Gehör akzeptiert, und Euler registriert sogar, dass das Musizieren in seiner eigenen Auswahlstimmung π* – die er hier als harmo-

381 Vgl. Fußnote 237.
382 Euler 1766a, §. 7, S. 168: „ ... qu'il faut bien distinguer les proportions que nos oreilles apperçoivent actuellement, de celles que les sons exprimés en nombres renferment. Rien n'arrive plus souvent dans la Musique, que ce que l'oreille sent une proportion bien différente de celle qui subsiste effectiviment parmi les sons."

nische Temperatur bezeichnet[383] – voraussetzt, dass die vielen verschiedenen Intervalle einer Klasse aus der Intervallumgebung von $\pi *$ vom Zuhörer letztlich doch als ein einziges Intervall empfunden werden. Er ist nunmehr auch der Meinung, dass Intervalle wie $(301{:}200)$ oder $(299{:}200)$, über die schon Werckmeister nachgedacht hatte[384], als Quinten $(3{:}2)$ wahrgenommen werden[385].

„*Es ist daher ausreichend bewiesen, dass die von den Sinnen wahrgenommene Proportion sich folglich von derjenigen unterscheidet, die in Wirklichkeit zwischen den Klängen besteht. Immer wenn dies geschieht, ist die wahrgenommene Proportion einfacher als die reale, und der Unterschied ist so klein, dass er der Wahrnehmung entgeht. ... je einfacher eine Proportion ist, desto sensibler ist auch unsere Wahrnehmung, und sie unterscheidet noch kleinere Abweichungen[386].*"

Mit der ausdrücklichen Übernahme der Substitutionstheorie tritt sogar Eulers Vorstellung vom idealen Zuhörer in den Hintergrund. Der *gradus suavitatis* kommt nicht mehr vor und die Begriffe Konsonanz und Dissonanz werden wieder in der üblichen Bedeutung verwendet. Jetzt heißt es wie bei Leibniz[387]: „*Wenn die Menschen ein so exaktes Urteilsvermögen in ihrem Gehör besäßen, dass sie auch die kleinsten Abweichungen unterscheiden könnten, so würde das die gesamte Musik betreffen: aber wo würde man Musiker finden, die so exakt die Klänge erzeugen können, dass es nicht die kleinste Abweichung gibt? Nahezu alle Akkorde würden diesen Menschen wie unerträgliche Dissonanzen er-*

---

383 Euler 1766a, §. 8, S. 168: „ ... température harmonique..." Ähnliches steht schon im Tentamen, Cap. IX, § 10, S. 145.

384 Werckmeister 1707, S. 114 – 115.

385 Euler 1766a, §. 12, S. 171.

386 Euler 1766a, §. 9, S. 169: „Il est donc suffisamment prouvé, que la proportion apperçue par les sens est souvent différente de celle qui subsiste actuellement entre les sons. Toutes les fois que cela arrive, la proportion apperçue est plus simple que la réelle, et la différence est si petite qu'elle échape à la perception. ...Or, plus une proportion est simple, plus notre sentiment est aussi sensible, et distingue de plus petites aberrrations. " Der letzte Gedanke findet sich auch bereits im Tentamen, Cap.IX, § 10, S. 146.

387 Euler 1766a, §. 11, S. 170: „Si les hommes avoient le jugement de leur oreille si exact, qu'ils pussen distinguer les plus petites aberrations, c'en seroit fait de tout la Musique: car où trouveroit-on des Musiciens capables d'exécuter tous les sons si exactement, qu'il n'y auroit point la moindre aberration? Presque tous les accords paroitroient à ces hommes comme les plus insupportables dissonances, pendant que des oreilles moins délicates les trouvent parfaitement bien harmoniques. C'est donc un grand avantage pour la Musique pratique que le sens de l'ouïe n'est pas porté au plus haut degré de perfection, et qu'il pardonne généreusement les petits défauts dans l'exécution. "

252

scheinen, *während weniger feine Ohren sie als vollkommen harmonisch empfin-*
den. Es ist daher ein großer Vorteil für die praktische Musik, dass das Gehör
nicht auf einen höheren Vollkommenheitsgrad gebracht worden ist, und dass es
großzügig die kleinen Fehler bei einer Aufführung verzeiht. "

b) Der Septakkord

Wer nach diesen Äußerungen erwartet, dass die inhaltliche Adaption der Substitutionstheorie zu einer realistischeren Position Eulers in der Musiktheorie führen würde, wird dann aber doch enttäuscht. Denn im Gegensatz zu Leibniz und Goldbach wendet Euler die Substitutionstheorie keineswegs zur Begründung von Temperaturen an, die im Frequenzmodell irrationale Proportionen besitzen. Er konzentriert sich vielmehr auf den speziellen Septakkord G, H, d, f, der in seiner Auswahlstimmung π^* durch die Progression $\sigma^* = (576:720:864:1024)$ $= (36:45:54:64)$ erfasst wird[388]: *„Wenn man diesen Akkord G,H,d, f ver-*
nimmt, der durch diese Zahlen 36,45,54,64 ausgedrückt wird, dann wird ein
perfektes Ohr die Proportionen wohl begreifen, die in diesen Zahlen ein-
geschlossen sind. Aber weniger perfekte Ohren, für welche die Wahrnehmung
dieser Proportionen zu schwierig ist, werden versuchen, andere Zahlen zu sub-
stituieren, die einfachere Proportionen ergeben. ... Ich bin zur Überzeugung
gelangt, dass sie auf dem letzten Platz die 64 *durch die* 63 *ersetzen werden ...*
Ich glaube daher, dass man sich beim Vernehmen der Klänge 36,45,54,64 *ein-*
bildet, man würde die 36,45,54,63 *oder ebenso gut die* 4,5,6,7 *wahrnehmen,*
wenn man beachtet, dass die Wirkung absolut gleich ist. "
Prüft man andere Septakkorde, so erhält man bei C, E, G, B ein ähnliches Ergebnis, denn die Progression $\vartheta^* = (384:480:576:675) = (128:160:192:225)$ geht bei Ersetzung der 225 durch 224 in die Progression $\tau^* = (4:5:6:7)$ über. Aber bei D, Fs, A, c oder $v^* = (432:540:640:768) = (108:135:160:192)$ muss man bereits die weniger plausible Ersetzung 189 für die letzte Zahl und außer-

---

388   Euler 1766a, §. 13, S. 171: „Donc, quand on entend cet accord G, H, d, f, exprimé par
ces nombres 36, 45, 54, 64, une oreille parfaite comprendra bien les proportions
renfermées dans ces nombres; mais des oreilles moins parfaites, auxquelles la
perception de ces proportions est trop difficile, tâcheront de substituer d'autres
nombres, qui donnent des proportions plus simples ... je suis porté à croire, qu'elles
substitueront à la place du dernier 64 celui de 63, ..." und §. 14, S. 172: „Je crois donc
qu'en entendant les sons 36, 45, 54, 64, on s'imagine d'entendre ceux-ci 36, 45, 63, ou
bien ceux-ci, 4,5,6,7, attendu que l'effet est absolument le même."

dem noch 162 für 160 vornehmen, wenn man wieder die Progression τ^* erhalten will.

Euler hat bei dieser bedenklichen Argumentation außerdem stillschweigend davon profitiert, dass er die frequenzorientierte Darstellung für Proportionen benutzt. Denn die so einfach erscheinende Progression $\tau^* = (4{:}5{:}6{:}7)$ kann auch in der Form $\tau = (105{:}84{:}70{:}60)$ notiert werden, welche gewiss nicht dieselbe suggestive Einfachheit besitzt wie τ^*. Der Septakkord G, H, d, f würde durch die Progression $\sigma = (1200{:}960{:}800{:}675) = (240{:}192{:}160{:}135)$ geschrieben werden, und erst nach Erweiterung mit 7 und 16 kann man sehen, dass aus $\sigma = (1680{:}1344{:}1120{:}945)$ die Progression $\tau = (1680{:}1344{:}1120{:}960)$ entsteht, wenn man die letzte Zahl 945 durch 960 ersetzt.

Eulers Überlegungen laufen letztlich auf den Gedanken hinaus, dass die unterschiedlichen natürlichen Proportionen der kleinen Septime, wie sie in der Intervallumgebung seiner Stimmung vorkommen (wie $(1200{:}675) = (16{:}9)$ $= (64{:}36)$ für $G \to f$ oder $(900{:}512) = (225{:}128)$ für $C \to B$) bei der Wahrnehmung durch die *einfachere* Proportion $(7{:}4) = (63{:}36) = (224{:}128)$ ersetzt werden. Anhand der Werte $\lambda\left(\frac{7}{4}\right) \approx 968,8\,\text{¢}$, $\lambda\left(\frac{16}{9}\right) \approx 996,1\,\text{¢}$ und $\lambda\left(\frac{225}{128}\right) \approx 976,5\,\text{¢}$ muss der Leser selbst entscheiden, ob er diese Ersetzungen für angemessen hält.

Man kann aber verstehen, warum Euler bei dieser Argumentation nicht mehr auf seine Gradus-Funktion eingeht. Das rechnerische Faktum $\Gamma(16{:}9) = 9$ $= \Gamma(7{:}4)$ wäre nämlich kaum mit dem Prinzip der Ersetzung von komplizierten durch einfachere Intervalle in Einklang zu bringen, wenn man die Gradus-Funktion als Maß für die Einfachheit ansehen würde.

c) Die Erweiterung des natürlichen Systems um die Primzahl 7

Euler denkt auch über praktische Systeme nach, welche die Grenzen des natürlichen Systems überschreiten, aber dennoch im Frequenzmodell durch ganzzahlige Progressionen erfasst werden. nach Eulers Meinung die Naturseptime $S = \lambda\left(\frac{7}{4}\right)$ schon jetzt im Bereich der subjektiven Wahrnehmung häufig präsent, selbst wenn die in der Musik gehörten Intervalle in Wirklichkeit nicht durch die Proportion $(7{:}4)$ erfasst sein sollten. Damit stellt er die Vermutung auf, die er in der Überschrift seiner Publikation angekündigt hat[389]. *„Der große Leibniz hat schon angemerkt, dass man in der Musik noch nicht angefangen habe, über die 5 hinaus zu zählen. … Aber wenn meine Vermutung Platz greift, dann kann man sagen, dass man in der Komposition bereits bis 7 zählt, und dass das Ohr bereits daran gewöhnt ist: es handelt sich um eine neue Gattung der Musik, die man schon in Gebrauch genommen hat, und die den Alten unbekannt geblieben war."*

Wie er es schon mehr als zwanzig Jahre früher im *Tentamen* schon angedeutet hat[390], entwickelt Euler 1766 aus dem natürlichen Intervallsystem ein neues, noch komplizierteres Intervallsystem $\mathbf{N}_7$ mit ganzzahligen Proportionen, indem er die Naturseptime $S = \lambda\left(\frac{7}{4}\right)$, die schon Huygens interessiert hat, zu den erzeugende Konsonanzen hinzunimmt. Die Glieder der Progressionen dürfen in $\mathbf{N}_7$ auch aus $\mathbb{N}\{7\}$ und nicht mehr nur aus $\mathbb{N}\{5\}$ stammen. Der Aufsatz aus dem Jahre 1766 trägt den ambitionierten Titel *„Über den wahren Charakter der modernen Musik"*, wobei sich unter dem Begriff der modernen Musik nichts anderes als das Intervallsystem $\mathbf{N}_7$ verbirgt.

Zu Eulers Progression $\varphi^*(675)$ aus der Basisoktave $\mathfrak{N}$ für die Oktave von *F* bis *f*, deren Glieder Euler hier mit 8 erweitert und als Haupttöne (*tons principaux*) bezeichnet, tritt eine Progression ρ^* von ebenfalls zwölf Fremdtönen (*tons étrangeres*) aus der Basisoktave $\mathfrak{N}_7$, von denen jeder den Primfaktor 7 enthält[391]. ρ^* entsteht aus $\varphi^*(675)$ durch Multiplikation mit 7 bzw. 14, wobei jedes Ergebnis in der Progression um zwei Plätze nach links verschoben wird. Dadurch stimmen die Schrittintervalle von ρ^* bis auf die Reihenfolge mit den Schrittintervallen von $\varphi^*(675)$ überein und stammen sämtliche aus dem natürlichen System (Abbildung 115). Eine echte Erweiterung von $\mathbf{N}$ um die Naturseptime auf $\mathbf{N}_7$ findet deshalb erst dann statt, wenn einzelne – aber nicht alle – Stufen aus $\varphi^*(675)$ durch gleichbenannte Stufen aus ρ^* ersetzt werden.

---

389 Euler 1766a, §. 16, p. 173: „ … le grand Leibnitz a déjà remarqué que dans la Musique on n'a pas encore appris à compter au dela de 5 … Mais, si ma conjecture a lieu, on peut dire que dans la composition on compte déjà jusqu' à 7, et que l'oreille y est déjà accoutumée: c'est un nouveau genre de Musique, qu'on a commencé à mettre en usage, et qui a été inconnu aux anciens."

390 In Euler 1739, Cap. X, § 20, S. 164 stellt er eine Skala vor, die mit der Primzahl 7 gebildet ist.

391 Euler 1766b, §. 44, S. 199.

$$
\begin{array}{ccccccccccccc}
F & Fs & G & Gs & A & B & H & C & Cs & D & Ds & E & f
\end{array}
$$

$$\varphi^*(675) = (4096{:}4320{:}4608{:}4800{:}5120{:}5400{:}5760{:}6144{:}6400{:}6912{:}7200{:}7680{:}8192) \Big\} :8$$

$$\varphi^*(675) = (512:540:576:600:640:675:720:768:800:864:900:960:1024) \Big\} \cdot 7$$

$$\rho^* = (4032{:}4200{:}4480{:}4725{:}5040{:}5376{:}5600{:}6048{:}6300{:}6720{:}7168{:}7560{:}8064)$$

$$
\begin{array}{ccccccccccccc}
F^* & Fs^* & G^* & Gs^* & A^* & B^* & H^* & C^* & Cs^* & D^* & Ds^* & E^* & f^*
\end{array}
$$

Abbildung 115

Von der Notwendigkeit einer solchen Erweiterung von **N** um die Natursep-time auf $\mathbf{N}_7$ ließen sich nur sehr wenige Musiktheoretiker überzeugen, darunter zu Eulers Lebzeiten noch in gewissem Umfange Johann Philipp Kirnberger[392] und im 20. Jahrhundert Adriaan Fokker, der versucht hat, mit der 25. Stufe der Huygens-Teilung $RS[31,18]$ gemäß $\lambda\left(\tfrac{7}{4}\right) \approx 9{,}688 \approx \tfrac{12 \cdot 25}{31} = \tfrac{300}{31} = 10 - \tfrac{10}{31} \approx 9{,}677$ auch die Naturseptime zu musikalischem Leben zu erwecken. Die große Mehr-heit hat sich dem Siegeszug der gleichschwebenden Temperatur angeschlossen, wie es Leibniz und Henfling schon vorausgesehen haben.

---

392   J. P. Kirnberger, *Die Kunst des reinen Satzes in der Musik*, Berlin 1771, Anm. 24 auf S. 24-25.

VIII. Epilog

Unser Ausflug in die gemeinsame Geschichte von Mathematik und Musiktheorie endet mit Euler in der zweiten Hälfte des 18. Jahrhunderts. In dieser Zeit wird deutlich sichtbar, dass das Verhältnis zwischen Mathematik und Musik keineswegs konfliktfrei ist. Das liegt zu einem gewissen Teil sicherlich an der intellektuellen Arroganz einiger Mathematiker jener Zeit, wie sie in den schon in VII.3 zitierten Worten Johann I Bernoullis exemplarisch zum Ausdruck kommt[393]: während ein Mathematiker fast alle Wissenschaften auszuführen vermag, kann ein an der Praxis orientierter Meister von seinem eigenen Gegenstand nur wie ein Blinder von der Farbe reden.

Im Jahre 1713 beginnt der Musiktheoretiker Johann Mattheson mit dem *Neu eröffneten Orchestre* einen Kampf gegen eine mathematische Grundlegung der Musiktheorie, in dem er nach mehr als 40 Jahren schließlich den Sieg davon trägt. Auch wenn einem – besonders als Mathematiker – die scharfe und teilweise überzogene Polemik manchmal nicht gefallen wird[394], kann man doch nicht übersehen, dass Mattheson mit staunenswerter Sicherheit erkennt, wie dynamisch die Entwicklung der Musik seiner Zeit ist und welche Richtung sie insgesamt nimmt. Die traditionelle mathematische Fundierung im Saitenlängen- oder Frequenzmodell steht dem historisch fälligen Wechsel der Musiktheorie unter das Dach der Ästhetik entgegen und ist deshalb letztlich zum Scheitern verurteilt, auch wenn sie sich wie bei Euler auf die Naturwissenschaften beruft. Insofern kämpft Mattheson gegen veraltete Prinzipien und für den Fortschritt in der Musik.

Bereits der junge Mattheson sieht in einer zu umfangreichen Beschäftigung mit der Mathematik ein Nachteil für das Erlernen der Musik, weil die Disziplinen Musik und Mathematik völlig unterschiedlich sind[395]: „ … *so bin ich der Meinung gantz und gar nicht/ daß man more Philosophorum die Music in eine solche cathedralische Disciplin bringen müsse noch könne/ als man etwann die Logic, Ethic & c. gethan/ weil solches ihrer Natur gantz und gar zu wider ist/ als die da [die Music] frey und ungebunden tractiret seyn will. Da auch die gantze regulirte Wissenschafft so wol der Music, als anderer Künste/ nur bloß den Weg zeigen soll/ wie man zu deren vollenkommenen Erkänntniß gelangen könne; so darff man sich nicht eben allezeit mit verhülletem Angesichte von einem solchen Führer leiten lassen/ vielweniger mit ihm groß thun/ der sich*

---

393   Vgl. Fußnote 349.
394   Das gilt vor allem für die Auseinandersetzung mit Lorenz Mizler und Johann Georg Meckenheuser.
395   Mattheson 1713, Einleitung S. 9.

offtmahls selber verführet und verirret; sondern man soll vielmehr alle Kräfte anspannnen/ so bald man nur einen gewissen Grund hat/ zum Ziel selbsten per Praxin zu gelangen/ und eine gesunde von allem unnöthigen Schul-Staub gesäuberte Ideam von der Music zu haben/ nicht nur/ wenn man Profession davon macht oder zu machen gedencket ; sondern wenn man nur einen judicieusen Liebhaber und Kenner abgeben will ..."

Seinen Gegnern in diesem Streit unterstellt er in polemischer Zuspitzung, nur aus Eitelkeit die Entwicklung der lebendigen Musik zu behindern. Sie sind der Grund dafür, dass die Musik, „*... das unvergleichliche Geschencke des Allmächtigen Schöpffers so in Verfall gerathen ist/ und Zweifels ohne/ wenigstens bey uns/ noch ferner gerathen wird. Denn da überreden sie sich/ daß dis wunderschöne und vollenkommene Geschöpffe/ welches der gütige GOtt uns Menschen zur Lust/ und gleichsam zum Vorbild der ewigen harmonischen Herrlichkeit gegeben/ eintzig und allein von einer tieffen Gelehrsahmkeit und arbeitsamen Wissenschaft dependire/ geben zu dem Ende ihre philosophische Reguln und gelehrte Grillen/ nicht allein mit grosser Autorität/ sondern zugleich mit solcher Obscurität heraus/ daß einem vor dem Zeuge recht grauet/ und man dahero lieber in steter Unwissenheit bleiben/ als solche horrenda durchgehen/ und dennoch nach aller verlohrenen kostbaren Zeit und Arbeit nichts als etliche in heutiger Praxi zum Theil unnütze Subtilitäten so theur erkauffet haben will. Von solchen praetendirten luminibus Mundi/ die da meinen/ es müsse sich die Music nach ihren Reguln/ und sich nicht vielmehr ihre Reguln/ nach der Music richten/ mag man wol mit Recht sagen: Faciunt intelligendo ut nihil intelligant. Sie kommen mit ihrem Klügeln endlich durchhin. Sie möchten sich aber bescheiden/ solche eigensinnige und halb ehrwürdige Pedanten/ daß die Music an ihr selbst keiner Regeln bedürffe/ sondern daß wir vielmehr/ unseres Unvermögens wegen derselbigen benöthiget sind/ um einiger massen einen irrdischen Begriff von diesem himmlischen Wesen zu erlangen/ und daß dannenhero alle die unzähligen Reguln sich nach der Zeit/ darinnen wir leben/ auch nach den Umständen und Manieren/ die in der Music eben so veränderlich als die Constellationes am Himmel sind/ ändern und accomodiren müssen/ weil nicht allein in den Sinnen selbst der eigentliche Ursprung aller Wissenschaft steckt/ nam nihil est in Intellectu/ quod non prius fuit in sensu; sondern weil auch keine Regul noch Thesis in der Welt so beschaffen/ die sich nicht/ zu Folge der obhandenen Conjuncturen und Circumstantien/ woraus sie eigentlich fliesset/ richten/ ändern und Abfälle leiden müsse.*"[396]

Der hier zitierte lateinische Satz, dass nichts im Intellekt sein könne, was nicht vorher in den Sinnen war, gilt als kürzeste Formulierung des Sensualismus

---

396   Mattheson 1713, Einleitung S. 2-4.

und ist auch bei John Locke zu finden. Der Verteidiger einer mathematisch fundierten Musiktheorie wird für Mattheson zum verspotteten Musikaster[397]: „Durch diesen abusum[Missbrauch] nun bildet ihm mancher ehrbahrer Musicaster gantz getrost ein/ er sey der Apollo selbst/ weil er ein Monchordum zu Hause habe/ und wisse daß 1. 2. 3. 4. zehn mache/ item daß 1-2. Diapason 2-3. Diapente u. s. w. vorstelle ; daß die Musica sey : Scientia Mathematica subalterna, numerum habens ex Arithmetica, & magnitudinem mensurabilem in Monochordo ex Geometria, illaqve ad rem Physicam (sc. Sonum) applicans[398], da doch mannichmahl ein solcher andächtiger Sünder/ wenns klappen soll/ nicht zwey Tacte recht spielen kan/ und seine marsialische Stümperey an den Tag legen muß. Das heißt die Pferde hinter den Wagen gespannet; die Music gemartert; die Ingenia abgeschrecket; nach dem Schatten geschnappet und den rechten Bissen fallen gelassen."

Und am Ende des Werkes von 1713 stellt er abschließend die These auf, „daß die Zahlen in der Music nicht decidiren/ sondern nur instruiren; Das Gehör aber allein der Canal sey/ durch welchen ihre Krafft in das innerste der Seelen eines aufmercksamen Zuhörers eindringet. ... der Zweck der Music [ist] nicht das Gesicht/ noch der eigentlich so genandte Verstand ... / sondern eintzig und allein das Gehör/ welches der Seelen und dem Verstande/ die Ergetzung/ so es empfindet/ mittheilet/... ."[399]

Entsprechend Passagen sind auch in Matthesons Großer General-Baß-Schule des Jahres 1731 zu finden, aus der Euler häufig zitiert. Nach eigenen umfangreichen Intervallberechnungen distanziert er sich im § 240 von gewissen „närrischen Mathematikern" oder Harmonikern[400]: „Ich verlange bey Leibe kein Harmonicus zu seyn; sondern habe meine Zeit viel zu edel zu solchen Dingen gehalten/ weil gantz was anders zur musicalischen so wol/ als politischen und philosophischen Gelehrsamkeit gehört. Ich gebe mich auch nirgend für einen logarithmischen Rechenmeister aus/ und gestehe gerne/ daß es andere/ .../ mir hierin weit zuvorthun. Und was ist es denn mehr? Gesetzt ich verstünde nichts von der Algebra; vielleicht verstehe ich was anders. Wir alle können nicht alles. Ein Harmonicus und ein Musicus sind unterschieden/ wie ein Tischer-Gesell und ein Baumeister. Dieser kann so gut nicht hobeln/ als jener. Das sollte doch wol ein Mathematicus wissen/ der sich zur Unzeit mit seiner Arithmetica

---

397   Mattheson 1713, Einleitung S. 5-6.
398   „... eine subalterne mathematische Wissenschaft, welche den Zahlbegriff aus der Arithmetik und den messbaren Größenbegriff auf dem Monochord aus der Geometrie nimmt, und jenes auf einen physischen Gegenstand (nämlich den Klang) anwendet."
399   Mattheson 1713, S. 126/127.
400   Mattheson 1731, Vorbereitung § 240, S. 149.

decimali, Geometrie, Geodesia, Gnomica, Stereometria, Trigonometria, Optica
und Astronomia, wie ein Frosch im Mondschein/sträubet/...“

Der alles beherrschende Zweck der Musik ist für Mattheson jene Kommunikation, die über die Affekte die Seele des Menschen anspricht und damit der Er-
bauung oder dem Genuss dient. In seinem wohl bekanntestem Werk, dem „*Vollkommenen Capellmeister*“, der 1739 im gleichen Jahr wie Eulers *Tentamen* erscheint, wiederholt Mattheson seine Gedanken im Abschnitt VI der Vorrede unter der Überschrift „*Von der musikalischen Mathematik*“[401]. Davor ist ein langes
Widmungsgedicht seines Freundes Johann Adolf Scheibe abgedruckt, in welchem am Schluss die musikalischen Mathematiker angesprochen werden[402]:

> „*... Ihr aber, deren Witz mit Zahl und Zirkel prahlt,*
> *Die Tön auf Holtz und Blatt in tausend Theilchen mahlt,*
> *Die ihr, statt Harmonie, ein unklangbares Wesen*
> *Zum falschen Gegenwurff von eurem Fleiß erlesen,*
> *Proportionen liebt, die Ohren aber kränkt,*
> *Die Töne ziemlich stimmt, doch nicht zu rühren denckt,*
> *Erwegt einmahl den Zweck von eurem tieffen Wissen,*
> *Werfft Stab und Zirckel weg, und seyd vielmehr beflissen,*
> *Den Endzweck der Music recht gründlich einzusehn,*
> *Ihr werdet mir alsdenn die Wahrheit selbst gestehn:*
> *Verstand und Hertz und Ohr mit Nachdruck zu ergetzen,*
> *Muß man die Kunst verstehn, ein rührend Stück zu setzen.*
> *Music, die nicht ans Hertz, nicht an die Seele dringt,*
> *Aus Tönen zwar besteht, doch nur die Ohren zwingt,*
> *Der nicht Natur und Kunst Klang, Anmuth, Krafft gegeben,*
> *Ist nur ein todtes Werck, es fehlt ihr Geist und Leben.*
> *Das hat Aristoxen und Aristid erkannt,*
> *Itzt thut es Matthesons durchdringender Verstand ...*“.

Mattheson akzeptiert bewusst die öffentliche Verbindung seines Namens mit
Aristoxenos. Im Jahre 1748 lässt er sein Spätwerk *Phthongologia systematica*,
den Versuch einer systematischen Klang-Lehre, unter dem Pseudonym des jüngeren Aristoxenos, *Aristoxenus iunior*, erscheinen. Das fünfte Hauptstück darin
handelt wieder „*Vom mathematischen Musikanten*“. Darin verschärft Mattheson
seine Kritik, indem er betont, dass die Mathematik einem Musiker nicht nur
nichts nutze, sondern sogar schade[403]: „*Indessen ists doch vor der ganzen Welt*

---

401   Mattheson 1739, Vorrede, S. 16-22.
402   Mattheson 1739, nach der Vorrede.
403   Mattheson 1748, § 147, S. 149.

260

Augen und Ohren klar und offenbar, daß der Beytritt einer tüchtigen Fähigkeit in der Meß-Kunst die natürlichen Gaben geschickter Ton-Meister vielmehr zu vermindern, als zu vermehren pflegt." Und das hat seinen Grund in der Beschäftigung mit der Mathematik selbst[404]: *„Denn wer sich beständig zum Demonstriren [Beweisen] gewöhnet, der will hernach alles nach der Schnur haben, und wird, unvermerkter Weise, in seinem ganzen Thun, etwas gezwungen, steif und gebunden; einer mehr, der andere weniger: welches solche Eigenschaften sind, die sich mit einem freyen, musikalischen, melopoetischen Geiste ganz und gar nicht reimen. ... Die Tiefsinnigkeit der Aufgaben; das unermüdete Nachdenken bey den Beweisen; die abgezogenen [abstrakten] Begriffe; das viele lange Sitzen und Grübeln etc. verdicken bey den meisten Menschen die Säfte; verstopfen die Milz; machen mit der Zeit verdrießlich; ungefällig und ungesellig. Wo soll denn doch die bey der Musik so unentbehrliche Munterkeit endlich herkommen? Es gehört ein ganz ander Temperament dazu."*

Schließlich schreibt der alte Mattheson 1755 im *„dritten Vorrath"* seiner Schrift *„Plus Ultra"* ein ganzes Kapitel mit der Überschrift *„Die neue Zahl-Theorie. 1739"*, in welchem er Eulers *Tentamen* der Kritik unterzieht[405]. Im *„zweeten Vorrath"* derselben Schrift erscheint wieder ein Kapitel über *„Die singende Meßkunst"*. Hier werden seine Gedanken von 1713 noch einmal neu formuliert und der tiefere Grund seines Kampfes klar hervorgehoben[406]: *„Dem ungeachtet wollte ich unmaaßgeblich rathen, daß die Herren Scientifici, mit ihrer eigengerühmten Ordnung, Lehrart und Methode fein beständig bey der edlen Mechanik, Astronomie u.s.w. verblieben, wozu man ihnen auch noch das musikalische Instrumentmachen, das Orgelbauen, die Stimmung derselben, nach belieben, durch Terzien oder Quinten, ganz gerne förmlich abtreten würde; wenn sie nur die Güte haben wollten, und sich auf eine gelehrte Universalmonarchie nicht das geringste zu gute zu thun; auch insonderheit ihrem stolzen Wahn von Unterwerffung der Tonkunst, einmal für allemal abzusagen. ... Daß inzwischen der geometrische oder Feldmessergeist sich heutiges Tages ohne alle Gnade, der schönen Künste und Wissenschaften zu bemeistern, und derselben einen neuen Zügel anzulegen suchet, das ist nicht zu dulden, und muß auf alle Weise, sie sey methodisch oder nicht, verhindert werden."* Und im gleichen Geiste heißt es[407]: *„Es scheinet, als sey diesen guten Erd- und Landvermessern bange, daß ihnen die schönen Wissenschaften entlauffen mögten; wie sie denn wirklich schon thun, und immer mehr thun werden."*

---

404   Mattheson 1748, § 148, S. 151.
405   Mattheson 1755, *Dritter Vorrath*, Cap. 4, S. 474 – 594.
406   Mattheson 1755, *Zweeter Vorrath*, §103, S. 364 – 365.
407   Mattheson 1755, *Zweeter Vorrath*, §103, S. 366.

150 Jahre nach Vincenzo Galilei gelingt es in der Tat, die zweitausend Jahre alten aristoxenischen Ideen wieder für eine unabhängige Musiktheorie fruchtbar zu machen, selbstverständlich nicht durch Mattheson alleine, sondern im Zusammenwirken mit von vielen Musikern und Theoretikern. Obwohl Mattheson – wie schon Vincenzo Galilei und wie schon Aristoxenos – sich nicht vollständig auf das gleichmäßige Zwölfersystem beschränken lässt, wird der Umschwung zu einer genuin musikalischen Ästhetik vom Sieg des gleichmäßigen Zwölfersystems in der Temperaturfrage begleitet. Ein entscheidender Impuls hierfür ist wohl der Wechsel Jean Philippe Rameaus vom Gegner zum klaren Befürworter der gleichschwebenden Temperatur. Noch 1722 behandelt Rameau in seinem *Traité de l'harmonie reduite à ses principes naturels* nur das natürliche System und gewisse irreguläre Temperaturen, während er in seiner *Génération harmonique, ou Traité de musique théorique et pratique* von 1737 und in allen folgenden theoretischen Schriften für das gleichmäßige System eintritt.

1788 konstatiert Johann Nikolaus Forkel den inzwischen eingetretenen Bedeutungsverlust der mathematischen Klanglehre mit folgenden Worten[408]: *„Es war eine Zeit, in welcher man sie beynahe für die Hauptwissenschaft der ganzen Musik hielt, in welcher die ganze musikalische Theorie blos in Rechnungen bestand, und in welchen man glaubte, der ganze Ausdruck und die ganze Schönheit der Kunst beruhe blos auf den mathematischen Verhältnissen der Töne. ... gewiß hat sie durch solche Ansprüche der wahren, höheren Tonwissenschaft von jeher beträchtlichen Schaden zugefügt, den sie durch alle ihre übrige, der Musik in manchem Betracht geleistete nützlichen Dienste, kaum hinlänglich hat vergüten können. Dieser beträchtliche Schaden bestand hauptsächlich darin, daß der Liebhaber der Musik, durch die anscheinende Schwierigkeit, sich durch ihre Millionen von Zahlen durcharbeiten zu können, von der ganzen sonst so angenehmen und nichts weniger als dunklen betrachtenden Tonwissenschaft zurückgeschreckt wurde. Doch diese Zeiten sind nunmehr vorüber, und was ehedem zuviel geschah, geschieht nun vielleicht zu wenig.“*

Am Ende unseres Ausflugs in die Geschichte feiert die Musiktheorie ihre Emanzipation von einer in mathematischer Gestalt auftretenden Bevormundung, die zuletzt nur noch als Last verstanden wird. Das sieht auf den ersten Blick wie eine Niederlage der Mathematik aus, die doch sonst so viele wissenschaftliche Bereiche erfolgreich in ihre „gelehrte Universalmonarchie" eingliedern kann.

Der Schmerz, den einige Mathematiker oder Physiker über diese Niederlage empfinden mögen, kann jedoch vielleicht ein wenig gelindert werden. Denn strenggenommen ist nur eine bestimmte Art der mathematischen Modellbildung

---

408   J. N. Forkel, *Allgemeine Geschichte der Musik*, Erster Band, Leipzig 1788, Einleitung § 55, S. 30.

in der Musik gescheitert. Wenn man von Anfang an die Tatsache respektiert, dass das Anwendungsgebiet Musik zu den Kulturwissenschaften und nicht zu den Naturwissenschaften gehört, wenn man die daraus resultierende Unschärfe aller mathematischen Modelle akzeptiert, und wenn man nicht irgendeine moderne Variante des pythagoreischen Weltbildes zur Grundlage der eigenen Modellbildung macht, dann kann man auch mathematische Modelle entwickeln, welche die lebendige Musik nicht in ein festes Korsett einschnüren und dem Musiker den nötigen Respekt entgegenbringen.

Bei genauem Hinsehen erweist sich schon Aristoxenos nicht als prinzipieller Gegner der Mathematik, sondern nur als Gegner der pythagoreischen Mathematisierung der Musik. Wie Porphyrios richtig bemerkt hat[409], stützt sich Aristoxenos nicht weniger als Pythagoras auf Beweise, die sich auf Zahlen beziehen. Das gilt auch für Mattheson, der selbst sehr wohl Rechnungen durchführt, wenn er es für notwendig hält. Beide versagen weder der Mathematik noch der Physik den Respekt, solange nur der Musiktheorie keine Vorschriften gemacht werden.

Das Konzept der harmonischen Gleichungen, die von Leibniz entdeckt worden sind, ermöglicht nach meiner Meinung eine solche behutsame oder zurückhaltende Mathematisierung im Treppenmodell, welche gut zur Gesamtheit der europäischen, diatonisch geprägten Musiktradition und Musiknotation passt. Auch die pythagoreisch oder physikalisch inspirierten Systeme samt ihren Temperaturen können mit dem diatonischen Algorithmus, der die harmonischen Gleichungen bündelt, und mit dem Begriff des biregulären oder konsonanzbasierten Intervallsystems aus Abschnitt V beschrieben werden. Wer sich unabhängig von der Geschichte der Musiktheorie auf die alltägliche Musikpraxis und Musikdidaktik konzentrieren will, kann sich außerdem spätestens seit Matthesons Zeiten wieder mit gutem historischen Gewissen auf das gleichmäßige Zwölfersystem stützen, welches nicht nur von großer Einfachheit ist, sondern auch im Zentrum aller konsonanzbasierten Intervallsysteme steht.

Abschließend möchte ich jedoch noch auf einen anderen Umstand hinweisen. Der Begriff des konsonanzbasierten Intervallsystems beruht auf der musikalischen Erfahrung, dass gewisse Konsonanzen, nämlich Oktave, Quinte und große Terz, so gut reproduziert werden können, dass sie zum erträglichen Einstimmen der übrigen Intervalle ausreichen. An den Saitenlängenverhältnissen der Oktave, der Quinte und der Quarte kann man nun erkennen, dass diese Intervalle seit der Antike im Rahmen der menschlichen Hörgenauigkeit immer die gleiche musikalisch wahrgenommene Größe besitzen, die sich in dieser Zeit wenig oder gar nicht verändert hat. Da diese Intervalle zudem in anderen Kulturkreisen ganz ähnlich verwendet werden wie in unserem Kulturkreis, scheint die Existenz der

---

409   Siehe Fußnote 19.

fundamentalen Stimmkonsonanzen mit ihren definierten Größen ein transkulturelles Phänomen zu sein, für welches man bis jetzt nur physikalische Erklärungen nach dem Muster von I.6 anbieten kann. Entsprechende physikalische und physiologische Überlegungen behalten deshalb in der Musiktheorie über die eigentliche Akustik hinaus auch dann eine Bedeutung, wenn man sich für eine aristoxenische Perspektive entscheidet. Vielleicht kann man mit solchen Überlegungen einen Teil des erstaunlichen Faktums erklären, dass die Tradition der europäisch geprägten Musik auch in anderen Kulturen ohne allzu große Schwierigkeiten erfolgreich adaptiert werden kann, und dass umgekehrt immer wieder Elemente aus anderen Kulturkreisen in die europäische Tradition übernommen werden können.

Wer aber heute allein auf der Basis einer naturwissenschaftlich basierten Theorie (oder auf dem Hintergrund einer entsprechenden harmonikalen, religiösen oder esoterischen Anschauung) nach dem Vorbild der pythagoreischen Intention eine als natürlich oder als rein empfundene transkulturelle musikalische Skala im Saitenlängen- oder im Frequenzmodell bis in die Einzelheiten verbindlich machen will, gerät unweigerlich mit der Tatsache in Konflikt, dass die prinzipielle Unschärfe der musikalischen Wahrnehmung jede allzu genaue zahlenmäßige Fixierung der Gesamtskala musikalisch sinnlos macht, auch wenn sie mathematisch noch so korrekt ausgeführt und intellektuell überaus reizvoll sein mag. Das sollte in der historischen Betrachtung hinreichend deutlich geworden sein.

264

Literaturverzeichnis

a) Besondere Quellenangaben bei Newton und Salmon

Die in der Cambridge University Library aufbewahrten Manuskripte werden mit der dortigen Signatur angegeben, die mit **Add MS** beginnt.

b) Besondere Quellenangaben bei Leibniz und Henfling

1. Die in der Gottfried Wilhelm Leibniz Bibliothek (Niedersächsische Landesbibliothek) in Hannover aufbewahrten Manuskripte werden mit der dortigen Signatur angegeben, die mit den Zeichenfolgen **LBr** oder **LH** beginnen.

2. Der Buchstabe **A**, gefolgt von Reihe, Band, Seite, verweist auf das Werk:

   Leibniz: *Sämtliche Schriften und Briefe*. Hrsg. von der Preußischen (später: Berlin-Brandenburgischen und Göttinger) Akademie der Wissenschaften zu Berlin. Darmstadt (später: Leipzig, zuletzt: Berlin) 1923 ff.

3. Die Buchstaben **GP**, gefolgt von den Angaben für Band und Seite, verweisen auf das Werk:

   Die philosophischen Schriften von Leibniz. Hrsg. von C. I. Gerhardt. Bd. 1-7. Berlin 1875-1890 (Neudruck: Hildesheim 1960-1961).

c) Sonstige gedruckte Quellen:

[Aristoxenos]: Rosetta da Rios (Hrsg.), *Aristoxeni elementa harmonica*, Rom 1954.

[Bailhache 1992]: Patrice Bailhache, *Leibniz et la théorie de la musique*, Paris 1992.

[Barnett 2002]: Gregory Barnett: *Tonal organization in seventeenth-century music theory*, in: *The Cambridge History of Western Music Theory*, Cambridge 2002, p. 435-41.

[Benedetti 1585]: G. B. Benedetti, *Diversarum speculationum Mathematicarum et Physicarum liber*, Turin 1585.

[Bodemann 1889]: E. Bodemann, *Der Briefwechsel des Gottfried Wilhelm Leibniz in der Königlichen öffentlichen Bibliothek zu Hannover*, Hannover und Leipzig 1889.

[Brouncker 1653]: William Brouncker (?), *Renatus Des-Cartes Excellent Compendium of Musick: With Necessary and Judicious Animadversions Thereupon*, London 1653.

[Bühler 2010]: Walter Bühler, *Musikalische Skalen und Intervalle bei Leibniz unter Einbeziehung bisher nicht veröffentlichter Texte, Teil I* in: *Studia Leibnitiana*: Band XLII, Heft 2 (2010), S. 129 -61, Teil II: noch nicht erschienen.

[Busch 1970]: Hermann Richard Busch, *Leonhard Eulers Beitrag zur Musiktheorie*, Regensburg 1970 .

[Cannon / Dostrovsky 1981]: John T. Cannon / Sigalia Dostrovsky, *The evolution of dynamics, Vibration theory from 1687 to 1742*, New York 1981.

[Caspar 1939]: Johannes Kepler, *Weltharmonik, übersetzt und eingeleitet von Max Caspar*, München 1939.

[Descartes 1656]: Renatus Descartes, *Musicae Compendium*, Amsterdam 1756, in: René Descartes, *Leitfaden der Musik, hrsg., ins Dt. übertr. u. mit Anm. vers. von Johannes Brockt*, Darmstadt 1978.

[Dostrovsky / Cannon 1987]: Sigalia Dostrovsky und John T. Cannon, *Entstehung der musikalischen Akustik (1600-1750)*, in: *Geschichte der Musiktheorie*, Band 6, hrsg. von Frieder Zaminer, *Hören, Messen und Rechnen in der frühen Neuzeit*, Darmstadt 1987, S. 7-79.

[Ellis 1884]: A. J. Ellis, *Tonometrical Observations on some existing Nonharmonic Musical Scales*, in: *Proceedings of the Royal Society of London*, January 1, 1884, S. 368 ff.

[Eneström 1903] G. Eneström, *Der Briefwechsel zwischen Leonhard Euler und Johann I. Bernoulli. Teil I*, in: Bibl. math. 43, 1903, S. 344-88 (E863).

[Euler 1739]: Leonhard Euler, *Tentamen nouae theoriae musicae ex certissimis harmoniae principiis dilucide expositae*, St. Petersburg 1739.

[Euler 1766a]: Leonhard Euler, *Conjecture sur la raison de quelques dissonances généralement recues dans la musique*, in: *Mémoire de l'académie des sciences de Berlin* 20, 1766, S. 165 - 73.

[Euler 1766b]: Leonhard Euler, *Du véritable caractere de la musique moderne*, in: *Mémoire de l'académie des sciences de Berlin* 20, 1766, S. 174 - 99.

266

[Euler 1768]: Leonhard Euler, *Lettres à une princesse d'Allemagne sur divers sujets de physique & de philosophie*, St. Petersburg 1768.

[Euler 1773]: Leonhard Euler, *Briefe an eine deutsche Prinzessinn über verschiedene Gegenstände aus der Physik und Philosophie*, Zweyte Auflage, Leipzig 1773.

[Euler 1774]: Leonhard Euler, *De harmoniae veris principiis per speculum musicum*, in: *Novi commentarii academiae Petropolitanae* 18, St. Petersburg 1774, S. 330 - 53.

[Faray 1820]: John Faray, *On different modes of expressing the magnitudes and relations of Musical Intervalls*, in: *The American Journal of Science and Arts* 2, 1820.

[Fellmann 1995]: Emil A. Fellman, *Leonhard Euler*, Reinbek bei Hamburg 1995.

[Goldbach1717]: Christian Goldbach (C.G.), *Temperamentum musicum universale*, in: *Acta Eruditorum Anno MDCCXVII publicata*, Leipzig 1717, S. 114-15.

[Gouk 1982]: Penelope Gouk, *Music in the natural philosophy of the early Royal Society*, London 1982 (Manuskript der Dissertation).

[Gouk 1999]: Penelope Gouk, *Music, Science and Natural Magic in Seventeenth-Century England*, New Haven and London 1999.

[Gouk 2002]: Penelope Gouk, *The role of harmonics in the scientific revolution*, in: *The Cambridge History of Western Music Theory*, Cambridge 2002.

[Haase 1982]: Rudolf Haase (Hrsg.), *Der Briefwechsel zwischen Leibniz und Conrad Henfling*, Frankfurt am Main 1982 .

[Harsdörffer 1653]: Georg Philip Harsdörffer, *Delitiae Philosophicae et Mathematicae. Der Philosophischen und Mathematischen Erquickstunden. Dritter Theil*, Nürnberg 1653.

[Henfling 1710]: Conrad Henfling, *Epistola de novo suo Systemate Musico, Onoldi 17. April 1708 ad Praesidem data* in: *Miscellanea Berolinensia*, Bd. 1, Berlin 1710, Nr. XXVI, S. 267 ff.

[Huygens 1661]: Christiaan Huygens, *Divisio Monochordi I,* in: *Oeuvres complètes de Christiaan Huygens, vol. XX. Musique et mathématique. ... publ. par la Société hollandaise des sciences*, Den Haag 1940, S. 49-56.

[Huygens 1691]: Christiaan Huygens, *Lettre de Mr. Huygens à l'Auteur touchant le Cycle Harmonique*, in: *Histoire des Ouvrages des Sçavans*, Mois de Septembre, Octobre et Novembre 1691, Rotterdam 1691, S. 78-88.

[Huygens 1698]: Christiaan Huygens, *ΚΟΣΜΟΘΕΟΡΟΣ [Kosmotheoros], sive De Terris Coelestibus, earumque ornatu, conjecturae*, Den Haag 1698.

[Jewanski 1999]: Jörg Jewanski, *Ist C = Rot? Eine Kultur- und Wissenschafts-geschichte zum Problem der wechselseitigen Beziehung zwischen Ton und Farbe: Von Aristoteles bis Goethe*, Sinzig 1999.

[Jungius 1679]: Joachim Jungius, *Harmonicae Viri Dum Vivebat Clarissimi Et Peritissimi Joachimi Jungii*, im Anhang zu: Martin Fogel (Hrsg.), *Joachimi Jungii ... Praecipuae Opiniones Physicae*, Hamburg 1679.

[Kepler 1619]: Johannes Kepler, *Harmonices mvndi libri V*, Linz 1619.

[Kircher 1650]: Athanasius Kircher, *Musurgia Universalis*, Rom 1650.

[Kortholt 1734]: Christian Kortholt, *Viri Illvstris Godofredi Gvil. Leibnitii Epistolae Ad Diversos*, Leipzig 1734.

[Lambert 1772]: Johann Heinrich Lambert, *Beschreibung einer mit dem Calauschen Wachse ausgemalten Farbenpyramide*, Berlin 1772.

[Lambert 1774]: Johann Heinrich Lambert, *Remarques sur le tempérament en Musique*, in: *Nouveaux Mémoires de l'Academie Royal des Sciences*, Berlin 1774.

[Lambert 1778]: (Deutsche Übersetzung des Aufsatzes von 1774:) Friedrich Wilhelm Marpurg, *Lamberts Gedanken über die musikalische Temperatur*, in: *Historisch-kritische Beyträge zur Aufnahme der Musik*, V. Bd., 6. Stück, Berlin 1778.

[Leisinger 1994]: Ulrich Leisinger, *Leibniz-Reflexe in der deutschen Musiktheorie des 18. Jahrhunderts*, Würzburg 1994.

[Lindley 1987]: Mark Lindley, *Stimmung und Temperatur* in: *Geschichte der Musiktheorie*, Band 6, hrsg. von Frieder Zaminer, *Hören, Messen und Rechnen in der frühen Neuzeit*, Darmstadt 1987.

[Lobkowitz 1660]: Juan Caramuel y Lobkowitz, *Mathesis Biceps Vetus et Nova*, Campania 1660.

[Lowengard 2006]: Sarah Lowengard, *The Creation of Color in Eighteenth-Century Europe*, Gutenberg-<e>, Columbia University Press, 2006.

[Mattheson 1713]: Johann Mattheson, *Das Neu eröffnete Orchestre*, Hamburg 1713.

[Mattheson 1719]: Johann Mattheson, *Exemplarische Organisten-Probe im Artikel vom General-Bass*, Hamburg 1719.

[Mattheson 1722]: Johann Mattheson, *Critica musica*, Hamburg 1722.

[Mattheson 1731]: Johann Mattheson, *Grosse General-Baß-Schule Oder: Der exemplarischen Organistenprobe zweyte, vermehrte und verbesserte Auflage*, Hamburg 1731.

[Mattheson 1739]: Johann Mattheson, *Der Vollkommene Capellmeister*, Hamburg 1739.

[Mattheson 1748]: Aristoxenus iunior (=J. Mattheson), *Phthongologia systematica*, Hamburg 1748.

[Mattheson 1755]: Johann Mattheson, *Plus Ultra, ein Stückwerk von neuer und mancherley Art*, Hamburg 1755.

[Meckenheuser 1727]: Johann Georg Meckenheuser, *Die so genannte: Allerneuste Temperatur*, Quedlinburg 1727.

[Mersenne 1625]: Marin Mersenne, *La vérité des sciences contre les septiques ou Pyrrhoniens*, Paris 1625.

[Mersenne 1627]: Marin Mersenne, *Traité de l' harmonie unverselle*, Paris 1627.

[Mersenne 1636a]: Marin Mersenne, *Harmonie Universelle*, Paris 1636.

[Mersenne 1636b]: Marin Mersenne, *Harmonicorum Instrumentorum libri*, Paris 1636.

[Neidhardt 1724]: Johann Georg Neidhardt, *Sectio canonis harmonici*, Königsberg 1724.

[Newton 1687]: Isaac Newton, *Philosophiae Naturalis Principia Mathematica*, London 1687.

[Newton 1704]: Isaac Newton, *Opticks: or, a treatise of the reflexions, refractions, inflexions and colours of light*, London 1704.

[Porphyrios]: Ingemar Düring [Hrsg.], *Porphyrius Kommentar zur Harmonielehre des Ptolemaios*, Göteborg 1932.

[Puteanus 1602]: Erycius Puteanus: *Musathena sive notarum Heptas ad harmonicae lectionis novum et facilem usum. Eiusdem iter Nonianum. Dialogus, Qui epitomen Musathenae comprehendit ...*, Hanau 1602.

[Rasch 1984]: Joseph Sauveur, Rudolf Rasch (Hrsg.), *Collected writing on musical acoustics: (Paris 1700 - 1713)*, Utrecht 1984.

[Rasch 2002]: Rudolf Rasch, *Tuning and temperament*, in: *The Cambridge History of Western Music Theory*, Cambridge 2002, p. 210-14.

[Sauveur 1701]: Joseph Sauveur, *Système général des intervalles des sons, et son application à tous les sytèmes et à tous les instrumens de musique*, in: *Mémoires de l'Académie Royale des Sciences*, Paris 1701, S. 299-366 (=Rasch 1984, S. 99-166).

[Sauveur 1707]: Joseph Sauveur, *Méthode générale pour former les systèmes tempérés de musique, et du choix de celui qu' on doit suivre*, in: *Mémoires de l'Académie Royale des Sciences*, Paris 1707, S. 203-22 (=Rasch 1984, S. 199-218).

[Sauveur 1711]: Joseph Sauveur, *Table générale des sistèmes tempéreés de musique*, in: *Mémoires de l'Académie Royale des Sciences*, Paris 1711, S. 307-15 (=Rasch 1984, S. 223-31).

[Shapiro 1984]: Alan F. Shapiro (Ed.), *The optical papers of Isaac Newton, volume 1, The optical lectures 1670-1672*, Cambridge 1984.

[Simpson 1667a]: Christopher Simpson, *A Compendium of practical Musick*, London 1667.

[Simpson 1667b]: Christopher Simpson, *The Division-Viol, Secunda Editio*, London 1667.

[Sinn 1717]: Christophoro Alberto Sinn, *Die Aus Mathematischen Gründen richtig gestellte, Musicalische Temperatura practica*, Wernigerode 1717.

[Stifel 1544]: Michael Stifel, *Arithmetica integra*, Nürnberg 1544.

[Taylor 1719]: Brook Taylor, *New Principles of Linear Perspective: ...*, London 1719.

[Turnbull 1977]: H. W. Turnbull (Ed.), *The Correspondence of Isaac Newton*, Cambridge 1959-77, vol. 2.

[Uylenbroek 1833]: Petrus Joannes Uylenbroek, *Christiani Hugenii aliorumque seculi XVII virorum celebrium exercitationes mathematicae et philosophicae ex manuscriptis in bibliotheca Academiae Lugduno-Batavae servatis, Fasc. I*, Den Haag 1833.

[Walker 1987]: Daniel P. Walker, *Keplers Himmelsmusik*, in: *Geschichte der Musiktheorie*, Band 6, hrsg. von Frieder Zaminer, *Hören, Messen und Rechnen in der frühen Neuzeit*, Darmstadt 1987.

[Wallis 1678]: John Wallis, *Dr. Wallis Letter to the Publisher, concerning a new Musical Discovery*, in: *Philosophical Transactions*, vol. 12 (London 1677-78), p. 839-42.

[Wallis 1682]: John Wallis, *Appendix de Veterum Harmonica ad Hodiernam comparata*, in: J. Wallis, *Claudii Ptolemaei Harmonicorum libri tres*, Oxford 1682.

[Wallis 1689a]: John Wallis, *A Question in Musik, lately proposed to Dr. Wallis ...*, in: *Philosophical Transactions*, vol. 20 (London 1689), p. 80-84.

[Wallis 1689b]: John Wallis, *A Letter of Dr. John Wallis to Samuel Pepys Esquire...*, in: *Philosophical Transactions*, vol. 20 (London 1689), p. 249-56.

[Wardhaugh 2008]: Benjamin Wardhaugh, *Music, Experiment and Mathematics in England 1653-1705*, Farnham 2008.

[Werckmeister 1698]: Andreas Werckmeister, *Die Nothwendigsten Anmerckungen Und Regeln Wie der Bassus Continuus oder General-Baß wol könne tractiret werden*, Aschersleben 1698.

[Werckmeister 1707]: Andreas Werckmeister, *Musicalische Paradoxial-Discourse*, Quedlinburg 1707.

[Wymersch 1999]: Brigitte van Wymersch, *Descartes et l'évolution de l'esthétique musicale*, Hayen 1999.

[Zaminer 2006]: Frieder Zaminer, *Harmonik und Musiktheorie im alten Griechenland* in: Geschichte der Musiktheorie, Band 2, hrsg. von Thomas Ertelt, Heinz von Loesch und Frieder Zaminer, *Vom Mythos zur Fachdisziplin: Antike und Byzanz*, Darmstadt 2006.

[Zarlino 1562]: Gioseffo Zarlino, *Le Istitutioni Harmoniche*, Venedig 1562.

271

Personen

Begriffe

274